中国科学院院长 白春礼院士题

论侦德并筑响之印
敌ケ大而枣精傲

白春礼
戊戌春月

中国科学院科学出版基金资助出版

低维材料与器件丛书

成会明　总主编

# 碳纳米管的结构控制生长

张　锦　张莹莹　著

科学出版社

北　京

# 内 容 简 介

  本书为"低维材料与器件丛书"之一。过去 20 余年，碳纳米管因其独特的结构和优异的性能而引起了全世界科学界和工业界的高度关注。由于碳纳米管的性能强烈依赖于结构，其结构控制制备技术就成为最根本的基础。本书基于著者多年的科研工作，并结合国内外最新研究进展，针对碳纳米管的结构控制制备，从碳纳米管的基本结构、性能与分类出发，系统而深入地介绍了碳纳米管的化学气相沉积制备方法；系统介绍了碳纳米管的壁数/直径/手性、水平/垂直阵列和碳纳米管薄膜的制备方法，并讨论了该领域的挑战与机遇。

  本书同时涵盖该领域的基础背景知识与最新进展，力求深入浅出、融会贯通，既可以作为相关学科研究生和高年级本科生的入门学习参考书，也可为具有不同专业背景的研究人员提供指导和参考。

**图书在版编目(CIP)数据**

碳纳米管的结构控制生长/张锦，张莹莹著. —北京：科学出版社，2019.1

  (低维材料与器件丛书/成会明总主编)

  ISBN 978-7-03-058521-9

  Ⅰ. ①碳… Ⅱ. ①张… ②张… Ⅲ. ①碳-纳米材料-控制 Ⅳ. ①TB383

中国版本图书馆 CIP 数据核字(2018)第 187045 号

责任编辑：翁靖一/责任校对：樊雅琼
责任印制：张 伟/封面设计：耕者设计工作室

**斜 学 出 版 社** 出版
北京东黄城根北街 16 号
邮政编码：100717
http://www.sciencep.com

**北京建宏印刷有限公司** 印刷
科学出版社发行 各地新华书店经销
\*

2019 年 1 月第 一 版 开本：720×1000 1/16
2024 年 1 月第三次印刷 印张：21 1/2
字数：413 000
定价：**138.00 元**
(如有印装质量问题，我社负责调换)

# 总　　序

　　人类社会的发展水平，多以材料作为主要标志。在我国近年来颁发的《国家创新驱动发展战略纲要》、《国家中长期科学和技术发展规划纲要(2006—2020年)》、《"十三五"国家科技创新规划》和《中国制造2025》中，材料都是重点发展的领域之一。

　　随着科学技术的不断进步和发展，人们对信息、显示和传感等各类器件的要求越来越高，包括高性能化、小型化、多功能、智能化、节能环保，甚至自驱动、柔性可穿戴、健康全时监/检测等。这些要求对材料和器件提出了巨大的挑战，各种新材料、新器件应运而生。特别是自20世纪80年代以来，科学家们发现和制备出一系列低维材料(如零维的量子点、一维的纳米管和纳米线、二维的石墨烯和石墨炔等新材料)，它们具有独特的结构和优异的性质，有望满足未来社会对材料和器件多功能化的要求，因而相关基础研究和应用技术的发展受到了全世界各国政府、学术界、工业界的高度重视。其中富勒烯和石墨烯这两种低维碳材料的发现者还分别获得了1996年诺贝尔化学奖和2010年诺贝尔物理学奖。由此可见，在新材料中，低维材料占据了非常重要的地位，是当前材料科学的研究前沿，也是材料科学、软物质科学、物理、化学、工程等领域的重要交叉，其覆盖面广，包含了很多基础科学问题和关键技术问题，尤其在结构上的多样性、加工上的多尺度性、应用上的广泛性等使该领域具有很强的生命力，其研究和应用前景极为广阔。

　　我国是富勒烯、量子点、碳纳米管、石墨烯、纳米线、二维原子晶体等低维材料研究、生产和应用开发的大国，科研工作者众多，每年在这些领域发表的学术论文和授权专利的数量已经位居世界第一，相关器件应用的研究与开发也方兴未艾。在这种大背景和环境下，及时总结并编撰出版一套高水平、全面、系统地反映低维材料与器件这一国际学科前沿领域的基础科学原理、最新研究进展及未来发展和应用趋势的系列学术著作，对于形成新的完整知识体系，推动我国低维材料与器件的发展，实现优秀科技成果的传承与传播，推动其在新能源、信息、光电、生命健康、环保、航空航天等战略新兴领域的应用开发具有划时代的意义。

　　为此，我接受科学出版社的邀请，组织活跃在科研第一线的三十多位优秀科学家积极撰写"低维材料与器件丛书"，内容涵盖了量子点、纳米管、纳米线、石墨烯、石墨炔、二维原子晶体、拓扑绝缘体等低维材料的结构、物性及其制备方法，并全面探讨了低维材料在信息、光电、传感、生物医用、健康、新能源、环境保护等领域的应用，具有学术水平高、系统性强、涵盖面广、时效性高和引领性强等特点。本套丛书的特色鲜明，不仅全面、系统地总结和归纳了国内外在低维材料与器件领域的优秀科研成果，展示了该领域研究的主流和发展趋势，而且反映了编著者在各自研究领域多年形成的大量原始创新研究成果，将有利于提升我国在这一前沿领域的学术水平和国际地位、创造战略新兴产业，并为我国产业升级、提升国家核心竞争力提供学科基础。同时，这套丛书的成功出版将使更多的年轻研究人员和研究生获取更为系统、更前沿的知识，有利于低维材料与器件领域青年人才的培养。

历经一年半的时间，这套"低维材料与器件丛书"即将问世。在此，我衷心感谢李玉良院士、谢毅院士、俞书宏教授、谢素原教授、张跃教授、康飞宇教授、张锦教授等诸位专家学者积极热心的参与，正是在大家认真负责、无私奉献、齐心协力下才顺利完成了丛书各分册的撰写工作。最后，也要感谢科学出版社各级领导和编辑，特别是翁靖一编辑，为这套丛书的策划和出版所做出的一切努力。

材料科学创造了众多奇迹，并仍然在创造奇迹。相比于常见的基础材料，低维材料是高新技术产业和先进制造业的基础。我衷心地希望更多的科学家、工程师、企业家、研究生投身于低维材料与器件的研究、开发及应用行列，共同推动人类科技文明的进步！

成会明

中国科学院院士，发展中国家科学院院士
清华大学，清华–伯克利深圳学院，低维材料与器件实验室主任
中国科学院金属研究所，沈阳材料科学国家研究中心先进炭材料研究部主任
*Energy Storage Materials* 主编
*SCIENCE CHINA Materials* 副主编

# 前　言

在过去的 20 余年，科学界共同见证了碳纳米管领域的蓬勃发展，无数的科技工作者在该领域倾注了大量的心血，也取得了诸多令人振奋的成就。随着人们对碳纳米管的生长原理、制备方法、性能与应用的认识不断深入，碳纳米管的产业化应用也随之发展起来。碳纳米管直径和手性的多样性使其具有丰富的结构调控空间，结构决定性能，制备决定未来，这就使得碳纳米管的控制制备在碳纳米管的基础研究和产业化应用中成为至关重要的一环。

我国科学家活跃在碳纳米管研究领域的世界前沿，取得了诸多令世界瞩目的成就。例如，老一辈科学家中国科学院物理研究所解思深院士在我国率先开展了碳纳米管的研究，在碳纳米管垂直阵列的制备、谱学和物性研究方面取得了开创性的成就；清华大学范守善院士在超顺排碳纳米管阵列和碳纳米管薄膜的制备和应用方面取得了突出成就。在他们的引领下，时至今日，我国科学家仍然在碳纳米管的可控制备方面位于世界前列。这为我国在相关领域的深入探索和产业化应用提供了宝贵机遇。

笔者自 2000 年起致力于单壁碳纳米管的控制制备和谱学研究，十八年来，历经研究组十几届研究生的集体智慧和不懈奋斗，逐渐在单壁碳纳米管的化学气相沉积法控制制备方面积累了较为丰富的经验，在单壁碳纳米管的定向生长、金属/半导体选择性生长、手性控制制备和拉曼光谱表征等方面收获了很多心得，也取得了一些有意义的成果。与此同时，笔者也较为详细地掌握了世界范围内该领域取得的重要成果和进展，并对碳纳米管的未来形成了一些自己的认识。也正出于这样的原因，在收到科学出版社的邀稿时，我们才敢欣然应允，决定撰写这本专门讲述碳纳米管可控制备的书籍。

本书基于笔者多年的科研工作，并结合国内外最新研究进展，从碳纳米管的基本结构、性能与分类出发，力图系统而深入地介绍碳纳米管的化学气相沉积制备、碳纳米管水平/垂直阵列的控制制备方法、碳纳米管海绵/薄膜/纤维的制备方法和碳纳米管的导电属性与手性的控制方法，并讨论了该领域依然存在的挑战与机会。希望本书为碳纳米管相关领域的科学工作者、青年学子和企业家提供参考。

本书由张锦、张莹莹负责框架的设定、章节的撰写以及统稿和审校。全书共分 8 章：第 1 章，绪论；第 2 章，碳纳米管的结构、表征及性质；第 3 章，碳纳米管的化学气相沉积生长；第 4 章，碳纳米管水平阵列的化学气相沉积控制制备；

第 5 章，碳纳米管垂直阵列的化学气相沉积控制制备；第 6 章，碳纳米管宏观体的控制制备；第 7 章，碳纳米管的导电属性与手性控制制备；第 8 章，总结与展望。本书主要素材来自著者课题组多年的研究成果，特别感谢团队中张树辰、赵秋辰、林德武、王泽群、塞木强、阎哲、王惠民等人的科研贡献和支持。另外，张树辰和塞木强在全书的校对方面做了许多细致的工作。感谢他们所付出的巨大努力！

衷心感谢国家重点研发计划"纳米科技"专项（纳米碳材料产业化关键技术及重大科学前沿，编号：2016YFA0200100）、"973"计划项目（碳纳米管的导电属性与手性控制制备方法及原理研究，编号：2011CB932601）和国家优秀青年科学基金项目（碳纳米管的控制制备与特性研究，编号：51422204）等对相关研究的长期支持！

诚挚感谢成会明院士和"低维材料与器件丛书"编委会专家为本书提出的宝贵意见，感谢同行专家的鼓励和支持！感谢科学出版社的相关领导和编辑！ 特别感谢翁靖一编辑，她以极大的热情和耐心引导了本书策划、编审、校正和出版的全过程，没有她的倾力付出，本书是不可能完成的。感谢高微编辑在校稿中所给予的细致指导。感谢为本书顺利出版做出贡献的所有人！

谨以此书献给奋斗在碳纳米管研究领域的同事们、有志于在碳纳米管研究领域大展宏图的企业家们和承载着未来希望的青年学子们！

探微索纳，格物致知。祝愿大家驰骋在碳纳米管领域享受探索的乐趣，并使得碳纳米管释放其蕴含的巨大潜力，更好地服务于人类与世界！

由于碳纳米管的研究日新月异，加之作者知识水平和表达能力方面的局限性，书中难免存在疏漏或不足之处，欢迎读者批评指正。

张　锦　张莹莹

2018 年 8 月于北京大学

# 目　　录

# 第1章

绪　论

爱因斯坦说："想象力比知识更重要"，而碳(C)作为周期表中的第六号元素，在过去的几十年里，以其独特的排列组合方式和由此而构建的具有独特性能的新材料，一次又一次地突破了人们的想象，令全世界共同见证了碳材料的巨大潜力。石墨和金刚石是人类最早认识的碳的同素异形体。然而，由单质碳构成的物质远不止这两种。1985 年，Smalley 等[1]用激光轰击石墨靶发现了 $C_{60}$，它是由碳原子以 $sp^2$ 杂化为主结合形成的稳定分子，具有 60 个顶点和 32 个面，其中 12 个面为正五边形，20 个面为正六边形，因其形似足球，称为"足球烯"。后来，人们又陆续发现了其他含碳原子更多的具有类似笼状结构的碳物质，这些物质和 $C_{60}$ 一起被命名为"富勒烯"(fullerene)。$C_{60}$ 的发现大大丰富了人们对碳的认识。在富勒烯研究的推动下，1990 年初开始有关圆筒状富勒烯分子的理论研究。1991 年，日本 NEC 公司的饭岛(Iijima)用高分辨透射电子显微镜观察到了碳纳米管并在 *Nature* 杂志上进行了报道[2]，正式揭开了人类研究碳纳米管的序幕。随后，2004 年，单层的石墨烯材料被报道[3]。在这短短的 20 年里，人类依次发现了上述三种碳纳米材料，它们优异的性能一直吸引着全世界的科学家进行深入探索，而这种发现仍在继续。其中，碳纳米管的研究热潮已经持续了 20 余年，人们对其生长原理、制备方法、性能与应用的认识不断深入。碳纳米管具有独特的中空管状一维结构，而且其结构具有丰富的调控空间，"结构决定性能"，"制备决定未来"，这也使得碳纳米管的结构控制制备变得尤为关键。本章作为全书的开篇，旨在使读者先对碳纳米管有一个宏观认识。下面将简要概述碳纳米管的结构、制备方法、性质及应用。

## 1.1　碳纳米管的结构

1991 年 1 月，Iijima[2]用高分辨透射电子显微镜研究电弧蒸发法产生的炭黑时发现，阴极炭黑中含有一些针状物，这些针状物由直径为 4～30 nm、长约 1 μm、数目为 2～50 的同心管组成，这是最早被观察到的多壁碳纳米管。1993 年，Iijima

和 Ichihashi[4]及 IBM 公司的 Bethune 等[5]又各自独立地合成了单壁碳纳米管。

碳纳米管(carbon nanotubes，CNTs)可以看作是由石墨片层卷曲而成的无缝中空管，其末端可以通过半个富勒烯球封口。碳纳米管管壁上的碳原子以 $sp^2$ 杂化方式成键，以六元环为基本结构单元；石墨的层数可以从一层到上百层，层间距为 0.34 nm 左右；只含有一层石墨片层的称为单壁碳纳米管(single-walled carbon nanotubes，SWNTs)，含有一层以上石墨片层的统称多壁碳纳米管(multi-walled carbon nanotubes，MWNTs)，其中又包括双壁碳纳米管(double-walled carbon nanotubes，DWNTs)、少壁碳纳米管(few-walled carbon nanotubes，FWNTs)等[6]。多壁碳纳米管的直径可以从几纳米到几十纳米不等。单壁碳纳米管的直径大多数集中在 0.8～2.0 nm；直径大于 3 nm 时单壁碳纳米管就不稳定，容易发生管的塌陷；单壁碳纳米管的直径也不能太小，小直径的碳纳米管由于管壁的弯曲应力而变得很不稳定，迄今发现的单壁碳纳米管的最小直径[7]约为 0.4 nm。碳纳米管的长度差别也很大，早期合成的碳纳米管通常为几微米，现在已经可以合成长度为数毫米甚至数十厘米的碳纳米管[8]，因此碳纳米管的长径比(aspect ratio)一般在 $10^3$ 以上，甚至可以达到 $10^8$，是典型的一维材料。

碳纳米管的结构丰富多样。其中，单壁碳纳米管可以看作是由单层石墨片卷曲而成的管体，因此其基本结构取决于碳原子的六角点阵二维石墨片是如何"卷起来"形成圆筒的[9]。不同的单壁碳纳米管对应不同的卷曲矢量，任意单壁碳纳米管的结构都可以用一个整数对 $(n, m)$ 来表示，对应着不同的直径 $(d_t)$ 和手性角 $(\theta)$。由于石墨烯六边形网格的对称性，$0° \leq \theta \leq 30°$。当 $m=0$ 时，$\theta=0°$，为锯齿型(zigzag)碳纳米管；当 $n=m$ 时，$\theta=30°$，为扶手椅型(armchair)碳纳米管；除以上两种结构之外的单壁碳纳米管的 $\theta$ 都在 $0°$ 到 $30°$ 之间，统称手性(chiral)碳纳米管。本书的 2.1.1 小节中会更加详细地解析单壁碳纳米管的结构，在此不再赘述。

由于碳纳米管有如此多样化的结构，表征碳纳米管的结构显得尤其重要。目前，常用的表征技术如下：通常用扫描电子显微镜(SEM)或者原子力显微镜(AFM)来观察碳纳米管的形貌，如长度、密度、团聚体、在表面的分布等；用透射电子显微镜(TEM/HRTEM)[2, 4, 5]可以直接观测碳纳米管的直径，结合电子衍射[10]，还可以用来推测单壁碳纳米管的 $(n, m)$ 指数，但是得到清晰的衍射照片有较高的技术难度；另外，扫描隧道显微镜(STM)[11]能够直接观察单壁碳纳米管表面的电子分布，比较准确地给出其直径和螺旋角，结合扫描隧道谱(STS)还能提供其能带结构的信息，这种技术在单壁碳纳米管的基础研究中发挥着重要作用，同时，它对实验样品和实验条件的要求也比较苛刻。除上述方法之外，还有一些间接的表征手段，例如，共振拉曼光谱[12]能够提供单壁碳纳米管的直径、导电性及 $(n, m)$ 指数信息；通过在碳纳米管表面修饰其他物质的方法，可以用光学显微镜直接观察单根碳纳米管[13]等。本书的 2.2 节中将详细介绍碳纳米管形貌、直径、电子结构、螺旋角、手性结构的表征方法。

## 1.2 碳纳米管的制备方法

先进的碳纳米管制备技术是碳纳米管真正实用化的关键基础。如何以较低的成本进行碳纳米管的宏量制备？如何提高碳纳米管的纯度、减少碳纳米管的缺陷？如何进行特定结构碳纳米管的控制制备？这些问题一直是科学家们关注和研究的热点。最初制备的碳纳米管样品是缠绕在一起的聚团，后来表面生长技术出现并逐渐发展起来，如今已经实现了在表面上制备特定取向的碳纳米管，并且其长度和密度都已经达到了比较理想的水平。追求总是无止境的。例如，在上述基础上，科学家们还在继续努力以期实现对碳纳米管更精细的结构的调控，如特定手性碳纳米管的制备等。

目前，碳纳米管的制备方法主要有三种：电弧法[4, 14]（arc-discharge）、激光烧蚀法[15]（laser ablation）和化学气相沉积法[16]（chemical vapor deposition，CVD）。其中，本书的主要内容是基于 CVD 技术的碳纳米管的结构控制制备，在第 3 章中将全面介绍 CVD 技术的原理、实验装置和影响因素等。因此，此处仅对电弧法和激光烧蚀法进行介绍。

### 1.2.1 电弧法

电弧法最初是用来合成 $C_{60}$ 的一种方法[17]，1991 年，Iijima 在用电弧法制备 $C_{60}$ 的过程中，首次观察到了多壁碳纳米管[2]。1993 年，Iijima 和 Ichihashi[4] 及 Bethune 等[15]又分别用电弧法成功合成出单壁碳纳米管。电弧法的设备比较复杂，但是工艺参数较易控制。

其主要原理为，在充有一定压力惰性气体的真空反应室中，采用面积较大的石墨棒（直径为 20 mm）作阴极，面积较小的石墨棒（直径为 10 mm）作阳极。电弧放电过程中，两石墨电极间通过反馈始终保持约 1 mm 的小间隙，阳极石墨棒不断被消耗，在阴极沉积出含有碳纳米管、富勒烯、石墨微粒、无定形碳及其他形式的碳纳米粒子的混合物，同时在反应室的壁上沉积由无定形碳和富勒烯等碳纳米粒子组成的烟灰（soot）。

用电弧法制备单壁碳纳米管的一般工艺是：在石墨棒里钻一个轴向的孔洞，然后在孔洞里填满致密的金属和石墨混合物粉体，以此石墨棒作为阳极，通过复合阳极中石墨和金属的共蒸发来制备单壁碳纳米管。用电弧法制备单壁碳纳米管必须使用催化剂，目前已有多种不同的纯金属单质或混合物催化剂被用来填充石墨棒，包括铁、钴、镍、铬、锰、铜、钯、铂、银、钨、钛、铪、镧、铈等单金属及铁/钴、铁/镍、铁/钴/镍、镍/钇、钴/镍、钴/铂、钴/铜等混合金属[18]，其中，最普遍应用的是镍/钇和钴/镍催化剂。

"溶入-析出"模型[19]普遍用来描述电弧法或激光烧蚀法生长单壁碳纳米管的过程，该模型包括三个步骤：碳源分解后产生的碳原子与裸露的催化剂表面接触并溶于催化剂中；溶解的碳在催化剂内部扩散；碳被运输到催化剂粒子表面的其他位点并以碳纳米管的形式析出。该模型将在第 3 章中进行详细的介绍，这里不再赘述。

目前，电弧法已经可以半连续或连续地制备 SWNTs[19, 20]，利用电弧法大量制备 SWNTs 已经有了工业规模的应用。在电弧法制备单壁碳纳米管的过程中，电弧电流、电压、惰性气体种类及催化剂是该方法中至关重要的因素。研究批量化生产单壁碳纳米管的关键就是探索电弧法的最佳工艺和装备组合。目前，电弧法制备的单壁碳纳米管是进行溶液相方法分离碳纳米管最主要的原料来源之一。

### 1.2.2　激光烧蚀法

1995 年，Smalley 等[21]发现利用激光蒸发含有金属石墨棒（Ni、Co 作催化剂）的方法可以制备单壁碳纳米管，而后，通过改进实验条件，发现该方法可以制备出纯度高达 70%、直径均匀的单壁碳纳米管管束[15]。激光烧蚀法的基本装置是将一根催化剂/石墨混合的石墨靶放置在一个长形石英管中，该石英管则置于一加热炉中；当炉温升至 1200℃时，将惰性气体充入管内，并将一束激光聚焦在石墨靶上；石墨靶在激光的照射下生成气态碳，这些气态碳和催化剂粒子被气流从高温区带向低温区，在催化剂的作用下生长成单壁碳纳米管。除了利用含有金属的石墨棒进行电弧放电制备碳纳米管外，人们还发现在适当的条件下，利用脉冲激光[22]、连续激光[23]或日光照射[24]碳-金属复合靶也可以制备出单壁碳纳米管。

激光烧蚀法的基本原理是利用激光的高能量对复合靶上的金属和碳进行加热，例如，典型的 10 ns、300 mJ 的激光脉冲可以使约 $10^{17}$ 个碳原子和 $10^{15}$ 个金属原子蒸发进入被预热至 1200℃的氩气气氛中。激光脉冲照射时，复合靶表面温度可以升至接近 6000 K，在这个过程中，能量被持续不断地转移到复合靶上，不仅增加了固体的热能，还提供了用于熔融物质并蒸发物质的能量[25]。激光脉冲结束后，由于大量的热能被用于额外的碳原子蒸发，样品表面的温度也将迅速降至大约 4000 K，在之后的 40～50 ns 中，热量相对缓慢地通过热传导转移至靶块体上，温度降至 2000 K 左右[25]。通常情况下，激光烧蚀制备的产物中，石墨微粒的含量较电弧法少。这也在一定程度上解释了激光烧蚀法制备的单壁碳纳米管的产率高及产物相对容易纯化这一事实。除此之外，激光烧蚀法的反应气氛、催化剂的混合及其他反应条件都与电弧法十分相似，这两种方法制备单壁碳纳米管的机理是基本一致的。

在激光烧蚀法中，影响碳纳米管产率的因素主要包括炉体温度、缓冲气体种类及其流速、靶体中金属的含量等[26-28]。关于激光烧蚀法，人们同样关心的一个问题就是批量制备[29]。基于激光烧蚀法，人们已经发展了两种可行的方法来批量制备单壁碳纳米管。一种是用连续激光为热源制备单壁碳纳米管[29a]。例如，利用 2 kW 同轴二氧化碳激光器照射 1100℃ 氩气流中的石墨和镍/钴混合粉末，炭灰产物的产率是 5 g/h，其中，单壁碳纳米管的含量为 20%～40%，管径为 1.2～1.3 nm。另一种是用脉冲激光为热源制备单壁碳纳米管[29b]，其主要是使用自由电子激光器 (FEL) 产生的超快脉冲，由它来照射碳-金属靶体，使其蒸发。生成的单壁碳纳米管灰状物在冷区以 1500 mg/h 的速率被收集。如果自由电子激光器输出 100% 的功率，则可以期待产率达到 45 g/h，单壁碳纳米管的管径为 0.4～1 nm，长度为 5～20 μm[29b]。以上说明激光烧蚀法也是一种放量制备单壁碳纳米管的可行性办法。

### 1.2.3 其他制备方法

除电弧法、激光烧蚀法和化学气相沉积法外，人们后来还发展了一些其他方法，如水热法[30]、火焰法[31]、超临界流体技术[32]、水中电弧法[33]、固相热解法[34]及太阳能法[35]等，但是这些方法本质上主要是上述三大方法的改进，如加热方式、生长气氛等，在此不再赘述。目前，无论是在工业领域，还是在实验室研究中，仍然以上述三大方法为主。

在单壁碳纳米管的制备中，与化学气相沉积法相比，电弧法和激光烧蚀法裂解石墨产生碳蒸气制备的碳纳米管的结构缺陷较少（主要是指有较少的金属杂质残余和无定形碳沉积）。然而，电弧法和激光烧蚀法也都有自身局限性，例如，激光烧蚀法由于设备的局限性不适合规模化制备；电弧法不仅对设备要求高，同时电弧温度达 3000～3700℃，容易导致形成的碳纳米管被烧结在一起，造成一定缺陷，且易与其他的副产品、纳米微粒等杂质烧结在一起，对随后的分离与提纯不利。此外，在上述两种过程中，很难对碳纳米管的结构进行精细控制。因此，它们不能满足对单壁碳纳米管的需求，如对尺寸分布的控制、在特定位置的制备、手性的一致性及后续提纯的难易等。相比之下，化学气相沉积方法在碳纳米管的精细结构控制、特定取向生长、宏观形貌调控和放量生产等方面具有独特的优势，是最有潜力实现碳纳米管结构控制的批量生长技术。因此，本书主要讨论如何通过化学气相沉积技术进行碳纳米管的结构控制制备。

## 1.3　碳纳米管的性质及应用

碳纳米管独特的结构赋予了它多方面的独特性质，从而使其在诸多领域具有重要的应用价值。碳纳米管一方面继承了石墨优良的导电本征特性，另一方面是极其少见的具有大长径比、可以稳定存在且具有一定刚性的一维体系，其独特的结构决定了它具有非常优异的物理(电学、光学、力学、热学等)和化学性质。下面将对其性质进行简要介绍[36]。

## 1.3.1 碳纳米管的电学性质及应用

绝大多数多壁碳纳米管可以呈现金属属性，具有很好的导电性。利用这个特点，多壁碳纳米管可以用作导电添加剂与高分子、陶瓷等复合制备导电复合材料，也可以用于制作导电墨水、透明导电电极、超级电容器或者锂离子电池的电极等。

单壁碳纳米管可以呈现金属性或者半导体性，两种类型的碳纳米管在电学性质上既有共同点，又有明显差异。例如，结构完美的金属型单壁碳纳米管具有量子导线的特征[37]，即金属型碳纳米管的电阻不随其长度的增加而改变，其输运过程具有弹道输运的特点，此特性避免了在其他材料中因较大电流密度通过引起的过度热耗散的弊端。对于金属型碳纳米管，σ-π 杂化作用使 π 电子离域性更强，使其能够呈现出良好的导电性，其电导率高达 $10^6$ S/m，比石墨更高。对于半导体型碳纳米管，其完美的结构使弹性散射较小，载流子输运主要为非弹性散射，故其电子迁移率要高于本征硅基半导体材料，约为硅的 10 倍以上，高达 $10^5$ cm²/(V·s)[38]。同时其带隙可以通过管径进行调节，因此半导体型碳纳米管可用于制备场效应晶体管。

在碳纳米管发现的 20 余年中，人们在碳纳米管的纳电子学应用方面做了大量深入的研究和探索，尤其是关于碳纳米管高性能场效应晶体管的研究。1998 年，第一个室温碳纳米管场效应晶体管[39]被成功构建，自此，碳纳米管相关的电子学研究主要集中在场效应晶体管器件及其集成电路方面，这些器件方面的研究确立了碳纳米管在纳电子学应用上几乎独一无二的地位。碳纳米管可以承载极高的电流密度 ($10^9$ A/cm²)，碳纳米管器件的输运饱和电流可达 25 μA[38,40]。2012 年，IBM 公司制备了沟道长度为 9 nm 的碳纳米管场效应晶体管[41]，器件的亚阈值摆幅为 94 mV/dec。2017 年，北京大学彭练矛课题组利用石墨烯刻槽，使碳纳米管场效应晶体管的沟道可以进一步缩减为 5 nm [42]。此外，碳纳米管的两种导电属性可以结合使用，使全碳集成电路成为可能，同时这种电路也具有生物兼容性、柔性等诸多优点。

## 1.3.2 碳纳米管的力学性能

众所周知，碳纤维被广泛应用于制备超轻高强的复合材料，这主要是应用了 C—C sp² 杂化键的超高强度，但是由于碳纤维中不可避免地存在大量缺陷，其力学性质和理论预测值还相差较远。碳纳米管正是由 sp² 杂化形成的 C—C 共价键组成，而且缺陷较少，因此从结构上推测，碳纳米管是迄今人类发现的最高强度的纤维。理论计算和实验结果表明[43]，C—C 之间 σ 键的构成使得碳纳米管的拉伸强度可以高达 100 GPa，为钢的 50 倍左右，断裂伸长率高达 15%～20%，结构完美的碳纳米管的杨氏模量更是高达 1 TPa 以上，约为钢的 5 倍，这些性能都要远远高于目前的其他任何材料。1996 年，Treacy 等[43a]第一次利用实验手段对碳纳米管的力学性能进行了测量，主要是在透射电子显微镜中通过测量碳纳米管的热振动幅度来估其杨氏模量，为 0.40～4.15 TPa。Yu 等[44]利用放置在扫描电子显微镜中的拉伸设备对 15 根单壁碳纳米管进行了测量，发现这些单壁碳纳米管的拉伸强度仅为 13～52 GPa，杨氏模量为 320～1470 GPa，断裂伸长率一般低于 5.3%。由此可见，实验观测到的碳纳米管的力学性能要低于理论预测值，最主要的问题在于测量所使用的碳纳米管结构并不完美，缺陷的存在往往会降低碳纳米管的力学性能。因此，只有制备出高质量无缺陷的碳纳米管才能充分发挥其优异的力学性能，这也对碳纳米管的控制生长提出了又一新的挑战。

考虑到碳纳米管的密度一般只有钢铁密度的六分之一，强度却可以达到钢铁的一百倍以上，因此，碳纳米管被认为是刚性最强和强度最大的"超级纤维"[45]，这就使得碳纳米管在力学增强添加剂、超强纤维、防弹衣，甚至太空天梯[46]等领域具有广阔的应用前景。此外，碳纳米管还被用作扫描探针显微镜的探针[47]和"纳米秤"[48]，这正是应用了其优异的力学性能和一维纳米尺度的结构特征。

### 1.3.3 碳纳米管的光学性能

单壁碳纳米管具有量子化的电子能带结构，其中，半导体型碳纳米管的电子能带结构中存在能带间隙，而且能隙的大小随着碳管结构的变化而变化，这使得单壁碳纳米管成为独特的光电子材料。光致发光(photoluminescence)性能[49]是单壁碳纳米管研究中一个很重要的领域。分散在溶液中的半导体型单壁碳纳米管能够吸收光子发出荧光[49a]，它所吸收的光子的波长与其态密度(density of states，DOS)中范霍夫奇点之间的间距匹配，而它所发射的荧光波长反映了能隙 $E^S_{11}$ 的大小，这使得光致发光实验成为提供单壁碳纳米管能带结构和管径分布信息的有力工具；另外，悬空的单根单壁碳纳米管也能发生光致发光现象，这已经在最近的实验中被观察到[49b, 49c]。碳纳米管器件中还能发生光致电导(photoconductivity)现象[50]，实验发现，连在两个电极之间的单根碳纳米管在激光的照射下，可以检测到光电流。除了光致发光以外，碳纳米管还可以发生电致发光(electroluminescence)，电致发光是由电流的注入而引起电子-空穴对复合而放出光子的现象，在单壁碳纳米管的场效应晶体管(field effect transistor，FET)中，可以通过栅极偏压调制单壁碳纳米管与电极之间的接触和单壁碳纳米管能带的弯曲，从而在碳纳米管的两端分别注入电子和空穴，电子和空穴在碳纳米管中结合并发射光子[51]。另外，通过调节栅极偏压，甚至可以精确调制电子-空穴结合的具体区域[51a]。

### 1.3.4　碳纳米管的热学性能

　　碳纳米管的热学性能是由二维石墨片层的热学性质、碳纳米管的特殊结构与微小尺寸决定的。高温下，碳纳米管的热学性质与石墨相似，而低温下小直径碳纳米管的声子量子化效应逐渐明显。石墨和金刚石具有极其优良的导热性能，而碳纳米管的轴向导热性能比石墨还好，这起源于碳纳米管很好的晶化程度和较长的声子自由程。根据实验检测[10]，室温下，单根直径为 1.7 nm 的单壁碳纳米管的热导为 3500 W/(m·K)，这使得碳纳米管有望作为良好的热传导材料或热传导材料的添加剂，从而用于热管理材料领域。此外，碳纳米管的热膨胀系数[52]很小，而且径向比轴向膨胀率更小，其数量级都在 $10^{-5}$ $K^{-1}$，这与较大的 C—C 键强度有关。另外，碳纳米管的热电(thermopower, TEP)性能[53]也是相关研究领域之一，由于它的 TEP 性能对周围气体的吸附非常敏感，因此可以用于制备气体传感器。

### 1.3.5　碳纳米管的场致发射性能

　　在固体内部存在着大量的电子，而这些电子都被一定的表面势垒束缚在固体内部。只有在一定的外界能量作用下或通过消除电子束缚的办法，才能使电子从固体内部通过表面向真空逸出，这种现象称为电子逸出或电子发射。电子发射是真空电子技术的基础，各种真空电子器件如电子枪、微波管、微波源、气体放电器件、真空显示器件、光电转换成像器件等都是以此为电子源。场致发射是指利用强电场在表面上形成隧道效应而将固体内部的电子拉到真空中，是一种实现大功率密度电子流的有效方法。自 20 世纪 90 年代后期以来，场致发射材料研究的热点集中到碳纳米管材料。纳米级的尖端、大长径比、高强度、高韧性、良好的热稳定性和导电导热性，使碳纳米管具备了高性能场发射材料的基本特征。在各种条件下的测试结果均表明碳纳米管是优异的场发射材料[54]，具有突出的开启电场、阈值、场发射电流密度、稳定性等，显示出良好的应用前景。目前，碳纳米管在场发射平板显示器、场发射电子枪等方面已经有产品问世，这表明了碳纳米管在场发射领域的巨大发展潜力[55]。

　　以上提到的是碳纳米管的性质和应用中几个最有特色的研究领域，并不能涵盖碳纳米管的全部性质。在本书的 2.3 节中还将对其性质做进一步的介绍。

　　综上所述，碳纳米管具有独特的一维管式结构和丰富多样的细分结构。根据其管壁数、直径、手性等具体结构参数的不同，碳纳米管可呈现优异而各具特色的电学、力学、光学、热学等性能，这使得碳纳米管既具有重要的基础研究价值，又具有极为广阔的应用前景。正是其独特的结构、优异的性能和广泛的应用价值，吸引了全世界众多优秀的科学家对碳纳米管的研究倾注了巨大热情，并取得了很多振奋人心的成就。过去的 20 余年，人们在碳纳米管的制备、性能研究和应用方面都取得了长足的进步，例如，通过精准控制催化剂结构实现了特定手性碳纳米管的高选择性生长，成功制备了世界第一台碳纳米管计算机等。尽管如此，仍有很多问题尚待解决。制备决定未来，结构决定性质，这使得碳纳米管的结构可控制备决定了其在实际应用中的发展进程，特别是针对碳纳米管在微纳电子学领域的应用来说，碳纳米管结构的精准可控制备极为关键。在碳纳米管的制备方面，尽管人们已经找到了某些特定结构碳纳米管的选择性制备方法，但是仍未能实现根据需求对碳纳米管管径、导电属性、手性的精准合成。未来不仅要求建立精准的合成方法，还需要在此基础上实现特定结构碳纳米管的批量化制备。无论考虑精准合成还是批量制备，化学气相沉积法都是一种极具潜力的碳纳米管制备方法。本书聚焦于碳纳米管的化学气相沉积法结构控制制备，将由浅入深，从碳纳米管的基本结构、表征方法及性质出发，介绍碳纳米管化学气相沉积法生长的基本原理与技术，总结碳纳米管在水平阵列、垂直阵列、宏观体的控制制备方面的技术现状，分析和讨论其在导电属性与手性的选择性制备方面的进展与机遇，最后对碳纳米管结构控制制备技术的未来发展进行展望。

1959 年，著名物理学家费曼曾预言："如果有一天人们可以按照自己的意愿排列原子和分子，那将会造就什么样的奇迹？"这是关于纳米技术最初的梦想。事实上，在预言不到 60 年的今天，人们已经实现了对某些原子和分子的操纵和排列。我们有理由相信，终有一天，人类将可以按照自己的意愿排列碳原子，实现特定结构碳纳米管的精准合成，进而实现批量化生产，这无疑会大大推动碳纳米管的实用化进程，使其真正造福于世界和人类。

## 参 考 文 献

[1] Kroto H W, Heat J R, O'Brien S C, Curl R F, Smalley R E. C60: Buckminsterfullerene. Nature, 1985, 318: 162.

[2] Iijima S. Helical microtubules of graphitic carbon. Nature, 1991, 354: 56.

[3] Novoselov K S, Geim A K, Morozov S V, Jiang D, Zhang Y, Dubonos S V, Grigorieva I V, Firsov A A. Electric field effect in atomically thin carbon films. Science, 2004, 306(5696): 666-669.

[4] Iijima S, Ichihashi T. Single-shell carbon nanotubes of 1-nm diameter. Nature, 1993, 363: 603.

[5] Bethune D S, Klang C H, Vries M S, Gorman G, Savoy R, Vazquez J, Beyers R. Cobalt-catalysed growth of carbon nanotubes with single-atomic-layer walls. Nature, 1993, 363: 605.

[6] (a) Liang Y X, Wang T H. A double-walled carbon nanotube field-effect transistor using the inner shell as its gate. Physica E-Low-Dimensional Systems & Nanostructures, 2004, 23(1-2): 232-236; (b) Kim Y A, Muramatsu H, Hayashi T, Endo M, Terrones M, Dresselhaus M S. Fabrication of high-purity, double-walled carbon nanotube buckypaper. Chemical Vapor Deposition, 2006, 12(6): 327; (c) Tu Z C, Ou-Yang Z C. A molecular motor constructed from a double-walled carbon nanotube driven by temperature variation. Journal of Physics-Condensed Matter, 2004, 16(8): 1287-1292; (d) Qiu H X, Shi Z J, Zhang S L, Gu Z N, Qiu J S. Synthesis and Raman scattering study of double-walled carbon nanotube peapods. Solid State Communications, 2006, 137(12): 654-657.

[7]   Tang Z K, Sun H D, Wang J, Chen J, Li G. Mono-sized single-wall carbon nanotubes formed in channels of AlPO$_{4-5}$ single crystal. Applied Physics Letters, 1998, 73(16): 2287-2289.

[8]   (a) Huang S M, Woodson M, Smalley R, Liu J. Growth mechanism of oriented long single walled carbon nanotubes using "fast-heating" chemical vapor deposition process. Nano Letters, 2004, 4(6): 1025-1028;(b) Huang S M, Cai X Y,Liu J. Growth of millimeter-long and horizontally aligned single-walled carbon nanotubes on flat substrates. Journal of the American Chemical Society, 2003, 125(19): 5636-5637;(c) Liu J. Growth of ultralong and aligned single walled carbon nanotubes using a "fast heating" chemical vapor deposition method. Abstracts of Papers of the American Chemical Society, 2004, 227: U273;(d) Huang L M, Cui X D, White B, O'Brien S P. Long and oriented single-walled carbon nanotubes grown by ethanol chemical vapor deposition. Journal of Physical Chemistry B, 2004, 108(42): 16451-16456;(e) Kim W, Choi H C, Shim M, Li Y M, Wang D W, Dai H J. Synthesis of ultralong and high percentage of semiconducting single-walled carbon nanotubes. Nano Letters, 2002, 2(7): 703-708;(f) Zheng L X, O'Connell M J, Doorn S K, Liao X Z, Zhao Y H, Akhadov E A, Hoffbauer M A, Roop B J, Jia Q X, Dye R C, Peterson D E, Huang S M, Liu J, Zhu Y T. Ultralong single-wall carbon nanotubes. Nature Materials, 2004, 3(10): 673-676;(g) Zhang R F, Zhang Y Y, Zhang Q, Xie H H, Qian W Z, Wei F. Growth of half-meter long carbon nanotubes based on schulz-flory distribution. ACS Nano, 2013, 7: 6156-6161;(h) Zhang R F, ZhangY Y, Wei F. Controlled synthesis of ultralong carbon nanotubes with perfect structures and extraordinary properties. Accounts of Chemical Research, 2017, 50(2): 179-189.

[9]   Dai H J. Carbon nanotubes: opportunities and challenges. Surface Science, 2002, 500(1-3): 218-241.

[10]  Paillet M,Michel T, Meyer J C, Popov V N, Henrard L, Roth S, Sauvajol J L. Raman active phonons of identified semiconducting single-walled carbon nanotubes. Physical Review Letters, 2006, 96(25): 257401.

[11]  (a) Kim P, Odom T W, Huang J L, Lieber C M. Electronic density of states of atomically resolved single-walled carbon nanotubes: Van Hove singularities and end states. Physical Review Letters, 1999, 82(6): 1225-1228;(b) Ouyang M, Huang J L, Cheung C L, Lieber C M. Atomically resolved single-walled carbon nanotube intramolecular junctions. Science, 2001, 291(5501): 97-100;(c) Wildoer J W G, Venema L C, Rinzler A G, Smalley R E, Dekker C. Electronic structure of atomically resolved carbon nanotubes. Nature, 1998, 391(6662): 59-62.

[12]  (a) Dresselhaus M S, Dresselhaus G, Saito R, Jorio A. Raman spectroscopy of carbon nanotubes. Physics Reports-Review Section of Physics Letters, 2005, 409(2): 47-99;(b) Zhang Y Y, Zhang J. Application of resonance Raman spectroscopy in the characterization of single-walled carbon nanotubes. Acta Chimica Sinica, 2012, 70(22): 2293-2305.

[13]  (a) Zhang R F, Zhang Y Y, Zhang Q, Xie H H, Wang H D, Nie J Q, Wen Q, Wei F. Optical visualization of individual ultralong carbon nanotubes by chemical vapour deposition of titanium dioxide nanoparticles. Nature Communication, 2013, 4(4):1727;(b) Jian M Q, Xie H H, Wang Q, Xia K L, Yin Z, Zhang M Y, Deng N Q, Wang L N, Ren T L, Zhang Y Y. Volatile-nanoparticle-assisted optical visualization of individual carbon nanotubes and other nanomaterials. Nanoscale, 2016, 8(27): 13437-13444.

[14]  Zhao X, Ohkohchi M, Wang M, Iijima S, Ichihashi T, Ando Y. Preparation of high-grade carbon nanotubes by hydrogen arc discharge. Carbon, 1997, 35(6): 775-781.

[15]  Thess A, Lee R, Nikolaev P, Dai H J, Petit P, Robert J, Xu C H, Lee Y H, Kim S G, Rinzler A G, Colbert D T, Scuseria G E, Tomanek D, Fischer J E, Smalley R E. Crystalline ropes of metallic carbon nanotubes. Science, 1996, 273(5274): 483-487.

[16]  Kong J, Soh H T, Cassell A M, Quate C F, Dai H J. Synthesis of individual single-walled carbon nanotubes on patterned silicon wafers. Nature, 1998, 395(6705): 878-881.

[17]  Krätschmer W, Lamb L D, Fostiropolos K, Huffman D R. Solid C$_{60}$: a new form of carbon. Nature, 1990, 347: 354.

[18]  (a) Seraphin S, Zhou D. Single-walled carbon nanotubes produced at high yield by mixed catalysts. Applied Physics Letters, 1994, 64(16): 2087-2089;(b) Journet C, Bernier P. Production of carbon nanotubes. Applied physics A: Materials Science & Processing ,1998, 67(1): 1-9;(c) Journet C, Maser W, Bernier P, Loiseau A, de la

Chapelle M L, Lefrant D L S, Deniard P, Lee R, Fischer J. Large-scale production of single-walled carbon nanotubes by the electric-arc technique. Nature, 1997, 388 (6644): 756-758; (d) Guerret-Piecourt C, le Bouar Y, Loiseau A, Pascard H. Relation between metal electronic structure and morphology of metal compounds inside carbon nanotubes. Nature, 1994, 372 (6508): 761.

[19]　(a) Loutfy R, Lowe T, Hutchison J, Kiselev N, Zakharov D, Krinichnaya E, Muradyan V, Tarasov B, Moravsky A. A Dissolution-Precipitation Model for Single-Walled Carbon Nanotubes Formation in the Arc. IWFAC'99, 1999, 109; (b) Gavillet J, Loiseau A, Ducastelle F, Thair S, Bernier P, Stephan O, Thibault J, Charlier J C. Microscopic mechanisms for the catalyst assisted growth of single-wall carbon nanotubes. Carbon, 2002, 40 (10): 1649-1663; (c) Saito Y, Okuda M, Fujimoto N, Yoshikawa T, Tomita M, Hayashi T. Single-wall carbon nanotubes growing radially from Ni fine particles formed by arc evaporation. Japanese Journal of Applied Physics, 1994, 33 (4A): L526.

[20]　Liu C, Cong H, Li F, Tan P, Cheng H, Lu K, Zhou B. Semi-continuous synthesis of single-walled carbon nanotubes by a hydrogen arc discharge method. Carbon, 1999, 37 (11): 1865-1868.

[21]　Guo T, Nikolaev P, Rinzler A G, Tomanek D, Colbert D T, Smalley R E. Self-assembly of tubular fullerenes. Journal of Physical Chemistry, 1995, 99 (27): 10694-10697.

[22]　(a) Puretzky A, Geohegan D, Fan X, Pennycook S. Dynamics of single-wall carbon nanotube synthesis by laser vaporization. Applied Physics A, 2000, 70 (2): 153-160; (b) Puretzky A, Geohegan D, Fan X, Pennycook S. *In situ* imaging and spectroscopy of single-wall carbon nanotube synthesis by laser vaporization. Applied Physics Letters, 2000, 76 (2): 182-184; (c) Yudasaka M, Ichihashi T, Komatsu T, Iijima S. Single-wall carbon nanotubes formed by a single laser-beam pulse. Chemical Physics Letters, 1999, 299 (1): 91-96; (d) Kokai F, Takahashi K, Yudasaka M, Yamada R, Ichihashi T, Iijima S. Growth dynamics of single-wall carbon nanotubes synthesized by $CO_2$ laser vaporization. The Journal of Physical Chemistry B, 1999, 103 (21): 4346-4351; (e) Sen R, Ohtsuka Y, Ishigaki T, Kasuya D, Suzuki S, Kataura H, Achiba Y. Time period for the growth of single-wall carbon nanotubes in the laser ablation process: evidence from gas dynamic studies and time resolved imaging. Chemical Physics Letters, 2000, 332 (5): 467-473.

[23]　(a) Munoz E, Benito A M, Estepa L C, Fernandez J, Maniette Y, Martinez M T, de la Fuente G F. Structures of soot generated by laser induced pyrolysis of metal-graphite composite targets. Carbon, 1998, 36 (5-6): 525-528; (b) Maser W K, Munoz E, Benito A M, Martınez M T, de la Fuente G F, Maniette Y, Anglaret E, Sauvajol J L. Production of high-density single-walled nanotube material by a simple laser-ablation method. Chemical Physics Letters, 1998, 292 (4): 587-593.

[24]　(a) Laplaze D, Bernier P, Maser W K, Flamant G, Guillard T, Loiseau A. Carbon nanotubes: the solar approach. Carbon, 1998, 36 (5): 685-688; (b) Anglaret E, Bendiab N, Guillard T, Journet C, Flamant G, Laplaze D, Bernier P, Sauvajol J L. Raman characterization of single wall carbon nanotubes prepared by the solar energy route. Carbon, 1998, 36 (12): 1815-1820.

[25]　Laughlin W T, Lo E Y. A numerical simulation of pulsed laser deposition. MRS Online Proceedings Library Archive, 1994, 354: 1946-4274.

[26]　(a) Kataura H, Kumazawa Y, Maniwa Y, Ohtsuka Y, Sen R, Suzuki S, Achiba Y. Diameter control of single-walled carbon nanotubes. Carbon, 2000, 38 (11): 1691-1697; (b) Yudasaka M, Ichihashi T, Iijima S. Roles of laser light and heat in formation of single-wall carbon nanotubes by pulsed laser ablation of $C_xNi_yCo_y$ targets at high temperature. The Journal of Physical Chemistry B, 1998, 102 (50): 10201-10207; (c) Gorbunov A, Jost O, Pompe W, Graff A. Solid-liquid-solid growth mechanism of single-wall carbon nanotubes. Carbon, 2002, 40 (1): 113-118.

[27]　Gorbunov A A, Friedlein R, Jost O, Golden M S, Fink J, Pompe W. Gas-dynamic consideration of the laser evaporation synthesis of single-wall carbon nanotubes. Applied Physics A: Materials Science & Processing, 1999, 69 (7): S593-S596.

[28]　(a) Yudasaka M, Kokai F, Takahashi K, Yamada R, Sensui N, Ichihashi T, Iijima S. Formation of single-wall

carbon nanotubes: comparison of $CO_2$ laser ablation and Nd:YAG laser ablation. The Journal of Physical Chemistry B, 1999, 103 (18): 3576-3581; (b) Yudasaka M, Yamada R, Sensui N, Wilkins T, Ichihashi T, Iijima S. Mechanism of the effect of NiCo, Ni and Co catalysts on the yield of single-wall carbon nanotubes formed by pulsed Nd: YAG laser ablation. The Journal of Physical Chemistry B, 1999, 103 (30): 6224-6229.

[29]  (a) Lee S J, Baik H K, Yoo J E, Han J H. Large scale synthesis of carbon nanotubes by plasma rotating arc discharge technique. Diamond and Related Materials, 2002, 11 (3): 914-917; (b) Eklund P C, Pradhan B K, Kim U J, Xiong Q, Fischer J E, Friedman A D, Holloway B C, Jordan K, Smith M W. Large-scale production of single-walled carbon nanotubes using ultrafast pulses from a free electron laser. Nano Letters, 2002, 2 (6): 561-566.

[30]  Gogotsi Y, Libera J A, Yoshimura M. Hydrothermal synthesis of multiwall carbon nanotubes. Journal of Materials Research, 2000, 15 (12): 2591-2594.

[31]  Height M J, Howard J B, Tester J W, Vander Sande J B. Flame synthesis of single-walled carbon nanotubes. Carbon, 2004, 42 (11): 2295-2307.

[32]  Lee D C, Mikulec F V, Korgel B A. Carbon nanotube synthesis in supercritical toluene. Journal of the American Chemical Society, 2004, 126 (15): 4951-4957.

[33]  Wang H, Chhowalla M, Sano N, Jia S, Amaratunga G. Large-scale synthesis of single-walled carbon nanohorns by submerged arc. Nanotechnology, 2004, 15 (5): 546.

[34]  Kordatos K, Vlasopoulos A, Strikos S, Ntziouni A, Gavela S, Trasobares S, Kasselouri-Rigopoulou V. Synthesis of carbon nanotubes by pyrolysis of solid Ni (dmg) $_2$. Electrochimica Acta, 2009, 54 (9): 2466-2472.

[35]  Laplaze D, Bernier P, Maser W, Flamant G, Guillard T, Loiseau A. Carbon nanotubes: the solar approach. Carbon, 1998, 36 (5): 685-688.

[36]  张树辰. 手性可预测的单壁碳纳米管水平阵列的控制生长方法研究. 北京: 北京大学博士学位论文, 2017.

[37]  Bockrath M, Cobden D H, McEuen P L, Chopra N G, Zettl A, Thess A, Smalley R E. Single-electron transport in ropes of carbon nanotubes. Science, 1997, 275 (5308): 1922-1925.

[38]  Lin Y M, Appenzeller J, Chen Z H, Chen Z G, Cheng H M, Avouris P. High-performance dual-gate carbon nanotube FETs with 40-nm gate length. IEEE Electron Device Letters, 2005, 26 (11): 823-825.

[39]  Tans S J, Verschueren A R M, Dekker C. Room-temperature transistor based on a single carbon nanotube. Nature, 1998, 393 (6680): 49-52.

[40]  Lin Y M, Appenzeller J, Knoch J, Avouris P. High-performance carbon nanotube field-effect transistor with tunable polarities. IEEE Transactions on Nanotechnology, 2005, 4 (5): 481-489.

[41]  Franklin A D, Luisier M, Han S J, Tulevski G, Breslin C M, Gignac L, Lundstrom M S, Haensch W. Sub-10 nm carbon nanotube transistor. Nano Letters, 2012, 12 (2): 758-762.

[42]  Qiu C G, Z Z, Xiao M M, Yang Y J, Zhong D L, Peng L M. Scaling carbon nanotube complementary transistors to 5-nm gate lengths. Science, 2017, 355 (6322): 271-276.

[43]  (a) Treacy M J, Ebbesen T, Gibson J. Exceptionally high Young's modulus observed for individual carbon nanotubes. Nature, 1996, 381 (6584): 678; (b) Xie S, Li W, Pan Z, Chang B, Sun L. Mechanical and physical properties on carbon nanotube. Journal of Physics and Chemistry of Solids, 2000, 61 (7): 1153-1158; (c) Salvetat J P, Bonard J M, Thomson N, Kulik A, Forro L, Benoit W, Zuppiroli L. Mechanical properties of carbon nanotubes. Applied Physics A, 1999, 69 (3): 255-260; (d) Walters D, Ericson L, Casavant M, Liu J, Colbert D, Smith K, Smalley R. Elastic strain of freely suspended single-wall carbon nanotube ropes. Applied Physics Letters, 1999, 74 (25): 3803-3805; (e) Wei C, Cho K, Srivastava D. Tensile strength of carbon nanotubes under realistic temperature and strain rate. Physical Review B, 2003, 67 (11): 115407; (f) Yu M F, Lourie O, Dyer M J, Moloni K, Kelly T F, Ruoff R S. Strength and breaking mechanism of multiwalled carbon nanotubes under tensile load. Science, 2000, 287 (5453): 637-640.

[44]  Yu M F, Files B S, Arepalli S, Ruoff R S. Tensile loading of ropes of single wall carbon nanotubes and their mechanical properties. Physical Review Letters, 2000, 84 (24): 5552.

[45]  (a) Zhang X, Jiang K, Feng C, Liu P, Zhang L, Kong J, Zhang T, Li Q, Fan S. Spinning and processing continuous

yarns from 4-inch wafer scale super-aligned carbon nanotube arrays. Advanced Materials, 2006, 18(12): 1505-1510; (b) Zhang R, Wen Q, Qian W, Su D S, Zhang Q, Wei F. Superstrong ultralong carbon nanotubes for mechanical energy storage. Advanced Materials, 2011, 23(30): 3387-3391.

[46] Edwards B C. Design and deployment of a space elevator. Acta Astronautica, 2000, 47(10): 735-744.

[47] (a) Akita S, Nakayama Y. Scanning probe microscope tip with carbon nanotube truss. Japanese Journal of Applied Physics Part 1-Regular Papers Short Notes & Review Papers, 2004, 43(7B): 4499-4501; (b) Okazaki A, Akita S, Nakayama Y. Scanning probe microscope lithography of silicon using a combination of a carbon nanotube tip and a polysilane film as a mask. Japanese Journal of Applied Physics Part 1-Regular Papers Short Notes & Review Papers, 2002, 41(7B): 4973-4975; (c) Akita S, Nishijima H, Nakayama Y, Tokumasu F, Takeyasu K. Carbon nanotube tips for a scanning probe microscope: their fabrication and properties. Journal of Physics D-Applied Physics, 1999, 32(9): 1044-1048.

[48] Poncharal P, Wang Z, Ugarte D, de Heer W A. Electrostatic deflections and electromechanical resonances of carbon nanotubes. Science, 1999, 283(5407): 1513-1516.

[49] (a) Bachilo S M, Strano M S, Kittrell C, Hauge R H, Smalley R E, Weisman R B. Structure-assigned optical spectra of single-walled carbon nanotubes. Science, 2002, 298(5602): 2361-2366; (b) Lefebvre J, Austing D G, Bond J, Finnie P. Photoluminescence imaging of suspended single-walled carbon nanotubes. Nano Letters, 2006, 6(8): 1603-1608; (c) Lefebvre J, Fraser J M, Homma Y, Finnie P. Photoluminescence from single-walled carbon nanotubes: a comparison between suspended and micelle-encapsulated nanotubes. Applied Physics A-Materials Science & Processing, 2004, 78(8): 1107-1110.

[50] (a) Guo J, Alam M A, Yoon Y. Theoretical investigation on photoconductivity of single intrinsic carbon nanotubes. Applied Physics Letters, 2006, 88(13): 133111; (b) Levitsky I A, Euler W B. Photoconductivity of single-wall carbon nanotubes under continuous-wave near-infrared illumination. Applied Physics Letters, 2003, 83(9): 1857-1859; (c) Fujiwara A, Matsuoka Y, Matsuoka Y, Suematsu H, Ogawa N, Miyano K, Kataura H, Maniwa Y, Suzuki S, Achiba Y. Photoconductivity of single-wall carbon nanotube films. Carbon, 2004, 42(5-6): 919-922; (d) Qiu X H, Freitag M, Perebeinos V, Avouris P. Photoconductivity spectra of single-carbon nanotubes: implications on the nature of their excited states. Nano Letters, 2005, 5(4): 749-752; (e) Freitag M, Martin Y, Misewich J A, Martel R, Avouris P H. Photoconductivity of single carbon nanotubes. Nano Letters, 2003, 3(8): 1067-1071.

[51] (a) Freitag M, Tsang J C, Kirtley J, Carlsen A, Chen J, Troeman A, Hilgenkamp H, Avouris P. Electrically excited, localized infrared emission from single carbon nanotubes. Nano Letters, 2006, 6(7): 1425-1433; (b) Chen J, Perebeinos V, Freitag M, Tsang J, Fu Q, Liu J, Avouris P. Bright infrared emission from electrically induced excitons in carbon nanotubes. Science, 2005, 310(5751): 1171-1174; (c) Misewich J A, Martel R, Avouris P, Tsang J C, Heinze S, Tersoff J. Electrically induced optical emission from a carbon nanotube FET. Science, 2003, 300(5620): 783-786.

[52] Li C Y, Chou T W. Axial and radial thermal expansions of single-walled carbon nanotubes. Physical Review B, 2005, 71(23): 235414.

[53] Dresselhaus M S, Dresselhaus G, Jorio A. Unusual properties and structure of carbon nanotubes. Annual Reviews Material Research, 2004, 34: 247.

[54] (a) Saito Y, Hamaguchi K, Hata K, Tohji K, Kasuya A, Nishina Y, Uchida K, Tasaka Y, Ikazaki F, Yumura M. Field emission from carbon nanotubes; purified single-walled and multi-walled tubes. Ultramicroscopy, 1998, 73(1-4): 1-6; (b) Bonard J M, Maier F, Stockli T, Chatelain A, de Heer W A, Salvetat J P, Forro L. Field emission properties of multiwalled carbon nanotubes. Ultramicroscopy, 1998, 73(1-4): 7-15; (c) Fan S S, Chapline M G, Franklin N R, Tombler T W, Cassell A M, Dai H J. Self-oriented regular arrays of carbon nanotubes and their field emission properties. Science, 1999, 283(5401): 512-514; (d) Bonard J M, Stockli T, Maier F, de Heer W A, Chatelain A, Salvetat J P, Forro L. Field-emission-induced luminescence from carbon nanotubes. Physical Review Letters, 1998, 81(7): 1441-1444; (e) Bonard J M, Dean K A, Coll B F, Klinke C. Field emission of individual

carbon nanotubes in the scanning electron microscope. Physical Review Letters, 2002, 89(19): 197602; (f) Son Y W, Oh S, Ihm J, Han S. Field emission properties of double-wall carbon nanotubes. Nanotechnology, 2005, 16(1): 125-128; (g) Zhu J, Mao D J, Cao A Y, Liang J, Wei B Q, Xu C L, Wu D H, Peng Z A, Zhu B H, Chen Q L. Field emission of carbon nanotubes on Mo tip. Materials Letters, 1998, 37(3): 116-118; (h) Groning O, Kuttel O M, Emmenegger C, Groning P, Schlapbach L. Field emission properties of carbon nanotubes. Journal of Vacuum Science & Technology B, 2000, 18(2): 665-678; (i) Kim J M, Choi W B, Lee N S, Jung J E. Field emission from carbon nanotubes for displays. Diamond and Related Materials, 2000, 9(3-6): 1184-1189; (j) Fransen M J, van Rooy T L, Kruit P. Field emission energy distributions from individual multiwalled carbon nanotubes. Applied Surface Science, 1999, 146(1-4): 312-327; (k) Saito Y, Hamaguchi K, Mizushima R, Uemura S, Nagasako T, Yotani J, Shimojo T. Field emission from carbon nanotubes and its application to cathode ray tube lighting elements. Applied Surface Science, 1999, 146(1-4): 305-311; (l) Saito Y, Hamaguchi K, Uemura S, Uchida K, Tasaka Y, Ikazaki F, Yumura M, Kasuya A, Nishina Y. Field emission from multi-walled carbon nanotubes and its application to electron tubes. Applied Physics A-Materials Science & Processing, 1998, 67(1): 95-100; (m) Anonymous. Use of carbon nanotubes in field emission displays. American Ceramic Society Bulletin, 2003, 82(11): 4-4.

[55] 成会明. 纳米碳管制备、结构、物性及应用. 北京: 化学工业出版社, 2002.

# 第2章

## 碳纳米管的结构、表征及性质

结构决定性质，性质决定应用。与其他碳材料（如富勒烯或石墨烯）相比，碳纳米管具有多种多样的几何构型，且不同结构的碳纳米管之间性质差异非常大。因此，表征碳纳米管结构显得至关重要。碳纳米管的结构多样性既赋予了其极为丰富的物理、化学性质，使其在多个领域具有巨大的潜在应用价值，同时也为其结构控制制备和表征带来了极大的困难和挑战。本章将从碳纳米管的结构（包括几何结构、电子结构和声子结构）出发，介绍碳纳米管结构的表征方法，并讨论各种表征方法的特点和适用范围；最后，对几何结构所赋予碳纳米管的各种性质（包括电学、力学、热学、光学和化学性质）进行全面介绍。了解碳纳米管的结构，掌握碳纳米管所具有的基本性质，并学会选择适当的表征手段对其进行表征，是进一步研究和应用碳纳米管的基础。

## 2.1 碳纳米管的结构

顾名思义，碳纳米管可以看作是由石墨片层卷曲而成的无缝中空管，其径向尺寸为纳米尺度。在结构完美的碳纳米管中，碳原子通过 $sp^2$ 杂化与周围 3 个碳原子相连，形成由六元环拼接而成的网络结构，仅在端帽处存在五元环。碳纳米管中的碳碳键键长为 0.142 nm，与石墨烯极为相似。

根据构成碳纳米管石墨片的层数，通常将碳纳米管分为单壁碳纳米管和多壁碳纳米管两大类。单壁碳纳米管的管壁只有一层碳原子，其管径通常较小（通常为 0.5～3 nm）；而多壁碳纳米管可以看作是由多层单壁碳纳米管形成的共轴结构，根据其层数的不同，其管径可从 2 nm 左右到数百纳米。由于石墨片层弯曲的几何结构限制，多壁碳纳米管的层间距大约为 0.347 nm，略大于单晶石墨片层的层间距（0.335 nm）。此外，不同于单晶石墨中每一层石墨烯严格的 AB 或 ABC 堆垛结构，多壁碳纳米管层与层之间的六元环结构不存在完美的堆垛方式。

本节将首先对碳纳米管的几何结构进行描述，并结合理论计算给出碳纳米管的电子结构和声子结构。由于层间的耦合作用，多壁碳纳米管的电子结构和声子结构极其复杂，难以定量描述。因此，如无特殊强调，本章所讨论的碳纳米管均指单壁碳纳米管。

### 2.1.1　碳纳米管的几何结构

单壁碳纳米管可以理解为由单层石墨烯纳米带卷曲而成的无缝管状材料，这一单层石墨烯的结构可以用一组矢量来描述。如图 2-1 所示，在石墨烯的晶格中选取任意一个苯环上位于间位的两个碳原子，即可定义一个方向水平向右的矢量，记作单位矢量 $a_1$；将该矢量逆时针旋转 $60^\circ$，即可得到另一单位矢量 $a_2$（不难看出，该矢量也连接了相邻苯环上的两个间位碳原子）。以这两个矢量为基矢，可以将连接任意两个碳原子的矢量 $C_h$ 分解成上述两矢量加和的形式：

$$C_h = na_1 + ma_2 \tag{2-1}$$

其中，$n$ 与 $m$ 均为整数。此时，如果将石墨烯沿垂直于 $C_h$ 的方向进行剪切，得到宽度为 $|C_h|$ 的石墨烯纳米带并将其卷曲，其剪切线两边可以完全重合。在不考虑轴向长度且 $n$ 和 $m$ 都取正值的情况下，通过上述方法卷曲得到的碳纳米管结构是可以由唯一确定的矢量 $(n, m)$ 进行标识的，因此 $(n, m)$ 称为碳纳米管的手性指数（chiral index），$C_h$ 为碳纳米管的手性矢量。

如果在石墨烯纳米片上标识出一条锯齿型碳链，如图 2-1 所示，可以发现当石墨烯纳米片卷曲为碳纳米管时，其碳链在多数情况下呈现螺旋状，类似于螺丝钉上的螺纹，这样的锯齿型碳链在每根碳纳米管中可以找到互成 $60°$ 的三条。特别地，当 $m=0$ 时，三条锯齿型碳链中有一条与碳纳米管轴向垂直，形成一个闭合

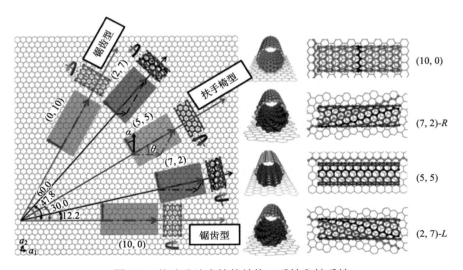

图 2-1　单壁碳纳米管的结构、手性和轴手性

的环,而另外两条呈镜像对称,这种碳纳米管称为锯齿型碳纳米管;而当 $n=m$ 时,三条碳链中有一条与碳纳米管轴向平行而非螺旋形,另外两条同样呈镜像对称,此时碳纳米管的横截面断口呈现扶手椅状,称为扶手椅型碳纳米管。上述两种碳纳米管统称非手性(achiral)碳纳米管。除非手性碳纳米管外,其他碳纳米管都统称为手性(chiral)碳纳米管。

虽然单壁碳纳米管的结构可以由手性指数 $(n, m)$ 唯一确定,但是通常手性指数并不能很直观地给出碳纳米管的结构信息。因此,可以更加直观地利用碳纳米管的直径 $d$ 和手性角 $\theta$ 来描述其结构。碳纳米管的直径即为石墨烯片层所围成的圆柱体的直径,而手性角则定义为手性矢量 $C_h$ 与单位矢量 $a_1$ 的夹角。$d$、$\theta$ 与 $(n, m)$ 的关系可由式(2-2)和式(2-3)计算得到:

$$d = \frac{a_{C-C}}{\pi} \sqrt{n^2 + nm + m^2} \tag{2-2}$$

$$\theta = \tan^{-1} \left[ \frac{\sqrt{3}m}{2n + m} \right] \tag{2-3}$$

其中,$a_{C-C}$ 为石墨烯中碳碳键键长,通常取值为 0.142 nm。

从上式可以看出,如果将 $(n, m)$ 看作是坐标轴夹角为 60° 的二维笛卡儿坐标系下的矢量,则 $(d, \theta)$ 就是该矢量的极坐标表示。因此,$(d, \theta)$ 也可以唯一表示碳纳米管的结构。对于锯齿型碳纳米管,$\theta=0°$;而对于扶手椅型碳纳米管,$\theta=30°$。对于互为旋光异构体的一对手性碳纳米管 $(n, m)$ 和 $(m, n)$ 来说,其直径 $d$ 完全相同,而手性角 $\theta$ 之和为 60°。

$(n, m)$ 碳纳米管与 $(m, n)$ 碳纳米管在几何结构上极其相似,导致二者绝大部分物理、化学性质完全相同,因此通常不加以区分。在本书中,如无特殊强调,碳纳米管手性指的是手性指数 $(n, m)$ 而非旋光性;在讨论碳纳米管的结构时,默认 $n \geqslant m \geqslant 0$,螺旋角 $0° \leqslant \theta \leqslant 30°$。

## 2.1.2　碳纳米管的电子结构

由于碳纳米管在结构上和石墨烯有相似之处,因此其电子结构也可以从石墨烯出发进行推导[1]。

石墨烯的能带结构可以使用紧束缚理论进行推导。石墨烯中每个碳原子有四个价电子,其中三个分别占据三个 $sp^2$ 杂化轨道并与其他碳原子形成 σ 键,而第四个则占据垂直于石墨烯平面的 p 轨道形成离域 π 键。由于石墨烯平面内的原子轨道和 $p_z$ 轨道没有相互作用,因此其 σ 能带和 π 能带可以分别考虑,这样大大简化了计算过程。若将每个石墨烯单胞中包含的两个碳原子分别标记为 A 和 B,则可以构建定域于这两个原子之间的布洛赫(Bloch)波:

$$\varphi_{A,B} = \frac{1}{\sqrt{2}} \sum_{R_{A,B}} \exp(i\mathbf{k} \cdot \mathbf{R}_{A,B}) p_z^{1,2}(\mathbf{r} - \mathbf{R}_{A,B}) \tag{2-4}$$

其中，$\mathbf{k}$ 为波矢；$\mathbf{R}$ 为晶格点阵的位置，因而其紧束缚方程可以写成 $2 \times 2$ 的矩阵方程，其哈密顿矩阵元 $H$ 与重叠矩阵元 $S$ 可以分别写为

$$H_{i,i} \approx \frac{1}{2} \sum_{R_i} \langle p_z^i(\mathbf{r} - \mathbf{R}_i) | \hat{H} | p_z^i(\mathbf{r} - \mathbf{R}_i) \rangle = \varepsilon_{2p}, \quad i = A, B \tag{2-5}$$

$$S_{i,i} \approx \frac{1}{2} \sum_{R_i} \langle p_z^i(\mathbf{r} - \mathbf{R}_i) | p_z^i(\mathbf{r} - \mathbf{R}_i) \rangle = 1, \quad i = A, B \tag{2-6}$$

进一步考虑非对角矩阵元。考虑到以 A 为中心存在三个最邻近 B 原子，其非对角的哈密顿矩阵元可以写为

$$H_{A,B} \approx \frac{1}{N} \sum_{R_i} \sum_{j=1}^{3} \exp(i\mathbf{k} \cdot \mathbf{r}_j) \langle p_z^i(\mathbf{r} - \mathbf{R}_i) | \hat{H} | p_z^i(\mathbf{r} - \mathbf{R}_i - \mathbf{r}_j) \rangle = tf(\mathbf{k}) \tag{2-7}$$

其中，

$$t = \langle P_z^A(\mathbf{r}) | \hat{H} | P_z^A(\mathbf{r} - \mathbf{r}_j) \rangle, \quad j = 1, 2, 3 \tag{2-8}$$

$$f(\mathbf{k}) = \exp(ik_x a / \sqrt{3}) + 2\exp(-ik_x a / 2\sqrt{3})\cos(k_y a / 2) \tag{2-9}$$

其中，$a$ 为单位矢量的长度。类似地，非对角的重叠矩阵元也可以推导得到：

$$s = \langle p_z^A(\mathbf{r}) | p_z^A(\mathbf{r} - \mathbf{r}_j) \rangle \tag{2-10}$$

$$S_{A,B} = sf(\mathbf{k}) \tag{2-11}$$

这样，根据石墨烯的 π 电子的能量本征方程：

$$\begin{pmatrix} \varepsilon_{2p} - E & (t - sE)f(\mathbf{k}) \\ (t - sE)f^*(\mathbf{k}) & \varepsilon_{2p} - E \end{pmatrix} = 0 \tag{2-12}$$

可以求得石墨烯 π 电子的两个能带：

$$E_{\pm}(\mathbf{k}) = \frac{\varepsilon_{2p} \pm t\omega(\mathbf{k})}{1 \pm s\omega(\mathbf{k})} \tag{2-13}$$

其中，$E_+(\mathbf{k})$ 对应成键的 π 能带，而 $E_-(\mathbf{k})$ 对应反键的 $\pi^*$ 能带。二维石墨层在整个布里渊区的能量色散曲面如图 2-2(a) 所示。

σ 能带计算较为复杂，且计算结果表明碳纳米管费米能级附近并没有 σ 能带的参与，因此 σ 能带对碳纳米管的电学和化学性质影响不大，所以在本书中不做更多推导。

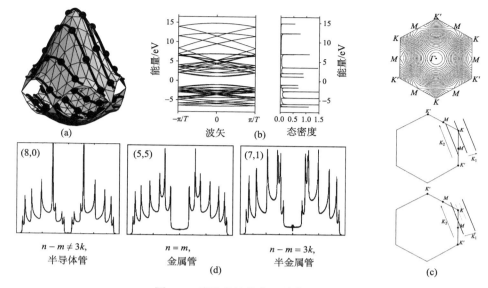

图 2-2 碳纳米管的电子结构示意图

(a)石墨烯的能带结构示意图及碳纳米管的切割线；(b)碳纳米管的能带结构示意图及态密度图；(c)石墨烯电子结构投影图和不同结构碳纳米管的切割平面示意图；(d)不同结构的碳纳米管态密度图[1]

当石墨烯卷曲为碳纳米管时，由于螺旋矢量 $C_h$ 方向上的周期性，在这个方向上的波矢是量子化的，即满足：

$$k \cdot C_h = 2\pi q, \quad q = 0, 1, 2, \cdots \tag{2-14}$$

在这种情况下，碳纳米管的能带结构可以简单地通过使用一系列等间距平面截石墨烯能量色散曲面的方法得到。这些平面的方向、间距由手性指数确定，如图 2-2(a)所示。将这些分割线沿着交点折叠投影后，即可得到碳纳米管的能带结构并对其电子态密度进行分析[图 2-2(b)]。在图 2-2(b)中可以看到很多尖锐的峰，这些峰称为范霍夫奇点，是一维材料的电子限域效应引起的。在费米能级附近的几个范霍夫奇点所对应的电子态参与了碳纳米管多数的物理和化学过程。

根据分割线的位置不同，碳纳米管费米能级处态密度可能为 0，也可能不为 0。因此，碳纳米管既可能呈半导体性，也可能呈金属性。当 $n-m$ 为 3 的整数倍时，碳纳米管费米能级位置态密度不为零，表现出金属性；如果 $n-m$ 为 3 的非整数倍，则碳纳米管费米能级附近的态密度为 0，此时表现为半导体性。一般还通过被 3 除的余数，即 $\mathrm{MOD}(n-m, 3)$ 的数值将半导体型碳纳米管分成 MOD1 和 MOD2 两类，这两类碳纳米管会呈现不同的变化趋势。

### 2.1.3 碳纳米管的声子结构

石墨烯的单胞由两个碳原子构成，因而有六个声子支：三个声学支和三个光学支[图 2-3(a)]，分别为面外横向声学支(oTA)、面内纵向声学支(iTA)、横向声学支(LA)、面外横向光学支(oTO)、面内纵向光学支(iTO)和横向光学支(LO)。声子频率-动量色散关系可以通过 X 射线散射、中子散射等途径进行测量[1]。如图所示，在 $\Gamma$ 点频率为零的三支是声学支，分别对应石墨烯在 $x$、$y$、$z$ 三个方向上的平移。

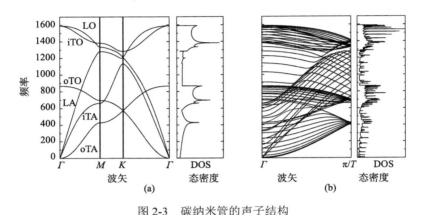

图 2-3　碳纳米管的声子结构

(a)石墨烯的声子能带结构和态密度图；(b)(10, 10) 碳纳米管的声子能带结构图和态密度图[1]

当石墨烯卷曲成碳纳米管后，由于其单胞变得很大，因此其声子结构变得十分复杂。其中，石墨烯的oTA成为径向呼吸振动模式(radial breathing mode，RBM)。图 2-3(b)给出了(10, 10)碳纳米管的声子态密度图，其中包括 120 个自由度，简并后包含 66 个声学支。与碳纳米管的电子结构类似，碳纳米管的声子态密度同样存在范霍夫奇点。除此之外，碳纳米管还表现出一些与石墨烯不同的性质，如具有四个声学支[1]。对于单壁碳纳米管的表征而言，全对称的 RBM 是表征其结构最为重要的振动模，其作用将在 2.2 节中予以进一步阐释。

## 2.2　碳纳米管的表征

本节将详细介绍碳纳米管结构的表征方法，并比较各方法的优缺点。在实际使用中，应根据样品性质和表征需求，合理地选取不同的方法或方法组合。

### 2.2.1　碳纳米管的形貌表征

虽然碳纳米管和石墨烯的组成相似，但碳纳米管的直径非常小(通常只有数纳米)，因此其光学散射截面远小于石墨烯。这就导致碳纳米管不能像石墨烯一样通过简单的光学显微镜进行直接观察。为了能够对碳纳米管样品进行后续表征、加工和测量，研究者需要一种方便、快捷的方法对碳纳米管的位置和大致形貌进行表征。本节将介绍碳纳米管宏观形貌(包括位置、长度、顺直性等)的表征手段。

## 1. 扫描电子显微镜

扫描电子显微镜(scanning electron microscope，SEM)是定位碳纳米管、表征碳纳米管形貌和位置最方便，也是最普遍应用的方法。当一束极细的高能入射电子轰击到样品表面时，被激发的区域将产生二次电子、俄歇电子、特征 X 射线和连续谱 X 射线、背散射电子、透射电子，以及在可见、紫外、红外光区域的电磁辐射。SEM 正是通过不同的检测器，对上述信息进行采集和分析。例如，对二次电子、背散射电子进行收集，可得到物质微观形貌的信息；对 X 射线进行采集，可得到物质化学成分的信息。如果碳纳米管和基底的材质不同，则其反映在 SEM 检测器上的衬度也会有所差异，因此可以很明显地观察到碳纳米管在基底上的位置；而如果基底材料和碳纳米管的材料相同(如石墨烯表面的碳纳米管)，则碳纳米管和基底在 SEM 下衬度几乎完全一样，这妨碍了碳纳米管形貌的观测，此时往往需要其他方法进行辅助。

受限于其工作原理，在 SEM 下观察到的碳纳米管管径没有实际意义，也无法通过碳纳米管的二次电子像对其手性进行分析。此外，当碳纳米管间距较小时，SEM 也无法对紧邻的几根管进行区分(理想的 SEM 分辨率可以达到纳米级，但通常受限于基底等方面的问题难以实现)，可以通过在样品表面喷金以改善碳纳米管的成像质量。

虽然 SEM 无法对碳纳米管的精细结构进行表征，但凭借简单和快捷的操作，SEM 在碳纳米管表征中仍起着极为关键的作用，如对碳纳米管进行定位和形貌表征[2-4]、测量碳纳米管水平阵列密度[5-7]、观察碳纳米管垂直阵列的顺直性[8, 9]及统计超长碳纳米管的长度等。近年来，研究者们也试图通过 SEM 获得更多碳纳米管的结构信息。例如，清华大学姜开利教授课题组[10]在碳纳米管两端加上电极，由于金属管的导电性优于半导体管，更容易将来自电极的电子导入正电荷富集的绝缘体表面，因此在 SEM 中的衬度更亮；该课题组还发现[11]当半导体碳纳米管和金属电极接触时，靠近电极的位置会因电子注入发生"点亮"现象，且受肖特基势垒的影响，其点亮部分长度随碳纳米管带隙减小而增加。当碳纳米管的带隙降低至 0，即为金属管时，整根碳纳米管几乎都被点亮。除此之外，SEM 还被用于原位观测碳纳米管的刻蚀过程[12]。

## 2. 原子力显微镜

原子力显微镜(atomic force microscope，AFM)也是一种常用的表征碳纳米管形貌的方法。它通过检测待测样品表面和一个微型力敏感元件之间的极微弱的相互作用力来研究物质的表面结构及性质。实验时通常将一个对微弱力极端敏感的微悬臂一端固定，另一端的微小针尖接近样品，这时针尖与样品间的相互作用力会改变微悬臂的状态。利用传感器对其状态改变进行检测，即可通过对相互作用力的分析获得样品表面纳米级分辨率的表面形貌及表面粗糙度信息。AFM 通常有相对较高的空间分辨率，同时可以避免 SEM 在绝缘基底上因电荷积累而导致的成像质量下降，对碳纳米管精细形貌的表征能力更强，然而其扫描效率较低，不适合对非均匀样品进行大范围定位和表征，通常和 SEM 联合使用，首先由 SEM 确定样品的大体位置，然后由 AFM 给出更精细的形貌信息。随机取向的碳纳米管[13]、碳纳米管薄膜[14]、石英[15-17]或三氧化二铝[7, 18, 19]上的取向碳纳米管，甚至石墨烯[20]表面的碳纳米管都可以使用 AFM 进行表征。此外，使用 AFM 可以较为方便地观察碳纳米管末端的催化剂[17,21]，甚至被纳米级障碍物截断处的形貌[22]，这对研究碳纳米管生长机理十分重要。

### 3. 光学显微镜

前面提到过，由于碳纳米管的直径在纳米量级，因此其光学散射截面很小，难以通过普通的光学方法进行观测。解决该问题的一种可行的方法是通过多次的图像累加和背底扣除抑制噪声，但这需要很长的累积时间，因此不具备可操作性。常见的光学观测碳纳米管的方法主要是通过抑制基底背景信号实现的。例如，通过将碳纳米管悬空或者与暗场技术相结合可以极大地提高信噪比，从而使碳纳米管的观测变得容易。然而，这类方法操作复杂，对样品有一定的要求，通常不会单纯地用于碳纳米管形貌的观测，而更多用于表征碳纳米管的精细结构及研究其光物理过程，因此将在后面详细介绍。除此之外，利用一维材料各向异性吸收的性质也可以抑制背景信号。由于碳纳米管具有一维结构，当入射光的偏振方向与管径方向平行时吸收较强，而垂直时吸收较弱。利用这一性质，Wang 课题组使用偏振光对碳纳米管进行照明，并通过在相机前放置与入射光偏振方向垂直的检偏器来大幅削弱来自背景的散射光(理想状况下可减弱至 0)。此时，若使碳纳米管与入射光的偏振方向成 45°夹角，经过碳纳米管的入射光偏振方向会发生改变，从而使信噪比得以提高[23]，如图 2-4(a)所示。若旋转检偏器使其与入射光产生一个微小的夹角，可以使来自基底的散射光和碳纳米管的信号发生干涉，从而提高碳纳米管信号的绝对强度。偏振光学显微镜观测碳纳米管的一大优势在于观测过程中对样品的影响很小，对环境、温度、气氛的容忍度高，且观测范围较大，因此非常适合用于大范围统计和原位观测。北京大学张锦课题组使用这种方法对碳纳米管在空气中的刻蚀行为进行了原位观测，发现了碳纳米管刻蚀过程中的"自终止现象"[24]。此外，在表征密度较高的碳纳米管水平阵列时，由于碳纳米管结构的平均化，样品在基底上衬度正比于其密度(或占空比)，因此可以根据测量每一像素点上碳纳米管样品的衬度统计性地给出该点碳纳米管的密度，甚至是金属/半导体含量的信息[25]。通过一次拍照，给出上百微米范围内碳纳米管的密度和选择性，这是其他方法难以做到的。偏振光学表征方法的局限性在于其分辨率无法高于光学衍射极限，因此其对单根或距离较近的几根碳纳米管的表征能力弱于其他方法；同时，这类方法对样品的洁净度及基底的条件(通常使用具有 90 nm 氧化层的硅片基底)要求较高。

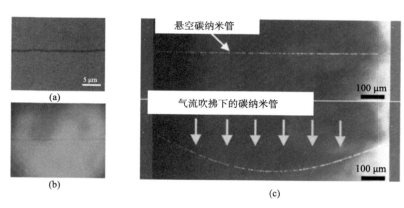

图 2-4　碳纳米管形貌表征

(a)碳纳米管的扫描电子显微镜图(根据基底性质、扫描条件的不同，碳纳米管有时是亮的，有时是暗的)；(b)碳纳米管偏振光学成像[26]；(c)TiO$_2$辅助的碳纳米管形貌表征[27]

上述方法都是对本征碳纳米管形貌进行的表征。此外，通过在碳纳米管表面修饰其他纳米结构的方法增加其光学散射截面,也可实现直接光学表征[26-30]。2013年，清华大学魏飞课题组发展了 TiO$_2$ 辅助的碳纳米管的光学可视化方法[26]。通过将悬空碳纳米管暴露在 TiCl$_4$ 气氛下可以使碳纳米管表面吸附 TiO$_2$ 纳米粒子，只需观测纳米粒子的位置即可确定碳纳米管的位置[图 2-4(c)]。通过这种方法，他们实现了对碳纳米管的观察、操纵。值得一提的是，这种方法还可以用于观测将双壁碳纳米管中的内壁抽取出来的过程，为研究碳纳米管管壁之间的超润滑现象提供了重要的线索[27]。当然，这种方法需要对样品进行修饰，从而阻碍了碳纳米管的进一步加工，而且只对悬空碳纳米管适用。类似地，清华大学姜开利课题组等使用水辅助观测碳纳米管也有异曲同工的效果。他们在生长了碳纳米管的基底上引入水蒸气，利用水对基底和碳纳米管浸润性的不同来观测碳纳米管的位置[28]。这种方法操作简单，微小的水滴可以快速挥发掉，无污染物残留，适用于基底上碳纳米管的表征。清华大学张莹莹课题组进一步采用以单质硫为代表的挥发性物质对碳纳米管进行光学可视化的方法[29]，这类方法既可用于观察悬空碳纳米管，也可用于观察有基底的样品，表征完毕之后可以通过温和的加热去除修饰颗粒，无污染和残留。他们总共开发了十四种可用于无损光学可视化表征的物质，并将其应用范围拓宽至其他一维或二维材料的光学观察上。

### 2.2.2 碳纳米管的直径表征

单壁碳纳米管的直径与其性质关系密切，因此研究者们发展了一系列的方法对碳纳米管的直径进行表征。图 2-5 列举了一些常用的表征碳纳米管直径的方法。

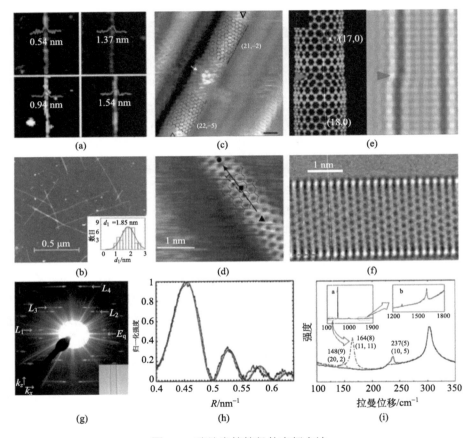

图 2-5　碳纳米管管径的表征方法

(a, b) 原子力显微镜；(c, d) 扫描隧道显微镜；(e, f) 高分辨透射电子显微镜；(g, h) 电子衍射的衍射图样和赤道线强度；(i) 拉曼光谱

### 1. 原子力显微镜

2.2.1 小节中所提到的 AFM 即是一种通用的表征碳纳米管直径的方法。由于 AFM 在垂直基底的方向上有很高的空间分辨率，而且对样品的要求较低，对所有

碳纳米管都可以 "一视同仁" 地进行表征，因此应用非常广泛。AFM 表征碳纳米管直径通常存在 0.2 nm 左右的误差，若基底的平整度较差，该误差还会更高，因此该方法表征得到的碳纳米管管径并不准确，往往需要在同一根碳纳米管上进行多次测量并取平均值。

### 2. 扫描隧道显微镜

扫描隧道显微镜 (scanning tunneling microscope，STM) 和 AFM 的原理有类似之处。当连接了正极和负极的两物体之间距离很近时，会发生电子遂穿的现象，且隧穿电流与二者之间的距离相关。因此，测量针尖和待测样品之间的隧穿电流可以间接反映二者之间的距离。随着距离减小，隧穿电流会呈现指数型增大，因此 STM 具有非常高的空间分辨率 (通常为 0.01 nm 量级)，甚至具备扫描原子像的能力。然而，STM 成像技术实际上测得的是样品电子结构和原子结构卷积的结果，基底、针尖的性质及扫描电压都会对样品的成像结果产生影响，因此需要引入适当的去卷积方式使成像更为准确。该方法的局限性在于碳纳米管必须位于原子级平整的导电基底表面，因此对样品的制备提出了很高的要求。通常 STM 在 Au 的 (111) 晶面上的测量精度约为 0.05 nm。

### 3. 透射电子显微镜

透射电子显微镜 (transmission electron microscope，TEM) 与光学显微镜的成像原理类似，不同的是前者用电子束作光源，用电磁场作透镜。由于电子的物质波波长远远小于光的波长，因此这种方法克服了光学显微镜固有的分辨率低的问题。使用 TEM 可以直接得到碳纳米管的横截面图像，而由于碳纳米管的两侧原子投影密度较高，对电子的散射概率大，因此测量衬度像中两条暗线之间的距离即可得到碳纳米管的直径。此外，使用球差矫正技术可以清晰地得到碳纳米管的原子像，使得碳纳米管直径的测量更加精确。使用 TEM 测量碳纳米管直径时，样品需要悬空或置于很薄的载网 (如超薄碳膜) 上，对样品的制备有较高的要求。使用 TEM 对碳纳米管的管径测量精度也可以达到 0.05 nm。

### 4. 电子衍射

电子衍射 (electron diffraction，ED) 也是表征碳纳米管管径的常用方法。当电子束照射在纳米级的条带时，会发生衍射现象从而出现一系列衍射条纹 (其原理和光学中的狭缝衍射一致)。这一条纹称为赤道线。赤道线上的衍射强度符合零级 Bessel 函数：

$$I_0 \propto \left| J_0 \left( \pi D X \right) \right|^2 \tag{2-15}$$

$J_0(x)$ 是零级 Bessel 函数，在 $x \gg 0$ 时近似为

$$J_0(x) \sim \sqrt{\frac{2}{\pi x}} \cos\left(\frac{3}{4}x\right) \tag{2-16}$$

因此，我们可以通过拟合赤道线的强度来得到碳纳米管的直径。通常，ED 对碳纳米管直径的拟合误差在 1% 以内，其精度可达 0.02 nm。当然，电子衍射实验对样品的要求比 TEM 更为苛刻，只有悬空碳纳米管才可以进行电子衍射测量。

### 5. 拉曼光谱法

除了上述方法，拉曼光谱也可以用来测量碳纳米管的直径。拉曼光谱的原理将在 2.2.3 节进行讨论，本节仅对其现象进行描述。在石墨烯向碳纳米管卷曲的过程中，石墨烯的 oTA 变为 RBM，即碳纳米管壁呈现沿着管径方向同心收缩、扩张的振动模式，在此过程中所有碳原子与管轴的距离保持一致。RBM 是一级振动模，其振动频率与其直径相关，因此碳纳米管的 RBM 对其管径十分敏感。实验证明，碳纳米管的呼吸振动模不仅与直径有关，也与测量环境有关。表 2-1 给出了不同基底、不同样品的碳纳米管管径与 RBM 峰位之间的关系。

表 2-1    不同基底、不同样品条件下碳纳米管 RBM 峰位随直径的变化关系

| 峰位-直径关系/(cm$^{-1}$-nm) | 样品条件 |
| --- | --- |
| $248/d$ | Si 基底[13] |
| $27+240/d$ | 悬空碳纳米管[31] |
| $19+214/d$ | Si 基底[32] |
| $0.3+227/d$ | 超级生长法[33] |
| $228/d$ | 悬空 Si$_3$N$_4$ 基底[34] |

除了 RBM 峰之外，碳纳米管其他振动模也和其直径有关，因此理论上也可以用于表征碳纳米管直径，如碳纳米管的 G 峰。石墨烯的 G 峰对应 C—C 键的伸缩振动模，其峰位出现在 1582 cm$^{-1}$ 且峰型对称；在卷曲为碳纳米管的过程中，石墨烯的 G 峰会劈裂为很多组分，包括高频的 G$^+$峰和低频的 G$^-$峰。在碳纳米管中，G$^-$峰频率和直径的关系与碳纳米管的电学性质有关：

$$\begin{cases} \omega_m = 1591 - 47.7/d^2 \\ \omega_s = 1591 - 79.5/d^2 \end{cases} \tag{2-17}$$

其中，$\omega_m$ 和 $\omega_s$ 分别为金属型和半导体型碳纳米管的 G 峰波数，单位为 cm$^{-1}$；$d$ 为碳纳米管的直径，单位为 nm。然而，G$^+$峰频率通常不随碳纳米管管径变化，维持在 1591 cm$^{-1}$。除此之外，D 峰、M$^+$和 M$^-$峰也有管径依赖性，但实用性相对较低，在此不再赘述。

通常而言，拉曼光谱的分辨率在 1 cm$^{-1}$ 左右，即可以得到 0.02 nm 的分辨率。实际操作中，选择正确的拟合公式是获得准确直径信息的关键。

## 2.2.3 碳纳米管的电子结构表征

碳纳米管的电子结构不仅决定了其电学性质，也对其他物理、化学性质有着重要的影响。本节将列举一些表征碳纳米管电子结构的常见方法，如图 2-6 所示。

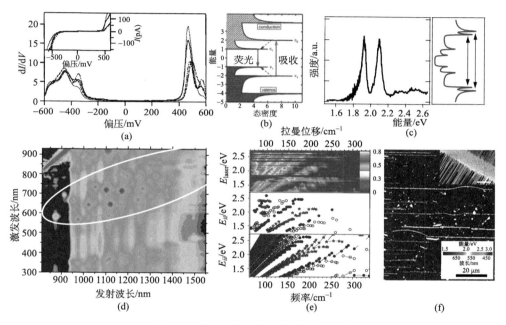

图 2-6 碳纳米管能带结构的表征方法

(a) 扫描隧道谱；(b) 碳纳米管光学跃迁的示意图；(c) 碳纳米管瑞利光谱；(d) 溶液碳纳米管的荧光光谱；(e) 共振拉曼光谱的 RBM 峰的分布图和 K 图；(f) 碳纳米管的暗场瑞利成像

### 1. 扫描隧道谱

扫描隧道谱 (scanning tunneling spectrum，STS) 是在扫描隧道显微镜的基础上，通过改变扫描电压得到的隧穿电流随扫描电压变化的曲线。通过对归一化电导 d$I$/d$V$ 的计算，STS 可以清晰地反映出扫描区域内的局域电子态密度，如图 2-6(a) 所示。通常而言，这种方法的误差相对较大，可以达到 50～100 meV，同时对样品有较高的要求 (如高真空、高洁净)，因此通常不用于单独表征碳纳米管的电子结构。在实践中，STS 可以为 STM 下碳纳米管的手性指认提供附证，例如，(12,9) 与 (12,10) 碳纳米管具有相似的直径和螺旋角，难以通过 STM 成像进行指认，此时可通过 STS 测量其是否存在带隙以确定其实际手性。

　　除了 STS 之外，常用的表征碳纳米管电子结构的方法均为光谱学方法。如图 2-6(b) 所示，碳纳米管的态密度图中可以看到很多关于费米能级对称分布尖锐的峰，这些峰称为范霍夫奇点。由于范霍夫奇点处的电子态密度远高于其他位置，因此电子在范霍夫奇点之间的跃迁概率远高于其他能级间的跃迁。受到对称性选择定则的限制，只有极少数光学跃迁是允许的。对于平行于碳纳米管的偏振光，只有在倒易空间中处于相同分割面上价带和导带的子带间的跃迁才是允许的；而垂直于碳纳米管的偏振光则会诱导相邻分割线间的光学跃迁，但由于一维材料的去偏振效应对光学吸收和光发射的屏蔽[35, 36]，这种光学跃迁非常弱，一般只具有理论研究价值。发生在同分割面的导带和价带上的电子跃迁较容易在实验上观察到，其跃迁能量通常用 $E_{ii}$ 来表示，其中能量最低的称为 $E_{11}$，并按照能量从低到高排序。对于半导体型碳纳米管，其电子跃迁能常用 $S_{ii}$ 来表示，$S_{11}$ 即为半导体碳纳米管的带隙。类似地，金属型碳纳米管的电子跃迁能常用 $M_{ii}$ 来表示。当一束光照射在碳纳米管上时，碳纳米管中的电子会有一定概率结合光子并被激发到"虚能级"（该能级为数学上的一个假想能级，并不对应实际能级）。激发到虚能级的电子会以较大概率立即跃迁回到基态并发射一个波长与吸收光子相同的光子，这一过程称为瑞利散射。若该电子在跃迁回基态的同时结合或释放一个声子，其发射光子的波长将会发生相应的变化，此过程称为拉曼散射。值得注意的是，电子向虚能级的跃迁概率很低，但若照射光能量恰好和碳纳米管的跃迁能 $E_{ii}$ 匹配，则电子会在实能级上发生跃迁，产生一个激发电子并在原能级留下一个空穴，这一现象称为光学吸收。由于范霍夫奇点处的电子态密度很高，因此发生跃迁的概率大大提高，此时，碳纳米管的瑞利散射和拉曼散射也会随之增强，这种现象称为共振瑞利/拉曼现象。与此同时，由于碳纳米管中有更多的电子发生跃迁，因此对对应波长的光子吸收明显增加。处于激发态的电子会发生弛豫现象，即在激发态的振动能级上跃迁并将能量以声子或长波长光子的方式向外辐射。对于金属管而言，电子和空穴最终会复合在费米能级处；而对于半导体管，电子会弛豫到导带底并跃迁回到价带，同时发射能量为 $S_{11}$ 的光子，其波长一定小于吸收光子的波长，这一过程称为荧光过程。上述光学过程发展的共振瑞利光谱、共振拉曼光谱、吸收光谱及荧光光谱为目前表征碳纳米管电子结构最常用的四种方法。后面将对这四种方法进行一一介绍。

## 2. 荧光激发光谱

　　荧光激发光谱(photoluminesence exitation spectroscopy，PLE)通过波长连续变化的激光激发样品，并测量对应波长下样品发射的荧光信号，从而获得碳纳米管的电子结构信息。如图 2-6(d) 所示的白色区域，不同碳纳米管可能具有相同的吸收(或激发)能量，但通过二维激发-发射光谱可以直观地得到区分。该区域中的激发光波长对应半导体型碳纳米管的 $S_{22}$，而发射光波长则对应其 $S_{11}$。在激发光能量更高的区域还会出现 $S_{33}$ 甚至激发能量更高的吸收峰，但不会出现除 $S_{11}$ 以外的发射峰。该方法适用于在溶液中分散良好的半导体管样品表征，而由于金属管没有带隙，没有荧光现象，因此不适用于此方法；若碳纳米管样品中存在管束，则会发生荧光猝灭现象，从而影响表征效果。同时，由于半导体型碳纳米管的带隙和直径呈负相关，当碳纳米管的直径较大时，其发射光波长过长，会超出常用的铟镓砷检测器的检出范围，此时需要更为昂贵的检测器(如碲镉汞检测器)，甚至根本无法检出，这也是限制荧光激发光谱应用的问题之一。

### 3. 共振拉曼光谱

共振拉曼光谱也可用于指认碳纳米管的电子结构。由于碳纳米管散射截面较小，通常其拉曼现象非常微弱。当使用激光对碳纳米管进行激发时，通常不会得到明显的 RBM 峰。然而共振拉曼现象会使碳纳米管的拉曼信号极大增强，以至于单根碳纳米管的 RBM 信号都可以被清晰辨识。拉曼信号的强度满足以下关系：

$$I \propto \frac{|M|^2}{\left[\left(E_L - E_{ii}\right)^2 + \gamma^2\right]\left[\left(E_L - E_{ii} - h\omega\right)^2 + \gamma^2\right]} \tag{2-18}$$

其中，$h\omega$ 为声子能量；$E_L$ 为激发光能量；$\gamma$ 为共振条件下的扩展因子。可以看出，当激发光的能量为 $E_{ii}$ 或 $E_{ii}+h\omega$ 时，其共振达到最强。反之，一旦我们得到清晰的 RBM 峰信号，则该碳纳米管必然存在与激发光能量相近的能级。通常而言，RBM 峰的共振窗口为 $\pm 0.1\,eV$，而 G 峰的共振窗口为 $\pm 0.2\,eV$。换言之，若能量为 $E_L$ 的激光可以得到 RBM 峰信号，则该碳纳米管存在一个 $(E_L \pm 0.1)\,eV$ 的跃迁能级。图 2-6(e)列举了 125 根碳纳米管拉曼强度随激光激发能量和 RBM 峰位置的关系，而位于底部的一张图给出了碳纳米管 $E_{ii}$ 的位置和理论 RBM 峰位，这就是著名的 K 图。此外，$E_{ii}$ 也可以通过共振条件下斯托克斯峰(散射光子能量低于入射光子)和反斯托克斯峰(散射光子能量高于入射光子)的比值求得[1]。共振拉曼光谱最大的问题在于每次只能使用特定波长的激光对碳纳米管进行激发，因此只能给出一部分碳纳米管的一个电子跃迁能，而且受限于共振窗口，其误差通常较大。

### 4. 共振瑞利光谱

瑞利光谱通常使用超连续激光对碳纳米管进行激发。由于瑞利散射的激发光和散射光波长相同，因此在测量时需要排除基底或其他杂质对激发光的散射。实验上通常有三类方法解决该问题：①可以将碳纳米管悬空于镂空基底上进行测量；②可以通过与激光传播方向不同的镜头对散射光进行收集，从而抑制散射；③可以利用全内反射显微镜对基底表面的样品进行激发。由于共振瑞利散射现象的存在，与碳纳米管跃迁能相符的光子的瑞利散射会远强于其他能量的光子，因此可以根据散射光的光谱得到一系列碳纳米管的跃迁能。这种方法对光路和样品洁净度的要求要高于拉曼光谱法，但对所有结构的碳纳米管具有普适性，且可以一次给出多个 $E_{ii}$。当使用超连续激光进行照明时，研究者甚至可以通过彩色相机拍到碳纳米管的"真实颜色"，如图 2-6(f) 所示[37, 38]。

**5. 吸收光谱**

吸收光谱的原理较为简单，主要依赖于朗伯-比尔定律，即吸光度与光在样品中的传播距离和样品浓度成正比。由于不同碳纳米管有着不同的吸收峰位，因此理论上可以根据吸收光谱指认出碳纳米管的所有能级并同时给出溶液中碳纳米管的浓度。然而，受限于碳纳米管吸收截面较小的问题，测量吸收光谱通常需要较高浓度的样品。若样品中通常包含多种结构的碳纳米管，其吸收峰会彼此交叠，很难一一给出光谱指认。

在观测不透明基底上的样品时，光线穿过样品后在基底上发生反射，其强度和偏振状态会与未经过样品直接反射的光之间有明显的差异，这种差异称为衬度。衬度谱和吸收光谱十分相似，都可以反映碳纳米管的电子结构信息。结合交叉偏振技术的衬度谱可以表征单根碳纳米管的电子结构，也可以给出一个区域内碳纳米管的吸光信息。

此外，还有一些其他方法可以表征碳纳米管的电子结构，如光电流法[39, 40]、电荷转移猝灭法[41]等。但这些方法通常较为复杂，且实用性很低，因此不再赘述。

## 2.2.4　碳纳米管的螺旋角表征

直接表征碳纳米管螺旋角的方法相对较少，其最主要的方法是依赖于 STM 或高分辨 TEM 下观察到的原子像的螺旋条纹与碳纳米管管径方向上的夹角，或碳纳米管两层之间的莫尔条纹形貌来判断，如图 2-7 所示。本节将着重介绍另外两种表征碳纳米管螺旋角的方法。

**1. 电子衍射**

电子衍射法不仅可以得到碳纳米管的直径，也可以对碳纳米管的螺旋角进行表征。电子衍射的赤道线可以拟合出碳纳米管的直径，这是由电子在穿过碳纳米管时发生衍射现象形成的。然而碳纳米管并不是一根实心的圆棒，而是由很多六边形排列成的蜂巢状结构。沿着管径方向观察，手性碳纳米管前表面和后表面的六边形取向不同。这样，电子在碳纳米管前表面和后表面发生衍射时会给出两套同心但不重叠的六边形(非手性管会重叠在一起)，这与双层石墨烯的电子衍射条

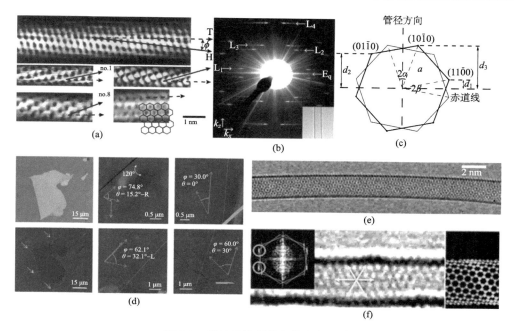

图 2-7　碳纳米管螺旋角的表征方法

(a)扫描隧道显微镜法；(b, c)电子衍射花样和六边形衍射点的分析方法示意图；(d)石墨烯辅助的原子力显微镜法；(e, f)高分辨透射电镜法

纹类似。因此，理论上只要量出两套六边形的扭转角，就可以得到碳纳米管的螺旋角。然而，直接量取角度的误差较大，实验中经常通过量取衍射线之间距离的方法来确定碳纳米管的螺旋角，如图 2-7(c)所示。

$$\theta = \arctan\left(\frac{1}{\sqrt{3}} \times \frac{d_2 - d_1}{d_3}\right) = \arctan\left(\frac{1}{\sqrt{3}} \times \frac{2d_2 - d_3}{d_3}\right) \qquad (2\text{-}19)$$

其中，$d_1$、$d_2$ 和 $d_3$ 分别对应不同衍射线和赤道线之间的距离。使用这种方法测得的碳纳米管螺旋角的误差通常小于 0.2°。

### 2. 石墨烯辅助原子力显微镜

2013 年，北京大学张锦课题组提出使用石墨烯辅助的原子力显微镜对碳纳米管的螺旋角进行表征[20]。在各向异性表面生长碳纳米管时，碳纳米管的取向会受到其表面晶格或台阶的影响。由于石墨烯与碳纳米管表面强烈的 π-π 堆叠作用，碳纳米管在石墨烯表面的取向会受到诱导，从而使靠近石墨烯的碳纳米管表面六元环取向和石墨烯中的六元环取向相同。如图 2-7(d)所示，图中黑色的线代表了石墨烯表面的锯齿型边缘。通过原子力显微镜可以测量得到碳纳米管和石墨烯锯齿型边缘之间的夹角 $\phi$，其与碳纳米管螺旋角 $\theta$ 的关系满足：

$$\begin{cases} \theta = 30° - \phi & 0° \leqslant \phi \bmod 60° < 30° \\ \theta = 90° - \phi & 30° \leqslant \phi \bmod 60° < 60° \end{cases} \tag{2-20}$$

使用该方法不仅可以得到碳纳米管的螺旋角，还可以得到其旋光性，这是电子衍射法做不到的。然而，这种方法仅对直接生长在石墨烯表面的样品适用，且具有一定的误差，因此泛用性较差。

### 2.2.5 碳纳米管的手性表征

碳纳米管的手性结构由 $n$ 和 $m$ 两个独立变量控制，因此如果要表征单壁碳纳米管的手性结构，同样需要两个相互独立的变量。如图 2-8 所示，若一种方法能够同时得到碳纳米管的直径、手性角和电子结构三者之二（或者同时得到多个电子能级的信息），那么它就具备了表征碳纳米管手性的能力。同时，由于碳纳米管的结构差异较小，通过单一方法得到的碳纳米管手性可能会有所偏差（或存在多种可能性），这时就需要使用其他方法对得到的结果进行进一步验证。

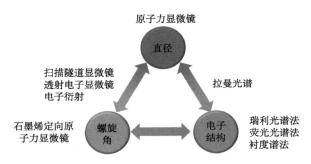

图 2-8　碳纳米管手性表征的基本思路

#### 1. 扫描隧道显微镜

使用扫描隧道显微镜表征碳纳米管手性时，通常会将碳纳米管分散于 Au(111) 表面[34]。在将样品放入 STM 之前，首先需要通过 AFM 检查碳纳米管的分散性以保证成像质量，通常碳纳米管间距以 1 μm 为宜。使用电化学刻蚀的 W 针尖或手工加工的 Pt-Ir 针尖，均可以得到碳纳米管的原子像。

对于结构完美的碳纳米管，STM 技术可以直观地得到每个碳原子所在的位置，如图 2-5 和图 2-7 所示。然而，由于样品中往往存在一定的应力，直接根据原子排布指认手性存在一定的误差。因此，通常先得到碳纳米管的管径和螺旋角，再进一步分析其手性。即便如此，对于管径、手性角均相差较小的碳纳米管，STM 得到的结果可能会有所偏差。此时需要通过 STS 进行辅助，通过其导电性及带隙对碳纳米管手性进行进一步指认。

扫描隧道显微镜非常适合观测随机分散在基底表面的碳纳米管，并且可以通过清晰的成像对观察到的碳纳米管进行手性指认，甚至统计其手性分布。然而，如果需要对某根特定的碳纳米管进行表征，往往需要进行定点转移的方法，从而加大了技术难度；而且由于转移过程中会不可避免地引入聚合物等杂质，因此成像质量也会显著降低。同时，由于缺乏大范围扫描的手段，普通 STM 无法精确地定位到基底表面某个特定区域。灵活使用器件加工的方法可以在一定程度上解决这一问题。例如，在表征石墨烯表面的单壁碳纳米管手性时，可以沿着石墨烯周围蒸镀一圈 Cr/Au 电极，并与金线连接。由于石墨烯具有优良的导电性，因此即使在绝缘基底上，也可以对其表面的样品进行 STM 测量[20]。除了研究碳纳米管样品的手性[42]，STM 也可用于研究碳纳米管管束之间的相互作用和晶格适配关系[43-45]、碳纳米管末端结构[46]、弯折位点结构[47-49]和异径管的结区结构[50, 51]。需要注意的是，STM 成像得到的是其表面原子和电子卷积的结果，因此在缺陷位点处的复杂电子结构会导致成像结果不能反映其原子的真实位置。同时，由于相同的原因，对于多壁碳纳米管，STM 只能给出最外层的手性，而不能给出内层碳纳米管的结构。

尽管 STM 可以得到原子级分辨的碳纳米管图像，但通常需要较长的累计时间，而且扫描范围相当小。此外，复杂的样品制备过程和苛刻的扫描条件（如低温和超高真空[52]）也使得这种方法主要用于对碳纳米管的性质进行研究，而不用于一般碳纳米管样品的手性表征。

### 2. 透射电子显微镜

与 STM 不同，TEM 表征碳纳米管手性时需要将样品悬空。最简单的样品制备方法是将碳纳米管溶液滴在微栅上并使溶剂挥发。除此之外，还可以通过直接生长的方法，将催化剂加载到 TEM 的载网上并直接生长碳纳米管。如果在 TEM 中内置反应腔，还可以用于原位观测碳纳米管的生长[53-55]。此外，还可以通过化学气相沉积的方法制备气流诱导的超长碳纳米管并使之跨过沟道或微栅[56]，这样既可以对特定位置的碳纳米管进行表征，还可以对其进行其他性质的测量[34, 57]。

TEM 和 STM 表征碳纳米管手性的原理和步骤基本相同，都是通过测量碳纳米管的管径和螺旋角来推断碳纳米管的手性；然而不同于 STM，TEM 可以得到原子的实际位置。通过高分辨透射电镜，研究者们在单壁碳纳米管上观察到了石墨烯结构中常见的各类缺陷，如五元-七元环对、空穴和吸附原子等[16, 58, 59]。其中，五元-七元环缺陷被认为是诱导碳原子局部形变和管径变化[60, 61]，从而产生分子内结的原因，曾经在 STM 扫描碳纳米管结区时被预言存在[51]，但是并没有原子级分辨的成像去证实，直至高分辨透射电镜技术的使用。更有趣的是，这些缺陷通常被认为是局限在碳纳米管的某个位置[62, 63]，然而在 2000℃ 的温度下，使用原位透射电子显微镜可以观察到五元-七元环的运动和融合,并在富集缺陷处的现象。此外,Briggs 等还研究了溶剂挥发过程导致的碳纳米管内部的复杂应力[64]。

与 STM 类似,TEM 表征碳纳米管手性的严重问题仍是其对样品洁净度和表征环境的高要求。此外,在扫描过程中,碳纳米管会暴露在高能电子束下(其加速电压通常为 80 kV 或 200 kV),很容易将碳原子击出晶格从而产生缺陷,甚至完全损坏,这也限制了 TEM 在常规样品手性表征中的适用范围。

### 3. 电子衍射

选区电子衍射也是通过碳纳米管管径和螺旋角来判断碳纳米管结构的,其原理已经在 2.3.2 小节和 2.3.4 小节中进行了讨论。电子衍射通常是 TEM 的一个模块,因此这两种方法对样品制备的要求基本一致。好的电子衍射图样通常可以直接给出碳纳米管的手性,而 TEM 仅提供定位辅助即可。

由于碳纳米管直径很小,常规电子衍射的方法很难得到碳纳米管的衍射图样。2003 年,Gao 等对电子衍射的仪器进行了改造[65][图 2-9(a)],将电子束的直径缩小到约 50 nm,在避免像差导致图像失真的同时将探针电流提高到约 $10^5 e/(s \cdot nm^2)$,从而获得了碳纳米管的电子衍射条纹。

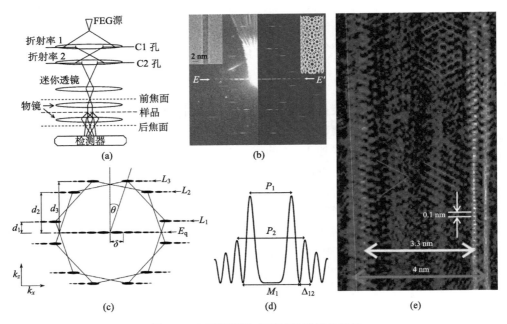

图 2-9　电子衍射法表征碳纳米管的结构

(a)纳电子衍射装置示意图;(b~d)碳纳米管电子衍射的实验图和分析方法示意图[65];(e)通过电子衍射图样还原的双壁碳纳米管结构示意图[66]

图 2-9(b)为实验得到的碳纳米管选区电子衍射的衍射图样，而图 2-9(c)则为其理论模拟图。碳纳米管的衍射花纹主要包含两部分：位于中间强的赤道线和周围弱的衍射线($L_1 \sim L_3$)。根据赤道线的亮度变化可以拟合得到碳纳米管的管径，而根据各条衍射线到赤道线的距离可以拟合出碳纳米管的手性角(或 $n$ 和 $m$ 的比值)。除了本征碳纳米管之外，碳纳米管的形变(包括椭圆形变[67]、非对称形变[68]和扭转形变[69]等)也可以通过电子衍射来进行检测。值得一提的是，电子衍射的方法还可以用于多壁碳纳米管每一层壁手性的表征。如图 2-9(e)所示，Zuo 等使用电子衍射的方法表征了一根双壁碳纳米管的结构[66]，并借助迭代的方法对衍射图样中缺失的相对进行了修复，最终表征得到碳纳米管的管壁结构为(35, 25)和(26, 24)。图中显示的复杂投影结构是由两层碳纳米管之间的晶格不匹配形成的莫尔条纹。

截至目前，电子衍射是目前对碳纳米管手性指认最有效、最准确的方法，也是认可度最高的方法。很多关于碳纳米管生长，尤其涉及碳纳米管手性控制的工作中，都采用了电子衍射的方法为样品的手性提供决定性的证据[70-73]。

### 4. 荧光光谱法

荧光光谱可以同时给出半导体型碳纳米管的带隙($S_{11}$)和 $S_{ii}$(通常为 $S_{22}$)，常用于表征溶液相的碳纳米管。然而，样品中的管束会导致碳纳米管管间的激子能量转移，从而使荧光激发光谱上出现更多的信号而影响手性指认。此外，管束中的金属管还会猝灭邻近半导体型碳纳米管的荧光。

2002 年，O'Connell 将单壁碳纳米管分散在水溶液中，并经过超声、离心等操作，得到了浓度为 20~25 mg/mL、分散性较好的碳纳米管水溶液[74]。使用这种样品，他们首次给出了碳纳米管激发光谱，如图 2-10(a)和(b)所示。将实验结果与通过紧束缚模型计算得到的碳纳米管 $S_{11}$-$S_{22}$ 对应的位置进行对比，发现二者的分布基本一致，因此可以清晰地指表征每一个荧光峰位所对应的碳纳米管手性。同时，通过计算和分析碳纳米管的散射截面[图 2-10(c)]，荧光光谱可以半定量地分析样品中各手性碳纳米管的含量[75, 76]。当然，由于碳纳米管的荧光量子产率与其分散长度及所处溶液条件有关，因此定量分析的准确度受到了限制[77, 78]。

相比于溶液相碳纳米管，对于基底上单根碳纳米管荧光测量的研究相对较少，这是因为基底的存在可能会猝灭碳纳米管的荧光。2003 年，Hartschuh 等将碳纳米管旋涂在玻璃盖玻片上[79]，使用 633 nm 激光进行激发，在 850 nm 以上的波长范围检测到了碳纳米管的荧光。

荧光激发光谱测量碳纳米管有两个局限性，其一是只能测量半导体型碳纳米管，其二是对于管径大于 1.3 nm 的碳纳米管，其带隙小于常见铟镓砷检测器的检测极限。若要对大管径碳纳米管的荧光光谱进行采集，需要更好的红外检测器(如碲镉汞检测器)。

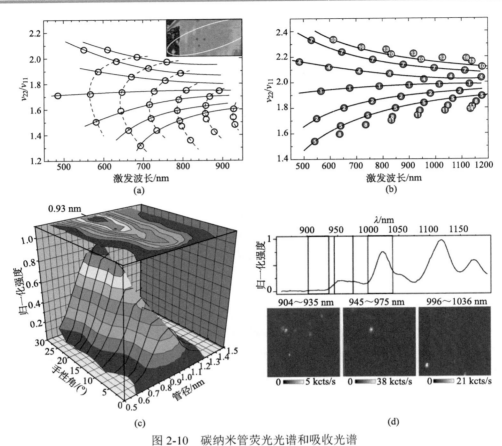

图 2-10　碳纳米管荧光光谱和吸收光谱

(a, b)碳纳米管吸收-激发二维光谱的实验值和理论值[74]；(c)碳纳米管的荧光散射截面与结构之间的关系[74]；
(d)单根碳纳米管的荧光光谱[79]

### 5. 瑞利光谱法

与荧光光谱相似，瑞利光谱通过探测碳纳米管的多个跃迁能级对碳纳米管的手性进行表征。瑞利光谱具有激发光和散射光能量相同的特点，理论上可以通过超连续激光的激发得到该波段范围内碳纳米管所有的电子能级，因此在单根管的表征上比荧光光谱法更具优势。然而并不能说瑞利光谱可以取代荧光光谱，因为对于单一激发波长，瑞利光谱只能得到一个电子能级，而荧光激发光谱则可以同时给出两个电子激发能，因此瑞利光谱无法对多根碳纳米管的混合体系进行测量，这极大地限制了瑞利光谱在溶液相样品表征中的应用。

由于瑞利光谱属于弹性散射(即入射光和散射光波长相等)，因此来自基底的散射会严重影响光谱测量。通常可以选择悬空样品[80-82]或结合暗场技术加以解决。2004 年，Sfeir 等在 Si 基底上刻蚀沟道，并通过气流诱导法生长跨沟道的碳纳米管，从而得到了悬空碳纳米管样品；随后，他们使用 450~1550 nm 波段范围内的超连续激光对样品进行激发并采集其散射光谱，首次得到了碳纳米管的瑞利散射信号[80]，如图 2-11(a)和(b)所示。Wang 等使用类似的样品制备方法，结合电子衍射和瑞利光谱法，给出了常见碳纳米管的手性和其电子结构的对应关系，这一工作对传统的 K 图进行了补充和修正，对碳纳米管的手性指认起到了重要的作用[57]。然而，悬空样品的制备要求较高，泛用性相对较低。为了解决这一问题，Joh 等[37]发展了"片上瑞利成像"的方法。为了减少界面的散射，他们将样品浸入折射率匹配液中，并使激光从样品后侧面入射[图 2-11(c)]。通过调节入射激光的角度，入射激光在盖玻片与空气的界面上发生全反射，使得背景光的干扰被大大降低，从而得到了图 2-11(d)所示清晰的碳纳米管光学照片和瑞利光谱。由于

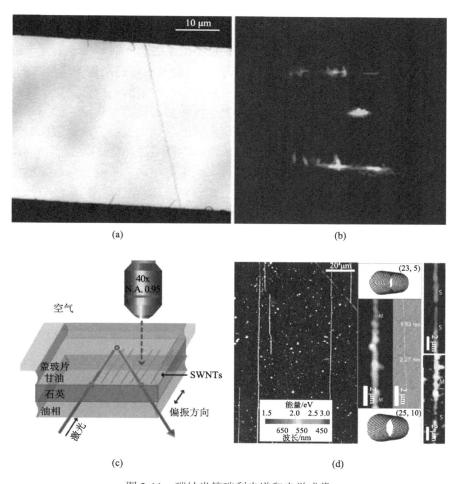

图 2-11　碳纳米管瑞利光谱和光学成像

(a, b)悬空碳纳米管的瑞利散射[80]；(c, d)碳纳米管"片上瑞利成像"的装置示意图和成像结果[37]

碳纳米管的跃迁能不同，其散射光的能量也各不相同，因此可以在显微镜下观察到不同的颜色，甚至碳纳米管分子内结两端不同手性的碳纳米管可以通过颜色清晰地分辨出来。按照类似的思路，清华大学姜开利课题组将样品转移到表面有氧化层的硅片上，并将其浸入水中。当使用侧面入射的超连续激光对样品进行激发时，通过垂直于基底的相机可以得到碳纳米管的瑞利光谱和光学照片[38]。

由于绝大多数碳纳米管在可见光区都至少有一个吸收峰，因此相较于荧光光谱，瑞利光谱对检测器和样品直径的要求较小，对较大管径的碳纳米管的手性指认也可以"完美胜任"。然而相较于其他表征表面碳纳米管的方法，瑞利光谱法的样品制备和仪器构造相对复杂，仅适合进行样品表征，难与其他实验手段结合进行原位表征等。

**6. 吸收光谱/衬度谱法**

吸收光谱是反映材料线性光学性质最直接的手段。然而，普通的光学吸收只能在透射下测量而无法实现零背景探测，因此吸收光谱也是测量难度最高的光谱。正因如此，碳纳米管的吸收光谱大多是在较高浓度的溶液中进行测定的。此外，通过在透明基底上多次转移碳纳米管阵列或沉积厚的碳纳米管薄膜的方法也可以测量碳纳米管的吸收光谱。比起表征碳纳米管的手性，这些方法更关注表征碳纳米管的纯度，如粉体样品中金属性碳纳米管的含量[图 2-12(a)][83-85]。当利用吸收光谱表征某种特定手性的碳纳米管含量时，通常需要该种手性有着较高的纯度。例如，北京大学李彦课题组和张锦课题组分别采用表面活性剂超声的方法将表面法合成的高度富集的(12, 6)和(14, 4)碳纳米管转移到溶液中，通过大量的样品积累获得了相应样品的吸收光谱，并最终确定了样品中该组分碳纳米管的含量[86-88]。

2013 年，Wang 等开发了一种基于偏振消光的方法，极大地抑制背景信号，并利用样品和基底散射信号相干涉的方法提高光学信号，从而实现了单根碳纳米管的光学成像和光谱采集[图 2-12(b)和(c)][23]，并于 2014 年实现了宽谱范围内的单根碳纳米管的吸收截面测量[89]。后续对该方法的拓展使得其对所有常见的碳纳米管基底都有良好的适应[25]。同时，由于这种方法在测量过程中对样品的后续加工处理几乎没有要求(直接生长或分散在基底表面的碳纳米管均可)，对温度、气氛也有很强的容忍性，因此可以非常方便地表征碳纳米管的手性，并可用于复杂环境或器件结构中的碳纳米管电子结构表征(如原位施加电场、改变气氛等)[23]。然而，该方法得到的衬度谱谱峰较宽，且随着测试条件的改变峰位置会发生不同程度的红移现象，因此在使用前需要进行校准。另外，由于该方法要求碳纳米管和入射光偏振方向的夹角为 45°左右，因此该方法对样品的定向性也有一定的要求。

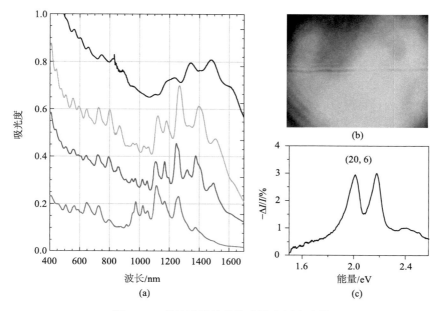

图 2-12 碳纳米管的吸收光谱和衬度光谱

(a) 典型的碳纳米管吸收光谱[83]；(b) 基底上碳纳米管交叉偏振成像；(c) 基底上碳纳米管的衬度光谱[23]

## 7. 共振拉曼光谱法

基于共振拉曼现象的共振拉曼光谱可以同时给出该碳纳米管电子跃迁能的大概范围（激发光能量±0.1 eV）和精确的直径（根据碳纳米管的 RBM 峰位置计算得到）。整合了碳纳米管管径、能带结构和手性关系的图称为 K 图（Kataura plot），其是指认碳纳米管手性的必备工具。由于仪器上需要特定波长的滤光片将瑞利散射的干扰降低，因此绝大多数拉曼实验只会用几个固定波长的单线激光进行激发，此时将会有很多碳纳米管因没有满足共振条件而无法被检测到。一般来说，受限于光谱仪的分辨率，该方法对管径测量的精度为±0.02 nm。根据碳纳米管的能级大概位置（根据激发激光能量进行估算）和其管径不确定度可在 K 图中划分区间并进行手性指认。当一个区间内包含多种碳纳米管手性时（特别是管径较大时，相似直径下会有很多种不同手性的碳纳米管），需要结合其他因素（如 G 峰的形状）进行讨论。例如，金属型碳纳米管的 G 峰通常具备非对称的 Breit-Wigner-Fano（BWF）峰型[90]，而锯齿型半导体碳纳米管通常为对称的洛伦兹峰[86]。此外，一些手性的碳纳米管可以和多个激光发生共振现象，如一些碳纳米管可以同时与 1.96 eV 和 2.41 eV 的激光发生共振。这种情况称为双共振，可以进一步增加指认的精度。

除了精确指认手性，拉曼光谱还可以用于分析碳纳米管样品中金属型和半导体型碳纳米管的比例。以 1.96 eV 的激发光为例，RBM 峰出现在 150～230 cm$^{-1}$

范围内的碳纳米管均为半导体管，而出现在 $250 \sim 300 \ cm^{-1}$ 范围内的管均为金属管。利用这种方法，即使不指认碳纳米管的确切手性，也可以分析出碳纳米管样品的导电属性，并适合对大量样品进行统计。另外，由于拉曼光谱对基底和扫描环境几乎没有要求，因此同样适合对碳纳米管进行原位观测。例如，利用硅片的特征峰作为内标，可以标定碳纳米管 G 峰的强度，从而在一定程度上反映出碳纳米管的长度信息，这样就可以对碳纳米管的生长[91]和刻蚀[92]过程进行检测。

拉曼光谱法是目前碳纳米管手性检测中运用最多的方法，其广泛的适用性、简单的仪器和方便的操作使得它与扫描电子显微镜共同成为碳纳米管研究中最基本的两种仪器。然而，单一激发波长的拉曼光谱通常只能表征一小部分碳纳米管，因此想要更全面地对样品进行表征需要多波长激光的同时使用。同时，碳纳米管的管径较大时，不同手性碳纳米管的管径差异较小，此时对碳纳米管的手性和电学性质指认的精确度都会受到影响。

## 2.3 碳纳米管的性质

碳纳米管是具有大长径比、可以稳定存在且具有一定刚性的一维材料，其独特的结构决定了它具有非常优异的物理(包括电学、光学、力学、热学等)和化学性质。了解碳纳米管的性质，是走向其应用的第一步。本节将对这些性质及其应用进行介绍。

### 2.3.1 碳纳米管的电学性质

根据碳纳米管手性指数的不同，碳纳米管可以呈现金属性或半导体性。本节将分别对这两方面加以介绍，首先介绍金属型碳纳米管作为导线时表现出的输运特性，其后对半导体型碳纳米管的电学性质(特别是在场效应晶体管方面)进行概述。

常规金属中，电子输运过程通常可以用 Drude-Sommer 理论进行描述。该理论认为，导体中的电子可以看作费米气体。在金属中，由于电子的平均自由程大于其费米波长，因此电子运动可以用牛顿运动定律进行描述；然而，当材料某个或某两个维度上的尺寸足够小时，电子在该维度上的运动会受到量子限域效应的影响。在宏观导线中，导线电阻与其横截面积成反比；然而受量子化效应的影响，极细导线中的电导也会呈现量子化：其电导必为 $2e^2/h$ 的整数倍(其中 $e$ 为电子电量，$h$ 为普朗克常量)。这种导线称为"量子导线"。碳纳米管就是一例很典型的量子导线。

1997 年，Dai 等首先测量得到了单根碳纳米管的电学输运性质。实验结果表明，碳纳米管的电导发生在两个不连续的电子能级上，而这两个能级在量子力学上是长程相关的[93]。1998 年，Frank 等通过巧妙的设计，在实验上观察到了碳纳米管的量子电导现象[94]：他们在碳纤维上通过电弧放电法生长了微米级长度、一端悬空且长度不一的多壁碳纳米管，将其逐渐浸入液态金属溶液并测量其电导率。实验发现，随着浸入液态金属的碳纳米管逐渐增多，其电导明显呈现量子化，其单位变化台阶高度为 $2e^2/h$。

　　电子在介质中的传播会受到各种各样的散射，如杂质、缺陷及自由移动的原子或分子等，这是导电材料电阻的主要来源。电子发生两次碰撞移动的平均距离称为"平均自由程"。当电子的平均自由程远大于电子在介质中传播维度上的长度时，就会出现"弹道输运"现象，即电子从一端运动到另一端时不会发生散射。1998 年，White 等通过理论计算模拟了扶手椅型碳纳米管中的电子运动状态，提出碳纳米管表面的"无序位点"虽然会对电子造成一定的散射，但由于电子自由程会随着碳纳米管直径的增大而增加，因此实验上观测到碳纳米管的弹道输运是可能的。Dai 等在实验中证实，至少在 140 nm 的尺度上，碳纳米管中的电子运动是符合弹道输运现象的，如图 2-13(a)所示。后来，随着纳电子器件加工工艺的日益成熟，碳纳米管中的弹道输运现象被越来越多地报道[95, 96]。

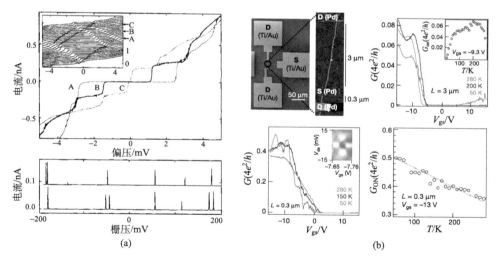

图 2-13　碳纳米管的弹道输运特性

(a)碳纳米管作为量子电缆[91]；(b)碳纳米管弹道输运器件的构筑及其开关比[97]

　　除了被用作导线，半导体型碳纳米管还可以用来加工场效应晶体管(FET)。如图 2-13(b)所示，单壁碳纳米管场效应晶体管器件一般由源极、漏极和栅极组成，其中碳纳米管作为导电沟道材料。根据栅极位置，碳纳米管 FET 有底栅型和顶栅型两种结构。由于碳纳米管同时具有很高的电子迁移率和空穴迁移率，因此可以通过栅压调控碳纳米管中的载流子浓度和类别，在不同栅压下，碳管中的电子或者空穴均可作为载流子，并相应地表现出 n 型或者 p 型半导体特性[97]。源漏电压常用于驱动载流子流动从而产生电流，对电流的检测是对信号进行读取、计算和放大的关键。为了降低金属电极和碳纳米管之间的肖特基势垒，碳纳米管场效应晶体管的源漏电极通常选择与碳纳米管功函比较匹配的 Pd、Au、Pt 等。1998年，Dekker 课题组首次制备出基于单根碳纳米管的场效应晶体管器件[98]；2004年，Fuhrer 课题组构建了沟道长度超过 300 μm 的场效应晶体管[97]，实验表明，半导体管在室温下的本征迁移率可达 $10^5$ cm²/(V·s)，远远超过硅的载流子迁移率，这一现象也说明半导体管中载流子的有效质量很低。除此之外，由于单壁碳纳米管可以承受高达 $10^9$A/cm² 的电流密度[99]，即单根单壁碳纳米管甚至可以承受70 μA 的电流[100]，因此其作为场效应晶体管的沟道材料比 Si 有更大的优势，被认为是最有希望取代硅基材料、延续摩尔定律的材料之一。经过 20 年的发展，碳纳米管场效应晶体管的加工取得一系列重要进展。不同于传统半导体技术中通过掺杂来控制器件电学性能的核心技术基础，北京大学彭练矛课题组提出通过控制电极材料选择性地向碳纳米管中注入电子或空穴，进而控制晶体管极性的理念。利用金属 Sc 可以和碳纳米管形成完美的欧姆接触并对碳纳米管进行空穴掺杂这一特性，他们首次实现了“无掺杂”碳纳米管的高性能完美对称的 CMOS 电路制备,在同一根碳纳米管上制备出了性能几近完美对称的 n 型（电子型）和 p 型（空穴型）器件。实验结果表明，该方法制备的器件电子和空穴的迁移率都高于3000 cm²/(V·s)[101]。通过该技术加工的碳纳米管逻辑器件，其驱动电压可降至0.2 V[102]，远远低于硅基器件，充分展示了碳纳米管在高性能低功耗纳电子器件应用方面的广阔前景。2017 年，彭练矛课题组进一步以石墨烯作为电极，将碳纳米管器件的沟道长度降低至 5 nm，所得到的碳纳米管表现出超快的响应速度、较低的驱动电压和极小的亚阈值摆幅，其性能已经接近场效应晶体管的量子极限，并实现了场效应晶体管的单电子开关操作[103]。这一工作为碳纳米管成为未来纳电子领域主流材料奠定了基础。

## 2.3.2　碳纳米管的力学性质

在碳纳米管形成过程中，每一个碳原子都进行 $sp^2$ 杂化，并通过共价键与另外三个碳原子连接，未参与杂化的 p 轨道上的单电子则与其他碳原子的单电子形成离域 π 键。由于构成碳纳米管的碳碳键几乎是自然界中最强的化学键，因此可以预测碳纳米管具有极好的力学性能。因此，自碳纳米管发现起，对其力学性能的研究一直受到广泛关注。最早的研究始于理论计算分析，Yakobson 等采用Tersoff 势函数研究在碳纳米管受到较大形变时结构变化情况，得出碳纳米管的弹性模量为 5.5 TPa[104]；Zhou 等[105]采用价电子总能量理论，得到碳纳米管的应力能主要来自非空的价电子，其弹性模量为 5.5 TPa。可以看出，大部分理论计算都表明碳纳米管具有 5 TPa 左右的弹性模量,是钢的 25 倍;当然,随着模拟方法的不同,计算得到的碳纳米管弹性模量有一定的差异。

随着碳纳米管研究的不断深入和制备方法的不断革新,研究人员设计了各种实验,实现了单根碳纳米管轴向模量、径向模量和拉伸强度的测量。1996 年,Treacy 等通过实验测定了多壁碳纳米管的杨氏模量:他们将一端悬空的碳纳米管看作均匀的同轴悬臂梁,通过透射电子显微镜测量其与时间相关的热振动振幅,得到碳纳米管的平均弹性模量为 1.8 TPa,且该值随着其管径减小而增加[106];1998 年,他们利用同样的方法测定了 27 根碳纳米管的杨氏模量,并通过理论计算给予解释[107]。1999 年,Salvetat 同样利用原子力显微镜针尖压迫两端固定的单壁碳纳米管束,测得管束的弹性模量大约为 1 TPa,且当管束直径从 3 nm 增大到 20 nm 时,其弹性模量降低一个数量级左右[108]。

除了单根碳纳米管的性能被广泛关注,随着碳纳米管制备工艺日益完善,多种碳纳米管宏观体的成功合成为宏观测量碳纳米管力学性质带来了方便。1999 年,Pan 等通过热裂解乙炔制备得到定向排列的超长多壁碳纳米管阵列,并对直径 1 μm、长度 2 mm 左右的阵列进行了拉伸试验,得到多壁碳纳米管平均弹性模量约为 0.45 TPa[110];Zhu 等使用浮动催化裂解法制备了直径为 10 μm 左右、长度为 20 cm 的单壁碳纳米管长丝,并通过宏观拉伸试验计算出其宏观弹性模量大约为 150 GPa[111];而 Song 等则使用浮动催化裂解制备得到的单壁碳纳米管薄膜进行拉伸试验,结果显示单根碳纳米管的平均弹性模量约为 0.7 TPa。有趣的是,如果将样品进行纯化,杂质减少会导致管束之间连接不够紧密,其宏观体的强度反而有所下降[112]。

当对碳纳米管所施加的应力超出其弹性极限范围时(轴向应变增加到几个百分点),碳纳米管会出现两种结构变化形式:即屈曲塌陷或 Stone-Wales 缺陷。在压应变下,碳纳米管结构变得很不稳定,其结构容易侧向屈曲并塌陷[113];然而,即使超过 20% 的压缩应变作用下,形变后仍能保持管状结构[114],其过程如图 2-14(b)所示。实验中已发现聚合物复合材料中多壁碳纳米管在压缩和拉伸时,会出现上述特征,并且这些形变的位置可以通过连续介质模型进行很好的预测[109]。研究表明,在大的拉伸应变下,碳纳米管塑性塌陷机理是 Stone-Wales 键旋转(即晶格面内 C—C 键旋转 90°)的碳纳米管晶格缺陷所造成的。这些缺陷的形成不仅能随着施加应变的增加而减小,还依赖于碳纳米管的直径和手性。此外,高温下 Stone-Wales 缺陷还会发生塑性流动,甚至能够改变碳纳米管的手性。进一步的拉伸可以使碳纳米管表面缺陷塑性流动、颈缩及在缺陷处断裂[61]。

碳纳米管优秀的力学性能使得其在很多领域都有着潜在的应用。因其极高的机械强度和韧性,加之质量很轻,可用于制作防弹衣、航空航天材料甚至"太空天梯"。此外,碳纳米管的高强度和纳米级的直径还使得其具备了一些有趣的潜在

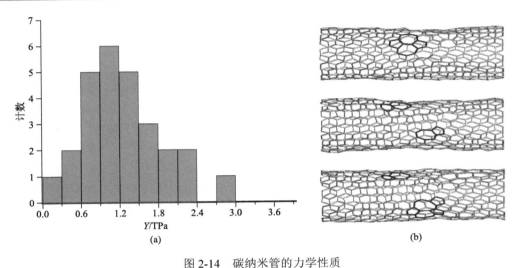

图 2-14    碳纳米管的力学性质

(a)27 根碳纳米管杨氏模量分布[107]；(b)碳纳米管非弹性形变中的缺陷(五元-七元环)情况[109]

应用，如"纳米秤"：将单壁碳纳米管的一头悬空，使其作为悬臂梁，并在上面黏结小微粒，这样可以通过检测该悬臂梁共振频率的变化推算出颗粒的质量。Poncharal 等于 1999 年报道的碳纳米管纳米秤可以测量质量为 22 fg 的微粒[115]。

### 2.3.3  碳纳米管的热学性质

比热容和热导率是衡量材料热学性质的两个重要指标，本小节将从这两个方面对碳纳米管的热学性质进行介绍。

由于碳纳米管由卷曲的石墨片构成，因此可以从单层石墨烯的比热容出发，得到单壁碳纳米管的比热容。同时，由石墨烯卷曲造成的电子结构和声子结构的改变，使得不同结构碳纳米管的比热容也随结构而变化，该效应在较低温度下尤为明显。实验和理论结果都表明，当温度大于 100 K 时，单壁碳纳米管、多壁碳纳米管和碳纳米管管束都接近石墨的比热容，大约为 700 mJ/(g·K)，这表明在较高温度下，单壁碳纳米管管束和多壁管层间的耦合较弱[116, 117]。而当温度低于100 K 时，碳纳米管的量子限域效应开始表现出来，其比热容随着温度的变化较为明显。

碳纳米管的成键特点不仅赋予其高的力学和电学性能，还使其具备了极高的热导率。理论研究表明，单根单壁碳纳米管在室温下的热导率高于 6000 W/(m·K)[118, 119]，而实验测得的单根多壁碳纳米管在室温下的热导率也高于 3000 W/(m·K)[120]，这一数值远高于广泛应用的 Cu 和金刚石。此外，碳纳米管还有着热膨胀系数低、化学稳定性好、耐腐蚀等优点，这使得碳纳米管有望作为良好的热传导材料或热传导材料的添加剂，从而用于热管理材料领域。然而，在碳纳米管宏观体中，由于碳纳米管杂乱无规分布、管间接触导致的巨大热阻、宏观体中缝隙存在及界面能的不匹配等因素的存在,所以碳纳米管优异的导热特性的发挥受到严重制约。目前,碳纳米管基导热材料的设计思路主要包括:①将碳纳米管作为添加剂改善各种聚合物基体内的热传递网络结构,进而发展高性能导热树脂、电子填料或黏合剂;②构建自支撑碳纳米管薄膜结构,通过调制碳纳米管取向分布实现不同方向的传热;③发展碳纳米管垂直阵列结构,通过管间填充、两端复合实现热量沿着碳纳米管高热导率的轴向方向传输,以期为两个界面间热的输运提供有效的通道[121]。

## 2.3.4　碳纳米管的光学性质

碳纳米管在结构上与常规晶态或非晶态材料有很大的差别,这一差异突出地表现在直径较小、比表面积较大、界面原子排列具有较大无规则性等方面,这就使碳纳米管呈现出一些不同于常规材料的光学性质。例如,碳纳米管对红外辐射异常敏感,可以制作灵敏度很高的红外探测器;碳纳米管有很强的非线性光学性质,如三次非线性光学效应使其可以做高速的全光学开关;碳纳米管表现出强烈的光学各向异性,甚至可以用作传统的价格昂贵的紫外偏振器的替代品。

非线性光学研究的是介质在强相干光作用下的响应与场强所呈现的倍频、和频、差频及参量振荡等现象。纳米材料的光激发引发的吸收变化一般可分为两大部分:由光激发引起的自由电子-空穴对所产生的快速非线性部分,受势阱作用的载流子的慢非线性部分。由于能带结构的变化,纳米晶体中载流子的迁移、跃迁和复合过程均呈现与常规材料不同的规律,因而具有不同的非线性光学效应。从微观的角度来看,非线性光学效应来自分子的极化影响。当足够强的光照射到物质表面时,光的振荡电场引起了电子的迁移,使得介质中粒子的电荷分布发生了巨大变化,正电荷与负电荷的中心也发生了相对的移动,形成了一个振荡的电偶极子并随即造成了电偶极矩的感应电极化。当光的强度较弱时,感应电极化程度与光波场的线性项大致相关,即线性极化。但是当光的强度较强时,感应电极化程度不仅与光波场的线性项有关,还与光波场的二次、三次甚至更高项有关[122]。对于材料的非线性动力学特性的研究,泵浦探测实验技术是一种非常可靠且有效的实验方法。飞秒激光泵浦探测技术不受光电探测设备的时间分辨率的局限,不仅能探测到亚皮秒量级甚至飞秒量级的非线性动力学过程,还可以对热载流子的相互作用进行精确的分辨,从而探测到材料内部的性质(如电子配对和能级结构等方面的重要信息)。飞秒激光泵浦探测技术中使用的泵浦光和探测光是有时间延时的,因此能测试样品材料的响应机理与恢复时间,以及非线性响应的大小[123]。1999年,中国科学院叶佩弦课题组[124]使用 Nd:YAG 激光器,在不同浓度的碳纳米管分散液中得到了皮秒和纳秒级的非线性光学响应；Zhang 等[125]通过实验测试，发现单壁碳纳米管聚酰亚铵复合物对光信号响应的时间延迟大约只有 800 fs。这种亚皮秒级时间延迟被认为是单壁碳纳米管中电子从导带跃迁到价带的弛豫时间。单壁碳纳米管复合物亚皮秒级时间延迟使其成为制作高质量皮秒全光开关的很有潜力的材料[125]。

除了非线性光学特征，碳纳米管在线性光学方面也表现出优异的性能。作为一维材料，碳纳米管表现出强烈的光学各向异性。例如，碳纳米管对光的吸收与光的偏振方向有关：当光的偏振方向与管轴方向平行时，碳纳米管的吸收系数最大；而当偏振方向与管轴方向垂直时吸收系数最小。Nakamura 课题组在测量单壁碳纳米管吸收随激发光偏振方向和管轴夹角的变化时发现，随着该夹角的逐渐增大，其吸收强度单调减小，但当二者垂直时其吸收并不为 0。这是因为在光场作用下一小部分 $\pi$ 电子轨道发生了偏转，从而产生了一定的光吸收[126, 127]。利用这一性质，碳纳米管可以用于制作宽波段偏振片，也可以应用在紫外辐射方面制备新型紫外偏振器。

此外，碳纳米管还具有优秀的电致发光特性。1998 年，Bonard 等在研究碳纳米管的场发射性质时，首次发现了这一现象[128]。他们利用该性质获得了类似于日光灯的碳纳米管灯管，在输入电压为 7500 V、功率为 15 W 时，其发光强度可达 10000 cd/m$^2$，寿命可达到 10000 h；Park 等将碳纳米管和聚硅烷与能量相符的染色剂复合在一起，得到了层状的电致发光元件[129]。碳纳米管的高载流子浓度（$10^9$ A/cm$^2$）和对空气的稳定性（250℃的空气下通入超过 $10^9$ A/cm$^2$ 的电流，可以在两周内保持稳定），以及优良的柔性和低密度等特点，使得碳纳米管有望成为非常良好的灯丝材料。2004 年，Wei 等提出了碳纳米管灯泡的概念[130]，并发现碳纳米管的发射光谱在 407 nm、417 nm 和 655 nm 处均出现发射峰，其红外波段的辐射明显低于该温度下的黑体辐射强度，而在可见光区则高于黑体辐射强度。此外，碳纳米管灯泡还具有发光阈值电压低、同电压下亮度高等优点。

## 2.3.5 碳纳米管的化学性质

常温下，石墨是碳的同素异形体中最稳定的形态，因此基于石墨结构的碳纳米管也有极为稳定的化学性质。在真空或惰性气体的条件下，碳纳米管能够承受 2000 K 以上的高温。同时，碳纳米管的小曲率半径、大比表面积又使得其具有一定的化学活性，因此碳纳米管在化学和生物领域也具有显著的应用价值。目前，对碳纳米管化学性质的研究主要集中在碳纳米管的填充、修饰和掺杂，并进一步将其应用于化学及生物传感、储能等领域。

### 1. 碳纳米管的填充

　　碳纳米管是疏水性的，对多数极性溶剂不浸润，而对各种有机溶剂、$HNO_3$ 及一些液态单质（如 S、Se、Rb 等）和金属氧化物有较好的浸润性。同时，碳纳米管的纳米级直径为浸润性良好的物质提供了很大的毛细管压，使得这类物质可以比较容易地填入碳纳米管内部。从技术的角度出发，碳纳米管的填充主要包括原位填充法和开口后填充法两类。

　　原位填充法是指在碳纳米管生长的同时，使外来物质填充到碳纳米管内部的方法。在生长过程中，一些金属催化剂呈现液态（详细机理将在后面章节中予以讨论），若该金属与碳纳米管浸润性良好，很容易受到毛细现象的影响而被部分"吸入"碳纳米管内部。同时，暴露在外的金属仍可以继续催化碳纳米管生长，从而使其生长不断延续并最终形成填充有金属的碳纳米管[131, 132]。此外，也可以向单壁碳纳米管中填充非金属，如可以合成碳纳米管中包含 $C_{60}$ 链的"豆荚"结构 [图 2-15 (a)][133]。到目前为止，这类碳纳米管原位填充过程的机理尚不明晰，但这并不妨碍原位填充法发展成为大量、高效制备填充碳纳米管最有效的途径之一。

　　更稳定、更可靠的方法是开口-填充两者结合方法。常用的碳纳米管开口方法是使用气态氧化剂（如 $CO_2$、$O_2$）或液态氧化剂（如 $HNO_3$）氧化破坏碳纳米管端帽处的缺陷（通常认为由五元环和曲率变化产生的应力作用引起），在尽可能不损伤管壁的前提下使碳纳米管的端部打开。例如，Ugarte 等[134]将封闭的碳纳米管在空气或氧化性气氛中加热到 700℃使之开口，这是典型的气相氧化开口方法。对开口后的碳纳米管进行填充的方法主要包括固相熔融填充法和液相湿化学填充法等。熔融填充法就是将碳纳米管在惰性、真空或氧化性环境中与填充物质熔融共热形成熔融液相后，再利用毛细管作用进行填充。1993 年，Ajayan[135]将多壁碳纳米管与熔融态的 Pb 在 400℃空气中退火，首次在碳纳米管内填充了 Pb[图 2-15(b)]。湿

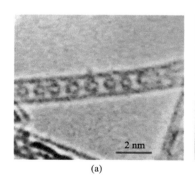
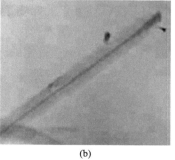

(a)　　　　　　　　　　　　　　(b)

图 2-15　碳纳米管的填充

(a)碳纳米管-$C_{60}$链的"豆荚"结构[133]；(b)填充了 Pb 的碳纳米管[135]

化学填充过程首先由 Tsang 等[136]最早提出。他们在较低的温度下（140℃），将碳纳米管在硝酸、硝酸镍溶液中混合回流。实验结果表明，这种处理方法可以使碳纳米管的开口率达到 80%，且有 60%~70%的管内填充镍化合物。

**2. 碳纳米管的修饰**

通常制备得到的碳纳米管表面是光滑的石墨片层结构，没有其他官能团。为了实现碳纳米管的改性，进一步拓宽应用范围，通常需要对碳纳米管的管壁进行化学修饰，并实现对初始碳纳米管的纯化、官能团化、高分子缠绕等。碳纳米管的修饰方法主要分为两大类，包括共价修饰和非共价修饰。图 2-16 给出了碳纳米管修饰方法的示意图。

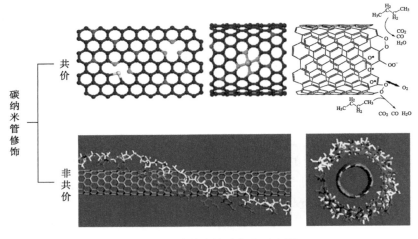

图 2-16　碳纳米管功能化示意图

碳纳米管的共价修饰主要是通过化学键将官能团修饰在碳纳米管的管壁或端口处。普遍认为本征碳纳米管的端帽处具有最强的化学活性，因此最容易发生化学修饰和刻蚀反应。对于碳纳米管尖端的化学修饰通常伴随着氧化处理，如前一小节中提到的气相刻蚀或溶液氧化的方法都可以在碳纳米管尖端修饰含氧官能团，而这些官能团（尤其是羧基）的高反应活性可以用于后续的酰基化、酰胺化及酯化等操作。

碳纳米管的管壁具有一定的曲率，使得 $sp^2$ 杂化的碳原子中的 $\pi$ 轨道交叠较差，具有一定的键张力，因此相较于石墨烯，碳纳米管的外壁具有更高的反应活性。利用这种反应活性，可以对碳纳米管表面进行修饰。其中，碳纳米管表面的缺陷位表现出最高的反应活性。有文献指出，碳纳米管中大约 2%的碳原子出现在非六元环中[137]。碳纳米管管壁的修饰使一部分 $sp^2$ 杂化的碳原子被转化为 $sp^3$

杂化的碳原子，因此会改变碳纳米管本身的电子结构，并严重降低迁移率。随着修饰程度进一步加深，碳纳米管会逐渐转化为绝缘体。研究表明，选择合适的修饰基团对碳纳米管表面进行共价修饰时，可通过加热退火的方法将官能团除去（即可逆共价修饰）[138]。通过氧化处理的方法同样可以使碳纳米管表面修饰羧基基团；除此之外，对碳纳米管管壁的修饰还可以通过环加成反应[139]、自由基反应[140]、亲电加成反应[141]、电化学修饰[142]、等离子体活化[143]和机械化学[144]等方法进行。

　　碳纳米管的非共价修饰主要应用了碳纳米管和修饰分子之间的疏水相互作用、π-π 堆积、范德华作用和静电相互作用。例如，脂肪烃类在碳纳米管表面的修饰通常依靠范德华相互作用，而聚合物和高分子通常会缠绕在碳纳米管表面[145, 146]；含有芳香基团的化合物通常可以和碳纳米管之间产生较强的 π-π 堆积作用[147, 148]；荧光分子和蛋白质等则和碳纳米管之间具有较强的疏水相互作用[149, 150]。相较于碳纳米管的共价修饰，非共价修饰对碳纳米管的原子结构和电学性质影响较小，因此广泛应用于纯化、分离等领域。

### 3. 碳纳米管的掺杂

　　为了改变碳纳米管的电子结构，使其在导电薄膜或离子电池等方面发挥更加优异的性能，通常需要对碳纳米管进行化学掺杂[151]。由于碳纳米管的掺杂主要通过化学修饰来实现，因此碳纳米管的掺杂也分为非共价（吸附）掺杂和共价掺杂两类。通过调控掺杂原子的类型，可以改变其费米能级的位置，从而实现对碳纳米管的 p 型掺杂或 n 型掺杂。

　　非共价掺杂主要利用小分子掺杂剂在碳纳米管表面的吸附。例如，由于受到水、氧分子的吸附，暴露在大气中的碳纳米管通常显示弱的 p 型掺杂特性。此外，常见的 p 掺杂试剂还包括 $NO_2$[152]、硫酸[153]、卤素单质[154]、TCNQ[155]等。上述掺杂的主要原理是通过具有氧化性的物质和碳纳米管接触，从而使碳纳米管带上部分正电荷。然而，由于大部分掺杂剂和碳纳米管之间为弱吸附，这种掺杂的持续时间较短且稳定性较差，这严重制约了碳纳米管掺杂产品的产业化，是一个亟待解决的问题。

　　另一类掺杂则是通过在碳纳米管的石墨骨架中掺杂杂原子的方式实现的。最常见也是研究最广的掺杂剂为 N 原子。掺杂氮在碳纳米管中的形态包括石墨氮（N-Q）、吡啶氮（N-6）、吡咯氮（N-5）、氧化吡啶（N-X）、硝基（—$NO_2$）及氨基（—$NH_2$）等。不同方法制备的氮掺杂碳纳米管具有含量不同的各种掺氮形态。N 元素的各种形态及其相对含量，可以通过 XPS 进行检测，其结合能如表 2-2 所示。

表 2-2  常见含 N 官能团及其结合能

| 含 N 官能团 | 结合能 / eV | 含 N 官能团 | 结合能 / eV |
|---|---|---|---|
| 吡啶氮(N-6) | 398.5 | 石墨氮(N-Q) | 401.4 |
| 伯胺(—NH₂) | 399.1 | 氧化吡啶(N-X) | 404.9 |
| 吡咯氮(N-5) | 400.5 | 硝基(—NO₂) | 406.1 |

目前，常见的氮掺杂碳纳米管的制备方法可以分为 3 种，包括原位掺杂、高温碳化含氮高分子和后处理氮掺杂。常用的同步原位掺杂法包括电弧放电法、激光蒸发法和化学气相沉积法，其中前两者反应温度较高，容易导致产品的烧结现象。化学气相沉积法可在 1000℃ 以下制备氮掺杂碳纳米管，且产品纯度高。例如，以有机物(如苯胺、三聚氰胺、吡啶)[156-158]或无机物[159]为氮源，通过化学气相沉积法可制备得到 N 掺杂碳纳米管。含 N 官能团，尤其是 N-5 的引入将增加碳纳米管的曲率，使碳纳米管壁内出现弯曲石墨层。随着 N 元素含量的增加，碳纳米管由平直的管状结构(N 含量为 0%)变为竹节状结构(N 含量为 1.5%)，甚至转变为褶皱状结构(N 含量高于 3.1%)[160]。此外，采用常见的高分子如聚苯胺、聚吡咯、生物质等作为前驱体，通过控制条件得到管状结构，经碳化后也可得到氮掺杂碳纳米管[161]。碳化含氮高分子可以制备得到掺氮量较高的碳纳米管，但制备得到的碳纳米管碳化程度不高，很难体现碳纳米管本征的优异性质，其结构更近似碳纤维甚至无定形碳。后处理氮掺杂是指在含氮的氛围中，对碳纳米管进行后处理，如等离子体、水热、球磨等，从而制备氮掺杂碳纳米管。后处理氮掺杂以表面掺杂为主，其过程与 2.3.5 小节 2.中讨论的碳纳米管表面修饰非常相似。这种方法得到的碳纳米管的结构保持较好，但掺杂量相对较低。

除了上述性质，碳纳米管特殊的一维疏水空腔也为其提供了很多新奇的性质。以水分子为例，其在碳纳米管中的传质是一种"脉冲"模式，其传质速度非常快，这使得碳纳米管可以在纳秒量级上实现填充-未填充状态的改变[162]；在小管径碳纳米管中，水分子会自发通过氢键形成一维链状结构，质子在水分子链上也会具有特殊的稳定性[163]。此外，若将碳纳米管作为化学反应的反应器，由于一维空腔在两个维度上限制了分子的平动和转动，因此其反应过程和路径也与体相反应有巨大差异[164, 165]。

结构决定性质，性质决定应用。了解碳纳米管的结构和性质是碳纳米管研究的第一步。本章从碳纳米管的基本结构出发，介绍了碳纳米管结构的表征方法，并对这些结构所赋予碳纳米管的各种性质进行了详细的介绍。

碳纳米管，特别是单壁碳纳米管，具有丰富多样的精细结构，这样的结构赋予了其丰富可调的性能，也为其表征带来了很大挑战。在单壁碳纳米管的结构表征方面，目前的方法均存在一定的缺陷，如制样困难、仪器复杂、对环境要求高、对样品具有选择性而不能全面表征等。这些问题严重影响了碳纳米管的合成与分离领域的进展：在合成领域，目前的表征技术无法快速地表征每一根碳纳米管的手性，因此很难对其结构分布进行统计和分析，从而影响了研究者对反应机理的深入理解和对催化剂的后续设计；在分离领域，目前的表征方法只能给出纯度低于 99.9%样品的可靠含量分析，当纯度更高时则无法给出准确的统计结果，只能通过加工器件等方式进行推算，严重拖缓了分离方法的后续设计和改进。未来碳纳米管表征领域的发展，将围绕高灵敏、高通量、宽适用范围的方向展开，一方面将碳纳米管的手性表征精确到单根，使每一根碳纳米管的结构都可以得到指认；另一方面需要在宏观尺度上对样品进行分析，从而获得到各种结构在碳纳米管样品中所占的比例；此外，上述方法需要对基底、环境有较高的容忍性，以适应各类样品的表征需求。从目前来看，基于光学成像的表征方法似乎最有潜力完成上述任务，但如何突破光学衍射极限仍是研究者需要思考的问题。另外，对碳纳米管性质的研究则更为复杂。虽然碳纳米管具备一系列出色的性能，但是这些性能往往只能在单根碳纳米管上得到体现。而在实际应用中，除了碳纳米管的本征性能，碳纳米管的聚集状态、碳纳米管之间的相互作用及与周围其他材料的接触等同样会显著影响其整体性能的发挥。因此，碳纳米管的性质研究应该更有针对性，聚焦特定的应用寻找瓶颈所在并一一克服，这样才能逐步将碳纳米管的优异性质转化为特定应用中的出色性能，使其真正发挥其巨大价值。

## 参 考 文 献

[1] Dresselhaus M S, Dresselhaus G, Saito R, Jorio A. Raman spectroscopy of carbon nanotubes. Physics Reports, 2005, 409(2): 47-99.

[2] Su M, Zheng B, Liu J. A scalable CVD method for the synthesis of single-walled carbon nanotubes with high catalyst productivity. Chemical Physics Letters, 2000, 322: 321.

[3] Geblinger N, Ismach A, Joselevich E. Self-organized nanotube serpentines. Nature Nanotechnology, 2008, 3: 195.

[4] Yao Y, Feng C, Zhang J, Liu Z. "Cloning" of single-walled carbon nanotubes via open-end growth mechanism. Nano Letters, 2009, 9: 1673.

[5] Ismach A, Joselevich E. Orthogonal self-assembly of carbon nanotube crossbar architectures by simultaneous graphoepitaxy and field-directed growth. Nano Letters, 2006, 6: 1706.

[6] Kocabas C, Shim M, Rogers J A. Spatially selective guided growth of high-coverage arrays and random networks of single-walled carbon nanotubes and their integration into electronic devices. Journal of the American Chemical Society, 2006, 128: 4540.

[7] Hu Y, Kang L, Zhao Q, Zhong H, Zhang S, Yang L, Wang Z, Lin J, Li Q, Zhang Z, Peng L, Liu Z, Zhang J. Growth of high-density horizontally aligned SWNT arrays using Trojan catalysts. Nature Communications, 2015, 6: 6099.

[8] Fan S, Chapline M G, Franklin N R, Tombler T W, Cassell A M, Dai H. Self-oriented regular arrays of carbon nanotubes and their field emission properties. Science, 1999, 283: 512.

[9] Hata K, Futaba D N, Mizuno K, Namai T, Yumura M, Iijima S. Water-assisted highly efficient synthesis of

impurity-free single-walled carbon nanotubes. Science, 2004, 306: 1362.

[10] Li J, He Y J, Han Y M, Liu K, Wang J P, Li Q Q, Fan S S, Jiang K L. Direct identification of metallic and semiconducting single-walled carbon nanotubes in scanning electron microscopy. Nano Letters, 2012, 12: 4095.

[11] He Y, Zhang J, Li D, Wang J, Wu Q, Wei Y, Zhang L, Wang J, Liu P, Li Q, Fan S, Jiang K. Evaluating bandgap distributions of carbon nanotubes via scanning electron microscopy imaging of the Schottky barriers. Nano Letters, 2013, 13: 5556.

[12] Ravaux J, Yazda K, Michel T, Tahir S, Odorico M, Podor R, Jourdain V. Increased chemical reactivity of single-walled carbon nanotubes on oxide substrates: *in situ* imaging and effect of electron and laser irradiations. Nano Research, 2016, 9: 517.

[13] Jorio A, Saito R, Hafner J, Lieber C, Hunter D, McClure T, Dresselhaus G, Dresselhaus M. Structural ($n$, $m$) determination of isolated single-wall carbon nanotubes by resonant Raman scattering. Physical Review Letters, 2001, 86: 1118.

[14] Nikolaev P, Bronikowski M J, Bradley R K, Rohmund F, Colbert D T, Smith K, Smalley R E. Gas-phase catalytic growth of single-walled carbon nanotubes from carbon monoxide. Chemical Physics Letters, 1999, 313: 91.

[15] Kocabas C, Hur S H, Gaur A, Meitl M A, Shim M, Rogers J A. Guided growth of large-scale, horizontally aligned arrays of single-walled carbon nanotubes and their use in thin-film transistors. Small, 2005, 1: 1110.

[16] Kang S J, Kocabas C, Ozel T, Shim M, Pimparkar N, Alam M A, Rotkin S V, Rogers J A. High-performance electronics using dense, perfectly aligned arrays of single-walled carbon nanotubes. Nature Nanotechnology, 2007, 2: 230.

[17] Ding L, Yuan D, Liu J. Growth of high-density parallel arrays of long single-walled carbon nanotubes on quartz substrates. Journal of the American Chemical Society, 2008, 130: 5428.

[18] Ago H, Nakamura K, Ikeda K I, Uehara N, Ishigami N, Tsuji M. Aligned growth of isolated single-walled carbon nanotubes programmed by atomic arrangement of substrate surface. Chemical Physics Letters, 2005, 408: 433.

[19] Han S, Liu X, Zhou C. Template-free directional growth of single-walled carbon nanotubes on a- and r-plane sapphire. Journal of the American Chemical Society, 2005, 127: 5294.

[20] Chen Y, Shen Z, Xu Z, Hu Y, Xu H, Wang S, Guo X, Zhang Y, Peng L, Ding F, Liu Z F, Zhang J. Helicity-dependent single-walled carbon nanotube alignment on graphite for helical angle and handedness recognition. Nature Communications, 2013, 4: 2205.

[21] Ago H, Ishigami N, Yoshihara N, Imamoto K, Akita S, Ikeda K I, Tsuji M, Ikuta T, Takahashi K. Visualization of horizontally-aligned single-walled carbon nanotube growth with $^{13}C/^{12}C$ isotopes. The Journal of Physical Chemistry C, 2008, 112: 1735.

[22] Feng C, Yao Y, Zhang J, Liu Z. Nanobarrier-terminated growth of single-walled carbon nanotubes on quartz surfaces. Nano Research, 2009, 2: 768.

[23] Liu K, Hong X, Zhou Q, Jin C, Li J, Zhou W, Liu J, Wang E, Zettl A, Wang F. High-throughput optical imaging and spectroscopy of individual carbon nanotubes in devices. Nature Nanotechnology, 2013, 8: 917.

[24] Zhao Q, Yao F, Wang Z, Deng S, Tong L, Liu K, Zhang J. Real-time observation of carbon nanotube etching process using polarized optical microscope. Advanced Materials, 2017, 29.

[25] Deng S, Tang J, Kang L, Hu Y, Yao F, Zhao Q, Zhang S, Liu K, Zhang J. High-throughput determination of statistical structure information for horizontal carbon nanotube arrays by optical imaging. Advanced Materials, 2016, 28: 2018-2023.

[26] Zhang R, Zhang Y, Zhang Q, Xie H, Wang H, Nie J, Wen Q, Wei F. Optical visualization of individual ultralong carbon nanotubes by chemical vapour deposition of titanium dioxide nanoparticles. Nature Communications, 2013, 4: 1727.

[27] Zhang R, Ning Z, Zhang Y, Zheng Q, Chen Q, Xie H, Zhang Q, Qian W, Wei F. Superlubricity in centimetres-long double-walled carbon nanotubes under ambient conditions. Nature Nanotechnology, 2013, 8: 912.

[28] Wang J, Li T, Xia B, Jin X, Wei H, Wu W, Wei Y, Wang J, Liu P, Zhang L. Vapor-condensation-assisted optical

microscopy for ultralong carbon nanotubes and other nanostructures. Nano Letters, 2014, 14: 3527.

[29] Jian M, Xie H, Wang Q, Xia K, Yin Z, Zhang M, Deng N, Wang L, Ren T, Zhang Y. Volatile-nanoparticle-assisted optical visualization of individual carbon nanotubes and other nanomaterials. Nanoscale, 2016, 8: 13437.

[30] Huang S M, Qian Y, Chen J Y, Cai Q R, Wan L, Wang S, Hu W B. Identification of the structure of super long oriented single-walled carbon nanotube arrays by electrodeposition of metal and Raman spectroscopy. Journal of the American Chemical Society, 2008, 130: 11860.

[31] Meyer J C, Paillet M, Michel T, Moreac A, Neumann A, Duesberg G S, Roth S, Sauvajol J L. Raman modes of index-identified freestanding single-walled carbon nanotubes. Physical Review Letters, 2005, 95: 217401.

[32] Jungen A, Popov V N, Stampfer C, Durrer L, Stoll S, Hierold C. Raman intensity mapping of single-walled carbon nanotubes. Physical Review B, 2007, 75: 041405.

[33] Araujo P T, Maciel I O, Pesce P B C, Pimenta M A, Doorn S K, Qian H, Hartschuh A, Steiner M, Grigorian L, Hata K, Jorio A. Nature of the constant factor in the relation between radial breathing mode frequency and tube diameter for single-wall carbon nanotubes. Physical Review B, 2008, 77: 241403.

[34] Liu K, Wang W, Wu M, Xiao F, Hong X, Aloni S, Bai X, Wang E, Wang F. Intrinsic radial breathing oscillation in suspended single-walled carbon nanotubes. Physical Review B, 2011, 83: 113404.

[35] Ajiki H, Ando T. Aharonov-Bohm effect in carbon nanotubes. Physica B: Condensed Matter, 1994, 201: 349.

[36] Marinopoulos A, Reining L, Rubio A, Vast N. Optical and loss spectra of carbon nanotubes: depolarization effects and intertube interactions. Physical Review Letters, 2003, 91: 046402.

[37] Joh D Y, Herman L H, Ju S Y, Kinder J, Segal M A, Johnson J N, Chan G K, Park J. On-chip Rayleigh imaging and spectroscopy of carbon nanotubes. Nano Letters, 2010, 11: 1.

[38] Wu W, Yue J, Lin X, Li D, Zhu F, Yin X, Zhu J, Wang J, Zhang J, Chen Y. True-color real-time imaging and spectroscopy of carbon nanotubes on substrates using enhanced Rayleigh scattering. Nano Research, 2015, 8: 2721.

[39] Barkelid M, Steele G A, Zwiller V. Probing optical transitions in individual carbon nanotubes using polarized photocurrent spectroscopy. Nano Letters, 2012, 12: 5649.

[40] Barkelid M, Zwiller V. Photocurrent generation in semiconducting and metallic carbon nanotubes. Nature Photonics, 2014, 8: 47.

[41] O'Connell M J, Eibergen E E, Doorn S K. Chiral selectivity in the charge-transfer bleaching of single-walled carbon-nanotube spectra. Nature Materials, 2005, 4: 412.

[42] Odom T W, Huang J L, Kim P, Lieber C M. Structure and electronic properties of carbon nanotubes. The Journal of Physical Chemistry B, 2000, 104: 2794-2809.

[43] Hassanien A, Tokumoto M, Kumazawa Y, Kataura H, Maniwa Y, Suzuki S, Achiba Y. Atomic structure and electronic properties of single-wall carbon nanotubes probed by scanning tunneling microscope at room temperature. Applied Physics Letters, 1998, 73: 3839.

[44] Falvo M, Taylor II R, Helser A, Chi V. Nanometre-scale rolling and sliding of carbon nanotubes. Nature, 1999, 397: 236.

[45] Wong S S, Woolley A T, Odom T W, Huang J L, Kim P, Vezenov D V, Lieber C M. Single-walled carbon nanotube probes for high-resolution nanostructure imaging. Applied Physics Letters, 1998, 73: 3465.

[46] Kim P, Odom T W, Huang J L, Lieber C M. Electronic density of states of atomically resolved single-walled carbon nanotubes: Van Hove singularities and end states. Physical Review Letters, 1999, 82: 1225.

[47] Han J, Anantram M, Jaffe R, Kong J, Dai H. Observation and modeling of single-wall carbon nanotube bend junctions. Physical Review B, 1998, 57: 14983.

[48] Meunier V, Henrard L, Lambin P. Energetics of bent carbon nanotubes. Physical Review B, 1998, 57: 2586.

[49] Lambin P, Lucas A, Charlier J C. Electronic properties of carbon nanotubes containing defects. Journal of Physics and Chemistry of Solids, 1997, 58: 1833.

[50] Chico L, Crespi V H, Benedict L X, Louie S G, Cohen M L. Pure carbon nanoscale devices: nanotube heterojunctions. Physical Review Letters, 1996, 76: 971.

[51] Ouyang M, Huang J L, Cheung C L, Lieber C M. Energy gaps in "metallic" single-walled carbon nanotubes. Science, 2001, 291: 97.

[52] Wildöer J, van Roy A, van Kempen H, Harmans C. Low‐temperature scanning tunneling microscope for use on artificially fabricated nanostructures. Review of Scientific Instruments, 1994, 65: 2849.

[53] Yoshida H, Takeda S, Uchiyama T, Kohno H, Homma Y. Atomic-scale *in-situ* observation of carbon nanotube growth from solid state iron carbide nanoparticles. Nano Letters, 2008, 8: 2082.

[54] He M, Jiang H, Liu B, Fedotov P V, Chernov A I, Obraztsova E D, Cavalca F, Wagner J B, Hansen T W, Anoshkin I V. Chiral-selective growth of single-walled carbon nanotubes on lattice-mismatched epitaxial cobalt nanoparticles. Scientific Reports, 2013, 3: 1460.

[55] Zhang L, He M, Hansen T W, Kling J, Jiang H, Kauppinen E I, Loiseau A, Wagner J B. Growth termination and multiple nucleation of single-wall carbon nanotubes evidenced by *in situ* transmission electron microscopy. ACS Nano, 2017, 11: 4483.

[56] Jin Z, Chu H B, Wang J Y, Hong J X, Tan W C, Li Y. Ultralow feeding gas flow guiding growth of large-scale horizontal aligned single-walled carbon nanotube arrays. Nano Letters, 2007, 7: 2073.

[57] Liu K, Deslippe J, Xiao F, Capaz R B, Hong X, Aloni S, Zettl A, Wang W, Bai X, Louie S G. An atlas of carbon nanotube optical transitions. Nature Nanotechnology, 2012, 7: 325.

[58] Hashimoto A, Suenaga K, Gloter A, Urita K, Iijima S. Direct evidence for atomic defects in graphene layers. Nature, 2004, 430: 870.

[59] Jin C, Suenaga K, Iijima S. Vacancy migrations in carbon nanotubes. Nano Letters, 2008, 8: 1127.

[60] Nardelli M B, Yakobson B I, Bernholc J. Mechanism of strain release in carbon nanotubes. Physical Review B, 1998, 57: R4277.

[61] Nardelli M B, Yakobson B I, Bernholc J. Brittle and ductile behavior in carbon nanotubes. Physical Review Letters, 1998, 81: 4656.

[62] Xia Y, Ma Y, Xing Y, Mu Y, Tan C, Mei L. Growth and defect formation of single-wall carbon nanotubes. Physical Review B, 2000, 61: 11088.

[63] Dumitrica T, Hua M, Yakobson B I. Symmetry-, time-, and temperature-dependent strength of carbon nanotubes. Proceedings of the National Academy of Sciences, 2006, 103: 6105.

[64] Warner J H, Young N P, Kirkland A I, Briggs G A D. Resolving strain in carbon nanotubes at the atomic level. Nature Materials, 2011, 10: 958.

[65] Gao M, Zuo J, Twesten R, Petrov I, Nagahara L, Zhang R. Structure determination of individual single-wall carbon nanotubes by nanoarea electron diffraction. Applied Physics Letters, 2003, 82: 2703.

[66] Zuo J, Vartanyants I, Gao M, Zhang R, Nagahara L. Atomic resolution imaging of a carbon nanotube from diffraction intensities. Science, 2003, 300: 1419.

[67] Liu Z, Qin L C. Electron diffraction from elliptical nanotubes. Chemical Physics Letters, 2005, 406: 106.

[68] Zhang J, Zuo J. Structure and diameter-dependent bond lengths of a multi-walled carbon nanotube revealed by electron diffraction. Carbon, 2009, 47: 3515.

[69] Jiang Y, Zhou W, Kim T, Huang Y, Zuo J. Measurement of radial deformation of single-wall carbon nanotubes induced by intertube van der Waals forces. Physical Review B, 2008, 77: 153405.

[70] Allen C, Elkin M, Burnell G, Hickey B, Zhang C, Hofmann S, Robertson J. Transport measurements on carbon nanotubes structurally characterized by electron diffraction. Physical Review B, 2011, 84: 115444.

[71] Allen C, Zhang C, Burnell G, Brown A, Robertson J, Hickey B. A review of methods for the accurate determination of the chiral indices of carbon nanotubes from electron diffraction patterns. Carbon, 2011, 49: 4961.

[72] Hirahara K, Inose K, Nakayama Y. Determination of the chiralities of isolated carbon nanotubes during superplastic elongation process. Applied Physics Letters, 2010, 97: 051905.

[73] He M, Liu B, Chernov A I, Obraztsova E D, Kauppi I, Jiang H, Anoshkin I, Cavalca F, Hansen T W, Wagner J B. Growth mechanism of single-walled carbon nanotubes on iron-copper catalyst and chirality studies by electron

diffraction. Chemistry of Materials, 2012, 24: 1796.

[74] O'Connell M J, Bachilo S M, Huffman C B, Moore V C, Strano M S, Haroz E H, Rialon K L, Boul P J, Noon W H, Kittrell C. Band gap fluorescence from individual single-walled carbon nanotubes. Science, 2002, 297: 593.

[75] Oyama Y, Saito R, Sato K, Jiang J, Samsonidze G G, Grüneis A, Miyauchi Y, Maruyama S, Jorio A, Dresselhaus G. Photoluminescence intensity of single-wall carbon nanotubes. Carbon, 2006, 44: 873.

[76] Tsyboulski D A, Rocha J D R, Bachilo S M, Cognet L, Weisman R B. Structure-dependent fluorescence efficiencies of individual single-walled carbon nanotubes. Nano Letters, 2007, 7: 3080.

[77] Heller D A, Mayrhofer R M, Baik S, Grinkova Y V, Usrey M L, Strano M S. Concomitant length and diameter separation of single-walled carbon nanotubes. Journal of the American Chemical Society, 2004, 126: 14567.

[78] Ju S Y, Kopcha W P, Papadimitrakopoulos F. Brightly fluorescent single-walled carbon nanotubes via an oxygen-excluding surfactant organization. Science, 2009, 323: 1319.

[79] Hartschuh A, Pedrosa H N, Novotny L, Krauss T D. Simultaneous fluorescence and Raman scattering from single carbon nanotubes. Science, 2003, 301: 1354.

[80] Sfeir M Y, Wang F, Huang L, Chuang C C, Hone J, O'brien S P, Heinz T F, Brus L E. Probing electronic transitions in individual carbon nanotubes by Rayleigh scattering. Science, 2004, 306: 1540.

[81] Wang F, Sfeir M Y, Huang L, Huang X H, Wu Y, Kim J, Hone J, O'Brien S, Brus L E, Heinz T F. Interactions between individual carbon nanotubes studied by Rayleigh scattering spectroscopy. Physical Review Letters, 2006, 96: 167401.

[82] Sfeir M Y, Beetz T, Wang F, Huang L, Huang X H, Huang M, Hone J, O'brien S, Misewich J, Heinz T F. Optical spectroscopy of individual single-walled carbon nanotubes of defined chiral structure. Science, 2006, 312: 554.

[83] Shin D H, Kim J E, Shim H C, Song J W, Yoon J H, Kim J, Jeong S, Kang J, Baik S, Han C S. Continuous extraction of highly pure metallic single-walled carbon nanotubes in a microfluidic channel. Nano Letters, 2008, 8: 4380.

[84] Maeda Y, Kimura S I, Kanda M, Hirashima Y, Hasegawa T, Wakahara T, Lian Y, Nakahodo T, Tsuchiya T, Akasaka T. Large-scale separation of metallic and semiconducting single-walled carbon nanotubes. Journal of the American Chemical Society, 2005, 127: 10287.

[85] Chiang W H, Sankaran R M. Linking catalyst composition to chirality distributions of as-grown single-walled carbon nanotubes by tuning $Ni_xFe_{1-x}$ nanoparticles. Nature Materials, 2009, 8: 882.

[86] Yang F, Wang X, Zhang D, Yang J, Luo D, Xu Z, Wei J, Wang J Q, Xu Z, Peng F, Li X M, Li R M, Li Y L, Li M H, Bai X D, Ding F, Li Y. Chirality-specific growth of single-walled carbon nanotubes on solid alloy catalysts. Nature, 2014, 510: 522.

[87] Yang F, Wang X, Si J, Zhao X, Qi K, Jin C, Zhang Z, Li M, Zhang D, Yang J, Zhang Z Y, Xu Z, Peng L M, Bai X D, Li Y. Water-assisted preparation of high-purity semiconducting (14, 4) carbon nanotubes. ACS Nano, 2016, 11: 186.

[88] Zhang S, Kang L, Wang X, Tong L, Yang L, Wang Z, Qi K, Deng S, Li Q, Bai X. Arrays of horizontal carbon nanotubes of controlled chirality grown using designed catalysts. Nature, 2017, 543: 234.

[89] Liu K, Hong X, Choi S, Jin C, Capaz R B, Kim J, Wang W, Bai X, Louie S G, Wang E. Systematic determination of absolute absorption cross-section of individual carbon nanotubes. Proceedings of the National Academy of Sciences, 2014, 111: 7564-7569.

[90] Brown S, Jorio A, Corio A P, Dresselhaus M, Dresselhaus G, Saito R, Kneipp K. Origin of the Breit-Wigner-Fano lineshape of the tangential G-band feature of metallic carbon nanotubes. Physical Review B, 2001, 63: 155414.

[91] Rao R, Liptak D, Cherukuri T, Yakobson B I, Maruyama B. In situ evidence for chirality-dependent growth rates of individual carbon nanotubes. Nature Materials, 2012, 11: 213.

[92] Li-Pook-Than A, Lefebvre J, Finnie P. Type- and species-selective air etching of single-walled carbon nanotubes tracked with in situ Raman spectroscopy. ACS Nano, 2013, 7: 6507.

[93] Dekker C, Tans S, Devoret M, Dai H, Smalley R E, Thess A, Georliga L. Individual single-wall carbon nanotubes as quantum wires. Nature, 1997, 386 (6624): 474-477.

[94] Frank S, Poncharal P, Wang Z, de Heer W A. Carbon nanotube quantum resistors. Science, 1998, 280: 1744.

[95] Kong J, Yenilmez E, Tombler T W, Kim W, Dai H, Laughlin R B, Liu L, Jayanthi C, Wu S. Quantum interference and ballistic transmission in nanotube electron waveguides. Physical Review Letters, 2001, 87: 106801.

[96] Javey A, Guo J, Wang Q, Lundstrom M, Dai H. Ballistic carbon nanotube field-effect transistors. Nature, 2003, 424: 654.

[97] Dürkop T, Getty S, Cobas E, Fuhrer M. Extraordinary mobility in semiconducting carbon nanotubes. Nano Letters, 2004, 4: 35.

[98] Tans S J, Verschueren A R, Dekker C. Room-temperature transistor based on a single carbon nanotube. Nature, 1998, 339: 43.

[99] Yao Z, Kane C L, Dekker C. High-field electrical transport in single-wall carbon nanotubes. Physical Review Letters, 2000, 84: 2941.

[100] Javey A, Guo J, Paulsson M, Wang Q, Mann D, Lundstrom M, Dai H. High-field quasiballistic transport in short carbon nanotubes. Physical Review Letters, 2004, 92: 106804.

[101] Zhang Z, Wang S, Wang Z, Ding L, Pei T, Hu Z, Liang X, Chen Q, Li Y, Peng L M. Almost perfectly symmetric SWCNT-based CMOS devices and scaling. ACS Nano, 2009, 3: 3781.

[102] Ding L, Zhang Z, Liang S, Pei T, Wang S, Li Y, Zhou W, Liu J, Peng L M. CMOS-based carbon nanotube pass-transistor logic integrated circuits. Nature Communications, 2012, 3: 677.

[103] Qiu C, Zhang Z, Xiao M, Yang Y, Zhong D, Peng L M. Scaling carbon nanotube complementary transistors to 5-nm gate lengths. Science, 2017, 355: 271.

[104] Yakobson B I, Brabec C J, Bernholc J. Nanomechanics of carbon tubes: instabilities beyond linear response. Physical Review Letters, 1996, 76: 2511.

[105] Zhou X, Zhou J J, Ou-Yang Z C. Strain energy and Young's modulus of single-wall carbon nanotubes calculated from electronic energy-band theory. Physical Review B, 2000, 62: 13692.

[106] Treacy M J, Ebbesen T, Gibson J. Exceptionally high Young's modulus observed for individual carbon nanotubes. Nature, 1996, 381: 678.

[107] Krishman A, Dujardin E, Ebbesen T W, Yianilos P N, Treacy M J. Young's modulus of single-walled nanotubes. Physical Review B, 1998, 58: 14013.

[108] Salvetat J P, Briggs G A D, Bonard J M, Bacsa R R, Kulik A J, Stöckli T, Burnham N A, Forró L. Elastic and shear moduli of single-walled carbon nanotube ropes. Physical Review Letters, 1999, 82: 944.

[109] Yakobson B I, Brabec C, Bernholc J. Nanomechanics of carbon tubes: instabilities beyond linear response. Physical Review Letters, 1996, 76: 2511.

[110] Pan Z, Xie S, Lu L, Chang B, Sun L, Zhou W, Wang G, Zhang D. Tensile tests of ropes of very long aligned multiwall carbon nanotubes. Applied Physics Letters, 1999, 74: 3152.

[111] Zhu H, Xu C, Wu D, Wei B, Vajtai R, Ajayan P. Direct synthesis of long single-walled carbon nanotube strands. Science, 2002, 296: 884.

[112] Song L, Ci L, Lv L, Zhou Z, Yan X, Liu D, Yuan H, Gao Y, Wang J, Liu L. Direct synthesis of a macroscale single-walled carbon nanotube non-woven material. Advanced Materials, 2004, 16: 1529.

[113] Yu M F, Lourie O, Dyer M J, Moloni K, Kelly T F, Ruoff R S. Strength and breaking mechanism of multiwalled carbon nanotubes under tensile load. Science, 2000, 287: 637.

[114] Salvetat J P, Bonard J M, Thomson N, Kulik A, Forro L, Benoit W, Zuppiroli L. Mechanical properties of carbon nanotubes. Applied Physics A, 1999, 69: 255.

[115] Poncharal P, Wang Z, Ugarte D, de Heer W A. Electrostatic deflections and electromechanical resonances of carbon nanotubes. Science, 1999, 283: 1513.

[116] Hone J, Batlogg B, Benes Z, Johnson A, Fischer J. Quantized phonon spectrum of single-wall carbon nanotubes. Science, 2000, 289: 1730.

[117] Benedict L X, Louie S G, Cohen M L. Heat capacity of carbon nanotubes. Solid State Communications, 1996,

100:117.

[118] Berber S, Kwon Y K, Tománek D. Unusually high thermal conductivity of carbon nanotubes. Physical Review Letters, 2000, 84: 4613.

[119] Cao J X, Yan X H, Xiao Y, Ding J W. Specific heat and quantized thermal conductance of single-walled boron nitride nanotubes. Physical Review B, 2004, 69: 205415.

[120] Kim P, Shi L, Majumdar A, McEuen P. Thermal transport measurements of individual multiwalled nanotubes. Physical Review Letters, 2001, 87: 215502.

[121] Zhang K, Chai Y, Yuen M M F, Xiao D, Chan P. Carbon nanotube thermal interface material for high-brightness light-emitting-diode cooling. Nanotechnology, 2008, 19: 215706.

[122] Margulis V A. Theoretical estimations of third-order optical nonlinearities for semiconductor carbon nanotubes. Journal of Physics: Condensed Matter, 1999, 11: 3065.

[123] Feldner A, Reichstein W, Vogtmann T, Schwoerer M, Friedrich L, Pliška T, Liu M, Stegeman G I, Park S H. Linear optical properties of polydiacetylene para-toluene sulfonate thin films. Optics Communications, 2001, 195: 205.

[124] Liu X, Si J, Chang B, Xu G, Yang Q, Pan Z, Xie S, Ye P, Fan J, Wan M. Third-order optical nonlinearity of the carbon nanotubes. Applied Physics Letters, 1999, 74: 164.

[125] Chen Y C, Raravikar N, Schadler L, Ajayan P, Zhao Y P, Lu T M, Wang G C, Zhang X C. Ultrafast optical switching properties of single-wall carbon nanotube polymer composites at 1.55 μm. Applied Physics Letters, 2002, 81: 975.

[126] Ichida M, Mizuno S, Tani Y, Saito Y, Nakamura A. Exciton effects of optical transitions in single-wall carbon nanotubes. Journal of the Physical Society of Japan, 1999, 68: 3131.

[127] Ichida M, Mizuno S, Kataura H, Achiba Y, Nakamura A. Anisotropic optical properties of mechanically aligned single-walled carbon nanotubes in polymer. Applied Physics A: Materials Science & Processing, 2004, 78: 1117.

[128] Bonard J M, Stöckli T, Maier F, de Heer W A, Châtelain A, Salvetat J P, Forró L. Field-emission-induced luminescence from carbon nanotubes. Physical Review Letters, 1998, 81: 1441.

[129] Park J, Kim Y, Lee J. Effect of dye dopants in poly (methylphenyl silane) light-emitting devices. Current Applied Physics, 2005, 5: 71.

[130] Wei J, Zhu H, Wu D, Wei B. Carbon nanotube filaments in household light bulbs. Applied Physics Letters, 2004, 84: 4869.

[131] Guerret-Piecourt C, Le Bouar Y, Loiseau A, Pascard H. Relation between metal electronic structure and morphology of metal compounds inside carbon nanotubes. Nature, 1994, 372: 761.

[132] Demoncy N, Stephan O, Bran N, Colliex C, Loiseau A, Pascard H. Sulfur: the key for filling carbon nanotubes with metals. Synthetic Metals, 1999, 103: 2380.

[133] Smith B W, Monthioux M, Luzzi D E. Encapsulated C$_{60}$ in carbon nanotubes. Nature, 1998, 396: 323.

[134] Ugarte D, Stöckli T, Bonard J, Châtelain A, de Heer W. Filling carbon nanotubes. Applied Physics A: Materials Science & Processing, 1998, 67: 101.

[135] Ajayan P M. Capillarity-induced filling of carbon nanotubes. Nature, 1993, 361: 333.

[136] Tsang S, Chen Y, Harris P, Green M. A simple chemical method of opening and filling carbon nanotubes. Nature, 1994, 372: 159.

[137] Karousis N, Tagmatarchis N, Tasis D. Current progress on the chemical modification of carbon nanotubes. Chemical Reviews, 2010, 110: 5366.

[138] Bouilly D, Cabana J, Meunier F O, Desjardins-Carriere M, Lapointe F O, Gagnon P, Larouche F L, Adam E, Paillet M, Martel R. Wall-selective probing of double-walled carbon nanotubes using covalent functionalization. ACS Nano, 2011, 5: 4927.

[139] Zhang W, Swager T M. Functionalization of single-walled carbon nanotubes and fullerenes via a dimethyl acetylenedicarboxylate-4-dimethylaminopyridine zwitterion approach. Journal of the American Chemical Society,

2007, 129: 7714.

[140] Wang H, Xu J. Theoretical evidence for a two-step mechanism in the functionalization single-walled carbon nanotube by aryl diazonium salts: comparing effect of different substituent group. Chemical Physics Letters, 2009, 477: 176.

[141] Xu Y, Wang X, Tian R, Li S, Wan L, Li M, You H, Li Q, Wang S. Microwave-induced electrophilic addition of single-walled carbon nanotubes with alkylhalides. Applied Surface Science, 2008, 254: 2431.

[142] Maroto A, Balasubramanian K, Burghard M, Kern K. Functionalized metallic carbon nanotube devices for pH sensing. ChemPhysChem, 2007, 8: 220.

[143] Khare B, Wilhite P, Tran B, Teixeira E, Fresquez K, Mvondo D N, Bauschlicher C, Meyyappan M. Functionalization of carbon nanotubes via nitrogen glow discharge. The Journal of Physical Chemistry B, 2005, 109: 23466.

[144] Baibarac M, Baltog I, Lefrant S, Godon C, Mevellec J. Mechanico-chemical interaction of single-walled carbon nanotubes with different host matrices evidenced by SERS spectroscopy. Chemical Physics Letters, 2005, 406: 222.

[145] Britz D A, Khlobystov A N. Noncovalent interactions of molecules with single walled carbon nanotubes. Chemical Society Reviews, 2006, 35: 637.

[146] White B, Banerjee S, O'Brien S, Turro N J, Herman I P. Zeta-potential measurements of surfactant-wrapped individual single-walled carbon nanotubes. The Journal of Physical Chemistry C, 2007, 111: 13684.

[147] Tomonari Y, Murakami H, Nakashima N. Solubilization of single-walled carbon nanotubes by using polycyclic aromatic ammonium amphiphiles in water—strategy for the design of high-performance solubilizers. Chemistry-A European Journal, 2006, 12: 4027.

[148] Ogoshi T, Takashima Y, Yamaguchi H, Harada A. Chemically-responsive sol-gel transition of supramolecular single-walled carbon nanotubes (SWNTs) hydrogel made by hybrids of SWNTs and cyclodextrins. Journal of the American Chemical Society, 2007, 129: 4878.

[149] Matsuura K, Saito T, Okazaki T, Ohshima S, Yumura M, Iijima S. Selectivity of water-soluble proteins in single-walled carbon nanotube dispersions. Chemical Physics Letters, 2006, 429: 497.

[150] Karajanagi S S, Yang H, Asuri P, Sellitto E, Dordick J S, Kane R S. Protein-assisted solubilization of single-walled carbon nanotubes. Langmuir, 2006, 22: 1392.

[151] Yu L, Shearer C, Shapter J. Recent development of carbon nanotube transparent conductive films. Chemical Reviews, 2016, 116: 13413.

[152] Kong J, Franklin N R, Zhou C, Chapline M G, Peng S, Cho K, Dai H. Nanotube molecular wires as chemical sensors. Science, 2000, 287: 622.

[153] Skakalova V, Kaiser A, Dettlaff-Weglikowska U, Hrncarikova K, Roth S. Effect of chemical treatment on electrical conductivity, infrared absorption, and Raman spectra of single-walled carbon nanotubes. The Journal of Physical Chemistry B, 2005, 109: 7174.

[154] Lee R, Kim H, Fischer J, Thess A, Smalley R E. Evidence for charge transfer in doped carbon nanotube bundles from Raman scattering. Nature, 1997, 388: 255.

[155] Takenobu T, Kanbara T, Akima N, Takahashi T, Shiraishi M, Tsukagoshi K, Kataura H, Aoyagi Y, Iwasa Y. Control of carrier density by a solution method in carbon-nanotube devices. Advanced Materials, 2005, 17: 2430.

[156] Terrones M, Ajayan P, Banhart F, Blase X, Carroll D, Charlier J C, Czerw R, Foley B, Grobert N, Kamalakaran R. N-doping and coalescence of carbon nanotubes: synthesis and electronic properties. Applied Physics A, 2002, 74: 355.

[157] Nxumalo E N, Nyamori V O, Coville N J. CVD synthesis of nitrogen doped carbon nanotubes using ferrocene/aniline mixtures. Journal of Organometallic Chemistry, 2008, 693: 2942.

[158] Ibrahim E, Khavrus V O, Leonhardt A, Hampel S, Oswald S, Rümmeli M H, Büchner B. Synthesis, characterization, and electrical properties of nitrogen-doped single-walled carbon nanotubes with different

nitrogen content. Diamond and Related Materials, 2010, 19: 1199.

[159]　Chizari K, Deneuve A, Ersen O, Florea I, Liu Y, Edouard D, Janowska I, Begin D, Pham-Huu C. Nitrogen-doped carbon nanotubes as a highly active metal-free catalyst for selective oxidation. ChemSusChem, 2012, 5: 102.

[160]　Liu H, Zhang Y, Li R, Sun X, Désilets S, Abou-Rachid H, Jaidann M, Lussier L S. Structural and morphological control of aligned nitrogen-doped carbon nanotubes. Carbon, 2010, 48: 1498.

[161]　Mentus S, Ćirić-Marjanović G, Trchová M, Stejskal J. Conducting carbonized polyaniline nanotubes. Nanotechnology, 2009, 20: 245601.

[162]　Hummer G, Rasaiah J C, Noworyta J P. Water conduction through the hydrophobic channel of a carbon nanotube. Nature, 2001, 414: 188.

[163]　Mann D J, Halls M D. Water alignment and proton conduction inside carbon nanotubes. Physical Review Letters, 2003, 90: 195503.

[164]　Hall M D, Schlegel H B. Chemistry inside carbon nanotubes: the Menshutkin $S_N2$ Reaction. Journal of Physical Chemistry B, 2002, 106: 1921.

[165]　Shiozawa H, Pichler T, Cruneis A, Pfeiffer R, Kuzmany H, Liu Z, Suenaga K, Kataura H. A catalytic reaction inside a single-walled carbon nanotube. Advanced Materials, 2008, 20: 1443.

# 第3章
## 碳纳米管的化学气相沉积生长

碳纳米管的性能强烈依赖于其结构，因此按照特定的要求进行碳纳米管的宏量制备是实现其应用的关键。目前碳纳米管的制备方法主要有电弧法（arc-discharge）、激光烧蚀法（laser ablation）和化学气相沉积法（chemical vapor deposition, CVD）。其中，化学气相沉积法在碳纳米管的结构与形貌控制、特定取向生长、宏观体制备及批量制备等方面具有独特的优势。化学气相沉积技术已经发展了几十年，技术本身已经比较成熟，可根据特定需求对具体沉积技术和反应过程进行灵活的选择和调控。化学气相沉积技术又可有多种具体分类，例如，依据化学气相沉积系统中选用不同的加热方式可以分为冷壁和热壁化学气相沉积；依据生长时采用不同的压力可以分为常压化学气相沉积（APCVD）和低压化学气相沉积（LPCVD）；此外，还有等离子体增强化学气相沉积（PECVD）等。

在碳纳米管的化学气相沉积过程中，多种因素（如催化剂、温度、气氛、压力等）都对碳纳米管的结构有着重要的影响。本章将在介绍化学气相沉积技术的原理、装置和分类的基础上，详细介绍碳纳米管化学气相沉积的催化剂及其制备、碳纳米管的生长机理、生长模式及关键参数。图 3-1 展示了化学气相沉积过程中影响碳纳米管生长的一些关键因素。可以说，催化剂是其中最重要的角色。在碳纳米管的生长过程中，有两个与催化剂密切相关的界面问题，一是气体分子与催化剂之间的气液界面，二是碳纳米管与催化剂之间的固液界面，这两类界面对碳

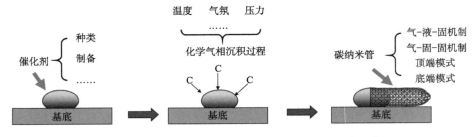

图 3-1　碳纳米管化学气相沉积生长过程中的影响因素

纳米管的结构起着举足轻重的影响作用，因此本章将多次从这两类界面出发讨论碳纳米管生长过程中的基本问题。

## 3.1　化学气相沉积技术

化学气相沉积技术是一种利用化工原理制备表面工程材料和复合材料的通用技术，被广泛地应用于多种薄膜与纳米材料的制备中，并逐渐成为制备碳纳米管的主流方法之一[1-5]。化学气相沉积的基本原理是使反应前驱体在气相中发生化学反应，并在衬底表面上形成固态沉积物。化学气相沉积过程往往需要在特定的系统中进行。尽管化学气相沉积系统在外观上有所差异，但是其基本构成是类似的，本章将以笔者较为熟悉的管式炉反应器为例介绍化学气相沉积系统的基本构造与工作原理。

### 3.1.1　化学气相沉积系统的组成

任何一个化学气相沉积系统都需要满足以下四个最基本的需求：控制和传输气相前驱体、载气和稀释气体进入反应室；提供激发化学反应的能量源；排出和安全处理反应室的副产物和废气；精确控制反应参数，如温度、压力和气体流量等。基于以上的这些要求，化学气相沉积系统的装置通常包括以下一些子系统（图 3-2）：①物料传输系统，用于物料传输和混合；②反应系统，化学反应和沉积过程在其中进行；③能量系统，为激发化学反应提供能量源；④控制系统，用于测量和控制沉积温度、压力、气体流量和沉积时间。有些子系统之间是连接在一起的，不能有效地进行区分，因此在图 3-2 中并没有给出全部的子系统图示。同时在化学气相沉积反应中，往往是由这些子系统相互配合发挥作用，下面介绍这些子系统的具体作用。

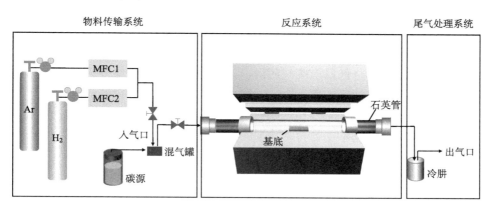

图 3-2　碳纳米管生长的化学气相沉积法设备示意图

## 1. 物料传输系统

化学气相沉积的材料制备中，反应物主要为气体，通常包括用于保护系统或作为载气的氩气、用于还原催化剂和除去多余无定形碳的氢气及提供构成生长材料所需要的原子的源气体，如甲烷、乙烯等。因此，主要的物料传输系统包括容纳气体的钢瓶及用于传输的管路系统。管路系统的主体部分通常是用钢管进行连接使用的，而在流量计与反应腔室之间则有时选择聚四氟乙烯软管进行连接。当然依据对化学气相沉积系统中气体种类、压力要求的不同，管路的设计也有所差异。由于涉及各类气体的使用和高温环境，在管路设计中，需要格外注意安全问题。

其中，大部分反应物可以直接通入或通过载气传送进反应室内，而当反应前驱体为液态的物质时，需通过加热蒸发、载气携带和鼓泡方式送入反应室内。例如，乙醇是一种常用的液态碳源，可以通过氩气鼓泡方式将乙醇蒸气送入反应室。气体的流量可通过气体减压阀和流量控制器进行控制。流量控制器有浮子流量计和质量流量计两种，早期多使用浮子流量计，现在由于质量流量计的控制精度更高而使用得更为广泛。这里的流量控制器就是控制系统的一部分。

物料传输系统除了向体系中输送气体物质外，还需要将反应产生的危害和有毒的尾气和粒子进行收集和处理。尾气处理主要是为了防止化学气相沉积系统的尾气对环境及可能发生潜在危险的物质进入空气中。该部分具有两个主要功能：一是除去未反应的气体和副产物；二是提供一条通畅路径，使得反应物不在反应区进行长时间停留或返混。其中未反应的气体可能在排气系统中继续反应而形成固体粒子。这些固体粒子的聚集可能阻塞排气系统而导致反应器压力的突变，进而形成固体粒子的反扩散，影响生长质量和均匀性，因此在排气系统的设计中应予以充分注意。

通常，尾气处理包括冷阱、粒子阱、化学阱和尾气处理罐。其中，冷阱、粒子阱、化学阱处于真空泵之前反应室之后，主要作用是保护真空泵免受损伤，尾气处理罐处于真空泵之后，主要保护大气环境免受污染。冷阱的作用是浓缩和收集挥发性的气体，并降低反应废气的温度，温度过高的反应废气会使真空泵油温度升高、黏度降低，抽气效率下降。冷阱由内外两室构成，内室放冷却剂，外室使高温气体流过。常压化学气相沉积中的尾气系统一般比较简单，由于实验室生长碳纳米管的尾气中基本不含有害物质，但是通常含有一些氢气等易燃物质，因此需要在尾气处理阶段进行预防。

## 2. 反应系统

反应系统主要是指化学反应和气相沉积进行的腔室，是化学气相沉积设备的核心部件，实验室采用的化学气相沉积中的反应系统通常包括三部分：由石英材质制作的石英管，通常可以承受上限 1200℃左右的高温，主要作为反应发生的腔室；由进气口、气体混合、反应基底支撑物和出气口组成的协助系统；由加热元件、绝缘和隔热件、温度传感器和控制器组成的加热系统，此系统也是工艺自动机控制系统的一部分。

化学气相沉积设备的加热系统可分为：电阻加热，一般要求低电压、大电流，通常采用石墨发热体或电阻丝发热体；辐射加热，如卤素灯加热；电磁感应加热和激光加热。化学气相沉积温度的测量，通常采用适用于温度低于 1600℃的氧化铝陶瓷套管保护的金属热电偶。对于更高的温度，则采用红外测温。隔热材料常用的是石英毡。

### 3. 能量系统

对于通常的化学气相沉积系统，其能量系统就是采用的加热方式，这些加热方式包括一般的电阻式加热、红外加热及射频加热。但是有些时候，这些加热方式只是为了保温而不是化学反应进行的能量的直接提供者，例如，在等离子体增强化学气相沉积法（PECVD）中，反应物是借助微波或射频等进行电离裂解的，因此这里的能量系统是微波或射频，而不是用于保温的电阻加热。能量系统往往是与反应系统耦合在一起的，因此在图 3-2 中很难与反应系统进行直接的区分。

### 4. 控制系统

控制系统主要是用来控制气体的流量和系统的温度、压力、反应时间等参数。早期的化学气相沉积系统大多使用的是转子流量计，加热方式比较单一，因此更多的时候依赖于人工操作，导致化学气相沉积过程较为烦琐。但是随着自动化过程的实现，化学气相沉积系统中引入的质量流量计可以被数字电路控制，同时质量流量计的控制系统及加热系统进一步还能被耦合进更大的数字集成系统中，这样化学气相沉积的整个过程就可以完全依赖于计算机控制，这就是化学气相沉积中的工艺自动机控制系统。化学气相沉积中自动化的实现，大大简化了操作过程，使得控制过程更加精确，在一定程度上保证了系统的稳定性。对于设定反应的压力调节，主要采用了真空系统和相关装置。例如，在某些情况下，碳纳米管的生长需要在较低的压强下进行，这就需要一个真空系统对系统抽真空并维持低压，配有真空系统的化学气相沉积法通常称为低压化学气相沉积法（LPCVD），在 3.1.3 小节中将详细介绍 LPCVD 系统的结构和特点。真空系统包括真空泵、真空阀、管路和压力表等。化学气相沉积的低压条件可通过真空泵和真空阀来联合实现。真空阀门通常由粗调的蝶阀和微调的针阀组成，真空阀位于真空泵和反应室之间，通过调节真空阀门可调节真空泵的抽气速率，从而控制反应室内的压力。

### 3.1.2 化学气相沉积技术的原理和理论模型

化学气相沉积是气体组分在空间发生化学反应并在催化剂或载体表面生成固体物质的过程,如同其他气固相反应一样,化学气相沉积也包括均气相化学反应、气体组分向固体表面的扩散、气体分子等在固体表面的吸附、表面反应和表面脱附及向气相主体扩散等几个步骤。化学气相沉积的反应速率将由这些过程中最慢的步骤决定。

在化学气相沉积过程中,参与反应的烃类分子的运动及与催化剂表面的有效碰撞是气相反应和表面发生裂解反应的基础。在这里,我们引入分子的运动速率和有效碰撞概率两个概念来理解这个过程。

从理想气体的角度出发,对于理想气体分子,其速率分布服从麦克斯韦定律:

$$f(u)\mathrm{d}u = 4\pi u^2 \left(\frac{m}{2\pi kT}\right)^{1.5} \exp\left(-\frac{mu^2}{2kT}\right) \cdot \mathrm{d}u$$

气体分子的平均速率则为

$$\bar{u} = \sqrt{\frac{8RT}{\pi M}}$$

因此在密封容器中的气体分子在单位时间内与单位面积器壁的碰撞次数为

$$J = \frac{n \cdot \bar{u}}{4}$$

对于表面催化反应而言,可以看作是催化剂均匀地分散在密封容器的器壁上,因此催化剂具有一个分布密度 $N$,即单位器壁面积内分布的催化剂的个数(这里默认为催化剂对于器壁而言,其体积较小而不考虑其所占的面积),因此真正发生在催化剂表面的有效碰撞次数为

$$J_\mathrm{e} = \frac{n \cdot \bar{u}}{4N}$$

当只分析单个催化剂表面所发生的烃类分子的吸附和脱附过程时,假设这两个过程分别独立发生并同时达到平衡,在此状态下,催化剂表面所受到的气体分子的碰撞次数可用 Hertz-Knudsen 公式来描述,即

$$J_\mathrm{e} = \frac{p - p_\mathrm{e}}{\sqrt{2\pi mkT}}$$

式中, $p_\mathrm{e}$ 表示平衡蒸气压。

假设所有碰撞到催化剂表面的分子都被吸附而不逃逸,则利用上式计算获得的碰撞次数可以进一步求取在一定条件下所能达到的最大沉积速率。

当放入气体连续流动的化学气相沉积反应器中时,需要考虑气体与基底表面

往往存在一个静止层。静止层的厚度与气体对基底的碰撞次数呈反比关系，往往气体的流速越快，静止层越薄，催化剂表面获得的有效碰撞次数越多。

此外，由于气体的平均自由程都远小于一般化学气相沉积反应器的尺寸，因而气体分子之间的碰撞概率总是远远大于它们和基底(包括催化剂)表面的碰撞概率。因此可以适当提高系统内分子的密度或自由程以增加催化剂表面的分子碰撞概率，具体的措施包括增大使用气体分子的浓度和分压或采用低压系统来增强气体反应速率。还需要考虑的是，气体分子在催化剂表面的裂解反应是通过有效碰撞发生的，有效碰撞的前提是气体分子能够在固体表面发生合适的吸附行为，该吸附又可分为物理吸附和化学吸附。

物理吸附是气体分子和固体表面相互作用的普遍现象，其吸附热一般小于 8 kJ/mol，所以物理吸附是一种高度可逆的过程，通常随着温度的升高，气体在固体表面的吸附量迅速减少。相比于物理吸附，化学吸附是一种较强的吸附，往往是不可逆的过程。化学吸附是吸附的气体分子与固体表面的强结合，吸附热通常为 40～200 kJ/mol，当气体分子发生化学吸附时，自身的价键力将被弱化，气体分子被活化，反应活性大大提高，因此化学吸附是一种活性吸附，是能够有效参与表面化学反应的一部分。在化学吸附中，气体分子与固体表面的原子发生成键作用，因此化学吸附往往表现出特定的选择性，即同一个固体表面对不同的分子可能会有不同的吸附选择性。化学吸附量通常随着温度的升高而升高，而化学脱附往往伴随着新物质的生成。

化学气相沉积反应温度通常在 600℃以上，在这样高的温度下，物理吸附大大减弱，主要发生的是化学吸附。反应物分子在催化剂表面进行化学吸附，高温使得这一过程得到增强，因此反应物分子发生化学键的断裂而产生自由基，大量的自由基在催化剂表面或内部发生扩散和聚集，最终组装成新的物质，进一步延长时间则得到具有一定尺度的物质薄膜等。

### 3.1.3 化学气相沉积技术的分类

应用于材料制备的化学气相沉积技术有多种分类方法，以主要特征进行综合分类，可分为热化学气相沉积、低压化学气相沉积、等离子体增强化学气相沉积等，下面对这些方法分别进行介绍。

#### 1. 热化学气相沉积

热化学气相沉积(TCVD)是指采用衬底表面热催化方式进行的化学气相沉积，是化学气相沉积的经典方法[6-8]，也是目前实验室内制备薄膜材料最常用的方法。该方法沉积温度较高，一般为 500～1200℃，这样的高温使衬底的选择受到很大限制。根据反应器壁是否加热，又可分为热壁反应器和冷壁反应器。由于有些材料是通过催化剂进行反应物裂解再成核生长的，因此生长过程与反应物在这一温度是否能够热裂解无关，所以热壁和冷壁反应器均可用于一些材料的制备。

热壁反应器的气壁、衬底和反应气体处在同一温度下，通常用电阻元件加热，进行间歇式生产。其优点是可以非常精确地控制反应温度，缺点是沉积不仅在衬底表面发生，也在器壁上和其他元件上发生。因此，反应器需要进行定期清理。

而冷壁反应器通常只对衬底加热，器壁温度较低。多数化学气相沉积反应是吸热反应，所以反应在较热的衬底上发生，较冷的器壁上不会发生沉积。同时反应器与加热基座之间的温度梯度足以影响气体流动，有时甚至形成自然对流，从而增强反应气体的输送速度。

在热化学气相沉积法制备材料的过程中，反应物热裂解的过程并不是必需的，而其在催化剂表面的分解才是材料成核并生长的关键步骤。同时选择的生长温度往往保持在一些碳氢化合物的热解温度以下，主要是为了避免生成过多的无定形碳。例如，甲烷为主要原料制备材料的过程中，生长温度为 900℃，质谱分析[9]和流体力学模拟[10]表明，甲烷主要在金属催化剂表面被催化，在这一温度下甲烷的气相裂解往往是可以忽略的。由于金属粒子表面的催化反应存在一个最低反应温度，热化学气相沉积法的反应温度都高于 500℃。此外，在这一过程中，适当地提高生长温度，可以增加分子的动能，使得分子在催化剂表面的有效碰撞数目增多，从而促进裂解，同时也有助于气相裂解的进行，而这都将有助于提高材料的产率。

## 2. 低压化学气相沉积

从本质上讲，低压化学气相沉积(约 10 kPa)是相对于常压化学气相沉积而言的。在低压化学气相沉积系统中，反应器内的气压远低于大气压，反应器工作压力的降低大大增强了反应气体的物质输送速度，从而使低压化学气相沉积呈现出较强的阶梯覆盖能力，获得的薄膜具有较好的均匀度，从而可以实现大面积范围内的均匀沉积。因此，低压化学气相沉积在半导体工艺中得到了广泛的应用。

低压化学气相沉积的基本原理如下：在低压下，质量迁移速率的增加远比界面反应速率快。例如，反应气体穿过边界层，当工作压力从 $1.0 \times 10^5$ Pa 降至 70～130 Pa 时，扩散系数增加约 1000 倍。因此，在低压化学气相沉积中，界面反应是速度控制步骤。由此可以推断：低压化学气相沉积在一般情况下能提供更好的膜厚度均匀性、阶梯覆盖性和结构完整性。当然，反应速率与反应气体的分压成正比，因此，系统工作压力的降低应主要依靠减少载气用量来完成。

例如，半导体工业涂覆硅晶片用低压化学气相沉积装置，该反应系统采用卧式反应器，具有较高的生产能力；它的基座水平放置在热壁炉内，可以非常精确地控制反应速率，减少设备的复杂程度；另外，它采用垂直密集装片方式，更进一步提高了系统的生产效率。采用正硅酸乙酯沉积二氧化硅薄膜时，与常压 CVD 相比，低压化学气相沉积的生产成本仅为原来的 1/5，甚至更小，而产量可提高 10～20 倍，沉积薄膜的均匀性也从常压法的 ±8%～±11% 改善到 ±1%～±2%。

### 3. 等离子体增强化学气相沉积

等离子体增强化学气相沉积（PECVD）又称为等离子体辅助化学气相沉积，是在传统化学气相沉积基础上发展起来的一种技术。它的工作原理是借助于外部电场的作用引起放电，使前驱气体成为等离子体状态，等离子体进一步发生化学组装反应，从而在衬底上生长薄膜。PECVD 特别适用于功能材料薄膜和化合物膜的合成，并显示出许多优点。相对于 TCVD、真空蒸镀和溅射而言，其被视为第二代薄膜技术。

PECVD 技术的特点如下所述。

（1）利于沉积工艺的低温化。由于 PECVD 可以利用产生的等离子体对反应气体进行预先裂解而不是仅依赖于热效应裂解反应气体，因此裂解产物在特定基底上进行沉积组装时可以采用一个相对较低的温度进行。

（2）可赋予薄膜独特的性能。一些按热平衡理论不能发生的反应和不能获得的物质结构，在 PECVD 系统中将变成可能。例如，体积分数为 1% 的甲烷在 $H_2$ 的混合物中热解时，在热平衡的化学气相沉积中得到的是石墨薄膜，而在非平衡的等离子体化学气相沉积中可以得到金刚石薄膜。PECVD 系统中可能获得的准稳态结构可赋予薄膜独特的性质。

（3）可用于生长界面陡峭的多层结构。在 PECVD 的低温沉积条件下，如果没有等离子体，沉积反应几乎不会发生。而一旦有等离子体存在，沉积反应就可能进行。这样一来，可以将等离子体作为沉积反应的开关，用于开始和停止沉积反应。由于等离子体开关的反应时间相当于气体分子的碰撞时间，因此利用 PECVD 技术可生长界面陡峭的多层结构。

（4）可以提高沉积速率，增加膜厚均匀性。这是因为在多数 PECVD 的情况下，体系压力较低，增强了前驱气体和气态副产物穿过边界层在平流层和衬底表面之间的质量输运。

当然，PECVD 也有其缺点。例如，等离子体容易对衬底材料和薄膜材料造成离子轰击，从而引起损伤。在 PECVD 过程中，相对于等离子体电位而言，衬底电位通常较负，这势必导致等离子体中的正离子被电场加速后轰击衬底，造成衬底损伤和薄膜缺陷。另外，PECVD 反应是非选择性的。等离子体中的能量分布范围很宽，除电子碰撞外，在粒子碰撞作用和放电时产生的射线作用下也可产生新粒子。此外，由于 PECVD 本身是一个低压系统，同时又架构了等离子发生系统，并对使用的气体的纯度要求较高，因此 PECVD 装置一般比较复杂，价格也较高。

### 3.1.4    碳纳米管的化学气相沉积制备

化学气相沉积技术大致包含三步：形成挥发性物质；把上述物质转移至沉积区域；在衬底表面上发生化学反应并产生固态物质。最基本的化学气相沉积反应包括热分解反应、化学合成反应及化学传输反应等。化学气相沉积系统的这些特征完美地契合了碳纳米管的生长过程，因此化学气相沉积系统也可以用于碳纳米管的生长制备。

José-Yacamán 等[11]最早采用含铁质量分数为 2.5%的铁/石墨颗粒作为催化剂，在常压化学气相沉积系统中于 700℃时获得了长达 50 μm、直径与 Iijima 所报道的尺寸相当的碳纳米管。经过十几年的发展，化学气相沉积系统已经广泛应用在碳纳米管的生长领域中，并进行了相应的改善。目前，最常见的碳纳米管的化学气相沉积过程可以简单归纳如下。

在如图 3-2 所示的常压热壁化学气相沉积系统中，在管式炉中放置石英管(通常直径 1～2 in①)作为反应系统，并在一定长度范围内(如 25 cm)维持温差±1℃。CO 或碳氢化合物，如甲烷、乙烷、乙烯、丙烯及含有更多碳原子的碳氢化合物，都可作为碳源直接通入化学气相沉积系统。此外，一些液态碳源，如乙醇、苯等，则需要通过一些惰性气体携带其蒸气而被引入体系中。引入气体的量可由质量流量计控制阀进行控制。把宽度小于石英管直径的基片(含有催化剂)放入石英管，然后通入碳源就可以进行化学气相沉积生长。通常的生长方法是先用氩气或其他惰性气体清洗反应器至反应器达到反应温度，或是在达到一定反应温度后，再引入氢气等进行反应器的清洗，然后引入氢气进行催化剂的还原，随后在保留一定量氢气的基础上引入碳源进行生长，待生长结束后再将气体切换回惰性气体并冷却至 300℃以下，随后可以打开系统取出样品。由于碳纳米管在较高温度下暴露在空气中时，会被氧化而产生缺陷，严重的会导致碳纳米管全部氧化而损失，所以不能在高温下使其暴露在空气中。这种化学气相沉积方法中碳纳米管的生长速率一般在几纳米每分钟到十几微米每分钟。

由此可见，碳纳米管的化学气相沉积生长过程涉及两个界面反应：一是气体分子在催化剂表面的裂解；二是裂解产生的碳自由基在催化剂表面组装形成碳纳米管的过程。这两个界面反应都离不开催化剂，因此在碳纳米管的生长过程中，催化剂仍然是核心问题。催化剂对碳纳米管生长的影响涉及了催化剂的种类、相应的制备方法、生长过程中催化剂的形态等。

相比于催化剂这个内在因素，一些外在因素在化学气相沉积系统中对碳纳米

---

① in 表示英寸，1 in=2.54 cm。

管生长的影响也是不可忽视的。例如，气氛的组成，包括碳源种类、惰性气氛等，生长体系中的压力、生长过程中采用的温度等。在下面章节中，我们将对这些因素及不同因素影响下的碳纳米管的生长模式和生长机理进行详细的介绍。

## 3.2　碳纳米管生长的催化剂

化学气相沉积方法中生长碳纳米管时，催化剂显然是必不可少的[12, 13]，本节将对碳纳米管生长中这个最重要的因素——催化剂进行剖析和讨论。催化剂在碳纳米管生长过程中的重要性体现在三方面：①催化剂自身的催化裂解性能；②催化剂促进碳原子的石墨化，催化剂活性越高，碳原子的石墨化程度越高；③催化剂自身的结构对碳纳米管生长起到模板作用，从而可用于调控碳纳米管的结构。近年来，随着人们对碳纳米管结构可控制备提出的要求，对催化剂的要求也越来越高，因此理解催化剂的影响机理和设计催化剂变得极为重要。下面从催化剂的分类、制备及对碳纳米管的结构影响等几个方面对催化剂进行分析讨论。

### 3.2.1　催化剂的分类

生长碳纳米管中使用的催化剂种类繁多，从不同的角度出发，可以对催化剂进行多种分类，最简单的分类依据就是根据其组成将催化剂分为金属催化剂、非金属催化剂及全碳催化剂。本书依次对三种应用于碳纳米管生长的不同类型的催化剂进行分析讨论。

首先是金属催化剂，金属催化剂是碳纳米管生长过程中使用最广泛的催化剂，也是活性和产率最高的催化剂。金属催化剂从最开始的 Fe、Co、Ni 等[14]，慢慢拓展至几乎整个元素周期表，见图 3-3[15]。按照金属催化剂对碳原子溶解能力的强弱，也可以分成三类，一类是对碳原子具有较好溶解力的金属催化剂，如常见的磁性金属催化剂(Fe、Co、Ni)。磁性金属由于和碳物种具有更好的亲和性，以及与碳原子之间存在更强的作用，对碳原子具有更高的溶解性等，因此磁性金属催化剂将更有利于碳原子在催化剂上的石墨化和碳纳米管的生长。其次，让人们惊讶的是一些催化能力较弱的金属催化剂，甚至一些贵金属催化剂，如 Cu、Au、Ag、Pd 等[14]，也能够成功地用于催化碳纳米管的生长，这类金属催化剂属于第二类，其特点是对碳原子的溶解能力较弱。这类催化剂的成功使用说明催化剂在促进碳原子的石墨化过程中，对于碳原子的溶解过程并不是一个完全必要的过程。这一定论使得碳纳米管生长过程中对于催化剂的选择获得了极大的拓展，不再局限于为数不多的传统金属催化剂。图 3-4 给出了利用一些金属催化剂制备的碳纳米管水平阵列，其中某些金属催化剂具有与传统金属催化剂相当的碳纳米管的产量[14]。贵金属催化剂的引入几乎推翻了之前的假设，迄今人们认识并达成了这样一个观点，几乎所有的纳米粒子，无论有无好的催化活性，几乎都可以作为碳纳米管生长的成核点，而生长所需的碳自由基可以来自碳源的热裂解等。除了以上两类，还有一类金属催化剂在碳纳米管的生长过程中，并不能维持相应的金属形态，而是会与碳反应形成一种新的碳化物催化剂，这类催化剂主要包括ⅣB 到ⅥB 的金属。最典型的就是 Mo 和 W，本身两种金属的催化性能较差，但是由于二者和碳极易反应，可以形成催化性能较好的碳化钼和碳化钨催化剂，因此也能表现出较高的碳纳米管产率。

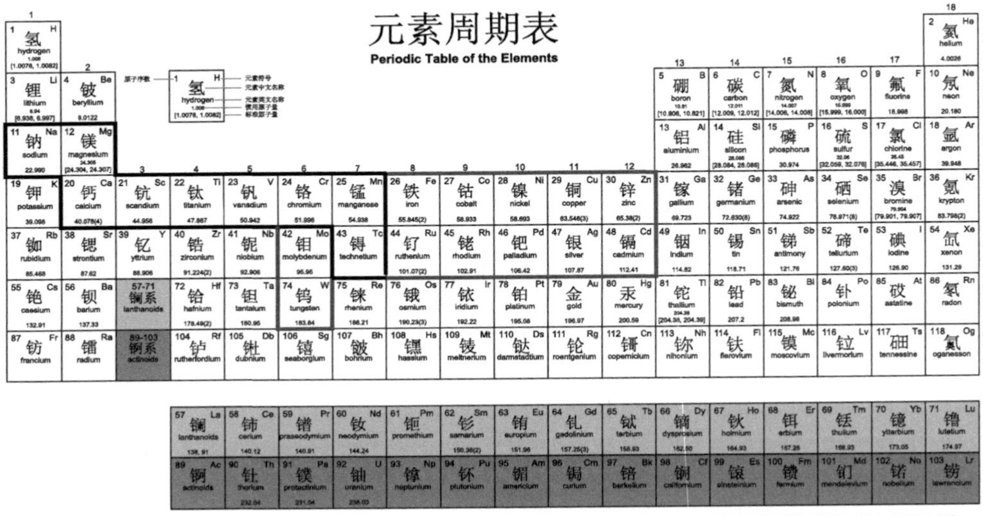

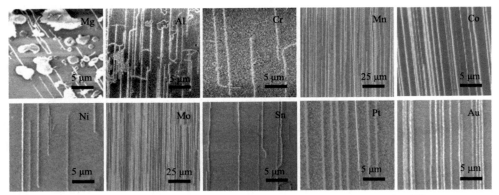

图 3-3　元素周期表中黑色线框和红色线框显示的是文献中已经报道单壁碳纳米管生长使用的催化剂种类[15]；其中，黑色线框为氧化物催化剂，红色线框为金属催化剂*

图 3-4　采用不同种类的金属催化剂所生长的碳纳米管水平阵列[14]

---

*　本书中彩图以封底二维码形式提供。

　　与金属催化剂相对应的则是非金属催化剂。由于在碳纳米管生长结束后，所用金属催化剂难以完全去除，而这些残留的金属会严重阻碍碳纳米管在生物医药、光电器件和催化合成等领域的应用，因此非金属催化剂应运而生。正如前面提到的，碳原子可以在催化剂表面进行自组装而实现碳纳米管的生长，这样就可以理解为什么非金属颗粒也可以作为催化剂用于碳纳米管的生长。非金属催化剂如今已经由最开始的 SiC、Ge、Si[16]等被拓展到了很多种类，如纳米金刚石、$SiO_2$、$TiO_2$ 及 ZnO、MgO 等[17-20]，图 3-5（a）～（d）给出了一些非金属催化剂生长碳纳米管的实例[19]。目前，非金属催化剂中金属氧化物类催化剂使用最多。非金属催化剂的一个较大的优势在于催化剂本身主要是由极强的共价键或离子键形成的，因此具有相对较高的熔点，能够在高温下保持较为稳定的形态，这对碳纳米管的结构控制生长是有利的。

　　值得一提的是，除了金属催化剂和非金属催化剂，还有一类比较特殊催化剂，即全碳催化剂，如纳米金刚石、碳纳米角、金刚烷、$C_{60}$[17, 21]，甚至碳纳米管自身[22]，如图 3-5（e）所示，这些催化剂几乎全部是由碳原子构成的。虽然与金属催化剂相比，非金属催化剂与全碳催化剂往往表现出较低的生长效率，但是由于完全避免了金属的污染和影响，同时这两类催化剂对碳纳米管的结构控制也有着极其重要的价值，因此这两种类型催化剂逐渐成为碳纳米管生长领域关注的重点。尤其是全碳催化剂为碳纳米管生长提供了完美的外延模板，能够潜在实现碳纳米管的单一手性的富集生长，具体内容将在碳纳米管的克隆生长中对全碳催化剂做进一步的讨论。

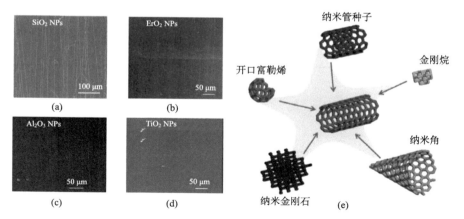

图 3-5　（a～d）四种不同的金属氧化物作为催化剂制备的碳纳米管水平阵列[19]；（e）几种可以作为碳纳米管生长种子的不同的全碳催化剂[15]

除了金属与非金属催化剂这种分类以外，还可以根据催化剂在生长时的存在状态或熔点的高低分为液态催化剂和固态催化剂。表 3-1 给出了一些常见的金属催化剂及其相应的体相熔点，由于尺寸效应，生长碳纳米管的催化剂颗粒比体相具有更低的熔点。由于生长碳纳米管的温度通常为 650~1000℃，大多数的金属催化剂颗粒会存在固液转变。判断催化剂是液态还是固态依赖于具体的实验条件，在一定条件下，液态催化剂可以变为固态催化剂，而在其他条件下，固态催化剂也可以变为液态催化剂。以 Fe 催化剂为例，Fe 的体相熔点为 1535℃，而作为碳纳米管生长催化剂的 Fe 纳米粒子的熔点则远低于 1535℃。例如，魏飞教授课题组利用 Fe 作为生长超长碳纳米管时，生长温度为 970~1010℃，碳纳米管的生长方式是顶端生长模式，由于纳米尺寸效应的存在，此时 Fe 催化剂可以理解为液态催化剂[23]。而同样采用 Fe 作为生长碳纳米管的催化剂时，Hofmann 等则在原位透射电子显微镜下观察到在 615℃下，Fe 催化剂呈现固体状态，碳纳米管的生长为底端生长模式[24]，见图 3-6。而对于更高熔点的 Mo、W 等催化剂，由于其熔点本身就很高，所以几乎在任何状态下，都表现为固体形态。之所以对催化剂的形态进行分类，是因为催化剂的形态对碳纳米管的结构有着极其重要的作用，在液态催化剂和固态催化剂上，碳纳米管的生长行为等会有着很大区别，具体的差异将在后面的章节进行详细的分析和讨论。

**表 3-1　常用的催化剂及其体相熔点**

| 催化剂 | 体相熔点/℃ | 催化剂 | 体相熔点/℃ |
| --- | --- | --- | --- |
| Fe | 1535 | Au | 1064 |
| Co | 1495 | $TiO_2$ | 1850 |
| Ni | 1453 | $SiO_2$ | 1650 |
| Cu | 1083 | Mo | 2160 |

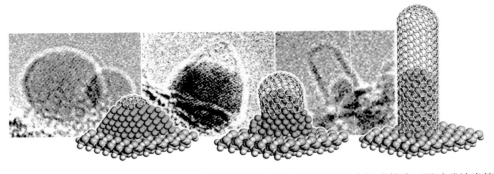

图 3-6　615℃下，Fe 催化剂以一定晶型的固体状态作为碳纳米管的生长成核点，同时碳纳米管的生长遵循底端生长模式[24]

除了上述两种催化剂的分类方法外，还有其他的分类方法。这些分类方法要么依据了催化剂本身的特点，要么依据了它们在催化生长碳纳米管时所呈现的特点。例如，金属催化剂还可以分为单一金属催化剂和合金催化剂。生长单壁碳纳米管时，如果仅采用一种单一类型的金属作为碳源裂解和碳纳米管成核的催化剂，这类催化剂就是单一金属催化剂，但是单一金属催化剂在反应过程中通常发生迁移而不利于单壁碳纳米管的生长，因此在一定情况下，需要引入第二相金属形成合金催化剂。例如，在 Co 催化剂中，引入更高熔点的金属 Mo 可以起到稳定 Co 等催化剂的迁移[25]，除此之外，引入第二相金属可以与第一相金属催化剂达到协同催化的目的，目前合金催化剂中使用最多的是 Co/Mo 催化剂。催化剂还可以按照磁性分类，分为磁性催化剂和非磁性催化剂，磁性催化剂主要是 Fe、Co、Ni 等，非磁性催化剂则囊括了除磁性催化剂以外的所有催化剂。

### 3.2.2　催化剂制备技术

催化剂决定了碳纳米管的结构，因此催化剂的不同导致获得的碳纳米管种类也有所差别。催化剂的不同之处除了体现在催化剂种类上，还取决于催化剂的制备方法。目前，制备用于碳纳米管生长的催化剂方法多种多样，制备方法中微小的差异都能引起最终获得的催化剂大小及分布上的变化，进而影响获得的碳纳米管的种类。

利用化学气相沉积方法制备单壁碳纳米管的过程中，根据催化剂形貌和使用目的的不同，可以将催化剂体系分为三类：平面基底负载催化剂体系、粉体催化剂体系和浮动催化剂体系。在每一种体系中，催化剂制备方法都有所不同，下面将针对催化剂体系分别进行介绍和说明。

**1. 平面基底负载催化剂体系**

平面基底负载催化剂体系是指在一块平整的基底表面上采用蒸镀、溅射等方法直接加载催化剂的方式，其中平整的基底包括单晶基底，如 ST-cut（ST：stable temperature）型石英片，具有（0001）面的蓝宝石衬底及含有一定氧化层的硅片。这种体系一般是针对碳纳米管阵列的生长，包括碳纳米管水平阵列和碳纳米管垂直阵列，二者催化剂加载方式也有所不同。

图 3-4 给出了典型的碳纳米管水平阵列的电子显微镜图。生长碳纳米管水平阵列所需的催化剂密度不高，通常其催化剂前驱体制备方法有两类，即溶液法和物理法。所谓溶液法，就是将金属催化剂的前驱盐类溶解在适当的溶剂中，配制成一定浓度的溶液，该溶液即为催化剂的前驱体溶液，最典型的一种做法如下[26]：首先将 0.2703 g $FeCl_3 \cdot 6H_2O$ 配制成 20 mL $Fe^{3+}$ 浓度为 0.05 mol/L 的 $Fe(OH)_3$ 胶体溶液，先用移液枪移取 100 μL 该溶液稀释至 10 mL 水溶液，浓度为 5 mmol/L，再

在此基础上移取 100 μL 稀释溶液继续用乙醇稀释至 10 mL，即为 $Fe^{3+}$ 浓度为 0.05 mmol/L 的乙醇溶液，此溶液就可以作为 Fe 催化剂的前驱体溶液。根据在基底上加载方式的不同，催化剂前驱体溶液可以选择的溶剂也有所不同，例如，一般的单晶基底表面比较疏水，所以可选择的溶剂不是水而是乙醇，另外当需要对催化剂进行图案化时，催化剂的前驱体也往往是混在光刻胶中[27]。溶液法制备催化剂生长碳纳米管水平阵列的方法使得催化剂的加载变得方便而快速。对于溶液法制备的催化剂在基底上的加载方式包括溶液旋涂、针划、压印及混入光刻胶光刻。由于这些方法相对于其他方法更加快速简便而成为被广泛使用的一种加载催化剂的模式。其不足之处在于实验的可控性和重复性较差。

为了改善溶液法在实验可控性和重复性上的不足，同时也为了提高催化剂的利用效率，北京大学张锦教授等[26]发展了一种为"特洛伊"的催化剂加载方式，主要是将 $Fe(OH)_3$ 胶体溶液旋涂在单晶 $\alpha\text{-}Al_2O_3$ 表面，进一步利用高温退火使催化剂前驱体逐渐渗透进单晶 $\alpha\text{-}Al_2O_3$ 中，在氢气等还原气氛下，Fe 逐渐从基底中析出形成适当大小的催化剂纳米粒子。这种方法的主要原理是 $Fe_2O_3$ 和 $\alpha\text{-}Al_2O_3$ 具有相似晶格结构，退火过程中，$Fe^{3+}$ 能够嵌入 $\alpha\text{-}Al_2O_3$ 中。由此获得的催化剂不仅能够在碳纳米管的生长过程中持续析出较为新鲜的催化剂，同时催化剂能够保持较好的活性，因此能够在氧化铝基底上实现高密度单壁碳纳米管水平阵列的生长。在此基础上，进一步发展该方法，在单晶氧化铝基底上制备了单分散的 $MoO_3$ 层，该过程是一个高温下熵驱动的自发进行的过程，对单分散的 $MoO_3$ 进行特定条件的还原和碳化，就可以得到分布较窄的固体碳化钼催化剂。均一固态催化剂的获得为实现碳纳米管的结构控制提供了良好的前提。

相比于溶液法，物理法是一种更加精确和定量加载催化剂的方法，主要包括电子束蒸镀、热蒸镀、离子束溅射和磁控溅射等。对于碳纳米管水平阵列而言，蒸镀的催化剂厚度一般都要小于 1 nm，过厚的催化剂容易形成较大的连续薄膜，我们知道，碳纳米管生长所需要的催化剂必须呈颗粒状分布而非平滑连续薄膜，薄膜状金属催化剂是无法生长碳纳米管的。物理法适用于对催化剂进行图案化，例如，Rogers 教授等在光刻图案化的石英基底上利用电子束蒸镀了 Fe 催化剂，得到了密度和均匀性都较好的单壁碳纳米管水平阵列，制备了 PMOS 和 CMOS 逻辑器件并研究了器件的基本电学性质[28]。

对于碳纳米管垂直阵列而言，溶液法由于加载量无法进行优化和选取，因此在其制备过程中难以有用武之地，相比而言，物理法制备催化剂体现了显著优势。例如，Hata 等[29-31]以物理法制备的薄膜作为催化剂，通过添加微量的水在基底上生长了高 2 mm 的单壁碳纳米管垂直阵列，积碳率高达 50000%。这类催化剂制备的关键过程在于利用电子束蒸镀、热蒸镀或磁控溅射在 $SiO_2$ 或 Si 基底上沉积一层 0.1～0.5 nm 厚的 Fe 膜，该过程需要精确控制金属催化剂的膜厚，制备条件苛刻，生产成本较高[32, 33]。除此之外，要想获得较好的碳纳米管垂直阵列，这类物理法蒸镀的催化剂也往往离不开一层额外蒸镀的氧化层载体，如 $Al_2O_3$，催化剂与载体的厚度一般为 0.5 nm/10 nm。

### 2. 浮动催化剂体系

如果将催化剂和碳源同时引入体系中，就有可能在气相中直接生长碳纳米管，这种方法就是浮动催化剂体系[34]，如图 3-7 所示，其原理如下

$$nFe(CO)_5 \longrightarrow Fe_n + 5nCO$$

$$CO + CO \longrightarrow C(s) + CO_2$$

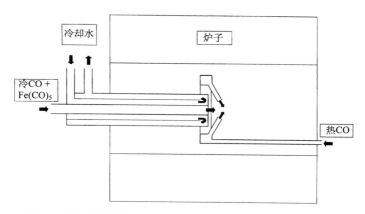

图 3-7　浮动催化剂[Fe(CO)$_5$]制备碳纳米管的流程示意图[34]

这一方法最早由 Sen 等提出，他们起初利用二茂铁或二茂镍作为催化剂的前驱体，苯作为碳源，制备了聚团状多壁碳纳米管并证实了这一方法的可靠性[35]。随后，他们对该方法中使用的碳源进行改进[36]，采用乙炔为碳源，获得了直径为 1 nm 左右的单壁碳纳米管。Smalley 课题组则发展利用一氧化碳的歧化反应，在 Fe(CO)$_5$ 产生的铁团簇的催化作用下制备出多壁和单壁碳纳米管，这一方法称为高压一氧化碳法（HiPCO）[34]。在此基础上，中国科学院金属研究所的成会明教授[37, 38]和清华大学朱宏伟教授[39]两个课题组则发展了二茂铁-噻吩-液态烃类催化剂体系，其中，朱宏伟教授等发现加入噻吩和氢气后能够使碳纳米管的长度达到 20 cm，这是由于噻吩可以有效地提高碳纳米管的积碳率[39]。目前，HiPCO 和二茂铁-噻吩-液态烃类催化剂体系是最主要的两种浮动催化剂方法。在浮动催化剂体系中，形成的较小的团簇容易挥发且不稳定，过大的团簇易被石墨层包覆而不利于碳纳米管的生长。同时反应器中也会发生去团簇作用或者大团簇的分解现象，各种反应过程的竞争导致合适尺寸大小团簇的保留，因此只要调节好实验

参数(温度、气流等)就可以得到碳纳米管。该方法能大量连续制备碳纳米管薄膜,获得的产物纯度高、取向性良好,同时该方法能耗和成本都比较低,产物中的主要杂质是金属,但是由于在生长过程中,这些催化剂很容易被碳纳米管包裹起来,因此在后处理过程中也比较难以去除。

### 3. 粉体催化剂体系

与前两个催化剂体系不同的是,粉体催化剂体系中催化剂的制备完全依赖于溶液法制备,其制备过程与单壁碳纳米管的生长过程则是分步进行的,这两个过程的分离增加了粉体催化剂体系的可控因素,并且催化剂活性成分选择和粉末载体的种类都具有多样性,这为大规模获得高质量、高选择性的单壁碳纳米管产品提供了良好的基础。粉体催化剂体系中催化剂的制备步骤包括催化剂前驱体和载体的溶解、搅拌、沉淀、回流、分离、冷却、成胶、还原、干燥及煅烧(退火)等步骤,个别制备方法中可能省略某个步骤进行。与平面基底负载催化剂体系完全不同的是,载体与催化剂之间的相互作用将体现得更加明显,主要包括金属催化剂与载体之间的强相互作用,强化活性组分的分散性和降低空间位阻效应。以Fe/MgO为例进行说明[40],如图3-8所示,Fe催化剂前驱体通过浸渍或共沉淀方法将活性组分分散在MgO载体的晶格中,在高温煅烧过程中,金属-载体相互作用形成具有催化活性的纳米粒子。反应进行时,在甲烷的还原作用下,催化剂表面会形成许多直径不超过5 nm的富铁纳米粒子,这就是单壁碳纳米管生长的活性中心。与未经煅烧处理的催化剂相比,热处理后碳纳米管生长成核的活性中心增多,活性提高,同时消除了较大的铁组分的团簇。同时在煅烧过程中,铁组分与MgO载体形成了$MgFe_2O_4$尖晶石结构,使得铁组分的分散能够达到原子级别

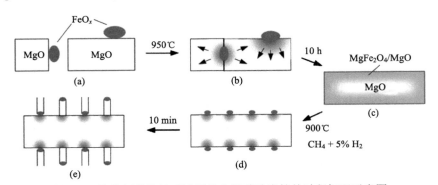

图 3-8 催化剂的热处理过程及生长碳纳米管的过程机理示意图

(a)浸渍法得到的Fe/MgO催化剂;(b, c)通过煅烧,Fe组分不断扩散进入载体内部并形成均匀的Mg-O-Fe合金相;(d)由于还原性气氛的存在,在载体表面会形成很多尺寸较小的Fe催化剂纳米粒子;(e)在这些尺寸较小的催化剂纳米粒子上就可以生长出单壁碳纳米管[40]

的分散和组装，提高了催化活性颗粒的密度，增强了在高温下纳米活性颗粒的分散性和稳定性。此外，粉体催化剂具有较大的比表面积和孔道结构，在该情况下，碳源分子的扩散自由程远大于空隙结构，此时碳纳米管的生长与化学气相沉积体系有所差异，更加符合化学气相渗透体系。对于粉体催化剂体系，获得的碳纳米管往往是和粉体催化剂混合在一起的粉体状碳纳米管，这种样品往往需要进行额外的纯化处理，包括除去催化剂、载体、无定形碳等。

与前两个催化剂体系相比，在粉体催化剂体系中，碳纳米管生长受到的作用将会变得更加复杂。魏飞教授课题组通过对单根碳纳米管在粉体催化剂内的生长过程分析，基于粉体催化剂体系，提出了受限生长模型[41]，如图 3-9 所示，在碳纳米管成核生长过程中，当碳纳米管的长度达到一定程度后，就会碰到催化剂的孔壁面，从而发生以下三种情况：①如果催化剂载体的强度较弱，则碳纳米管可以撑开催化剂载体聚团，继续生长；②如果催化剂载体强度较大，则停止生长；③如果催化剂载体强度较大，碳纳米管无法撑开时，却能够弯曲，沿着孔隙继续向外生长。可见，催化剂的孔径结构和聚团的疏密程度可以影响碳纳米管的生长和选择性。

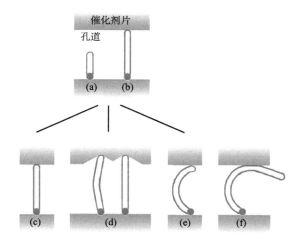

图 3-9 粉体碳纳米管生长中的受限生长模型

(a)自由生长；(b)受限生长；(c)终止生长；(d)撑开催化剂生长；(e)变形生长；(f)弯曲生长至催化剂外部空间[41]

总的来说，三种催化剂的主流加载和设计是根据不同碳纳米管的生长要求而发展出来的。平面基底负载催化剂受到基底面积的限制，浮动催化剂体系的催化剂制备和碳纳米管的生长则是同时进行的，可控性较差，粉体催化剂上碳纳米管的生长属于密相反应，同时其过程的分离对于获得高选择性的产品非常有利，但是获得的碳纳米管为聚团状，在特定的使用环境下还需要去除载体和多余催化剂，使其在后应用阶段变得更加繁复。但是三种方法的共同目标都是提高催化剂的效率，进而提高碳纳米管的产率。

### 3.2.3 催化剂对管壁数与直径的影响

催化剂作为与碳纳米管直接相连的一方，不仅控制着碳纳米管生长直接所需要的碳自由基，更重要的是直接作为模板控制着碳纳米管的结构。催化剂决定碳纳米管结构最直观的体现就是影响了获得的碳纳米管管径。随着研究的深入，碳纳米管的直径与活性催化剂颗粒之间的依赖关系也逐渐被验证。Hafner 等[42]计算了单壁碳纳米管与石墨片在催化剂上的形成能，如图 3-10 所示，他们认为当催化剂的尺寸小于 3 nm 时，更有利于单壁碳纳米管在其上的成核和生长，过大的催化剂表面会倾向于碳的包覆。Cheung 等[43]通过合成不同粒径(3 nm、9 nm、13 nm)的催化剂制备了不同直径(3 nm、7 nm、12 nm)的单壁和少壁碳纳米管(2～3 个壁数)，他们统计发现无论是单壁碳纳米管还是少壁碳纳米管的直径均与催化剂的粒径保持一致。丁峰等[44]利用分子模拟在对碳纳米管的气-液-固机理研究时也发现金属催化剂颗粒的大小与碳纳米管的管径有关，其关系图如图 3-11 所示，但是随着金属催化剂纳米粒子粒径的减小，碳纳米管的管径却不能一直减小，理论计算得到的最小管径为 0.6～0.7 nm，而这种超小管径的碳纳米管的缺陷将变得很多，因此稳定性较差，主要原因是当碳纳米管的管径过小时，碳碳键扭曲成环形时的张力过大导致结构不稳定性。

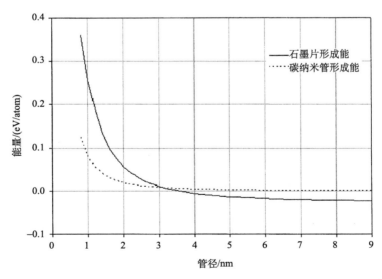

图 3-10　计算覆盖在不同尺度的催化剂上的碳纳米管和石墨片得到的能量[42]

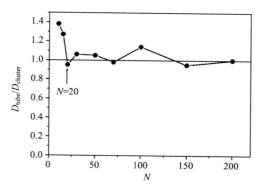

图 3-11　单壁碳纳米管管径与金属纳米粒子粒径之间的对应关系[44]

$N$ 为金属纳米粒子中的原子数量；$D_{tube}$、$D_{cluster}$ 分别代表碳纳米管管径和金属纳米粒子的粒径；直线为二者比值为 1 的参考线

　　Ago 等[42]研究了 Fe/MgO 体系，他们也认为较小粒径的铁纳米粒子会催化生长单壁碳纳米管，粒径大于 5 nm 的铁纳米粒子则不会催化生长单壁或少壁碳纳米管，只能失活或生长多壁碳纳米管，甚至碳纤维。由此可见，催化剂纳米粒子的大小是控制碳纳米管管径的关键，而且单壁碳纳米管的制备需要特定尺寸的催化剂。

　　最近，He 等[45]在研究催化剂对碳纳米管结构和长度的控制时发现，碳纳米管在催化剂上的生长模型可以依据碳纳米管和催化剂的相对位置划分为正切（tangential）和垂直（perpendicular）生长模式。其中在正切生长中，碳纳米管具有和催化剂一致的尺寸，而在垂直生长模式中，碳纳米管的管径则要小于催化剂的尺寸，如图 3-12 所示。总之，目前公认的观点则是碳纳米管的管径都是不大于催化剂尺寸的，同时在一定范围内，碳纳米管的管径随着催化剂尺寸的增大而增大。

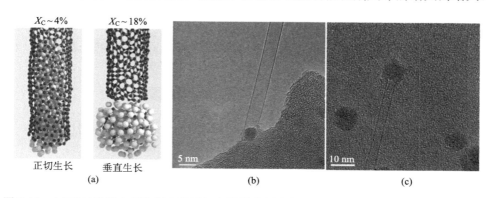

图 3-12　(a)碳纳米管在催化剂上的正切生长模式(左)和垂直生长模式(右)；(b，c)与两种生长模式相对应的透射电子显微镜结果[45]

### 3.2.4 催化剂对碳纳米管结构的影响

催化剂除了对碳纳米管的管径产生影响外，催化剂金属原子与碳原子之间的相互作用力、催化剂的存在形态、催化剂的催化性能等都对碳纳米管具体的形成结构产生很大的影响。

催化剂金属原子与碳原子之间的相互作用力对碳纳米管的影响主要体现在对碳纳米管开口端的控制上。在碳纳米管的生长过程中，能否保持其开口端（与金属催化剂相接触的一端）的稳定性直接影响了碳纳米管的结构和长度。同样丁峰等[46]通过分子模拟计算发现，当碳原子在金属催化剂表面不断析出形成碳纳米管时，新生成的最底层碳原子存在悬挂键，由于悬挂键的不稳定性，碳纳米管的末端有自动闭合成帽状结构封口的趋势。但是如果金属催化剂原子与碳原子之间的相互作用力很弱时，不足以克服碳原子悬挂键自动闭合的趋势，那么碳纳米管与催化剂相接触的这一端就会很容易闭合，致使碳纳米管停止生长，并且这种碳纳米管还会存在较多缺陷，即图 3-13 中 a → b → c 过程。当金属催化剂与碳原子之间的结合力适中时，与碳原子悬挂键自动闭合的作用力可以达到平衡，那么碳纳米管与催化剂相连的开口则能很稳定地存在，随着碳原子的不断供给，碳纳米管的长度将不断增长且其管径保持不变，即图 3-13 中 a → d 过程。当金属催化剂原

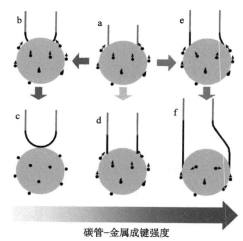

碳管-金属成键强度

图 3-13　金属催化剂与碳纳米管之间不同的作用力导致的碳纳米管进行生长的
三种不同情况[46]

过程 a → b → c 表示金属催化剂与碳原子之间存在较小的结合力，此时碳纳米管末端将会形成封闭的帽状结构；过程 a → d 则表示金属催化剂与碳原子存在适中的结合力，此时碳纳米管的末端在生长过程中能够一直保持开口，并且碳纳米管的管径与催化剂大小都保持不变；过程 a → e → f 则表示金属催化剂和碳原子之间存在较强的结合力，此时碳纳米管的末端会向金属催化剂的四周进行延展直至碳纳米管的管径与金属催化剂大小保持一致

子与碳原子之间的作用力过大时，由于碳原子在催化剂表面的浸润性较好，碳纳米管的开口端就会沿着催化剂表面延展生长，表象上看就是碳纳米管的管径存在被拉大的现象，如此生成的碳纳米管的管径会随着碳纳米管长度的增加而增大，直到与金属催化剂的直径相当，即图 3-13 中 a →e →f 。

　　此外，催化剂在高温中的形态也会极大地影响碳纳米管的结构。前面我们提到过催化剂的形态有液态和固态之分，而碳纳米管在液态和固态催化剂上的动力学生长行为有所不同，因此在动力学控制下，得到的碳纳米管的种类会有所不同。除此之外，催化剂的种类决定了不同的催化剂不同的催化性能和催化特点，利用这点也可以控制碳纳米管的结构。而这其中具体的不同之处将在第 7 章催化剂对碳纳米管的手性控制中详细讨论。

# 3.3　碳纳米管的生长机理与生长模式

　　为了实现对碳纳米管结构的控制，理解其生长机理和生长模式是十分必要的。尽管化学气相沉积体系中碳纳米管的生长流程比较简单，然而反应中的催化剂和产物均为纳米尺度级别，因此碳纳米管的化学气相沉积就像一个"黑匣子"，使得碳纳米管的生长机理研究颇具挑战。人们借鉴硅纳米线的生长，提出了碳纳米管的"气-液-固"（vapor-liquid-solid，VLS）生长机理。随着催化剂种类的拓展，一些不溶碳非金属催化剂的使用，又衍生出"气-固"（vapor-solid，VS）生长机理。另外，通过透射电子显微镜观察，人们总结并提出了两种主要的生长模式来理解碳纳米管的生长行为，包括顶端生长模式和底端生长模式。生长模式的提出形象地描述了碳纳米管生长过程中催化剂的运动行为及催化剂和基底之间的作用力。本节将对碳纳米管的生长机理和生长模式进行详细介绍。

## 3.3.1　碳纳米管的气-液-固和气-固生长机理

　　早期，碳纳米管的制备主要利用金属催化剂，基于此，人们提出了碳纳米管 CVD 法的 VLS 机理。随着研究和探索的深入，一些非金属催化剂如 $SiO_2$、金刚石、$ZnO$、$TiO_2$、$MgO$ 等，相继被报道可以作为 CVD 法中制备碳纳米管的催化剂，考虑到这些催化剂往往不能溶解碳原子或对碳原子表现出很低的溶解度，人们提出了 VS 机理用于解释在这些非金属催化剂表面碳纳米管的生长[13, 47]。不同的机理解释需要根据实际情况进行判断，但两种机理的主要差别在于催化剂溶碳能力的强弱，因此一般可以采用参考金属-碳相图的办法进行初步识别，例如常见的金属催化剂 Fe，其与碳的温度溶解度相图如图 3-14 所示，从相图中可见，Fe 与碳原子之间有着较好的溶解性，因此当使用 Fe 作为催化剂时，碳纳米管的生长遵循 VLS 机理。下面对这两种广泛认可的机理进行详细的分析和介绍。

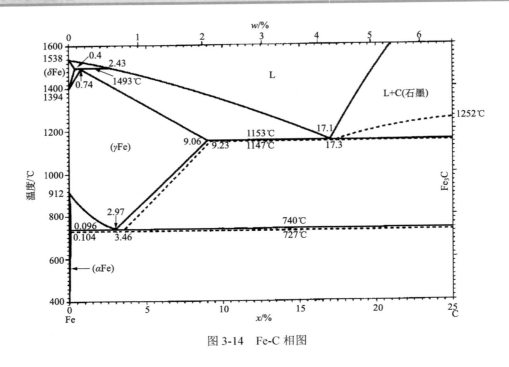

图 3-14　Fe-C 相图

### 1. 传统金属催化 VLS 机理

　　VLS 机理最早源于 1964 年 Wagner 和 Ellis 对 Si 纳米线的生长研究[48]，如图 3-15(a) 所示，由于 Si 纳米线与碳纳米管的生长过程中存在诸多相似的生长条件，因此该机理随后被引入碳纳米管的生长中并成功解释了碳纳米管的生长过程。如图 3-15(b) 所示，碳纳米管 CVD 生长的 VLS 机理[49-52]可以简述如下：过渡金属催化剂由于表界面效应，其熔点相比于块体材料急剧降低，因此在高温下，催化剂颗粒呈熔融的液体状态，碳源气体分子在高温和催化剂作用下分解后产生单个的碳原子，碳原子在熔融金属颗粒表面溶解，随后进入金属颗粒内部，当溶解达到饱和时，碳原子在催化剂部分表面析出，并重排为端帽结构，即为碳纳米管的成核阶段；随着碳自由基的不断溶解，碳纳米管的生长逐渐增加；当催化剂颗粒的表面被碳碎片完全包裹或结构发生变化时，碳纳米管的生长结束。

　　基于 VLS 机理，丁峰等[53]利用分子模拟的方法，对碳纳米管的生长过程及相应的机理做了详细的研究。他们认为，碳原子在熔融的金属催化剂颗粒上溶解-析出过程可以分为三个阶段(图 3-16)：第一个阶段为碳原子的不饱和阶段，在此阶段中，碳源不断裂解产生碳原子自由基，碳原子不断溶入熔融的液态催化剂中，相应的金属颗粒中的碳原子浓度也不断增大。当碳原子在金属颗粒中的浓度增大到一定程度并超过金属颗粒理论上的饱和浓度时，即为过饱和状态，这是该过程的

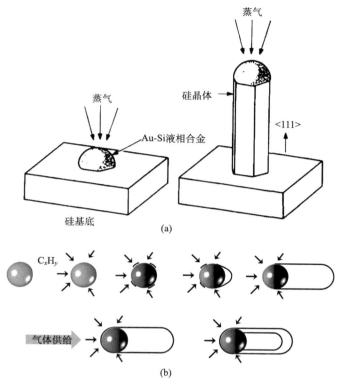

图 3-15　(a)硅纳米线的 VLS 生长机理[48]；(b)碳纳米管的 VLS 生长机理

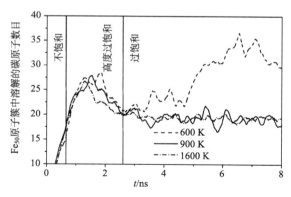

图 3-16　在一个 $Fe_{50}$ 原子簇中碳原子的溶解-析出过程[53]

第二个阶段。在第三阶段中，由于熔融的金属颗粒中碳原子的浓度过大，碳原子开始在金属催化剂表面再析出，经过扩散自组装成碳原子岛(石墨烯片段)，进一步进行碳原子的溶解-析出及再组装，促进了碳纳米管的生长。在该阶段中，金属催化剂中的碳原子浓度就将一直处在过饱和状态，这样才能维持碳纳米管源源不断地生长，也是碳纳米管的生长动力来源之一。

通过对 VLS 机理的理解，可以定性分析碳纳米管生长过程中一些因素对碳纳米管生长所带来的影响。如温度[53]，见图 3-17，当温度过低（低于 600 K）时，碳原子溶入金属催化剂的过程减缓，碳原子的析出也相应减缓，这就导致碳原子从金属催化剂内部析出形成的碳原子岛将不具备足够的能量克服碳原子岛与金属催化剂表面的作用力，难以从金属催化剂表面脱离而形成碳纳米管的碳帽，反而形成的碳原子岛不断长大和聚集，始终铺展在金属催化剂表面，最终将催化剂完全包裹，催化剂失活，而相应的碳原子的溶入-析出过程结束。当温度过高时，碳原子的溶入-析出过程加快，因此在金属催化剂表面多个位点不断形成碳原子岛，同时碳原子岛由于不断积累会很容易脱离金属催化剂表面，而下层继续析出碳原子岛，最终金属催化剂积累过多的碳原子岛，这些过多的碳原子岛形成的就是无定形碳。只有在温度适中时，碳原子的溶入-析出过程与碳原子岛在催化剂表面脱离过程相辅相成时，碳原子岛才可以形成碳纳米管生长的碳帽结构，同时碳帽能够持续平稳地延续形成碳纳米管。

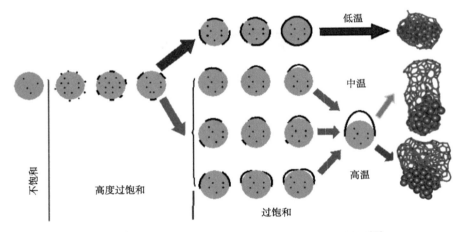

图 3-17　在不同温度下碳纳米管生长的 VLS 机理模型[53]

另一个在 VLS 机理中容易被人们忽视的问题就是催化剂溶碳能力的强弱问题，对于溶碳能力强的金属催化剂，碳原子浓度往往有一个较大的容忍区间，这就导致生长中碳氢比的可调范围较大，该催化剂用于生长碳纳米管的窗口较大。而对于溶碳能力较弱的金属催化剂，由于溶入过程局限，析出过程必然加快，因此可选的碳氢比往往更窄，通常注入的碳源的量要相应减少，生长窗口较小。

## 2. 非金属催化 VS 机理

早在 2002 年，IBM 公司的 Avouris 将 (0001) 6H-SiC 在超高真空体系中进行退火处理后在其上观察到了不同形貌的管状结构，利用 STM 和针尖操纵的方法证实了这些管状结构就是碳纳米管[54]，见图 3-18。随后，2007 年，Homma 教授等首次明确报道利用 SiC、Si 等半导体纳米粒子作为生长碳纳米管的催化剂和成核点，并推测这些半导体纳米粒子对碳纳米管的成核起着重要的模板作用[16]。在之后的很多年里，多种非金属催化剂如纳米金刚石、$SiO_2$、$TiO_2$ 等，相继报道均可以作为催化剂制备碳纳米管。图 3-19 分别给出了 2007 年 Homma 教授等制备的半导体纳米催化剂和相应的碳纳米管[16]。与传统金属催化剂相比，非金属催化剂主要以化学键的方式形成，因此往往具有更低的溶碳量和更高的熔点，甚至在一定环境下可以与碳反应形成超高熔点的碳化物，如 Si-C 体系 (图 3-20)，硅的熔点为 1414℃，当与碳在高温下相遇时，可能发生反应形成碳化硅，碳化硅则具有超高的熔点，为 2545℃ 左右。这些非金属催化剂在共价化学键作用下，即使在高温下也通常可以维持一定的形态，无疑可以给碳纳米管的生长提供更好的刚性模板作用，因此对于这些非金属催化剂，研究其催化生长碳纳米管的机理便显得尤为重要。

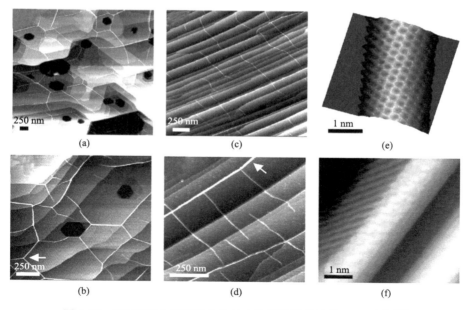

图 3-18　SiC 基底上高温退火生长出的碳纳米管及其 STM 成像[54]

(a, b) Y 形样品；(c, d) T 形样品；(e, f) 退火后形成的单根碳纳米管以及碳纳米管管束的 STM 成像

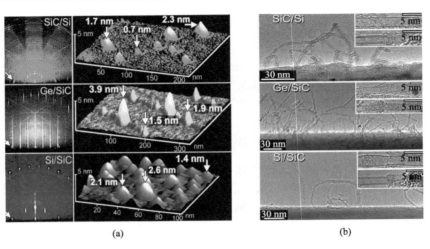

图 3-19　碳纳米管生长使用的半导体纳米粒子[16]

(a)外延生长出的三种半导体纳米粒子的反射高能电子衍射(RHEED)及其 AFM 图像；(b)使用三种半导体纳米粒
子生长出的碳纳米管的 SEM 照片

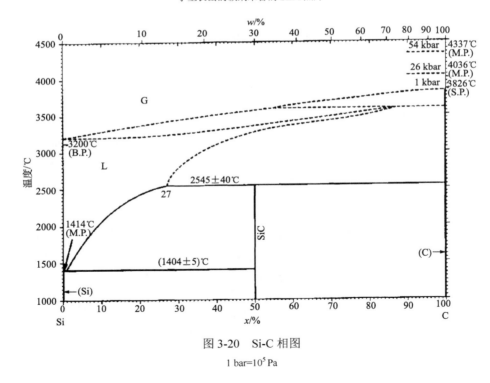

图 3-20　Si-C 相图

1 bar=$10^5$ Pa

　　直到 2009 年，人们在碳纳米管的非金属催化生长取得了一定进展。Homma
课题组[17]采用 4～5 nm 大小的纳米金刚石为成核中心，在 850℃和不同基底表面成功地制备了单壁碳纳米管,如图 3-21 所示,结合半导体纳米线的另一种生长方式气-固-固(vapor-solid-solid,VSS),进一步提出了碳纳米管新的生长方式,即气-固-表面-固(vapor-solid -surface-solid,VSSS)生长模式。在这种模式下,碳自由基主要来源于乙醇的热裂解,也有可能依赖于纳米金刚石的缺陷催化产生,进而碳自由基仅在纳米金刚石的表面上进行组装形成碳纳米管生长的帽端结构,而并不经由纳米金刚石内部溶解再扩散出来组装。此时碳纳米管的生长过程完全只发生在纳米金刚石的表面。除 VSSS 生长模式外,还有 VSS 和 VS 生长模式用于解释非金属催化剂上碳纳米管的生长。VSS 机理是由成会明课题组[18]于 2009 年提出,主要是基于 $SiO_2$ 纳米粒子催化生长单壁碳纳米管,同一时期,Huang 课题组[19]也成功利用 $SiO_2$ 纳米粒子在基底上制备了单壁碳纳米管,也证明了这一过程的可行性。随后,成会明课题组在透射电子显微镜下原位观测到了 $SiO_2$ 纳米粒子上碳纳米管的生长过程,并指出 $SiO_2$ 纳米粒子为催化剂时,碳纳米管的生长速率仅为 8.3 nm/s,远小于以 Co 等金属催化剂时的生长速率[55],如图 3-22 所示。此外,2010 年,Morokuma 等[56]通过分子动力学模拟,发现以甲烷分子为碳源时,$SiO_2$ 纳米粒子的表面吸附碳转变成了 SiC 而内部保持了 $SiO_2$ 的初始结构,因此证明该过程属于 VSS 生长机理,如图 3-23 所示。同年,张锦课题组[57]在硅片表面自组装 APTES,然后退火,也得到了 $SiO_2$ 纳米粒子,利用该纳米粒子生长碳纳米管,发现生长结束后,XPS 结果显示 Si 元素仍然保持了 $SiO_x$ 中的氧化态形式,而非 SiC 中的形式(图 3-24)。这表明以 $SiO_2$ 纳米粒子作为催化剂生长碳纳米管时,确实不会发生碳自由基进入催化剂内部的情况,并以此提出了VS 机理。

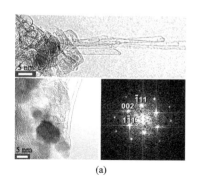

(a)                              (b)

图 3-21 纳米金刚石作为碳纳米管生长的催化剂及其相应的结构表征[17]

(a)纳米金刚石的透射电子显微镜结构表征和傅里叶变换及生长的碳纳米管和其部分碳帽;(b)利用不同形态的纳米金刚石生长出的不同状态的碳纳米管网络

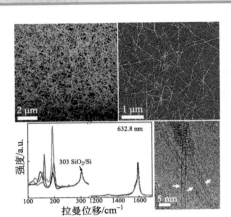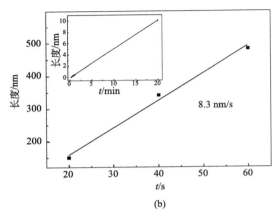

图 3-22 (a)采用 SiO₂ 纳米粒子作为碳纳米管生长的催化剂生长的碳纳米管薄膜及相应的 AFM、拉曼和 TEM 表征；(b) SiO₂ 纳米粒子作为催化剂时碳纳米管的生长速率[55]

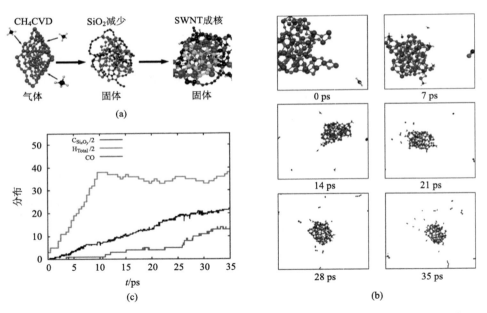

图 3-23 (a)甲烷 CVD 中 SiO₂ 纳米粒子催化生长碳纳米管的机理示意图；(b)甲烷 CVD 中 SiO₂ 表面生长碳纳米管的模拟过程的快照；(c)该过程中 SiO₂ 纳米粒子表面总的 H 含量，表面的 C 的残余量及整个过程中产生的 CO 的总量[56]

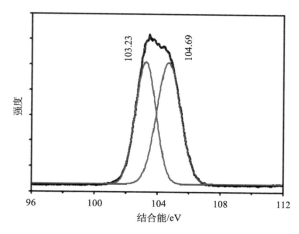

图 3-24　生长碳纳米管结束后 $SiO_2$ 纳米粒子的 XPS 分析[57]

其实，无论是 VSSS 机理，还是后面提出的 VSS 和 VS 机理，三者都强调了一个事实，当以非金属催化剂催化生长碳纳米管时，碳自由基不会进入催化剂的内部，只存留在催化剂的表面或浅表面，与催化剂表面反应键合，进而组装形成碳纳米管生长的起始帽端结构，因此三者都可以统称 VS 机理。非金属催化剂的 VS 机理更有助于对碳纳米管结构的精细调控，这是因为对于金属催化剂而言，金属纳米粒子在碳纳米管的 VLS 机理中表现为液态，此时金属纳米粒子的运动性较强，这种液态属性会对碳纳米管产物的结构带来诸多影响。相反地，在 VS 机理中，非金属催化剂始终处于固态，其在高温和低温下具有相同的形貌，且不随基底结构的变化而改变。即在 VLS 与 VS 机理中，催化剂表现出的形态是大相径庭的。在催化剂相关的部分，我们将详细地分析催化剂形态对碳纳米管结构的影响。

### 3.3.2　碳纳米管的生长模式

在前面内容中，依据碳自由基在催化剂上的运动路线给出了碳纳米管的 VLS 和 VS 两种生长机理。在这一节中，我们从几何形态上依据碳自由基在催化剂表面自组装成的碳帽结构和催化剂的相对位置讨论碳纳米管的生长模式。根据生长过程中碳帽结构与催化剂及基底（载体）相对位置的不同，将碳纳米管的生长模式分为顶端生长（tip-growth）和底端生长（base-growth or root-growth），如图 3-25 所示[51]，这两种生长模式最早由 Baker 等[58-61]在研究碳纤维时通过电子显微镜观察及对碳纤维生长速率和温度的依赖关系、各个步骤的活化能的总结分析后提出的。现在人们普遍认为，碳纤维的生长模式也适用于碳纳米管的生长[3]，这是由于二者在生长机理上的一致性，并在实验上观察到了一致的实验结果。在碳纳米管的生长过程中，这两种生长模式的选择取决于催化剂与基底(载体)间相互作用力的大小、温度和基底种类等诸多因素。下面对这两种生长模式进行讨论和分析。

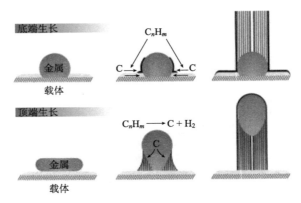

图 3-25　碳纳米管的底端生长(上)和顶端生长(下)[51]

### 1. 碳纳米管的顶端生长模式

图 3-26(a)给出了碳纳米管的顶端生长模式[62]。在顶端生长模式中，催化剂与基底或载体脱离，处于碳纳米管的头部，在碳源的供给下，牵引碳纳米管生长，其在空间中的位置处于时刻变化中。顶端生长模式的根本原因在于催化剂与基底之间的作用力较弱，碳原子在催化剂表面组装时就会引起催化剂与基底的分离，因此所有可能减弱催化剂与基底作用力的方法都会导致碳纳米管的顶端生长模式。

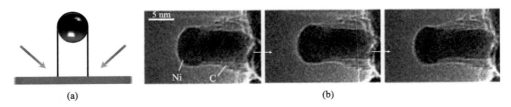

图 3-26　(a)碳纳米管的顶端生长模式；(b)透射电子显微镜下 Ni 催化剂上碳纳米管的顶端生长的直接证据[62]

在原位透射电子显微镜中，通过对碳纳米管生长过程的实时观测，Helveg 等[62]发现在 536℃下，当使用 Ni 作为催化剂时，$CH_4$ 和 $H_2$ 的比例为 1∶1，碳纳米管的生长过程遵循顶端生长模式，如图 3-26(b)所示。Liu 教授组[27]在石英基底上使用 $CuCl_2/PVP$ 作为制备 Cu 催化剂的前驱体，900℃下生长碳纳米管时，发现碳纳米管呈现镰刀型，如图 3-27 所示，利用原子力显微镜对碳纳米管不同位置进行表征，表明碳纳米管的生长过程同样遵循顶端生长。由于碳纳米管顶端的催化剂在基底上的移动，在遇到基底上的其他催化剂时便进行了融合，催化剂越来越大，当催化剂增大至一定程度后，在碳纳米管生长时便会偏离原来的生长方向，呈现出镰刀型，同时在碳纳米管顶端发现了催化剂的存在，这就进一步证明了顶端生长模式的存在。

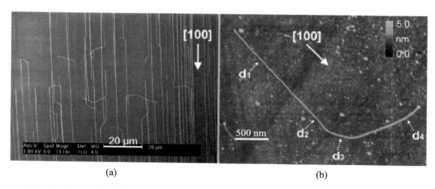

图 3-27  (a)石英上 Cu 催化剂催化生长的镰刀型碳纳米管；(b)AFM 对(a)中的碳纳米管管径的表征显示碳纳米管的生长遵循顶端生长模式[27]

利用同位素标记[23]的方法也验证了超长碳纳米管的顶端生长模式。在该方法中，由于拉曼光谱能够很容易区分 $^{12}C$ 和 $^{13}C$，于是就选择 $^{13}C$ 作为碳纳米管生长的标记物。在水平超长碳纳米管的制备过程中，首先是在 $^{12}CH_4$ 气氛下生长一段时间，然后切换为 $^{13}CH_4$ 继续生长一段时间。拉曼光谱检测发现 $^{12}C$ 位于碳纳米管生长的起始端，即靠近原始加载的催化剂区域，而 $^{13}C$ 则位于碳纳米管生长的末端，即远离原始加载的催化剂区域，从而证明在 $SiO_2/Si$ 基底上制备的水平超长碳纳米管遵循顶端生长模式。

既然催化剂与基底的弱作用力会导致碳纳米管的顶端生长模式，那么哪些因素可以减弱催化剂与基底的作用力？其中一个关键因素就是温度。当温度较高时，催化剂由于粒径较小且与基底表面的浸润性较差时，二者之间的作用力就会变弱。因此，顶端生长模式大多存在于高温条件下的碳纳米管的生长中。最典型的就是在超长碳纳米管的生长中，使用的生长温度一般都比较高，为 850~1000℃，碳纳米管的生长就是以顶端生长方式为主。2004 年，Huang 等首次对超长碳纳米管的顶端生长模式进行了阐述，提出了一种基于顶端生长模式的"风筝机理"，如图 3-28 所示，他们认为，在碳纳米管的 CVD 生长过程中，由于反应气流与基底之间存在一定的温度差，在垂直于基底的方向上存在一个由温度差带来的热浮力。在这种热浮力的作用下，催化剂会优先悬浮在气氛中，导致生长出的碳纳米管的一部分离开基底，与催化剂一同悬浮在呈层流状态的反应气流中，催化剂也始终处在碳纳米管的顶端，而碳纳米管初始生长的部分则由于与基底之间存在一个较强的作用力停留在基底上。随着碳纳米管长度的不断增加，带有催化剂颗粒的碳纳米管一端就在气流的带动下不断向前生长，并且在整个过程中其前端都保持漂浮在气流中。在生长结束后，通过表征远离催化剂带的碳纳米管顶端，发现了催化剂颗粒的存在，也进一步证明了超长碳纳米管的顶端生长。除此之外，温度对于顶端生长模式的选择还体现在催化剂还原速率上，快速的热还原有助于催化剂迅速形成并脱离基底表面。

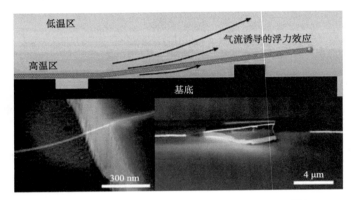

图 3-28　超长碳纳米管生长中的顶端生长机理[63]

除了温度，催化剂和基底的种类也影响着碳纳米管在生长模式上的选择。由于 SiO$_2$/Si 基底对催化剂表现出的作用力要弱于单晶基底，因此制备顶端生长模式下的超长碳纳米管往往在前者这样的基底上，图 3-29 即为生长在 SiO$_2$/Si 基底上的超长碳纳米管[64]，其生长模式为顶端生长。催化剂的种类也影响着碳纳米管的生长模式，通常 Cu 催化剂与基底的浸润性要比磁性金属催化剂(如 Fe、Co、Ni等)差，因此当使用 Cu 作为催化剂时，无论是在单晶基底还是硅片上，通常都表现为顶端生长模式[27]。

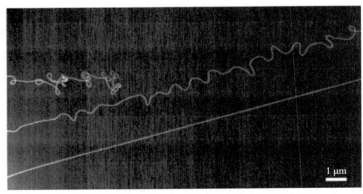

图 3-29　SiO$_2$/Si 基底上由顶端生长机理生长出的超长碳纳米管的 SEM 照片[64]

## 2. 碳纳米管的底端生长模式

虽然碳纳米管的顶端生长模式能够非常成功地解释很多实验事实，尤其在很多超长碳纳米管的生长中，但是依然有不少实验结果和实验现象与顶端生长模式相矛盾。为了解释这些与顶端生长相矛盾的实验结果，底端生长模式被引入并进行了很好的符合。

图 3-30(a)给出了碳纳米管的底端生长模式。在底端生长模式中，催化剂在基底上保持不动，新生成的碳纳米管的顶端将逐渐远离催化剂导致其在生长过程中始终处在整个碳纳米管的底端。与顶端生长模式相对应地，底端生长模式的根本原因在于催化剂与基底之间存在一个较强的作用力，限制了催化剂在基底上的脱离，因此所有能够增强催化剂与基底作用的方法也都能够引起底端生长模式的选择。

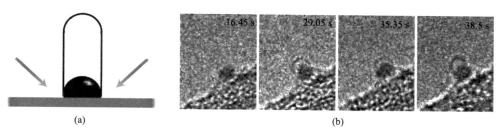

图 3-30　(a)碳纳米管的底端生长模式；(b)透射电子显微镜下碳纳米管顶端生长的直接证据[65]

为了证明底端生长模式的存在，Homma 等[65]利用透射电子显微镜原位观察碳纳米管在 600℃下以乙炔为碳源生长时，明确看到了催化剂与载体紧紧挨在一起，而碳纳米管在催化剂上成核，进而生长，其帽端在逐渐远离催化剂向外生长，如图 3-30(b)所示。除了 Homma 等，还有更多人在透射电子显微镜下观察到了碳纳米管的底端生长模式[66]，如图 3-31 所示。

同样利用同位素标记的办法，如图 3-32(a)所示，Ago 等[42, 67]发现在石英片上制备的靠晶格定向的碳纳米管也主要为底端生长模式，而存在少量的顶端生长模式，生长速率为 0.5～3 μm/s。He 等[68]通过将生长过碳纳米管的催化剂在空气中煅烧再生长碳纳米管的方法证明了此时在 SiO$_2$/Si 基底上制备的碳纳米管也遵循底端生长模式，如图 3-32(b)所示。Huang 等[69]在实验中发现，虽然制备的水平超长碳纳米管可以跨越深槽及障碍物悬空生长，但是他们在碳纳米管的末端并没有发现之前所报道[70]的顶端生长中的金属催化剂颗粒。因此他们推断，在该实验中所制备的碳纳米管中存在底端生长模式，如图 3-33 所示，并且生长出的碳纳米管将漂浮在气流中，受气流引导取向，因此可以跨越深槽和障碍物生长。

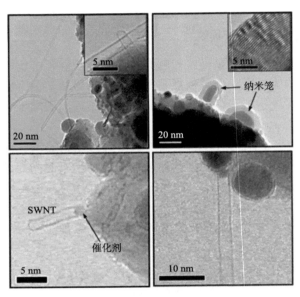

图 3-31　碳纳米管底端生长的不同尺度下的透射电子显微镜证据[66]

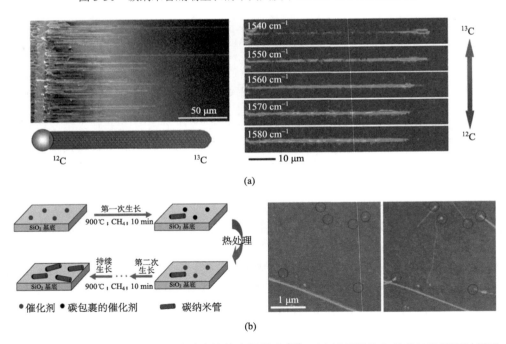

图 3-32　(a)同位素比较法判定碳纳米管的生长模式 [67]；(b)循环煅烧生长碳纳米管通过增强
催化剂与基底的作用而获得碳纳米管的底端生长[68]

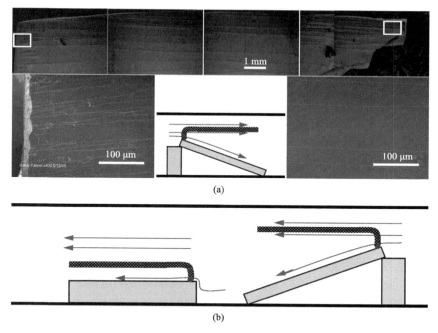

图 3-33　当将基底与气流方向倾斜一个角度后会有更多的超长碳纳米管生长，并且生长的长度也比不倾斜的长，说明遵循底端生长模式的超长碳纳米管在生长过程中也是漂浮在气流中的[69]

　　基底与催化剂之间的强作用力导致了碳纳米管的底端生长模式，那如何增强基底与催化剂之间的作用力？首先也是温度，与顶端生长模式不同，较低的温度使得催化剂的粒径较大且在基底的表面浸润性较好，二者之间的接触面积增大，存在的作用力较强，碳纳米管生长时，催化剂就较难离开基底，最终导致底端生长模式的出现。因此在许多低温生长碳纳米管的 CVD 方法中，碳纳米管的生长都是以底端生长模式为主的，尤其是一些利用透射电子显微镜原位观察碳纳米管的生长时，由于透射电子显微镜的设备要求，其要求的碳纳米管的生长温度都不会太高，通常为 600～750℃，在这种情况下，观察到的单壁碳纳米管的生长大多以底端生长模式为主。低温有利于底端生长模式选择的另一个原因在于低温所带来的温度差会变小，从而导致热浮力影响减弱，进而使得催化剂难以进入气流的层流区。其次是催化剂的种类，催化剂本身熔点的高低也影响了碳纳米管的生长模式。熔点低的催化剂更容易呈现液体状态，对基底表现出更差的浸润性而导致碳纳米管的顶端生长模式，熔点高的催化剂由于始终维持一个接近固体的状态，其活动性较差，与基底的作用力更强，在基底表面浸润性更好而表现为底端生长模式。最后一个则是基底种类，正如我们在顶端生长模式中所提到的，往往单晶基底对催化剂会表现出更强的作用力，因此在其上碳纳米管的生长以底端生长为主，这也就说明为什么同样在生长超长碳纳米管时，Huang 等[70]和 Ago 等[67]观察到了不同的生长模式，正是采用的是不同的基底导致的，前者利用的是催化剂与基底作用力较弱的 $SiO_2/Si$，而后者利用的是石英单晶基底。

以上实验事实和讨论说明，碳纳米管的生长存在顶端生长和底端生长两种模式。生长过程中，具体遵循哪一种生长模式在很大程度上取决于具体的实验条件，但往往是两种生长模式并存，尤其是在碳纳米管的水平阵列生长中，因为在实验中很难做到使催化剂的形态和所处的微环境能够完全一致。我们能够做的就是尽量控制条件，使更多的碳纳米管的生长选择我们需要的生长模式进行选择性生长。例如，从超长碳纳米管选择性生长的角度出发，顶端生长比底端生长更有利于制备出生长速率快、具有宏观长度的超长碳纳米管，这是因为高的碳纳米管生长速率需要在气相中有大量的碳源分子在催化剂颗粒表面分解，显然漂浮在气流中的催化剂颗粒更容易满足这个条件，而如果催化剂颗粒一直保持在基底上不动，其催化活性更容易受到基底的干扰，并且表面的传质阻力也比漂浮在气流中的催化剂颗粒大。此外，顶端生长模式更容易制备出结构完美的碳纳米管，这是因为顶端生长能够使碳纳米管漂浮在气流中，从而摆脱基底的干扰和影响，不利于产生缺陷。而底端生长模式下的碳纳米管更容易受到基底的干扰，可能在生长过程中引入结构缺陷。但是底端生长模式也有其自身的优点，底端生长模式更有利于控制碳纳米管的结构。因为在底端生长模式下，所采用的温度较低，基底与催化剂的作用力较强，这都限制了催化剂在高温下的剧烈运动，能够使催化剂保持一定的形态，同时底端生长模式下碳纳米管的生长速率较小，这更加有利于碳纳米管在成核和生长阶段以催化剂为模板进行复制生长。

尽管顶端生长和底端生长能够很好地解释很多实验现象，但是对于理解碳纳米管在原子尺度上形成的机理却是不足的，因此我们需要从更加微观的角度去分析碳纳米管的生长行为，进一步揭示其生长机理和行为特点。

## 3.4　碳纳米管化学气相沉积生长过程的调控

化学气相沉积系统是一个比较复杂的体系，正如前面所说，在该体系碳纳米管的生长中，任意一个时刻都在发生着能量和质量的传递，因此了解相关因素对化学气相沉积过程的影响，将极大地有利于对碳纳米管的生长进行合适条件的选择及调控。为此，除了前面讨论的催化剂问题外，本书将对影响化学气相沉积体系的其他因素进行分类讨论，主要包括体系中所涉及的能量和物质，这里能量就是指外界给予的温度，它是碳纳米管生长被引发的能量来源，而物质则是指体系中参与反应的物质，如反应气氛和催化剂等。同时，温度和气氛也会影响碳纳米管催化剂的形态和碳纳米管的生长模式，而这又进一步影响碳纳米管的生长行为。

因此，在 CVD 过程中，必须综合考虑各种因素和它们之间的相互影响关系，才有可能实现碳纳米管的结构控制生长。

### 3.4.1 温度对碳纳米管生长的影响

在碳纳米管的化学气相沉积系统中，一个很重要的因素就是温度，温度影响了整个体系中的能量传递过程。在碳纳米管生长过程中，温度的具体影响依次表现在如下几个方面：①催化剂的形成与聚集；②碳原子碎片在催化剂上的迁移扩散；③催化剂上碳纳米管的结构变化。为了更好地理解温度的作用，我们结合一些实例对以上三点进行详细的介绍和讨论。

温度首先影响了催化剂的形成与聚集。催化剂在真正起到催化作用之前，往往需要先对催化剂前驱体进行特定的氧化分散，分散的良好与否直接影响着能否顺利还原成为能够有效催化生长碳纳米管结构的催化剂，而催化剂前驱体氧化分散的好坏更大程度地依赖于温度。例如，对于粉末载体上催化剂的分散，往往需要预先对其进行 $450\sim500℃$ 下长达 $4\sim6\,h$ 的干燥、氧化和分散，之所以如此是因为粉末载体往往具有一个较高的比表面积，如表 3-2 所示[71]，我们给出了常见的几种粉末载体的比表面积及负载的相应的催化剂前驱体的量。因此只有充足的时间才能保证催化剂前驱体的良好分散，而温度之所以不能太高主要是因为过高的温度下，催化剂前驱体会与粉末载体发生一定的反应，通常会形成尖晶石结构，有的尖晶石结构可以再被还原出来，而有的则形成较为稳定的结构，难以被充分

表 3-2　不同的比表面积及相应的负载金属和负载量[71]

| 载体 | | 金属含量/wt% | | 表面积/(m²/g) | 金属/表面积/(μmol/m²) | |
| --- | --- | --- | --- | --- | --- | --- |
| | | Co | Mo | | Co | Mo |
| Co/SiO₂ | SiO₂ | 0.942 | — | 480 | 0.333 | — |
| Mo/SiO₂ | SiO₂ | — | 4.6 | | — | 0.999 |
| Co-Mo /SiO₂ | SiO₂ | 0.942 | 4.6 | | 0.333 | 0.999 |
| Co/Al₂O₃ | Al₂O₃ | 0.304 | — | 155 | 0.333 | — |
| Mo/Al₂O₃ | Al₂O₃ | — | 1.486 | | — | 0.999 |
| Co-Mo/Al₂O₃ | Al₂O₃ | 0.304 | 1.486 | | 0.333 | 0.999 |
| Co/MgO | MgO | 0.285 | — | 145 | 0.333 | — |
| Mo/MgO | MgO | — | 1.39 | | — | 0.999 |
| Co-Mo/MgO | MgO | 0.285 | 1.39 | | 0.333 | 0.999 |
| Co/TiO₂ | TiO₂ | 0.0883 | — | 45 | 0.333 | — |
| Mo/ TiO₂ | TiO₂ | — | 0.431 | | — | 0.999 |
| Co-Mo/ TiO₂ | TiO₂ | 0.0883 | 0.431 | | 0.333 | 0.999 |

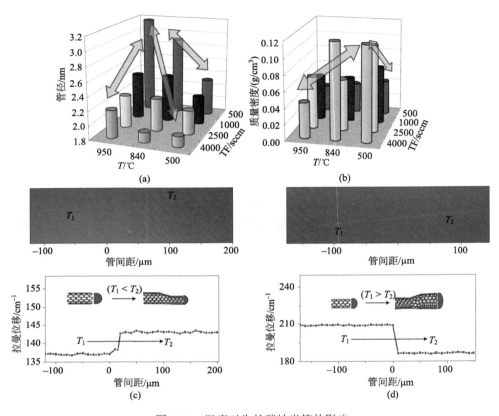

图 3-34　温度对生长碳纳米管的影响

(a)温度越高，碳纳米管的管径越大；(b)温度越高，催化剂聚集严重导致碳纳米管的密度下降[72]；(c)生长温度从低温变化至高温，碳纳米管的管径逐渐变小；(d)生长温度从高温变化至低温，碳纳米管的管径逐渐变大[73]

还原出来而再形成有效的催化剂。对于生长在平整基底表面的碳纳米管而言，其催化剂前驱体则不需要如此长时间的退火，往往采用的是空气中直接氧化升温至生长温度的办法，其中一个主要原因就是平整基底的比表面积较小，加载的催化剂前驱体也很难与平整基底反应，因此催化剂前驱体的加载量很小，过长的退火时间会使获得的催化剂密度大打折扣，同时过低的退火温度又不能使催化剂前驱体充分分散而形成颗粒较小的催化剂，平衡以上两点考虑，采用了如上所说的直接空气氧化至生长温度的分散办法。除了对催化剂前驱体的分散有影响外，温度对催化剂更重要的作用表现在高温作用下催化剂的聚集和扩散行为上。前面我们说过，在高温下，碳纳米管生长的催化剂往往是一种低熔点催化剂，具有液体行为，因此在平整基底上能够发生极为迅速的迁移和蒸发，具体表现为催化剂的聚集与奥斯特瓦尔德(Ostwald)熟化，前者导致催化剂越来越大，后者将使更多小的催化剂消失，同时使原本就大的催化剂变得越来越大，但是二者共同的结果是获得的碳纳米管的管径越来越大，更大的弊端则是二者都将使碳纳米管的管径分布变得更宽，也在一定程度上降低碳纳米管的密度。例如，由于聚集的问题，催化剂的长大将使原本在生长的碳纳米管停止生长，因为在平整基底表面，碳纳米管生长的催化剂有尺寸限制，过大的催化剂无法催化生长出单壁碳纳米管。而由于奥斯特瓦尔德熟化的存在，在催化剂还原过程中，该效应本身就能降低原有的催化剂密度，同时蒸发致使小管径的单壁碳纳米管生长的催化剂消失而终止。因此针对不同催化剂，需要考虑其相应的熔点进行生长温度的选择。温度不仅能够通过影响催化剂的密度来间接影响碳纳米管的密度，还能够通过改变催化剂的大小来影响碳纳米管的管径。例如，高温导致的快速迁移聚集和奥斯特瓦尔德熟化使催化剂的管径分布向大管径方向移动[72]，如图 3-34（a）所示，对比之下可见，低温下获得的碳纳米管的平均管径更小，密度更大，因此低温可以有效减少聚集和奥斯特瓦尔德熟化过程的发生。此外，温度能够通过直接影响催化剂本身的某些性质来直接改变碳纳米管的管径，如图 3-34（b）所示，张锦等[73, 74]通过改变碳纳米管生长过程的温度实现了碳纳米管结的制备，深入分析表明，在碳纳米管的生长过程中，温度从低向高改变，碳纳米管的管径从大向小转变，而当温度从高向低改变时，管径则从小向大转变，显然这与我们认识到的截然不同，这如何解释呢？如果从催化剂体积变化的角度出发，理论上来说，温度越高，催化剂内部的原子活动越剧烈，因此催化剂表现为膨胀，那么催化剂的尺寸变化可以描述为

$$\Delta L = L_0 \beta \Delta T$$

其中，$L_0$ 为 0℃下催化剂粒子的尺寸；$\beta$ 为催化剂的热膨胀系数；$\Delta T$ 为温度差，由此可见，催化剂粒径变化对碳纳米管的管径起到的是一个正相关作用，而不是如上得到的相反的变化规律。因此，温度变化改变碳纳米管管径的根本原因不在于催化剂粒径的变化。

　　张锦等[74]通过对温度改变碳纳米管管径这一现象的进一步分析，提出了温度影响催化剂溶碳量进而改变碳纳米管管径的理论解释。如图 3-35（b）所示，可以很明显看到，生长温度越高或者催化剂中碳的摩尔分数越高，单壁碳纳米管的直径越小；相反，生长温度越低或者催化剂中碳的摩尔分数越低，单壁碳纳米管的直径越大。由于在一般情况下碳在催化剂粒子中都是过饱和的，从而可以将碳在催化剂粒子中的摩尔分数视为一个常数，因此，单壁碳纳米管的直径与温度密切相关，高温下的直径细，低温下的直径大，这与他们前面得到的实验结果非常吻合。同时利用这种变化，他们还实现了温度扰动对催化剂与碳纳米管界面的调控[75]，主要的思路就是通过温度的改变，使碳纳米管边缘处的碳原子与催化剂金属间的成键越来越稳定，最终使得到的碳纳米管向锯齿方向富集，如图 3-36所示，由于这个过程是持续不断进行的，类似于气体反应中的串联塔板模型，因此他们形象地命名这种方法为"串联塔板化学气相沉积"（tandem plate chemical vapor deposition，TPCVD)。

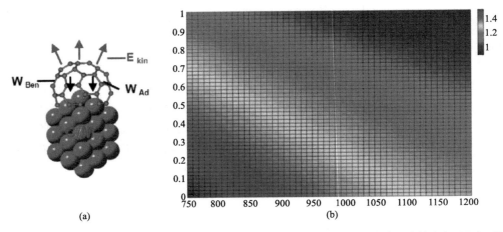

(a)                                    (b)

图 3-35　(a)石墨烯片与催化剂结合的模型示意图；(b)计算得到的单壁碳纳米管直径-温度-催化剂中碳的摩尔分数关系图[74]

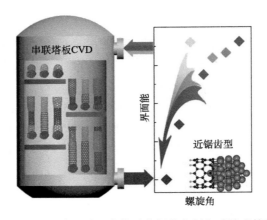

图 3-36　串联塔板化学气相沉积法通过温度扰动获得催化剂与碳纳米管边缘更稳定的界面，从而富集近锯齿型碳纳米管[75]

　　实际上，温度对于催化剂的影响远不止如此，另一个格外重要的是影响碳源在催化剂上碳碎片的迁移扩散。为了更好地理解碳碎片迁移扩散与温度的关系，我们首先对迁移扩散做以下理解，迁移扩散可以分为体相扩散和表面扩散[76]，分别表达如下

$$D_V = D_{V0} \exp(-E_{AV}/k_B T)$$

$$D_S = D_{S0} \exp(-E_{AS}/k_B T)$$

其中，$D_V$ 和 $D_S$ 分别为特定温度下碳原子的体相扩散系数和表面扩散系数；$D_{V0}$

和 $D_{S0}$ 为标准状况下的体相扩散系数和表面扩散系数；$E_{AV}$ 和 $E_{AS}$ 分别为体相扩散能和表面扩散能；$k_B$ 为玻尔兹曼常量。表 3-3 给出了一些过渡金属上碳原子相应的扩散系数[77-81]，采用不同的实验方法，获得的扩散系数可能略有差异。

表 3-3　碳原子在部分过渡金属上的体相扩散和表面扩散

| 催化剂 | 扩散物种 | 体相扩散 | | 表面扩散 | |
|---|---|---|---|---|---|
| | | 扩散系数 $D_{V0}/(cm^2/s)$ | 扩散能 /eV | 扩散系数 $D_{S0}/(cm^2/s)$ | 扩散能 /eV |
| Ni | C | 2.48187 | 1.74 | — | 0.20～40 |
| Fe | C | $7.9 \times 10^{-3}$ | 0.79 | — | 0.35 |
| Ni | C | $6.7124 \times 10^{-2}$ | 1.50 | $2.83 \times 10^{-5}$ | 0.30 |

另外，从扩散系数的表达中获知，扩散系数与温度之间呈一定的指数关系，温度越高，扩散系数越大，如图 3-37(a) 所示[76]，我们只分析其中和碳纳米管生长相关的过渡金属与碳，对于一个过渡金属催化剂纳米粒子而言，在所给定的温度区间内，永远都是表面迁移速率远大于体相迁移速率，尤其对于 1～2 nm 的催化剂而言，其表面迁移距离此时与体相迁移距离几乎是可比的情况下，如图 3-37(b) 所示[76]，此时表面迁移时间远比体相迁移时间短，这就暗示我们在碳纳米管成核初期，催化剂内部的碳达到饱和后，碳纳米管成核所使用的碳原子可能并不是来自催化剂的内部，而是完全由表面迁移的碳原子提供的，尽管还没有相应的实验证据证明这一点，但是这往往成为我们所忽视的一点。

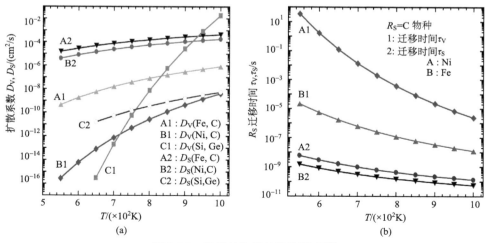

图 3-37　温度对物质扩散的影响[76]

(a) 不同催化剂中不同物种的体相扩散系数与表面扩散系数随温度的变化规律[77, 82]；(b) 由于扩散系数的差异，碳物种在镍和铁上体相和表面的迁移时间与温度的关系[79, 83]

最后值得一提的是，温度还影响着碳源分子的裂解。不同的碳源分子具有不同的最佳裂解温度。例如，乙炔在碳纳米管生长中选择的裂解温度通常较低，为 400~500℃，主要是由于乙炔含有一个三键结构，在催化剂或热条件下，这个三键极不稳定，相比较而言，乙烯只有一个双键结构，因此具有较高的裂解温度，通常为 500~700℃。饱和的烃类则具有更高的裂解温度。例如，乙醇需要在 800~950℃条件下才能通过催化裂解或热裂解产生足够的碳碎片供给碳纳米管的生长，而含氢比例最高的甲烷分子，其裂解温度最高，由于甲烷中全是较强的 C—H 键，因此需要更多的能量去活化该键以促进碳碎片的产生，这个热裂解的温度往往可以高达 1000℃以上。

综上可见，温度在化学气相沉积中是一个比较复杂的影响因素，凡是涉及能量转移相关的问题，温度必然会起到一定的影响，而这个影响往往是不能够忽视的。

### 3.4.2 气氛对碳纳米管生长的影响

温度代表了能量来源，那么气氛则几乎包含了除催化剂之外所有的物质来源，气氛中包含何种物质，各种物质之间发生何种相互作用，都将对碳纳米管的结构产生影响。气氛对碳纳米管的影响，本书划分成两点进行讨论，一点是气氛的组成，包括所使用的气氛的种类，气氛之间各种分子的比例及分压等；另一点是气氛中特定分子发生的某种特定反应将对碳纳米管结构产生何种影响，尤其是大家所关心的碳源分子。

碳纳米管生长过程中常使用的气体种类按照所起的作用也可以大致分为四类，第一类是充当体系的保护气氛的气体，包括氩气和氮气；第二类是用于催化剂还原，同时在碳纳米管生长过程中用于清除多余碳原子的气体，主要是氢气；第三类是碳纳米管生长的碳原子的主要来源，即碳源分子，包括乙炔、乙烯、乙醇及甲烷等；第四类是能够起到特殊作用的添加气体成分，如 $H_2O$、$NH_3$、$CO_2$ 等都可以作为一种刻蚀剂，至于是对何种物质起到刻蚀作用，需要对比相应物质的反应活性，而含硫的气体则主要是用于部分毒化催化剂来改变催化剂的催化活性或结构等，如 $H_2S$ 等。为了更加具体地了解气氛的作用，需要结合一些具体的实例进行相应的解释说明。

首先，在碳纳米管生长过程中碳源分子和氢气、氩气等保护气之间就需要进行一个特定的比例选择，其根本原因就在于过低浓度的碳源不能保证催化剂上有充足的碳原子以促进碳纳米管的生长，同时碳纳米管的生长速率过低，很容易由于催化剂的氢中毒而使催化剂失活；相应地，当使用的碳源浓度过高时，又会由于催化剂上碳原子浓度过高，催化剂产生碳中毒而失活。因此，碳源与其他气氛的比例需要进行一定的控制，只有这样才能在保证碳纳米管能够成核的同时，催化剂又具有一个较长的催化寿命。碳源比例是否合适，最直观的体现就是制备出的碳纳米管的密度，如图 3-38 所示，张锦等[20]考察了利用二氧化钛纳米粒子作为碳纳米管成核中心时，引入的氢碳比变化对碳纳米管密度的影响，我们可以看到在一定范围内，随着氢碳比的提高，碳纳米管的密度将逐渐增加，超过这个范围，碳纳米管的密度又将下降，中间往往存在一个最佳的氢碳比能够使碳纳米管的密度最高。

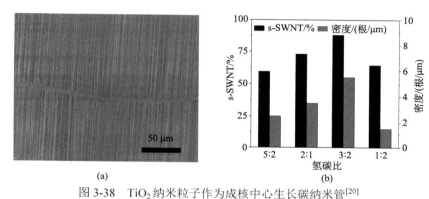

图 3-38　TiO$_2$ 纳米粒子作为成核中心生长碳纳米管[20]

(a) TiO$_2$ 纳米粒子催化下得到的单壁碳纳米管水平阵列；(b) 不同氢碳比条件下，得到的单壁碳纳米管水平阵列的密度变化

　　除了气氛中氢碳比的问题，另一个重要的相关问题就是碳源自身碳氢比例的问题，这就是我们要谈到的碳源种类的选择问题。碳源分子本身涉及了两个方面的内容，一个是自身碳氢比例的问题，另一个则是自身所携带的除了碳氢以外的杂原子的比例问题。碳源的碳氢比例问题严重影响了后续所采用的生长温度及需要额外引入的氢气含量。例如，在所有使用的碳源分子中，乙炔含有的碳氢比例最高，因此裂解温度也最低，需要引入更多的氢气对产生过多的碳原子进行相应的刻蚀清除，才能保证得到的碳纳米管最干净。而在所有的碳源分子中，甲烷中碳氢比例最低，含有比例最高的碳氢键，而碳氢键是比较难活化的，因此需要较高的温度促进裂解，生长氛围中也需要减少一定比例的额外的氢气，除此之外，甲烷分子不完全裂解产生的 $CH_x \cdot$ 自由基还可以造成强烈的刻蚀作用。碳源裂解的容易程度在一定程度上反映了供碳速度的快慢，较慢的供碳速度可能使得催化剂的溶碳量不高，而导致生长出的碳纳米管具有更宽的分布及更大的平均直径，而供碳速度较高则可能使催化剂内部溶碳量过高，而导致部分催化剂中毒，同时碳纳米管的种类分布变窄，平均直径相对较小，如图 3-39 (a) 和 (b) 给出了 CO 和 CH$_4$ 分别作为碳源在 800℃ 下生长的碳纳米管的管径分布图[84]，这与本书的分析是一致的。

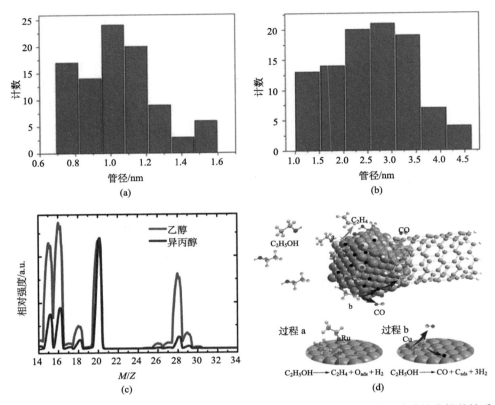

图 3-39　碳源种类对碳纳米管管径的影响及含有杂原子碳源的裂解方式影响碳纳米管的性质

(a)CO 作为碳源在 800℃下生长的碳纳米管管径分布图；(b)CH₄ 作为碳源在 800℃下生长的碳纳米管管径分布图[84]；(c)异丙醇裂解能够产生水刻蚀剂[85]；(d)乙醇在不同金属上可以产生不同的裂解方式，在 Ru 上裂解产生的吸附氧可以用作刻蚀剂[86]

　　对于含有杂原子的碳源分子，如含有氧、硫等，主要是碳源裂解后产生的相应产物能够具有一些特殊的化学反应活性，典型的作用就是刻蚀。例如，Zhou 等[85]发现使用异丙醇作为碳纳米管生长的碳源时，能够断裂羟基从而产生具有一定刻蚀作用的水分子，调整碳源引入的比例，就可以得到选择性较高的半导体型碳纳米管水平阵列，如图 3-39(c) 所示。类似地，张锦等[86]发现乙醇在不同催化剂上具有不同的裂解方式，尤其是 Ru 上可以裂解乙醇中的 C—O 键，产生具有刻蚀作用的吸附氧，并以此设计双金属催化剂制备半导体型碳纳米管水平阵列，如图 3-39(d) 所示。

　　碳源及保护气是碳纳米管生长过程中必不可少的部分，而作为添加成分的气体同样起着极为重要的作用。按照作用类型，我们同样可以划分为三类，第一类是可以起到刻蚀作用的气体，如氨气、二氧化碳及水蒸气等，这类气体不仅可以有效帮助清除体系内多余的碳杂质，同时进行一定比例的调控后，可以得到具有一定导电属性的碳纳米管水平阵列，Liu 等[87]就是利用水蒸气的这种特征，有效提高了单壁碳纳米管水平阵列中半导体型碳纳米管的比例。第二类则是用于对催化剂的结构或催化活性进行调控的气体，这类气体主要是含硫的硫化氢等。硫化氢在催化剂上经过裂解后能够产生硫，硫往往可以与过渡金属中的铁、镍、钴等发生反应，从而改变催化剂的结构，进而实现对碳纳米管结构的调控，如图 3-40 所示，Chen 等[88]在化学气相沉积体系中引入一定量的 $H_2S$ 对使用的钴催化剂进行一定的改性，就可以充分提高获得的碳纳米管中 $(9, 8)$ 管的含量，他们认为引入 $H_2S$ 后，S 可以和 Co 形成具有一定结构的 $Co_9S_8$，该结构可以降低碳纳米管生长速率的同时，也可以限制碳纳米管的管径分布，最终导致了 $(9, 8)$ 管的富集，但是明显这不足以解释引起手性富集的根本性原因，对于这种催化剂结构变化引起的手性富集原理，本书将在第 7 章中进行详细的讨论和说明。

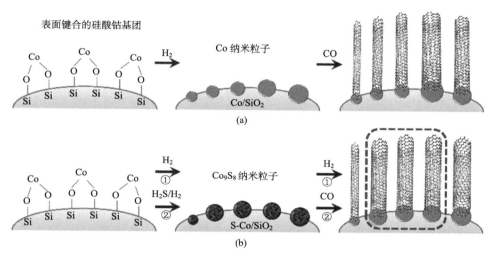

图 3-40　$H_2S$ 用于 Co 催化剂结构的改性从而富集 $(9, 8)$ 管的原理图[87]

(a)不添加 $H_2S$ 时，Co 催化剂生长碳纳米管示意图；(b)添加 $H_2S$ 后，形成 $Co_9S_8$ 结构，可以选择性制备 $(9, 8)$ 管

除了以上两类作用的气体外，还有一类就是用于碳纳米管结构的掺杂，主要是在碳纳米管生长过程中引入含有 N 等原子的气体，通常是较大的含氮分子，而不是氨气这种小分子，对碳纳米管的结构性掺杂并不是直接引入裂解产生的 N 原子，而是不充分裂解的含氮物质的直接接入，因为直接进行氮原子的掺杂是比较难的。当然，不同的碳纳米管生长体系，额外引入的气体起到的作用可能不止一类，例如，水蒸气往往起到清除无定形碳和刻蚀金属型碳纳米管的双重作用。同时，这些额外引入的气体也会加剧整个化学气相沉积系统中反应的复杂性，可能远不是我们如此理解的样子，因此未来需要更加详细和可靠的实验手段去探索这

些气体在碳纳米管生长过程中起到的真正作用，这将更加有助于我们对碳纳米管生长的理解和对其进行合理的结构调控。

目前，化学气相沉积可以广泛应用于碳纳米管的结构控制生长中，并取得了一定的成功。根据对碳纳米管的不同要求，可以对化学气相沉积的具体技术与生长参数进行灵活的选择和调控。在碳纳米管的化学气相沉积生长中，催化剂是最核心的影响因素。当前，广泛用于碳纳米管生长的催化剂包括金属催化剂、非金属催化剂及全碳催化剂三类。采用不同类型的催化剂制备碳纳米管时，碳纳米管也遵循不同的生长机理，例如，使用大部分金属催化剂时，常遵循气-液-固生长机理，而采用非金属催化剂及全碳催化剂时，由于它们对碳原子几乎不存在溶解的能力，常遵循气-固生长机理。与金属催化剂相比，大部分非金属催化剂具有更高的熔点及更稳定的结构形态,因此气-固生长机理对碳纳米管的结构控制是更有利的。另外，催化剂与基底之间的作用及催化剂受到的热浮力之间的大小关系决定了碳纳米管的生长模式，当催化剂与基底之间的作用力较强时，倾向于底端生长模式，而当催化剂与基底之间的作用力较弱时，倾向于顶端生长模式。此外，生长模式也在一定程度上反映了催化剂的状态，液态催化剂常表现出与基底较弱的作用力，而固态催化剂常表现出与基底较强的作用力。除了催化剂，碳纳米管生长过程中的其他因素，如生长温度、气氛等都对碳纳米管的生长有着较大的影响。碳纳米管的化学气相沉积生长是所有因素共同作用的结果，催化剂、温度、气氛等因素都影响着碳纳米管的生长，同时它们之间又彼此影响，只有综合调控各种因素，才有可能实现碳纳米管的结构控制生长。因此，迄今，碳纳米管的控制生长，尤其是结构的精细控制，仍然是一个很大的挑战。本书的后续章节将针对特定形貌和结构的碳纳米管，详细剖析和讨论碳纳米管的结构控制生长，以期更加全面地了解碳纳米管的生长过程，深入理解其原理，为未来实现更加精准的结构控制制备奠定基础。

# 参 考 文 献

[1] Dai H, Rinzler A G, Nikolaev P, Thess A, Colbert D T, Smalley R E. Single-wall nanotubes produced by metal-catalyzed disproportionation of carbon monoxide. Chemical Physics Letters, 1996, 260(3-4): 471-475.

[2] Hafner J H, Bronikowski M J, Azamian B R, Nikolaev P, Rinzler A G, Colbert D T, Smalley R E. Catalytic growth of single-wall carbon nanotubes from metal particles. Chemical Physics Letters, 1998, 296(1): 195-202.

[3] Kong J, Soh H T, Cassell A M, Quate C F, Dai H. Synthesis of individual single-walled carbon nanotubes on patterned silicon wafers. Nature, 1998, 395(6705): 878.

[4] Cassell A M, Franklin N R, Tombler T W, Chan E M, Han J, Dai H. Directed growth of free-standingsingle-walled carbon nanotubes. Journal of the American Chemical Society, 1999, 121(34): 7975-7976.

[5] Cassell A M, Raymakers J A, Kong J, Dai H. Large scale CVD synthesis of single-walled carbon nanotubes. The

Journal of Physical Chemistry B, 1999, 103 (31) : 6484-6492.

[6]　Delzeit L, Nguyen C V, Stevens R M, Han J, Meyyappan M. Growth of carbon nanotubes by thermal and plasma chemical vapour deposition processes and applications in microscopy. Nanotechnology, 2002, 13 (3) : 280.

[7]　Joselevich E, Lieber C M. Vectorial growth of metallic and semiconducting single-wall carbon nanotubes. Nano Letters, 2002, 2 (10) : 1137-1141.

[8]　Lan A, Iqbal Z, Aitouchen A, Libera M, Grebel H. Growth of single-wall carbon nanotubes within an ordered array of nanosize silica spheres. Applied Physics Letters, 2002, 81 (3) : 433-435.

[9]　Franklin N R, Dai H. An enhanced CVD approach to extensive nanotube networks with directionality. Advanced Materials, 2000, 12 (12) : 890-894.

[10]　Hash D B, Meyyappan M. Model based comparison of thermal and plasma chemical vapor deposition of carbon nanotubes. Journal of Applied Physics, 2003, 93 (1) : 750-752.

[11]　José-Yacamán M, Miki-Yoshida M, Rendon L, Santiesteban J G. Catalytic growth of carbon microtubules with fullerene structure. Applied Physics Letters, 1993, 62 (6) : 657-659.

[12]　Li Y, Cui R, Ding L, Liu Y, Zhou W, Zhang Y, Liu J. How catalysts affect the growth of single-walled carbon nanotubes on substrates. Advanced Materials, 2010, 22 (13) : 1508-1515.

[13]　Chen Y, Zhang Y, Hu Y, Kang L, Zhang S, Xie H, Zhang J. State of the art of single-walled carbon nanotube synthesis on surfaces. Advanced Materials, 2014, 26 (34) : 5898-5922.

[14]　Yuan D, Ding L, Chu H, Feng Y, McNicholas T P, Liu J. Horizontally aligned single-walled carbon nanotube on quartz from a large variety of metal catalysts. Nano Letters, 2008, 8 (8) : 2576-2579.

[15]　Hong G, Chen Y, Li P, Zhang J. Controlling the growth of single-walled carbon nanotubes on surfaces using metal and non-metal catalysts. Carbon, 2012, 50 (6) : 2067-2082.

[16]　Takagi D, Hibino H, Suzuki S, Kobayashi Y, Homma Y. Carbon nanotube growth from semiconductor nanoparticles. Nano Letters, 2007, 7 (8) : 2272-2275.

[17]　Takagi D, Kobayashi Y, Homma Y. Carbon nanotube growth from diamond. Journal of the American Chemical Society, 2009, 131 (20) : 6922-6923.

[18]　Liu B, Ren W, Gao L, Li S, Pei S, Liu C, Cheng H M. Metal-catalyst-free growth of single-walled carbon nanotubes. Journal of the American Chemical Society, 2009, 131 (6) : 2082-2083.

[19]　Huang S, Cai Q, Chen J, Qian Y, Zhang L. Metal-catalyst-free growth of single-walled carbon nanotubes on substrates. Journal of the American Chemical Society, 2009, 131 (6) : 2094-2095.

[20]　Kang L, Hu Y, Liu L, Wu J, Zhang S, Zhao Q, Zhang J. Growth of close-packed semiconducting single-walled carbon nanotube arrays using oxygen-deficient $TiO_2$ nanoparticles as catalysts. Nano Letters, 2014, 15 (1) : 403-409.

[21]　Yu X, Zhang J, Choi W, Choi J Y , Kim J M, Gan L, Liu Z. Cap formation engineering: from opened $C_{60}$ to single-walled carbon nanotubes. Nano Letters, 2010, 10 (9) : 3343-3349.

[22]　Yao Y, Feng C, Zhang J, Liu Z. "Cloning" of single-walled carbon nanotubes via open-end growth mechanism. Nano Letters, 2009, 9 (4) : 1673-1677.

[23]　Zhang R, Zhang Y, Zhang Q, Xie H, Qian W, Wei F. Growth of half-meter long carbon nanotubes based on Schulz-Flory distribution. Acs Nano, 2013, 7 (7) : 6156-6161.

[24]　Hofmann S, Sharma R, Ducati C, Du G, Mattevi C, Cepek C, Ferrari A C. *In situ* observations of catalyst dynamics during surface-bound carbon nanotube nucleation. Nano Letters, 2007, 7 (3) : 602-608.

[25]　Hu M, Murakami Y, Ogura M, Maruyama S, Okubo T. Morphology and chemical state of Co-Mo catalysts for growth of single-walled carbon nanotubes vertically aligned on quartz substrates. Journal of Catalysis, 2004, 225 (1) : 230-239.

[26]　Hu Y, Kang L, Zhao Q, Zhang H, Zhang S, Yang L, Wang Z, Lin J, Li Q, Zhang Z, Peng L, Liu Z, Zhang J. Growth of high-density horizontally aligned SWNT arrays using Trojan catalysts. Nature Communications, 2015, 6: 6099.

[27] Ding L, Yuan D, Liu J. Growth of high-density parallel arrays of long single-walled carbon nanotubes on quartz substrates. Journal of the American Chemical Society, 2008, 130 (16): 5428-5429.

[28] Kang S J, Kocabas C, Ozel T, Shim M, Pimparkar N, Alam M A, Rogers J A. High-performance electronics using dense, perfectly aligned arrays of single-walled carbon nanotubes. Nature Nanotechnology, 2007, 2 (4): 230-236.

[29] Hata K, Futaba D N, Mizuno K, Namai T, Yumura M, Iijima S. Water-assisted highly efficient synthesis of impurity-free single-walled carbon nanotubes. Science, 2004, 306 (5700): 1362-1364.

[30] Futaba D N, Hata K, Yamada T, Mizuno K, Yumura M, Iijima S. Kinetics of water-assisted single-walled carbon nanotube synthesis revealed by a time-evolution analysis. Physical Review Letters, 2005, 95 (5): 056104.

[31] Futaba D N, Hata K, Namai T, Yamada T, Mizuno K, Hayamizu Y, Iijima S. 84% catalyst activity of water-assisted growth of single walled carbon nanotube forest characterization by a statistical and macroscopic approach. The Journal of Physical Chemistry B, 2006, 110 (15): 8035-8038.

[32] Zhong G F, Iwasaki T, Honda K, Furukawa Y, Ohdomari I, Kawarada H. Very high yield growth of vertically aligned single-walled carbon nanotubes by point-arc microwave plasma CVD. Chemical Vapor Deposition, 2005, 11 (3): 127-130.

[33] Zhong G, Iwasaki T, Robertson J, Kawarada H. Growth kinetics of 0.5 cm vertically aligned single-walled carbon nanotubes. The Journal of Physical Chemistry B, 2007, 111 (8): 1907-1910.

[34] Nikolaev P, Bronikowski M J, Bradley R K, Rohmund F, Colbert D T, Smith K A, Smalley R E. Gas-phase catalytic growth of single-walled carbon nanotubes from carbon monoxide. Chemical Physics Letters, 1999, 313 (1): 91-97.

[35] Sen R, Govindaraj A, Rao C N R. Carbon nanotubes by the metallocene route. Chemical Physics Letters, 1997, 267 (3-4): 276-280.

[36] Satishkumar B C, Govindaraj A, Sen R, Rao C N R. Single-walled nanotubes by the pyrolysis of acetylene-organometallic mixtures. Chemical Physics Letters, 1998, 293 (1): 47-52.

[37] Cheng H M, Li F, Sun X, Brown S D M, Pimenta M A, Marucci A, Dresselhaus M S. Bulk morphology and diameter distribution of single-walled carbon nanotubes synthesized by catalytic decomposition of hydrocarbons. Chemical Physics Letters, 1998, 289 (5): 602-610.

[38] Yang Q H, Bai S, Fournier T, Li F, Wang G, Cheng H M, Bai J B. Direct growth of macroscopic fibers composed of large diameter SWNTs by CVD. Chemical Physics Letters, 2003, 370 (1): 274-279.

[39] Zhu H W, Xu C L, Wu D H, Wei B Q, Vajtai R, Ajayan P M. Direct synthesis of long single-walled carbon nanotube strands. Science, 2002, 296 (5569): 884-886.

[40] Ning G, Wei F, Wen Q, Luo G, Wang Y, Jin Y. Improvement of Fe/MgO catalysts by calcination for the growth of single- and double-walled carbon nanotubes. The Journal of Physical Chemistry B, 2006, 110 (3): 1201-1205.

[41] Liu Y, Qian W Z, Zhang Q, Ning G Q, Wen Q, Luo G H, Wei F. The confined growth of double-walled carbon nanotubes in porous catalysts by chemical vapor deposition. Carbon, 2008, 46 (14): 1860-1868.

[42] Ago H, Ishigami N, Yoshihara N, Imamoto K, Akita S, Ikeda K I, Takahashi K. Visualization of horizontally-aligned single-walled carbon nanotube growth with $^{13}C/^{12}C$ isotopes. The Journal of Physical Chemistry C, 2008, 112 (6): 1735-1738.

[43] Cheung C L, Kurtz A, Park H, Lieber C M. Diameter-controlled synthesis of carbon nanotubes. The Journal of Physical Chemistry B, 2002, 106 (10): 2429-2433.

[44] Ding F, Rosén A, Bolton K. Molecular dynamics study of the catalyst particle size dependence on carbon nanotube growth. The Journal of chemical physics, 2004, 121 (6): 2775-2779.

[45] He M, Magnin Y, Amara H, Jiang H, Cui H, Fossard F, Bichara C. Linking growth mode to lengths of single-walled carbon nanotubes. Carbon, 2017, 113: 231-236.

[46] Ding F, Larsson P, Larsson J A, Ahuja R, Duan H, Rosén A, Bolton K. The importance of strong carbon-metal adhesion for catalytic nucleation of single-walled carbon nanotubes. Nano Letters, 2008, 8 (2): 463-468.

[47] Chen Y, Zhang J. Chemical vapor deposition growth of single-walled carbon nanotubes with controlled structures

for nanodevice applications. Accounts of Chemical Research, 2014, 47(8): 2273-2281.

[48] Wagner R S, Ellis W C. Vapor-liquid-solid mechanism of single crystal growth. Applied Physics Letters, 1964, 4(5): 89-90.

[49] Saito Y. Nanoparticles and filled nanocapsules. Carbon, 1995, 33(7): 979-988.

[50] Seidel R, Duesberg G S, Unger E, Graham A P, Liebau M, Kreupl F. Chemical vapor deposition growth of single-walled carbon nanotubes at 600℃ and a simple growth model. The Journal of Physical Chemistry B, 2004, 108(6): 1888-1893.

[51] Gavillet J, Loiseau A, Journet C, Willaime F, Ducastelle F, Charlier J C. Root-growth mechanism for single-wall carbon nanotubes. Physical Review Letters, 2001, 87(27): 275504.

[52] Zhang G Y, Ma X C, Zhong D Y, Wang E G. Polymerized carbon nitride nanobells. Journal of Applied Physics, 2002, 91(11): 9324-9332.

[53] Ding F, Bolton K, Rosén A. Nucleation and growth of single-walled carbon nanotubes: a molecular dynamics study. The Journal of Physical Chemistry B, 2004, 108(45): 17369-17377.

[54] Derycke V, Martel R, Radosavljević M, Ross F M, Avouris P. Catalyst-free growth of ordered single-walled carbon nanotube networks. Nano Letters, 2002, 2(10): 1043-1046.

[55] Liu B, Ren W, Liu C, Sun C H, Gao L, Li S, Cheng H M. Growth velocity and direct length-sorted growth of short single-walled carbon nanotubes by a metal-catalyst-free chemical vapor deposition process. ACS Nano, 2009, 3(11): 3421-3430.

[56] Page A J, Chandrakumar K R S, Irle S, Morokuma K. SWNT nucleation from carbon-coated SiO$_2$ nanoparticles via a vapor-solid- solid mechanism. Journal of the American Chemical Society, 2010, 133(3): 621-628.

[57] Chen Y, Zhang J. Diameter controlled growth of single-walled carbon nanotubes from SiO$_2$ nanoparticles. Carbon, 2011, 49(10): 3316-3324.

[58] Baker R T K. Catalytic growth of carbon filaments. Carbon, 1989, 27(3): 315-323.

[59] Baker R T K, Barber M A, Harris P S, Feates F S, Waite R J. Nucleation and growth of carbon deposits from the nickel catalyzed decomposition of acetylene. Journal of Catalysis, 1972, 26(1): 51-62.

[60] Baker R T K, Harris P S, Thomas R B, Waite R J. Formation of filamentous carbon from iron, cobalt and chromium catalyzed decomposition of acetylene. Journal of Catalysis, 1973, 30(1): 86-95.

[61] Baker R T K. The formation of filamentous carbon. Chemistry and Physics of Carbon, 1978, 14: 83-164.

[62] Helveg S, Lopez-Cartes C, Sehested J, Hansen P L, Clausen B S, Rostrup-Nielsen J R, Nørskov J K. Atomic-scale imaging of carbon nanofibre growth. Nature, 2004, 427(6973): 426.

[63] Jin Z, Chu H, Wang J, Hong J, Tan W, Li Y. Ultralow feeding gas flow guiding growth of large-scale horizontally aligned single-walled carbon nanotube arrays. Nano Letters, 2007, 7(7): 2073-2079.

[64] Zhou W, Han Z, Wang J, Zhang Y, Jin Z, Sun X, Li Y. Copper catalyzing growth of single-walled carbon nanotubes on substrates. Nano Letters, 2006, 6(12): 2987-2990.

[65] Yoshida H, Takeda S, Uchiyama T, Kohno H, Homma Y. Atomic-scale in-situ observation of carbon nanotube growth from solid state iron carbide nanoparticles. Nano Letters, 2008, 8(7): 2082-2086.

[66] Yoshida H, Shimizu T, Uchiyama T, Kohno H, Homma Y, Takeda S. Atomic-scale analysis on the role of molybdenum in iron-catalyzed carbon nanotube growth. Nano Letters, 2009, 9(11): 3810-3815.

[67] Hafner J, Bronikowski M, Azamian B, Nikolaev P, Rinzler A, Colbert D, SmithK, Smalley R. Catalytic growth of single-wall carbon nanotubes from metal particles. Chemical Physics Letters, 1998, 296: 195-202.

[68] He M, Duan X, Wang X, Zhang J, Li Z, Robinson C. Iron catalysts reactivation for efficient CVD growth of SWNT with base-growth mode on surface. The Journal of Physical Chemistry B, 2004, 108(34): 12665-12668.

[69] Huang L, White B, Sfeir M Y, Huang M, Huang H X, Wind S, O'Brien S. Cobalt ultrathin film catalyzed ethanol chemical vapor deposition of single-walled carbon nanotubes. The Journal of Physical Chemistry B, 2006, 110(23): 11103-11109.

[70] Huang S, Woodson M, Smalley R, Liu J. Growth mechanism of oriented long single walled carbon nanotubes using

"fast-heating" chemical vapor deposition process. Nano Letters, 2004, 4(6): 1025-1028.

[71] Wang B, Yang Y, Li L J, Chen Y. Effect of different catalyst supports on the (n, m) selective growth of single-walled carbon nanotube from Co-Mo catalyst. Journal of Materials Science, 2009, 44(12): 3285-3295.

[72] Sakurai S, Inaguma M, Futaba D N, Yumura M, Hata K. Diameter and density control of single-walled carbon nanotube forests by modulating Ostwald ripening through decoupling the catalyst formation and growth processes. Small, 2013, 9(21): 3584-3592.

[73] Yao Y, Li Q, Zhang J, Liu R, Jiao L, Zhu Y T, Liu Z. Temperature-mediated growth of single-walled carbon-nanotube intramolecular junctions. Nature Materials, 2007, 6(4): 293.

[74] Yao Y, Dai X, Liu R, Zhang J, Liu Z. Tuning the diameter of single-walled carbon nanotubes by temperature-mediated chemical vapor deposition. The Journal of Physical Chemistry C, 2009, 113(30): 13051-13059.

[75] Zhao Q, Xu Z, Hu Y, Ding F, Zhang J. Chemical vapor deposition synthesis of near-zigzag single-walled carbon nanotubes with stable tube-catalyst interface. Science Advances, 2016, 2(5): e1501729.

[76] Mohammad S N. Some possible rules governing the syntheses and characteristics of nanotubes, particularly carbon nanotubes. Carbon, 2014, 71: 34-46.

[77] Baraton L, He Z B, Lee C S, Cojocaru C S, Châtelet M, Maurice J L, Pribat D. On the mechanisms of precipitation of graphene on nickel thin films. Europhysics Letters, 2011, 96(4): 46003.

[78] Shin Y H, Hong S. Carbon diffusion around the edge region of nickel nanoparticles. Applied Physics Letters, 2008, 92(4): 043103.

[79] Louchev O A. Transport-kinetical phenomena in nanotube growth. Journal of Crystal Growth, 2002, 237: 65-69.

[80] Diamond S. The Diffusion of Carbon in Nickel Above and Below the Curie Temperature. Urbana: University of Illinois at Urbana-Champaign,1965.

[81] Mojica J F, Levenson L L. Bulk-to-surface precipitation and surface diffusion of carbon on polycrystalline nickel. Surface Science, 1976, 59(2): 447-460.

[82] Ogino M, Oana Y, Watanabe M. The diffusion coefficient of germanium in silicon. Physica Status Solidi (a), 1982, 72(2): 535-541.

[83] Ditchfield R, Seebauer E G. Direct measurement of ion-influenced surface diffusion. Physical Review Letters, 1999, 82(6): 1185.

[84] He M, Jiang H, Kauppinen E I, Lehtonen J. Diameter and chiral angle distribution dependencies on the carbon precursors in surface-grown single-walled carbon nanotubes. Nanoscale, 2012, 4(23): 7394-7398.

[85] Che Y, Wang C, Liu J, Liu B, Lin X, Parker J, Zhou C. Selective synthesis and device applications of semiconducting single-walled carbon nanotubes using isopropyl alcohol as feedstock. ACS Nano, 2012, 6(8): 7454-7462.

[86] Zhang S, Hu Y, Wu J, Liu D, Kang L, Zhao Q, Zhang J. Selective scission of C–O and C–C bonds in ethanol using bimetal catalysts for the preferential growth of semiconducting SWNT arrays. Journal of the American Chemical Society, 2015, 137(3): 1012-1015.

[87] Li J, Liu K, Liang S, Zhou W, Pierce M, Wang F, Liu J. Growth of high-density-aligned and semiconducting-enriched single-walled carbon nanotubes: decoupling the conflict between density and selectivity. ACS Nano, 2013, 8(1): 554-562.

[88] Yuan Y, Karahan H E, Yıldırım C, Wei L, Birer Ö, Zhai S, Chen Y. "Smart poisoning" of Co/SiO2 catalysts by sulfidation for chirality-selective synthesis of (9, 8) single-walled carbon nanotubes. Nanoscale, 2016, 8(40): 17705-17713.

# 第4章
## 碳纳米管水平阵列的化学气相沉积控制制备

碳纳米管水平阵列是指利用化学气相沉积法在平整基底表面制备的平行排列、高度定向的碳纳米管。碳纳米管水平阵列具有长度长、定向性好、缺陷密度低的优点，更凸显出碳纳米管本征的优异性能，因此被认为是透明显示、纳电子器件、超强纤维及航空航天等领域的尖端基础材料。实现碳纳米管水平阵列的控制制备，如对生长位点、生长取向、碳纳米管密度、碳纳米管长度、导电属性的控制，是实现其高品质应用的基础。在过去的二十几年，科学家们致力于碳纳米管水平阵列的控制制备，并取得了一系列重要进展[1, 2]。本章将首先概述碳纳米管水平阵列的结构、特性和应用，然后详细介绍制备碳纳米管水平阵列的主要方法，包括晶格定向法、气流诱导法及电场诱导法，总结和讨论它们的原理、实验方法、影响因素等，并重点介绍高密度单壁碳纳米管水平阵列的制备技术及碳纳米管水平阵列的光学可视化技术。

## 4.1　碳纳米管水平阵列的结构、特性及应用

### 4.1.1　碳纳米管水平阵列的结构

碳纳米管水平阵列的制备主要有两种方法：晶格定向法和气流诱导法。早期人们还发展了电场诱导法。晶格定向法得到的碳纳米管水平阵列结构、密度和导电属性的可控性较高，定向性较好，如图4-1所示[3]。其基本原理是由于石英等基底的诱导作用，碳纳米管会沿着晶格方向或原子级台阶生长，从而得到取向一致的碳纳米管水平阵列。该方法得到的碳纳米管直径为1～2 nm，长度可以通过催化剂

图4-1　单壁碳纳米管水平阵列的 AFM 照片[3]

设计、生长时间控制等条件实现调控。通过催化剂设计及生长参数优化，可以实现碳纳米管结构和密度的控制，为制备单一手性、高密度碳纳米管水平阵列提供了理论和实验基础。目前，碳纳米管水平阵列的密度已达到每微米上百根碳纳米管[3,4]，能够满足高性能电子器件的应用需求。气流诱导法制备的碳纳米管主要是少壁碳纳米管，其长度可达 0.5 m[5]，在宏观长度下保持结构一致性，为批量制备同一性能的器件奠定了基础。

### 4.1.2　碳纳米管水平阵列的特性及应用

传统的半导体比如硅，表面存在大量悬挂键，这些悬挂键会导致载流子在输运过程中发生表面散射。为了减少悬挂键引起的散射，一般需要选择合适的介质材料来饱和悬挂键，但栅介质材料的选择范围比较小。目前，二氧化硅是硅材料栅介质的理想选择，而对于其他半导体材料，如锗和III-V族半导体，就没有合适的栅介质材料，较难制备高性能电子器件[6]。对于碳纳米管，自身的化学惰性使其表面不存在悬挂键，即使在栅电压很高时也不会造成强的界面散射，保证碳纳米管场效应晶体管在栅介质材料选择方面有较大自由度，可以选择包括二氧化硅在内几乎所有的栅介质材料，从而提高栅电极对沟道的控制能力。同时，碳纳米管水平阵列定向性良好，没有管间的搭接，减少了管间接触带来的散射，其传输的单一方向性有利于高品质碳纳米管场效应晶体管的大面积集成。

目前，硅基集成电路中，两种晶体管（p 型和 n 型晶体管）互补的金属氧化物半导体（complementary metal oxide semiconductor，CMOS）集成电路占据了 90% 以上的市场份额。与单极性的 MOS 电路（如 PMOS 或者 NMOS 电路）相比，CMOS 电路更先进，具有更低的功耗和更高的免疫性。借鉴硅基集成电路技术，发展高性能、低功耗的碳纳米管集成电路，需要采用先进的 CMOS 逻辑来设计电路。得益于碳纳米管双极性的本征性质，借助一定的器件加工条件，碳纳米管既可以构造 p 型场效应晶体管（FET），又可以构筑 n 型 FET。更为重要的是，无论是 p 型 FET 还是 n 型 FET，单个碳纳米管器件与同样尺寸的硅基器件相比，速度上具有 5 倍以上的优势，而功耗则仅相当于硅基器件的 1/10。目前，基于碳纳米管优异的性质，美国斯坦福大学的研究者已成功制备第一代碳纳米管基计算机[图 4-2（a）和（b）][7]。此外，碳纳米管纳米级的尺寸和优异的性能推动 CMOS 电路向更小的单元发展，从而继续降低功耗。

然而，碳纳米管 FET 和 CMOS 均面临相同的难题，即碳纳米管水平阵列的密度较低和结构一致性问题。目前，碳纳米管水平阵列的密度虽然可以达到每微米上百根碳纳米管，但主要是金属型和半导体型碳纳米管的集合体。按照 2013 年 IBM 公司给出的碳纳米管水平阵列发展的路线图，为了实现碳纳米管在高性能器件中的实际应用，碳纳米管水平阵列的密度要达到 125 根/μm，且半导体型碳纳米管的纯度达到 99.9999%（图 4-3）[8]。这为碳纳米管水平阵列的可控制备提出了较高的要求。

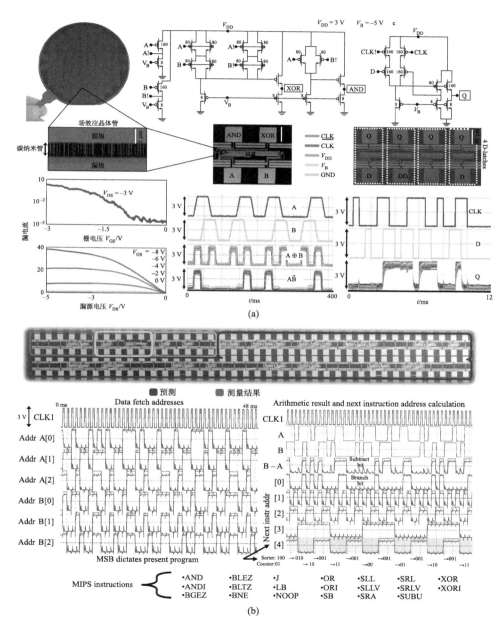

图 4-2　美国斯坦福大学的研究者制备的第一代碳纳米管基计算机

(a) 组成碳纳米管计算机的各个子部件的性质表征，左侧上方显示整个晶体管尺寸为晶圆级，右侧上方则是相应的运算单元的示意图，下方则分别为碳纳米管晶体管的性质及运算性能；(b) 整个碳纳米管计算机的运算结果[7]

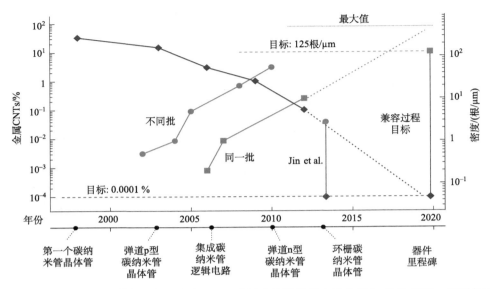

图 4-3    碳纳米管晶体管的目标和方向。IBM 公司在此路线图中给出了自 1998 年第一次制备了碳纳米管晶体管之后,在碳纳米管晶体管领域取得的一些进展,并预计在 2020 年实现 99.9999% 半导体型碳纳米管的制备,同时其密度要达到 125 根/μm[8]

目前,碳纳米管器件的截止频率达到 80 GHz[9],但是器件的结构和制备工艺还没有完善,因此高频性能仍有很大的提升空间。理论模拟表明,碳纳米管 FET 的截止频率可能超过 10 THz,从而有望填补传统电子器件和光器件之间存在的太赫兹空白频段。目前碳纳米管高频性能器件主要基于两类碳纳米管组装而成,一种是基于单根碳纳米管的器件,另一种是基于碳纳米管薄膜的器件。基于单根碳纳米管构建的射频场效应晶体管存在三个方面问题,第一是电流过小,无法满足射频功率方面的应用;第二是输出电阻远大于 50 Ω,频率性能测量方面存在较大的问题;第三是寄生电容对频率特性的影响非常大,使实际频率远远小于本征频率。而基于碳纳米管薄膜构建的射频器件,可以很大程度上克服以上三个缺点,从而发挥碳纳米管在射频应用方面的优势,成为碳纳米管射频电子学的主要器件形式。射频器件制备方法一般分为两种,一是将碳纳米管分散到溶液中,通过一定的方法将碳纳米管定向排列到硅片基底表面,再制备器件;二是基于直接在石英基底上生长的碳纳米管水平阵列来制备器件,见图 4-4[9]。

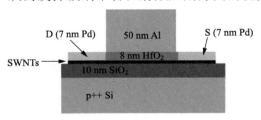

图 4-4    基于平行碳纳米管阵列构建的顶栅 FET 的结构示意图[9]

　　碳纳米管分散再定向的方法能够在定向碳纳米管的同时获得较高的密度，并且可以保证获得的碳纳米管具有高纯度。然而，碳纳米管在分散和再取向的过程中可能会引入许多缺陷或杂质，从而损伤碳纳米管的电学性质，影响整个器件的性能。同时，碳纳米管网状薄膜中有许多碳纳米管交叉，这些交叉会大大降低载流子的有效迁移率，最终导致碳纳米管器件在速度方面的优势丧失，其性能与理论值相差较大。如果采用原位直接生长的碳纳米管水平阵列，就可以避免后分散过程中引入的缺陷，其良好的定向性和结构完整性赋予器件良好的性能，因此通过在绝缘基底上生长碳纳米管水平阵列，然后直接以碳纳米管水平阵列为基础制备器件，是最有可能获得高性能射频碳纳米管器件的方案。2007 年，Rogers 研究组[2]采用石英基底上生长的碳纳米管水平阵列，制备出栅极长度为亚微米量级的场效应晶体管，测量其截止频率为 5 GHz，最高振荡频率为 9 GHz，而对于栅极长度为 700 nm 的器件，去嵌入后本征截止频率达到 30 GHz，如图 4-5[10]所示。该研究组由于采用的碳纳米管水平阵列的密度只有 5 根/μm，其栅极和源漏电极的寄生电容相对比较大，导致器件实际频率特性未能达到更高。通过提高碳纳米管水平阵列的密度，有希望进一步提高器件的频率特性。

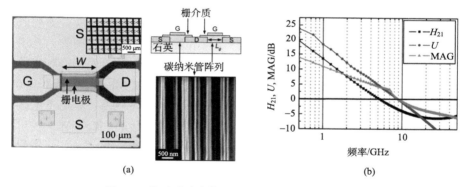

图 4-5　基于碳纳米管水平阵列构建的射频晶体管

(a) 器件的扫描电子显微镜形貌图(左)、横截面示意图(右上)、水平阵列碳纳米管的扫描电子显微镜图(右下)；
(b) 电流/功率增益随频率的关系图[2]

　　Rogers 研究组[2]还用碳纳米管水平阵列制备了 VHF 频段(30～300 MHz)的窄带放大器，其增益达到 14 dB；并在此基础上演示了基于碳纳米管器件组装的收音机，其中主要的部件都采用碳纳米管水平阵列，包括共振天线、锁定无线电频率(radio frequency，RF)放大器、RF 混频器和音频放大器，这是碳纳米管在高速模拟电路方面实际应用的首次展示，也是迄今实现的最复杂的碳纳米管射频系统。在射频应用中，为了提高频率，应当尽量缩短沟道长度。当沟道长度足够短时，器件载流子速度与迁移率不再直接相关，而是主要依赖于饱和速度。根据直流测

量和交流 RF 的结果，可以估算出碳纳米管水平阵列中载流子的饱和速度为
$1.2 \times 10^7 \sim 2 \times 10^7$ cm/s，这意味着碳纳米管水平阵列器件的截止频率为 20～30
GHz/$L_g$，其中 $L_g$ 是器件的栅极长度，以微米为单位。以上表明，如果要实现 1 THz
的器件，在接触电阻和结构优化良好的情况下，栅极长度需要缩减到 30 nm 左右，
这可以媲美目前最好的III-V族晶体管。

　　基于碳纳米管水平阵列 RF 器件性能的主要瓶颈来自材料。其中碳纳米管的
密度是一个非常重要的限制因素。目前，碳纳米管制备技术很难实现理想的高密
度碳纳米管水平阵列的制备，通过优化催化剂设计、调控生长条件，提高碳纳米
管的密度会大大降低寄生电容的影响，提高器件的频率特性。另外一个问题是如
何提高半导体型碳纳米管的比例。在同样的密度下，半导体型碳纳米管比例越高，
器件跨导和开关比就越大，速度越快，功耗越低。同时，碳纳米管器件结构和工
艺的优化空间依然非常大。

　　除了射频器件，碳纳米管还可以用在光电器件中。碳基光电器件研究是目前
纳米光电器件研究的重要研究方向之一。碳纳米管作为特殊的一维材料，具有优
异的电学和光学特性。最重要的是，与硅不同，碳纳米管是直接带隙材料，可以
用于构建高性能的光电器件，如室温红外光探测器件等。

　　热探测型红外探测器指的是利用半导体吸收辐射光能后温度升高引起器件
电学信号改变的一类探测器，一般包括热电堆和辐射热测定器等种类。其中热电
堆利用温度梯度产生温差电动势的原理，在器件内产生化学势差来得到光输出信
号。图 4-6 是碳纳米管薄膜热电堆示意图，该热探测器由 Martel 教授于 2009 年
制备[12]。上述基于碳纳米管薄膜的探测器具有比较小的光电压，室温下的响应率
只有 1.8 V/W，但是器件的信噪比较好，探测率约为 $10^6$ cm·Hz$^{1/2}$/W。辐射热测
定器是热敏材料在红外光的照射下，升高温度导致材料电阻变化，从而实现光探
测。目前基于这种原理的热探测器得到的最大响应率为 250 V/W[13]，最大的探测
率约为 $10^6$ cm·Hz$^{1/2}$/W[14,15]。基于碳纳米管的热探测器结构简单，但是其存在一
个严重的问题，即器件的性能很容易受到外界环境的影响。因此，为提高器件的
信噪比，热探测型红外探测器中的半导体型碳纳米管需要悬空置于低温和真空的
环境中。另外需要指出的是，碳纳米管基热探测型红外探测器的能量损耗非常高，
这也是该领域面临的一个重要问题。

　　典型的碳纳米管光探测型红外探测器的基本原理为：器件中的 p-n 结或者异
质结光电(光电导)二极管，在光照下，产生的载流子对或者激子，在内建电场的
作用下分离并被外电极收集，从而产生输出光电流和光电压信号。碳纳米管基光
探测型红外探测器可以分为光电导红外探测器、光伏红外探测器等。图 4-7 是 2003
年 IBM 利用晶体管结构得到的光电导红外探测器[16]，由于结构中存在肖特基势
垒，得到的光电流信号只有皮安量级，且器件工作需要外加偏压，导致器件功耗

高、效率低。而基于之前描述的 p-n 结结构的光伏红外探测器可以在零偏压或者零电流情况下工作，是一种自供能器件。其中，前述的非对称结构的单根碳纳米管光电器件是一种典型的光探测型红外探测器，但是由于单根碳纳米管的吸光能力有限，输出光信号较弱。

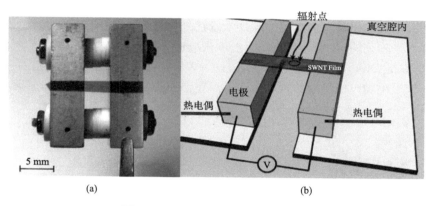

图 4-6　热电堆器件结构和电路图[12]

（a）厚度约 140 nm 的碳纳米管薄膜制备的热电堆；（b）器件的电路图

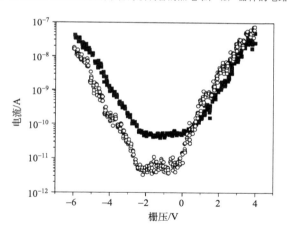

图 4-7　碳纳米管光电导红外探测器响应[16]

　　针对以上问题，北京大学彭练矛课题组用碳纳米管阵列薄膜代替单根碳纳米管，对该种结构的光探测器做了进一步的研究，如图 4-8[17]所示。他们将传统光电器件中的级联概念引入碳纳米管光电器件中，在微米量级的区域内构建了多级串联和并联结构，实现了光电压和光电流的倍增，输出的光信号，尤其是光电压信号大幅增加。同时，为进一步增强输出光电流，他们从材料的角度入手，探索了碳纳米管阵列薄膜组装红外探测器的可能性，利用多根碳纳米管可以增强红外

线吸收的优势，实现增加输出光电流信号的目标。其中含有 20 根碳纳米管水平阵
列的光电二极管，输出光电流是单根碳纳米管光电二极管的 20 倍，表明碳纳米管
阵列可以有效提高光电器件的输出光电流。另外，因为在红外探测器中引入级联
结构可以有效提高器件的信噪比，他们还在基于高密度碳纳米管水平阵列的红
外探测器中引入虚电极级联结构，将级联结构和碳纳米管水平阵列相结合，在室温
下得到大电流输出和高信噪比的碳纳米管红外探测器。进一步地，假设半导体碳
纳米管水平阵列的碳纳米管密度达到 60 根/μm，则单级非对称二极管的响应度可
以达到 10 mA/W，探测率为 $10^8$ cm·$Hz^{1/2}$/W，接近于很多商用探测器的探测率，
再进一步采用虚电极级联结构，有望实现室温下超高探测率的碳纳米管阵列红外
探测器。

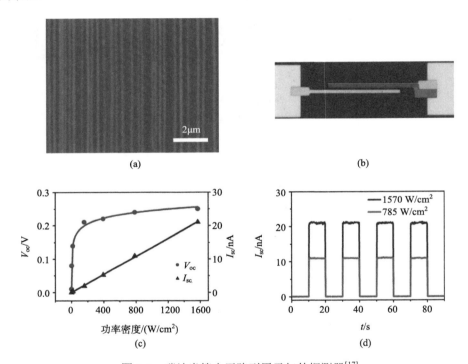

图 4-8　碳纳米管水平阵列用于红外探测器[17]

(a)碳纳米管水平阵列样品的 SEM 图片；(b) 单级碳纳米管水平阵列的器件结构图；(c) 探测器的输出信号与入
射光功率密度的关系；(d) 光输出信号的时间响应

　　人们虽然在碳纳米管光电器件和光电集成领域已经取得不少成果，但是也需
要清楚基于碳纳米管的光电器件发展还存在一些挑战。例如，碳纳米管生长的可
控性问题，主要是碳纳米管导电属性难以控制，制备的碳纳米管样品中既有半导
体型碳纳米管又有金属型碳纳米管，导致器件的发光效率相对较低，探测器的效

率也需进一步提高等，这些问题需要研究者和工业界共同努力解决。我们有理由相信，随着碳纳米管生长技术和器件结构设计的进一步成熟，碳纳米管基光电器件将有更大的发展空间。

## 4.2　晶格定向法制备碳纳米管水平阵列

本节主要讨论基底诱导碳纳米管水平阵列的生长机理，并在此基础上讨论其可控制备方法，最后介绍利用基底的表面结构实现高密度单壁碳纳米管水平阵列的制备。

### 4.2.1　碳纳米管水平阵列的分类与生长机理

基底的表面结构是指基底表面的晶格方向和基底表面存在的原子级台阶。研究表明，制备碳纳米管水平阵列所使用的基底晶格和表面的原子级台阶都具有明显的各向异性。在碳纳米管生长过程中，基底通过各向异性的范德华力，包括基底晶格诱导和原子级台阶诱导产生的范德华力，限制碳纳米管的生长方向，从而制备得到相同取向的碳纳米管水平阵列。图 4-9 给出了晶格定向和原子级台阶定向的模型和实例。然而，碳纳米管的定向机理到底是晶格定向[18]还是台阶定向[19]，目前尚无定论，这之间的争论依然激烈。

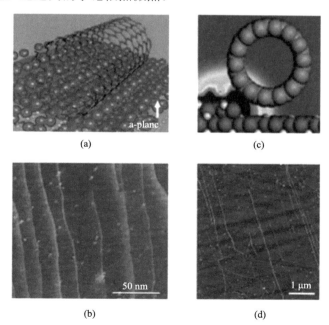

图 4-9　基底表面结构控制碳纳米管水平阵列的方向

(a, b) 单壁碳纳米管水平阵列的晶格定向生长模型(a)和原子力显微镜成像(b)[18]；(c, d) 单壁碳纳米管水平阵列的原子级台阶定向生长模型(c)和原子力显微镜成像(d)[19]

2000 年，Liu 等[20]首次发现并提出基底表面碳纳米管的生长取向与晶格结构相关，即晶格定向作用。随后，以 Zhou[18]、Rogers、Joselevich 和 Ago 等教授为代表的诸多课题组均相继开展了碳纳米管的取向生长研究[21]。

北京大学张锦等[22]从晶体结构的对称性分析出发，通过研究在不同对称性晶体表面制备的形貌各异的单壁碳纳米管水平阵列，提出了取向生长中的基底晶格诱导效应，并对其影响因素和应用范围进行了分析。

在晶体学中，旋转轴是晶体对称性操作中的重要元素。轴次定理表明，晶体中对称轴(旋转轴、螺旋轴或反轴)的轴次共五种，分别是一、二、三、四和六，如图 4-10 所示。因此，单壁碳纳米管的取向生长只能在具有上述对称性的晶体表面实现。

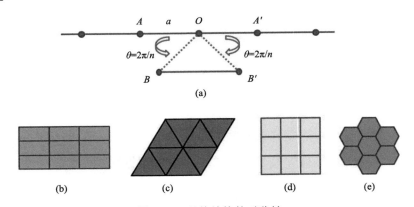

图 4-10　晶体结构的对称性

(a) 轴次定理的论证；(b～e) 旋转轴轴次分别为 2 (b)、3 (c)、4 (d)、6 (e) 的晶体结构示意图

石英是单壁碳纳米管制备领域中常用的单晶基底，根据切割方式的不同可呈现不同的对称性(图 4-11)。例如，与 $z$ 轴成 42°45′角度切割得到 ST-cut 型石英，与 $z$ 轴成 38°13′角度切割得到 R-cut 型石英，以及沿 $x$ 轴、$y$ 轴和 $z$ 轴切割分别得到

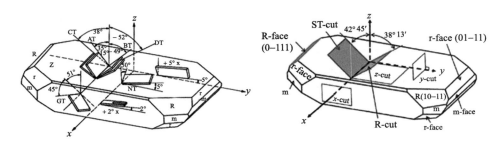

图 4-11　沿不同方向切割得到的石英基底及其命名

*x*-cut，*y*-cut 和 *z*-cut。其中 ST-cut 型石英由于优异的热稳定性，是制备单壁碳纳米管水平阵列的常用单晶基底。

下面将依次针对具有二重（R-cut 型石英、ST-cut 型石英、A-plane Al$_2$O$_3$）、三重（*z*-cut 型石英）、四重[MgO（001）]、六重（mica, graphite）和一重（SiO$_x$/Si）对称性表面的单晶生长基底，概述不同对称性表面上所制备的单壁碳纳米管的丰富形貌，并讨论晶体对称性对碳纳米管取向的影响。

**1. 晶体对称性对碳纳米管水平阵列取向和形貌的影响**

二重对称性的基底表面具有 $C_2$ 旋转轴，即旋转 180°后结构不发生变化。具有二重对称性的基底种类繁多，这里选用常见的 R-cut 型石英、ST-cut 型石英和A-plane Al$_2$O$_3$。生长得到的碳纳米管扫描电子显微镜结果如图 4-12 所示[22]，可见碳纳米管阵列中所有的碳纳米管均呈线型且沿同一方向生长。

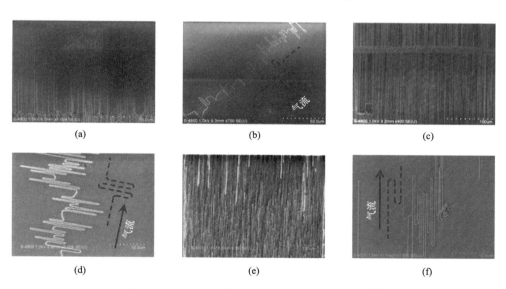

图 4-12　二重对称性基底表面的单壁碳纳米管[22]

(a, b) R-cut 型石英基底，生长温度分别为 850℃ (a) 和 950℃ (b)；(c, d) ST-cut 型石英基底，生长温度分别为 850℃ (c) 和 950℃ (d)；(e, f) A-plane Al$_2$O$_3$ 基底，生长温度分别为 850℃ (e) 和 950℃ (f)

三重对称性的基底表面具有 $C_3$ 旋转轴，即旋转 120°后与原方向重合。沿 *z* 轴方向切割得到的 *z*-cut 型石英，具有三重对称性且热稳定性良好。生长结果如图 4-13 所示。由于 *z*-cut 型石英基底的三重对称性，单根碳纳米管在转折处形成的角度均为 120°。

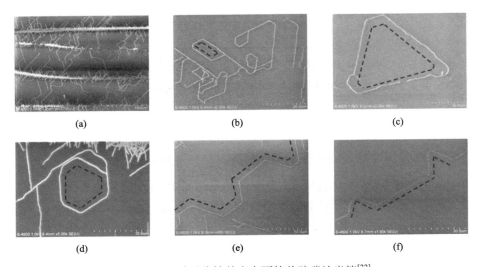

图 4-13　三重对称性基底表面的单壁碳纳米管[22]

(a) 大尺度范围下的单壁碳纳米管阵列；(b～d) 闭合型单壁碳纳米管；(e, f) 折线型单壁碳纳米管

四重对称性的基底表面具有 $C_4$ 旋转轴，即旋转 90°后结构不发生变化。具有四重对称性的单晶基底比较少见，这里以 MgO (001) 为例介绍。生长结果如图 4-14 所示，碳纳米管在弯折处形成的角度均为 90°。

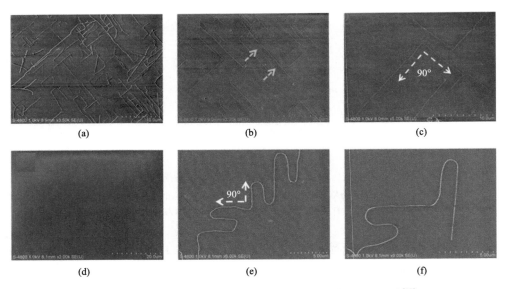

图 4-14　四重对称性基底表面的单壁碳纳米管的 SEM 照片[22]

(a～c) 生长温度为 850℃；(d～f) 生长温度为 950℃

六重对称性的基底表面具有 $C_6$ 旋转轴，即旋转 60° 后结构不发生变化。常见的六重对称性基底有云母和石墨等。生长得到的碳纳米管如图 4-15 所示，碳纳米管沿六个对称方向生长，且相互之间形成的角度为 120° 或 60°，这与云母基底的六重对称性一致。此外，在六重对称的少层石墨烯表面也能够制备具有 120° 和 60° 转角的碳纳米管。同时，由于不同手性的碳纳米管和石墨烯表面之间的相互作用呈现各向异性，也可借此识别碳纳米管的手性指数。

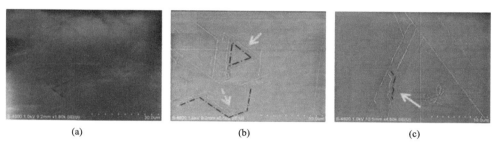

(a)　　　　　　　　　　　　(b)　　　　　　　　　　　　(c)

图 4-15　六重对称性云母表面的单壁碳纳米管的形貌照片[22]

(a) 碳纳米管形成的 60° 夹角；(b) 碳纳米管形成的 120° 夹角；(c) 碳纳米管形成的连续 120° 夹角

一重对称性的基底表面没有旋转轴，即旋转 0°（或 360°）后结构不发生变化。$SiO_2/Si$ 基底是单壁碳纳米管制备领域中最早使用的基底之一，在其上生长得到的碳纳米管如图 4-16 所示，碳纳米管的取向无规律分布。当生长温度较高时，易得到超长碳纳米管水平阵列[图 4-16(c)]，这一部分内容将在 4.3 节中详细介绍。

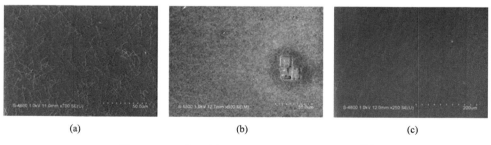

(a)　　　　　　　　　　　　(b)　　　　　　　　　　　　(c)

图 4-16　一重对称性基底表面的单壁碳纳米管[22]

(a, b) 生长温度为 850℃；(c) 生长温度为 950℃

### 2. 碳纳米管晶格诱导定向的机理及影响因素

在碳纳米管生长过程中，产生晶格诱导现象的驱动力一直众说纷纭。以 $Al_2O_3$ 基底为例，Zhou 等[18]通过理论计算发现表面的 O 原子发挥主要作用，O 原子的排列方式决定碳纳米管的取向；相反，Ago 等[23]认为 $Al_2O_3$ 表面的 Al 原子排列决定碳纳米管的取向。此外，Jeong 等[24]通过第一性原理的理论研究表明，在生长过程中碳纳米管与晶格中的 Al 形成了 Al—C 键，然而这些化学键的形成在碳纳米管的转移过程中并没有凸显出来。该研究中生长碳纳米管的基底除 $Al_2O_3$ 外，还包括 $SiO_2$、MgO 及云母。对比分析这些不同对称性的基底不难发现，基底表面的最外层结构均含有丰富的氧(金属原子的悬挂键也被氧饱和)。碳纳米管与基底表面晶格中的氧原子间存在各向异性的范德华相互作用，这是含氧基底上晶格诱导效应产生的主要原因。对于一些表面不含氧原子的基底，如石墨作为一种碳的单晶，同样可以对碳纳米管的生长产生特定的取向行为。碳纳米管在石墨表面的取向生长，有力地证实了晶格中的氧并不是诱导碳纳米管取向生长的唯一因素。晶格诱导效应产生的根本原因在于碳纳米管与基底间各向异性的相互作用。

　　基底诱导效应的体现对单壁碳纳米管的制备条件有特殊要求。表面晶格结构的完整性是产生基底诱导效应的前提，也对碳纳米管生长的取向程度有显著影响。如图 4-17(a)所示，碳纳米管在石英表面定向性良好，当利用氧等离子体周期性地破坏石英的晶格结构后，碳纳米管在结构破坏的石英表面上的生长取向发生变化且呈无规状。在碳纳米管生长之前，对基底进行高温退火处理能够极大地优化单晶表面的原子排列结构，有利于碳纳米管的取向生长。这在 $Al_2O_3$ 基底上表现尤为突出，不同的退火温度和处理时间，可以生长得到形貌各异的碳纳米管水平阵列。此外，基底表面的完美晶格结构能够增加其与碳纳米管间的各向异性相互作用，这也是制备超高密度碳纳米管水平阵列的必要条件。以 ST-cut 型石英为代表的晶格诱导效应有着广泛的应用，易于实现定向性良好、超长且高密度单壁碳纳米管水平阵列的制备。

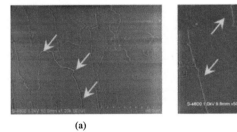 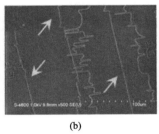 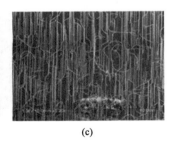

(a) (b) (c)

图 4-17　基底诱导效应的影响因素[22]

(a) 晶格结构的影响；(b) 温度的影响；(c) 催化剂浓度的影响

　　温度是影响基底诱导效应的另一重要因素。在生长过程中，合适的生长温度能够优化基底的晶格结构，有助于得到完美的晶格，从而利于碳纳米管的取向生长。然而，过高的温度(如 950℃)能够极大地弱化催化剂和基底间的相互作用，从而使得碳纳米管的生长机理由基底诱导向气流诱导转变，这将在下一节气流诱导法制备碳纳米管水平阵列中详细讨论。在生长结束后，碳纳米管从气流中降落至基底的过程中基底诱导效应依然能够发挥作用，从而形成沿不同对称性方向的蛇形碳纳米管。不难发现，并非所有的碳纳米管均具有蛇形形貌，且蛇形碳纳米管的密度和长度也不尽相同[图 4-17(b)]，这与气流诱导效应中气体的流速和稳定性有关。尽管有报道称相比于 Fe 催化剂，$SiO_x$/Si 基底和 Cu 催化剂间具有更弱的作用力，从而使用 Cu 催化剂更有利于超长碳纳米管的形成，然而催化剂与基底间相互作用的大小和生长温度间的定量关系依然十分模糊。在使用单一或多组分催化剂时，如何选择合适的生长温度以避免气流诱导效应的产生也有待深入探究。

催化剂的浓度在一定程度上也影响着基底诱导效应。催化剂的浓度决定了碳纳米管的密度，因此高密度且分散性良好的催化剂是制备高密度碳纳米管水平阵列的必要条件。然而，过高的催化剂浓度会阻碍基底诱导效应。其表现有如下两点：①碳纳米管在成核阶段由于过高的密度而呈非定向型，最终在单晶基底表面形成高密度无定向碳纳米管组成的薄膜，这在石英表面催化剂条带的位置表现尤为突出；②高温下，奥斯特瓦尔德熟化过程使催化剂的粒径增加十分明显，导致碳纳米管在生长过程中容易改变方向而呈镰刀型[图 4-17(c)]。如何选择合适的催化剂浓度以配合不同的生长基底制备高质量碳纳米管水平阵列还有待深入探究。

碳纳米管和基底表面的相互作用具有与晶格方向相同的各向异性特征，使得碳纳米管的取向生长沿表面特定的原子排列方向进行。利用不同对称性的基底表面，不仅能够在纳米尺度实现对碳纳米管水平阵列的取向控制，还有利于构筑碳纳米管的多级结构。目前，基底诱导效应中的晶格诱导法无疑是制备高密度单壁碳纳米管水平阵列及后期高性能器件加工的最佳方法。另外，基底诱导方法与其他生长方法的兼容性较好。例如，在高温下，结合基底诱导效应和气流诱导效应可得到高密度蛇形碳纳米管。此外，在石墨基底上单壁碳纳米管的生长取向也与碳纳米管自身的手性结构相关[25]，碳纳米管在气流中逐渐下落到石墨烯基底上时，会与石墨烯之间倾向于形成 AB 堆垛结构，结构不同的碳纳米管显然就会在石墨烯基底上形成不同的转角，基于这样的原理，张锦教授等发展了表征碳纳米管手性指数或旋光性的新方法。

### 3. 台阶诱导效应产生机理及影响因素

原子级的台阶也能用于碳纳米管的取向生长，即台阶诱导效应。Joselevich 课题组[21, 26]在 $\alpha$-$Al_2O_3$ (0001) 表面生长碳纳米管时，首次发现了原子级台阶对碳纳米管生长的定向作用(图 4-18)。通过对基底进行精确切割，可得到不同方向和形貌的台阶，进而基于碳纳米管与基底表面之间的相互作用，实现对碳纳米管生长方向的控制。

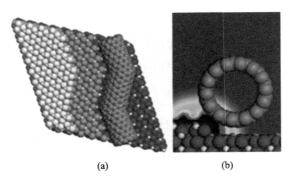

(a)　　　　　　　　　(b)

图 4-18　台阶诱导的碳纳米管的定向生长

(a)碳纳米管的台阶定向生长示意图; (b)模拟中台阶处的碳纳米管与台阶作用的截面图

　　Ago 等[27]研究了在 A-plane $Al_2O_3$ 上通过控制台阶结构取向生长碳纳米管的机理，发现台阶诱导生长和晶格定向生长两种模式存在竞争关系(图 4-19)。在单原子高度的台阶处，晶格定向起主导作用，单壁碳纳米管沿着晶格方向生长；而当台阶的高度增加到两倍原子高度或者更高时，台阶的诱导起主导作用，碳纳米管将沿着台阶边缘生长。他们发现沿着原子级台阶排列是由斜切造成的，而且只有当斜切角度大于 5°时才会出现碳纳米管沿着台阶边缘生长的现象。然而，在不同晶面指数的表面上，台阶定向对碳纳米管生长的具体作用差异还有待深入探究。

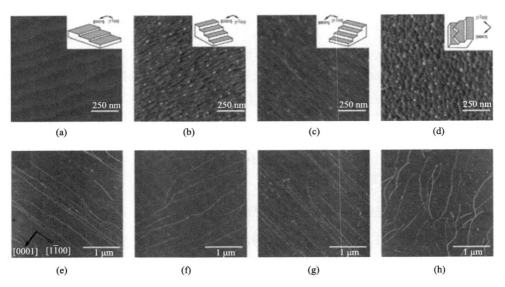

图 4-19　不同切割角度的 A-plane $Al_2O_3$ 上所生长的碳纳米管的 AFM 照片[23]

(a~d)不同切角的 A-plane $Al_2O_3$ 表面的 AFM 照片，插图为相应的台阶模拟；(e~h) 利用不同台阶生长出的碳纳米管水平阵列

台阶诱导作用同样受到基底表面结构、碳纳米管生长温度和催化剂的影响。台阶结构的完整性显著影响着碳纳米管的取向生长。Joselevich 课题组[26]在这方面做出了诸多开创性的工作（图 4-20）。例如，在 $Al_2O_3$ 表面通过精确地控制切割角度可以暴露不同的晶面，从而得到不同取向的原子级台阶，高温下的退火处理能够提高这些台阶的高度和完整性，从而加强基底和碳纳米管之间的各向异性相互作用，利用这些完整的周期性台阶可制备得到碳纳米管水平阵列。然而，由于台阶结构的不稳定性，台阶诱导效应的应用范围远没有以 ST-cut 型石英为代表的晶格诱导效应广泛。

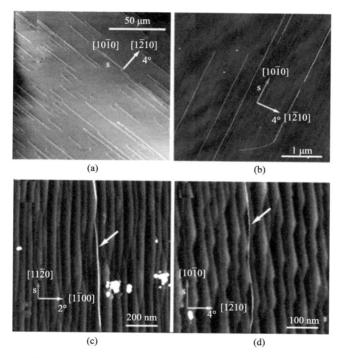

图 4-20　$Al_2O_3$ 晶面上的台阶诱导碳纳米管取向生长[28]

(a) $Al_2O_3$ 晶面上的台阶诱导碳纳米管生长的 SEM 图片；(b～d) $Al_2O_3$ 晶面上台阶处晶向和碳纳米管取向之间的 AFM 图片

温度对台阶诱导效应的影响与晶格定向类似。生长过程中合适的温度能够优化台阶结构的完整性，但是过高的温度会弱化催化剂和基底间的相互作用，进而导致基底对碳纳米管生长的诱导作用降低，转而成为气流诱导占主导。

催化剂的浓度对台阶诱导也有重要影响。碳纳米管阵列的密度直接由活性催化剂粒子的密度决定，高密度且分散性良好的催化剂是制备高密度碳纳米管水平阵列的必要条件。然而，基底表面丰富的台阶结构，会诱导附近区域内催化剂颗粒的聚集，导致催化剂粒子尺寸过大，失去催化生长单壁碳纳米管的活性；若降低基底表面台阶结构的密度，催化剂粒子聚集的可能性减弱了，而台阶诱导碳纳米管取向生长的密度也随之降低。因此，催化剂浓度和基底表面台阶结构丰度之间的平衡关系还需要更加深入的探索。

此外，石墨是典型的层状材料。原子力显微镜结果表明碳纳米管的生长取向可以沿着石墨的台阶，这可能源于台阶处碳原子的高活性，如图 4-21(a)和(b)所示，这无疑是对台阶诱导效应的最充分证明。此外，石墨表面的刻痕作为一维的模板，也能够诱导碳纳米管的取向生长[图 4-21(c)]。

综上，基底表面的结构和形貌可以影响碳纳米管在基底上的分布规律，具体包括晶格定向和台阶定向两种模式，认识基底与碳纳米管分布之间的规律是为了更好地控制碳纳米管的取向，尤其是能够按照人们的意愿实现取向生长。碳纳米管的取向生长最重要的一点就是获得取向一致的高密度单壁碳纳米管水平阵列，下一节中本书将具体地介绍如何利用基底对碳纳米管的取向作用来提高单壁碳纳米管水平阵列的密度。

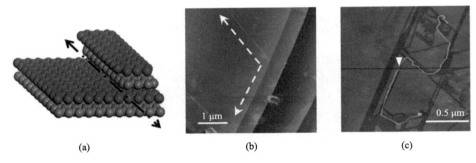

(a)  (b)  (c)

图 4-21  石墨表面的台阶对碳纳米管生长的诱导效应[29]

(a)石墨台阶的示意图；(b)单壁碳纳米管沿着石墨台阶方向的原子力显微镜图片；(c)刻痕方向生长的
原子力显微镜图片

## 4.2.2  晶格定向法制备高密度水平阵列

在本章的开始，我们就提到碳纳米管水平阵列在电子学领域有着重要应用。根据电子器件的需求，碳纳米管水平阵列的控制制备至关重要。其中，碳纳米管的密度是一个非常重要的方面。由于碳纳米管属于一维纳米材料，为了提高碳纳米管器件的集成密度，需要首先得到高密度的碳纳米管水平阵列。以下介绍几种典型的基于晶格定向法制备高密度碳纳米管水平阵列的方法，并与后处理再取向的碳纳米管阵列进行比较。

## 1. 多次生长法

Liu 等[30]在 *y*-cut 型石英基底上，利用多次循环生长的化学气相沉积方法(具体过程如图 4-22)，制备了密度为 20～40 根/μm 的单壁碳纳米管水平阵列，开态电流约 220 μA/μm。他们认为多次循环生长过程中，催化剂颗粒可以保持较高的碳纳米管成核效率，这也是提高碳纳米管密度的关键。单晶基底晶格定向作用的存在保证了碳纳米管在生长过程中的定向性。更有意思的是，当循环周期增加至 4 次及以上时，他们发现碳纳米管的密度反而降低了，暗示着在该过程中也存在刻蚀行为，即在生长过程中，碳源裂解可能产生羟基等弱氧化性组分，对碳纳米管产生刻蚀，从而导致碳纳米管的密度呈现下降趋势。

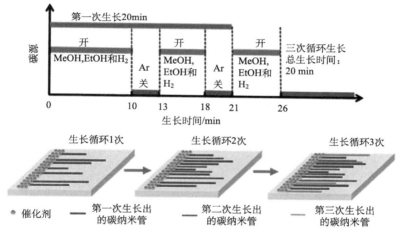

图 4-22　多次循环生长高密度碳纳米管水平阵列[30]

## 2. 负载新催化剂法

为了更大程度地提高碳纳米管水平阵列的密度，Rogers 课题组[31]则设计了多循环、不连续的化学气相沉积过程，制备得到了密度为 20～30 根/μm 的单壁碳纳米管水平阵列，相比于一次生长的碳纳米管阵列，迁移率提高了 20%以上，制作的 4 μm 沟道长度晶体管的开关比约为 5。具体的生长过程如图 4-23 所示，首先在 ST-cut 型石英基底上蒸镀 1～5 Å 厚度的 Fe 催化剂条带，进行第一次化学气相沉积生长，得到沿着基底晶格方向，但垂直于催化剂条带的碳纳米管水平阵列；然后，在原来的催化剂条带之间用氧气等离子移除杂乱的碳纳米管及失活的催化剂；再次加上新的催化剂条带，经过一个生长循环时，新的碳纳米管阵列就会从新的催化剂上成核生长，从而在前一次基础上提高了碳纳米管水平阵列的密度。

需要注意的是，在这个过程中，单壁碳纳米管及生长基底多次被取出和放入 CVD 体系，加剧了 CVD 体系的不稳定性，已经长出的碳纳米管阵列也容易遭到破坏。

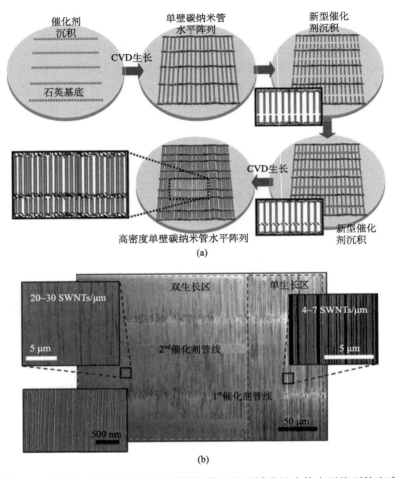

(a)

(b)

图 4-23　多次加载催化剂法提高催化剂带之间区域碳纳米管水平阵列的密度

(a) 多次加载催化剂法提高碳纳米管水平阵列密度示意图；(b) 第二次加载催化剂后碳纳米管的密度提升至 20～30 根/μm，密度最大可达 40 根/μm[31]

### 3. 催化剂再活化法

催化剂在碳纳米管生长过程中的失活是碳纳米管水平阵列的密度难以提高的重要因素之一。催化剂的主要失活方式为其表面无定形碳的累积和包覆。因此，要制备高密度碳纳米管水平阵列，可以从解决催化剂表面碳的包覆角度出发，实现催化剂的再活化，从而制备高密度碳纳米管水平阵列。

杜克大学的 Liu 等[32]利用 $H_2O$ 的弱氧化作用，对生长的碳纳米管水平阵列进行处理，通过控制水的含量和反应条件，使其优先刻蚀催化剂上的无定形碳和分布在催化剂条带上杂乱的碳纳米管，然后再进行碳纳米管生长，通过多次的刻蚀和再生长，如图 4-24 所示，成功实现了碳纳米管水平阵列密度的提高与半导体型碳纳米管含量的增加。

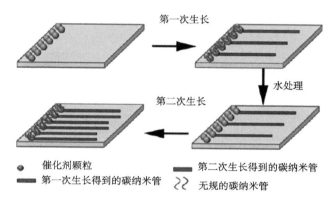

图 4-24　水蒸气再活化催化剂后重复生长从而实现碳纳米管水平阵列的密度提高[29]

### 4. 特洛伊催化剂法

在碳纳米管水平阵列生长中，阻碍碳纳米管密度难以提高的另一个重要因素是在碳纳米管生长过程中，催化剂会发生不断地聚集和迁移，同时由于奥斯特瓦尔德熟化作用，有效的催化剂数目也在不断减少。为了阻止催化剂的聚集和迁移并实现在生长过程中持续加载新鲜催化剂，张锦课题组[33]发明了特洛伊催化剂法，具体过程是：将单壁碳纳米管生长的催化剂通过退火的方式，预先添加到单晶蓝宝石基底表面之下，然后在单壁碳纳米管的生长过程中，催化剂逐步释放，从而实现在生长过程中原位持续加载新鲜催化剂的目标，这类融入-释放机理有效保证了催化剂的活性，从而提高了单壁碳纳米管的生长效率和密度，实现了密度高达 130 根/μm 的单壁碳纳米管水平阵列的制备[33]，具体过程见图 4-25。由于该过程特别像古希腊特洛伊战争中战士的隐藏方式，因此他们形象地命名该方法为"特洛伊催化剂法"。

Fe 作为生长单壁碳纳米管最常用、最高效的催化剂之一而被广泛使用，它在氧化状态下呈 $Fe_2O_3$，其晶体结构与 $\alpha$-$Al_2O_3$ 非常类似，两者都是三方晶系，氧原子以六方密堆积排布，三价铁离子和铝离子都填充在八面体空隙中，并且无论是 $\alpha$-$Fe_2O_3$ 还是 $\alpha$-$Al_2O_3$，都只有三分之二的八面体空隙被填充，见图 4-26[30]。另外，三价铁离子的离子半径与三价铝离子非常接近，这就给三价铁离子进入 $\alpha$-$Al_2O_3$

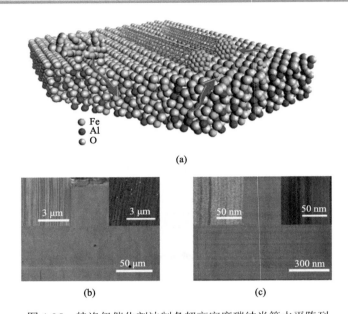

图 4-25 特洛伊催化剂法制备超高密度碳纳米管水平阵列

(a)特洛伊催化剂制备碳纳米管的流程示意图；(b, c)不同尺度下对单壁碳纳米管水平阵列的密度进行 SEM 表征，相应的密度可达 130 根/μm[30]

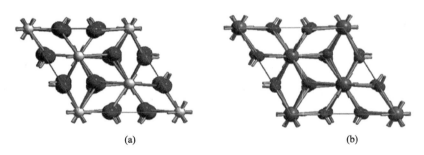

图 4-26 α-$Al_2O_3$ 与 $Fe_2O_3$ 的晶体结构[30]

(a) α-$Al_2O_3$；(b) $Fe_2O_3$

单晶生长基底内部提供了可能，即三价铁离子可能进入 α-$Al_2O_3$ 填充另外空着的三分之一的八面体空隙，也可能是三价铁离子取代三价铝离子从而进入 α-$Al_2O_3$。同时多余的氧原子则与表面的氧原子以离子键的方式在单晶蓝宝石表面进行重新排布。还原时，表面氧原子的缺失造成整体电荷的不平衡而促使铁离子获得电子而向外迁移、聚集形成催化剂纳米粒子。

### 5. 后处理法

为了进一步提高碳纳米管水平阵列的密度，人们还提出了后处理的方法。例

如，基于具有晶格定向作用的基底表面直接生长制备的碳纳米管水平阵列，Zhou
等[34]发展了多次转移的后处理方法，最终能够制备出密度约为 55 根/μm 的单壁碳
纳米管水平阵列(图 4-27)。具体过程如下：首先，在 ST-cut 型石英基底表面利用
低压化学气相沉积法直接生长碳纳米管，得到密度为 15～20 根/μm 的单壁碳纳米
管水平阵列；其次，利用金膜进行多次转移堆叠，刻蚀掉金膜后，得到高密度碳
纳米管水平阵列。当转移次数在 4 次及以内时，可以有效保证其成功率。对于 4
次转移的碳纳米管水平阵列，当沟道长度为 100 μm 时，场效应晶体管的迁移率
可达 600 cm²/(V·s)；制作沟道长度为 500 nm 的晶体管，经过电流破坏金属型碳
纳米管后，能够达到上百的开关比。理论上讲，多次转移的方法能够制备密度极
高的碳纳米管水平阵列，然而转移过程中很难保证碳纳米管原有的精确取向从而
将导致相互联结，多次转移难以保持整体取向一致性，这制约了这一方法的广泛
适用性。

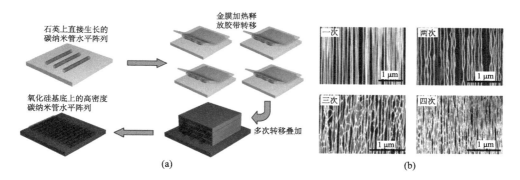

图 4-27　多次转移法获得高密度碳纳米管水平阵列[34]

(a) 多次转移法的实施示意图；(b) 转移不同次数后，碳纳米管密度不断增加的 SEM 图片

目前看来，尽管直接生长法获得的单壁碳纳米管的最高密度已经达到了 160
根/μm，但是这仅体现了一个局部密度，样品的均一性和重复性都有待进一步提
升。为了增加碳纳米管阵列的密度并改善其均一性，一些基于溶液法分离的碳纳
米管进行再取向的方法被提出。例如，美国斯坦福大学的 Dai 等和 IBM 华盛顿研
究中心的 Cao 等[35]分别提出了 Langmuir-Blodgett 和 Langmuir-Schaefer 法对碳纳
米管进行取向。图 4-28(a)给出了 Langmuir-Schaefer 法对碳纳米管取向的典型过
程，该方法获得的单壁碳纳米管的阵列密度达到了 500 根/μm，并对基底进行了
全覆盖。此外，Cao 等[36]还利用电场对溶液中的碳纳米管进行取向控制，这种取
向方法获得碳纳米管是单层的，但是密度没有前者高，如图 4-28(b)所示。

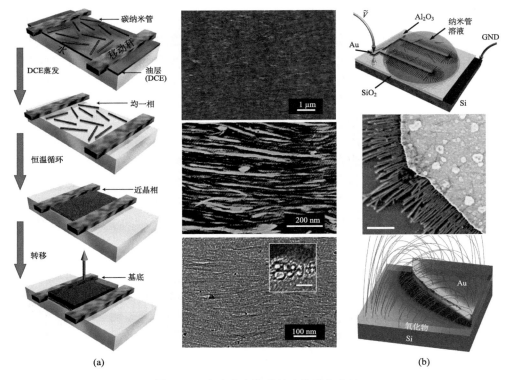

图 4-28 溶液分离的碳纳米管取向方法

(a) Langmuir-Schaefer 法获得高密度碳纳米管水平阵列，其密度高达 500 根/μm，左侧为流程示意图，右侧为相应的表征[35]；(b) 电场诱导溶液中的碳纳米管取向以获得高密度碳纳米管阵列[36]

尽管后处理方法可以促进碳纳米管取向，达到提高阵列密度的目的，但是这类方法也有显著的缺陷。例如，溶液相的碳纳米管具有很多缺陷；获得的往往是多层的碳纳米管水平阵列；该方法获得的碳纳米管的取向并不像基底晶格定向获得的碳纳米管水平阵列的准直性那么好等。因此，目前高密度碳纳米管水平阵列的控制生长仍未达到理想水平，未来还需要发展更有效的方法获得高质量的高密度碳纳米管水平阵列。

## 4.3 气流诱导法制备碳纳米管水平阵列

气流诱导法是除基底诱导法之外制备定向碳纳米管水平阵列的另一种重要方法。在化学气相沉积过程中，气流会诱导碳纳米管沿着气流的方向漂浮生长，从而得到平行排列、宏观长度、结构完美的碳纳米管水平阵列。该类碳纳米管在气流中漂浮生长，所受的环境干扰与限制较少，其缺陷少且长度可达厘米甚至米级，更有利于体现出碳纳米管的本征性质[37]，如超高的力学强度、优异的导电特性等，因此被视为碳纳米管电子器件、超强纤维等领域最有希望的基础材料之一。

　　本节主要介绍气流诱导法制备碳纳米管水平阵列的生长机理及可控备方法，通过对机理的分析，讨论生长过程中各条件对碳纳米管长度、管径、密度等方面的影响，从而得出碳纳米管水平阵列可控备的一般性规律。此外，本节也将介绍单根碳纳米管的可视化技术与可控操纵技术，这类技术是基于气流诱导法制备的超长水平碳纳米管发展起来的，在辅助碳纳米管基本性质研究和器件构建方面具有重要价值。

## 4.3.1　气流诱导法生长碳纳米管的机理

　　可控、批量化制备碳纳米管水平阵列是实现该类碳纳米管实际应用的前提。相应地，深入理解和掌握碳纳米管的生长机理是实现碳纳米管可控备的基础。目前，普遍认为碳纳米管的生长遵循"气-液-固"生长机理[38-45]，原因分析见 3.3.1 节。

　　基于气-液-固生长机理，碳纳米管水平阵列的生长模式可以分为底端生长模式和顶端生长模式两种。这部分内容在 3.3.2 节中有详细讨论，在此简单介绍。底端生长模式是指碳纳米管在生长过程中，催化剂颗粒保持在基底表面，碳纳米管的顶端逐渐远离催化剂；顶端生长模式是指碳纳米管在生长过程中，部分碳纳米管位于基底表面，而催化剂位于碳纳米管的顶端，漂浮在气流中，沿着气流的方向催化生长碳纳米管[46]。底端生长模式中，碳纳米管会受到气流、热量、碳源的供给与扩散等因素的影响，从而影响催化剂的活性及与基底的结合作用，易造成催化剂的失活，影响碳纳米管的生长。该生长模式中，碳纳米管长度大多较短，基底诱导作用弱时，碳纳米管多呈现无规分布[47]。顶端生长模式中，碳纳米管处于自由生长状态，更易生长宏观长度、结构完美的碳纳米管水平阵列。

　　目前，很多实验结果验证了气流诱导法制备的碳纳米管水平阵列遵循顶端生长模式。Huang 等[49]首次提出"风筝机理"用来解释碳纳米管沿气流诱导定向生长的顶端生长模式。碳纳米管生长过程中，基底与气流升温速率存在的差异使垂直于基底方向产生一个温度差，从而产生一个由温度差带来的热浮力。热浮力的存在会使碳纳米管一部分脱离基底漂浮在反应气流中，而催化剂位于碳纳米管的顶端，使碳纳米管沿着气流方向生长，像放风筝一样。进一步地，在碳纳米管的生长末端发现了催化剂颗粒[49]，从而验证气流诱导定向碳纳米管水平阵列遵循顶端生长的模式。此外，研究结果显示，碳纳米管水平阵列可以跨过几十微米甚至几毫米的沟槽或者几十微米高的障碍物生长[50-55]，或者原位旋转生长基底发现碳纳米管水平阵列的方向发生改变[56]，均验证了碳纳米管水平阵列是在气流中定向生长的。

　　前面已经提到，石英等基底通过晶格诱导生长碳纳米管水平阵列，其多为底端生长模式，但也可以通过调控实验条件实现顶端生长碳纳米管，得到晶格诱导和气流诱导的碳纳米管水平阵列[57, 58]。因此，碳纳米管水平阵列遵循的生长模式主要取决于生长基底及生长条件。究竟遵循哪种生长模式，主要由碳纳米管与基底和催化剂与基底之间相互作用的竞争关系决定。当碳纳米管与基底的作用力大于催化剂与基底的作用力时，碳纳米管倾向于顶端生长模式，沿着气流诱导定向生长，反之则为底端生长模式[46]。

为制备结构完美、宏观长度、可用于组装超强宏观材料的碳纳米管水平阵列，顶端生长模式是一种更为适合的方式。这主要是因为在顶端生长模式下，碳纳米管漂浮在呈现为层流状态的反应气流中，更有利于与碳源分子接触、反应，从而得到高生长速率的碳纳米管[59]。另外，碳纳米管在气流中生长不易受到基底的干扰和限制，避免产生过多缺陷，从而得到结构更完美的碳纳米管。而底端生长模式中，碳纳米管受到基底的限制及生长过程中传质阻力等因素的影响，更易产生缺陷，长度较短。

### 4.3.2 超长碳纳米管水平阵列的制备

上一节重点讨论了气流诱导定向碳纳米管水平阵列的生长机理和生长模式，但还未能很好地解释碳纳米管水平阵列中碳纳米管的密度(此处特指在垂直于碳纳米管轴向的方向上单位长度内碳纳米管的数量)随着长度的方向而急剧降低[47]等实验现象。本节主要讨论碳纳米管水平阵列的长度分布规律，在此基础上介绍米级超长碳纳米管的制备。

#### 1. 长度分布规律

碳纳米管可以看作是由碳原子组成的一维线状高分子，碳纳米管的生长过程可以看作是碳原子链的增长过程。在这一过程中，催化剂颗粒吸附、溶解碳原子，形成活性中心，即为碳原子链的链引发过程；碳原子以碳原子对的形式[60]增加到活性中心实现碳原子链的螺旋增长，可以看作是链增长阶段；生长过程受到干扰引起催化剂失活等使碳纳米管生长停止，可以认为是链终止过程。根据上面的分析及碳纳米管水平阵列的顶端生长模式，可以认为，在整个反应体系中，处于离散状态的碳原子具有相同的反应概率。其次，碳纳米管的生长端处于生长或失活两种状态，在整个过程中保持不变的概率[5]。碳纳米管的生长过程就可以认为是等概率的碳原子链增长的过程，符合动力学控制过程的特点。研究已经证明，碳纳米管水平阵列在一定的条件下保持恒定的生长速度[59]，这也证明了上述观点。

因此，碳纳米管的生长过程符合高分子链的反应过程，可以用高分子链生长动力学的理论来进行分析[5]。通过引入高分子领域的 Schulz-Flory 分布理论[61]，可以解释碳纳米管水平阵列生长过程中的长度分布问题，以及更好地理解碳纳米管生长的关键影响因素。

　　Schulz-Flory 分布理论是用来描述聚合过程中不同长度线状高分子概率分布的数学方程[61, 62]。该方程表示为

$$P_x = p^{x-1}(1-p) \tag{4-1}$$

其中，$P_x$ 为由 $x$ 个单体组成的高分子在整个聚合产物中占的比例；$p$ 为每个单体参加聚合反应的概率；$(1-p)$ 为高分子链发生链终止的概率。

　　从上述方程可以看出，单体参加高分子聚合反应的概率 $p$ 是决定分子量分布的关键因素。相应地，对于碳纳米管的生长过程，每个碳原子对增加到碳纳米管上的概率为 $p$。但是，碳纳米管的生长过程是在高温的环境中，且是原子尺度的，目前的实验技术和表征手段暂未得到碳原子对增加到碳纳米管上的概率 $p$。因此还需要重新定义一个参数来描述碳纳米管的生长过程[46]。

　　虽然影响碳纳米管水平阵列生长过程的因素有很多，包括温度、气流量、碳源种类和比例、催化剂等，但如果不考虑碳纳米管的结构信息，那么上述影响因素可以归为两个：一个是碳源的供应是否满足碳纳米管的生长，另一个是催化剂的活性是否一直保持[5]。

　　一般情况下，碳源供给都是充足的，可以满足碳纳米管的生长。温度、气流量、碳源种类、气体比例等本质上都是通过影响催化剂的催化活性而影响碳纳米管的生长，因此碳纳米管每增加单位长度，催化剂的活性是否保持就是一个概率事件[63]。在碳纳米管的生长过程中，保持其他条件不变，使反应体系处于稳态，可以认为催化剂的催化活性保持不变的概率是 $\alpha$，那么催化剂失活的概率即为 $(1-\alpha)$ [图 4-29(a)]。那么，$l$ 个单位长度的碳纳米管在制备的碳纳米管水平阵列中所占的比例为[5]

$$P_l = \alpha^{l-1}(1-\alpha) \tag{4-2}$$

　　根据上述方程及图 4-29(b) 和 (c) 可以看出，催化剂的活性 $\alpha$ 越低，长度短的碳纳米管所占的比例越高。当催化剂催化活性提高时，长度较长的碳纳米管所占的比例会相应增加。但催化剂的活性不可能达到 100%，因此碳纳米管的生长过程中催化剂失活导致碳纳米管生长停止是一个不可逆转的趋势，其密度随着长度增加而呈指数下降，这很好地解释了碳纳米管水平阵列长度方向密度急剧降低的实验现象[5]。

　　基于以上分析，为提高长度较长的碳纳米管在水平阵列中所占的比例，在保证碳源充足的前提下，可行的方法是尽可能地提高催化剂的催化活性。影响催化剂活性的因素有多种，在下面的小节中将会进行介绍。

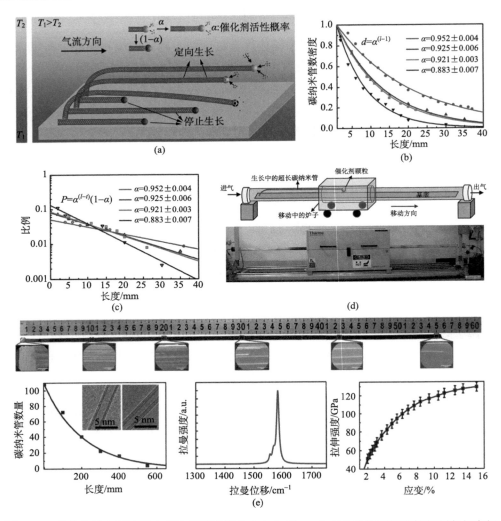

图 4-29 碳纳米管水平阵列中碳纳米管长度的 Schulz-Flory 分布及米级碳纳米管的制备与表征
(a) 碳纳米管水平阵列生长示意图；(b) 不同催化剂活性下碳纳米管长度方向的密度分布；(c) 碳纳米管长度方向的密度分布和概率分布[5]；(d) "移动恒温区法"示意图与实物图；(e) 长度为 55 cm 的碳纳米管的结构与力学性质表征[5]

## 2. 移动恒温区法

前面提到，碳纳米管的生长需要高温环境，主要是碳源的裂解和碳纳米管的催化生长需要在高温环境中进行。但当温度超过碳纳米管适宜的生长温度范围，催化剂的催化活性会提高，进而加快碳源的裂解，过多的分解碳源在催化剂表面生成无定形碳，反而降低了催化剂的活性。为保证催化剂的催化活性，首先需要恒定的温度环境。碳纳米管水平阵列符合顶端生长模式，碳纳米管顶端的催化剂应始终处于恒温区内，这样才可能得到长度较长的碳纳米管。但一般用于生长碳纳米管水平阵列的管式炉只有有限的恒温区长度，不利于超长碳纳米管水平阵列的制备。

清华大学魏飞等[63]设计了一种"移动恒温区"法用来制备超长碳纳米管，有效"延长"了管式炉的恒温区长度[图 4-29(d)]。该方法依据碳纳米管水平阵列顶端生长的模式，通过电机带动炉体，使其按照碳纳米管的生长速率沿着碳纳米管的生长方向移动，该过程中生长碳纳米管的石英管处于悬空、静止状态[63]。该方法在一定程度上克服了管式炉恒温区较短这一缺点，最终促成了下面所述的米级碳纳米管的成功制备。

### 3. 米级碳纳米管的制备

除上述的温度因素外，为提高催化剂的催化活性，还需考虑碳源的种类、气体的组成、催化剂的种类、粒径及基底的种类等。

制备碳纳米管水平阵列一般选用裂解温度较高、碳原子少、产生积碳较少的碳源。目前最常选用的碳源包括甲烷、乙醇、一氧化碳等[53, 54, 59, 64-66]。另外，气体的组成也会影响催化剂的活性。一般情况下，碳纳米管生长过程中需要通入一定量的氢气，用来平衡碳纳米管生长过程中气体的化学组成。另外，研究结果表明，在反应气体中引入少量的水蒸气，可以起到刻蚀无定形碳、促进碳纳米管生长的作用[59]。

生长碳纳米管水平阵列的常用催化剂有铁、钴、铜、钴-钼、铅、氧化物等[54, 67-72]。铜的溶碳量比铁低，所需要的碳源更少[70, 72]。铁是使用最普遍的催化剂，其前驱体溶液的浓度对碳纳米管的生长有一定的影响，多采用低浓度(0.001～0.1 mol/L)前驱体溶液[70, 71, 73]。催化剂的粒径对碳纳米管的生长有重要影响。高温环境中，催化剂容易发生聚并，阻止催化剂聚并现象的发生对生长高密度、长碳纳米管水平阵列有积极的作用[64, 74]。

此外，基底的选择也是生长碳纳米管水平阵列需要考虑的一个问题。一般认为，具有一定厚度二氧化硅层的硅片适宜生长气流诱导定向的碳纳米管水平阵列，而石英基底通过调控生长条件可以得到气流诱导和基底诱导两类复合的碳纳米管水平阵列[57, 58]。

除了以上几个重要因素外，反应的气体流速、气体的纯度等也会对超长碳纳米管阵列的生长有影响。一般通过调控气体流速，使管内气流保持为层流，从而使碳纳米管能够较为平稳地漂浮在反应气流中[75]。但低的流速会影响碳源的供给，所以需要选用合适的气体流速制备碳纳米管水平阵列[48]。气体中含有杂质时会对催化剂起到负面影响，影响催化剂的催化活性。

综合以上影响因素,通过理论与实验研究优化碳纳米管水平阵列的生长条件,就有希望制备得到定向性良好、宏观长度的碳纳米管水平阵列。李彦与姜开利课题组合作[76]以铁和钼为催化剂，以可纺丝阵列抽出的碳纳米管薄膜为基底阻止催化剂的聚并，制备得到了长度为 18.5 cm 的单壁碳纳米管。魏飞等[59]在反应体系中引入微量水蒸气，使碳纳米管的生长速率提高了 3 倍，得到长度为 20 cm 的碳纳米管。进一步地，魏飞等[5]通过调整生长温度、水蒸气的含量、气体的比例和流速，在适宜的条件下，结合"移动恒温区"法，生长出了长度达到 55 cm 的碳纳米管。在该生长过程中，催化剂的催化活性 $\alpha$ 达到 0.995 mm$^{-1}$，使催化剂失活概率处于很低的状态。通过对碳纳米管的进一步表征发现，该碳纳米管结构完美、力学性质优异[图 4-29(e)]，这体现了利用该方法所制备的碳纳米管的优势。

### 4.3.3 壁数与直径控制

上面章节中主要讨论了超长碳纳米管水平阵列的调控方法和米级碳纳米管的制备。而碳纳米管在实际应用方面，除了长度这一关键性指标外，碳纳米管的结构控制是另一个复杂而又重要的问题，其中包括碳纳米管的结构一致性、管壁数的控制、直径的可控性及手性选择性等。本节主要介绍目前气流诱导定向碳纳米管水平阵列在管壁数、直径等方面控制制备的方法与现状。

碳纳米管水平阵列的管壁数和直径可以通过调控碳纳米管的生长条件来实现，主要是调控碳纳米管的生长温度。魏飞等[77]利用气流诱导法制备碳纳米管水平阵列过程中发现，碳纳米管的管壁数与温度有直接关系，随着生长温度的升高，碳纳米管的管壁数和直径会随之减小。在生长温度为 1000℃ 时，制备得到的碳纳米管中三壁碳纳米管所占比例达到 90%，而在 1020℃ 时，双壁碳纳米管的比例达到 50% 以上，三壁碳纳米管仅占 20% 左右。继续升高温度，单壁碳纳米管的比例可以达到 70%，三壁碳纳米管的比例继续降低，仅占不到 10%[图 4-30(a)]。此外，研究者同时发现该方法制备的碳纳米管在宏观长度范围内(>60 mm)具有结构一致性[图 4-30(b)]。

基于温度对直径的影响，北京大学张锦等[78, 79]开创性地在超长碳纳米管生长过程中改变生长温度，得到了不同直径碳纳米管间的分子内结(intramolecular junctions)，也更充分地验证了温度对碳纳米管直径的影响。在碳纳米管生长过程中，反应温度升高可以使其直径减小[图 4-30(c)]。这可能是由于温度升高后，催化剂颗粒的溶碳能力改变而影响其形状，温度改变的同时也影响了碳纳米管与催化剂的界面相互作用。另外，温度升高使析出碳层的刚度降低，更有利于生长高应变能的小直径碳纳米管。

此外，魏飞等[80]在超长碳纳米管生长过程中引入一定频率的声波，使得碳纳米管自组装成碳纳米管线团[图 4-30(d)]。得到的碳纳米管组装体具有高的开态电流(on-stage-current)，满足碳纳米管在微纳电子器件中的应用。

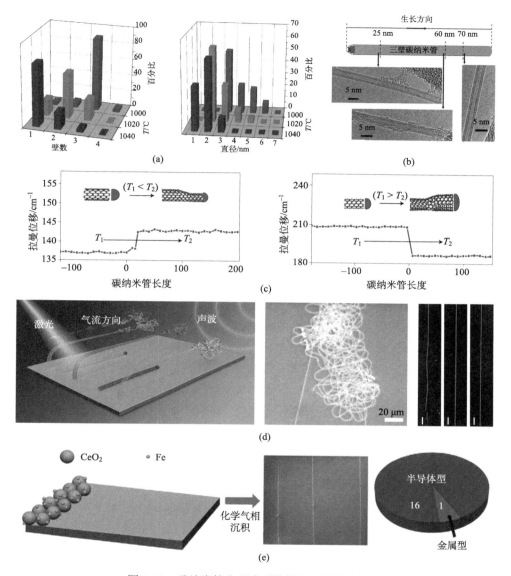

图 4-30　碳纳米管水平阵列的管径及属性选择性

(a) 温度对碳纳米管管壁数和直径的影响；(b) 透射电子显微镜照片显示碳纳米管在宏观长度范围内具有结构一致性[77]；(c) 温度变化影响碳纳米管的直径制备分子内结的示意图[78]；(d) 碳纳米管制备过程中引入声波产生碳纳米管线团且具有结构一致性[80]；(e) 氧化铈作为催化剂颗粒载体制备高选择性半导体型碳纳米管水平阵列[81]

　　催化剂在碳纳米管的生长过程中起到至关重要的作用，其中催化剂颗粒的种类、大小对碳纳米管的管壁数和管径具有决定性作用。不同种类的催化剂具有不同的性质，在不同温度下的聚集行为也会不同，直接影响催化剂颗粒的大小[70, 82]。

研究发现，催化剂颗粒的直径越大，制备得到的碳纳米管的管径就越大，反之，管径就会越小。因此，通过调控催化剂颗粒的种类、尺寸、分散状态等，可以制备管径选择性的碳纳米管水平阵列。

目前，制备碳纳米管多采用金属催化剂，包括铁、铜、钴等。其中，铜催化剂具有更低的熔点和沸点，且与硅基底的作用力比铁弱，更易催化生长碳纳米管水平阵列[70]。实验及分子动力学模拟显示，颗粒表面能的变化使铜颗粒的尺寸更小且分布更均匀，从而使铜催化剂制备得到的碳纳米管具有更小且更集中的管径分布。另外，可以通过调节催化剂前驱体的浓度来控制催化剂颗粒的大小，从而得到管径选择性分布的碳纳米管水平阵列。Hong 等[75]采用不同浓度的 $FeCl_3$ 溶液作为催化剂前驱体，制备得到了单壁碳纳米管水平阵列及多壁碳纳米管水平阵列。催化剂颗粒在高温下容易发生聚并现象，因此选用一些载体材料来分散催化剂颗粒，减少催化剂的聚集[83]。李彦和姜开利合作[76]选用单层可纺丝碳纳米管的薄膜作为催化剂载体，用来阻止催化剂的聚集，制备得到直径分布均匀的单壁碳纳米管水平阵列，且在宏观长度范围内，碳纳米管的电学性质具有均匀性和一致性。氧化物材料也被用作催化剂的载体。李彦等[81]选用氧化铈（$CeO_2$）负载铁或钴纳米粒子制备半导体型单壁碳纳米管水平阵列。$CeO_2$ 具有高温稳定性，且具有氧存储能力，在制备碳纳米管过程中得到氧化性的环境，可以刻蚀金属型碳纳米管，从而得到高选择性的半导体型碳纳米管阵列[图 4-30（e）]。该方法得到的碳纳米管的管径分布窄，半导体型碳纳米管的比例可以达到93%以上。

碳纳米管在微纳电子器件领域显示出巨大的应用前景，但不同手性的碳纳米管制备的器件在性能上会有差异，影响了碳纳米管在该领域的进一步应用。因此，碳纳米管的手性控制是实现其在微纳电子器件领域应用的一个关键性问题。研究结果已经表明，气流诱导定向碳纳米管在宏观长度内具有结构一致性[77]，可用于制备许多性能均匀的器件[76]。但是，在气流诱导定向碳纳米管的手性制备方面，进行的研究还很少。目前，碳纳米管手性控制制备的策略主要有三类[84,85]：一是再活化碳纳米管的片段生长同一手性的碳纳米管，称为碳纳米管的"克隆"生长技术或碳纳米管的气相外延生长[86-91]；二是由特定的碳分子制备碳纳米管，如富勒烯、碳纳米环等[92]；三是设计催化剂的组成，通过暴露特定晶面实现单一手性碳纳米管的制备[92-95]。上述策略将在本书第 7 章中详细介绍。气流诱导定向碳纳米管的手性控制制备可以借鉴以上策略，从催化剂的结构设计、生长条件的精确调控等方面入手，以期得到宏观长度、手性一致的碳纳米管水平阵列。

### 4.3.4 高密度超长碳纳米管水平阵列的生长

碳纳米管是硅材料最有希望的替代者之一。除了上面讨论的碳纳米管的长度、管径和手性以外，碳纳米管的密度也是其在微纳电子器件领域应用的关键性指标。

如在 4.1.2 小节中已经讨论的，实现碳纳米管集成芯片的制备与应用，需要高纯度及高密度的半导体型碳纳米管阵列，其中密度需要达到 125 根/μm[8]。其中，基底对碳纳米管水平阵列的密度有重要影响。石英表面生长碳纳米管水平阵列时，其基底诱导作用明显，通过催化剂或者碳源等条件的优化，可以制备密度超过 130 根/μm 的高密度碳纳米管水平阵列[33, 96]，为碳纳米管的实用化奠定了坚实的基础。但是，当采用气流诱导法制备碳纳米管水平阵列时，其密度受到催化剂分散状态、气流中碳纳米管的空间位阻等因素影响，目前报道的密度还远小于石英基底表面生长的碳纳米管密度，仅为 6 根/10 μm[97]，还有很大的提升空间。为提高气流诱导法所制备的碳纳米管水平阵列的密度，研究者们也从催化剂的分散状态、沉积方式等方面着手，做了一系列的尝试，如通过调控催化剂/基底作用力、在石英管内预沉积催化剂进行多次生长等，取得了一定效果。

**1. 催化剂/基底作用力调控**

前文介绍，抑制催化剂在高温下的聚并现象是提高碳纳米管水平阵列密度切实可行的方法之一。魏飞等[64]通过在催化剂区引入二氧化硅或石墨烯抑制催化剂颗粒的聚并行为，从而提高了碳纳米管水平阵列的密度。如图 4-31 (a) 所示，二氧化硅纳米微球通过旋涂方式负载在硅片表面，一定温度下退火去除残留聚合物，再旋涂 0.03 mol/L FeCl$_3$ 溶液用作催化剂。该硅片放置在石英管中，其后放置另一硅片用作碳纳米管水平阵列的承接基底。研究发现，二氧化硅纳米微球的存在有效抑制了催化剂颗粒的聚并行为，碳纳米管水平阵列的密度得到有效提高。

此外，石墨烯层同样可被用来抑制催化剂颗粒的聚并，从而提高了碳纳米管水平阵列的密度[74]。化学气相沉积法制备得到的石墨烯通过 FeCl$_3$ 溶液刻蚀铜箔，转移到硅片表面，石墨烯上残留的金属离子高温下还原为纳米粒子用作碳纳米管的催化剂，制备得到高密度碳纳米管水平阵列[图 4-31 (b)]。该方法有效抑制了催化剂的聚并行为，比直接转印 FeCl$_3$ 溶液制备碳纳米管的方法更有效[图 4-31 (c)]。

**2. 预沉积催化剂多次生长法**

碳纳米管水平阵列生长所需的催化剂多采用滴涂、旋涂、微接触转移、溅射等方式沉积在基底表面，在高温下经过还原用来生长碳纳米管水平阵列。但是，以上方法每次得到的催化剂具有随机性，并且很难避免催化剂的聚并行为。为解决以上问题，魏飞等[98]通过在石英管中预沉积催化剂，在碳纳米管生长过程中缓慢释放并转移至基底表面催化生长碳纳米管[图 4-31 (d)]。一定量的催化剂前驱体在高温下预沉积在石英管内，在碳纳米管生长过程中，管内沉积的催化剂颗粒会迁移到硅片基底表面，尤其是硅片的边缘区域，从而催化生长碳纳米管。该方法具有良好的可控性和可重复性，同一基底可以多次生长碳纳米管，从而提高了碳纳米管水平阵列的密度[图 4-31(e)]。

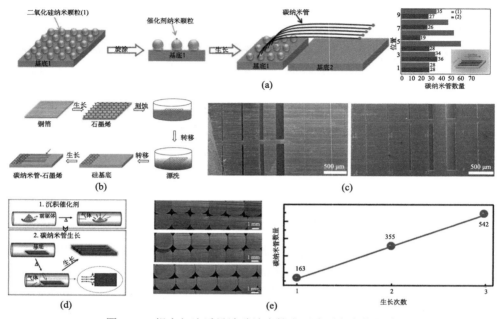

图 4-31 提高气流诱导法碳纳米管水平阵列密度的方法

(a) 二氧化硅纳米微球抑制催化剂颗粒聚并生长高密度碳纳米管水平阵列[64]；(b) 石墨烯层负载催化剂颗粒生长碳纳米管水平阵列；(c) 左图为石墨烯层辅助碳纳米管水平阵列的形貌表征，右图为不含石墨烯层生长的碳纳米管水平阵列的形貌表征，可以看出石墨烯层的存在有效提高了碳纳米管水平阵列的密度[74]；(d) 预沉积催化剂的方法制备碳纳米管水平阵列；(e) 预沉积催化剂法多次生长碳纳米管以提高其密度[98]

目前，气流诱导定向碳纳米管水平阵列虽然已经实现了晶片级阵列的制备[79]，但其密度、手性等还远未达到实际应用的需求。受限于碳纳米管水平阵列的气流诱导定向的特点，很难达到垂直阵列碳纳米管或聚团状碳纳米管的密度，也较难实现像在石英基底表面生长的碳纳米管水平阵列那样较好的管径、导电属性选择性。这类碳纳米管水平阵列的主要优势在于长度长且结构缺陷少，笔者认为基于其结构特点和优势，发掘这一类碳纳米管的研究和应用价值是其未来发展之路。

## 4.3.5 碳纳米管水平阵列的光学可视化及可控操纵

碳纳米管的基础研究中，对其结构、性能等方面的表征多依赖于对碳纳米管的精确定位。但是，碳纳米管的直径仅为几纳米，人们通常使用扫描电子显微镜、透射电子显微镜、原子力显微镜等设备对碳纳米管的形貌和结构进行观察。扫描电子显微镜和透射电子显微镜涉及高真空的样品环境和较狭小的样品空间，使得碳纳米管的操纵对配套设备的需求较高，而且难度很大。此外，原子力显微镜表征的尺寸范围有限，且对基底平整度有很高的要求。另外，这些方法都不适用于大尺寸样品，例如，上述提及的长达几十厘米的超长碳纳米管很难用上述方法进行非破坏性表征。光学显微镜具有易于操作、视场开阔等优点，且具有开放的样品操作环境，这使得利用光学的方法进行样品的观察和操纵具有极大的吸引力。然而，光学显微镜受可见光波长衍射极限的限制，分辨率较低，无法直接用于碳纳米管的观察。因此，通过发展一定的方法，以实现利用光学显微镜直接定位和观察碳纳米管，对碳纳米管水平阵列，特别是超长碳纳米管的直接观察、精确定位、结构表征和可控操纵等具有重要价值。

**1. 碳纳米管水平阵列的光学可视化方法**

碳纳米管的光学可视化可以通过包覆荧光物质来实现[99-101]。该方法适用于液相环境中的短碳纳米管，根据产生的荧光使用荧光显微镜进行观察，但其分辨率低，可视化效果较差，液相环镜及荧光物质会引入污染，影响碳纳米管的性质表征和后续应用，且该方法不适用于悬空碳纳米管。后续研究者通过改进光学显微镜系统以利用碳纳米管的瑞利散射或者通过在碳纳米管表面组装纳米粒子发生米氏散射实现了碳纳米管的定位、表征及操纵，下面将分别介绍这两类方法。

1) 碳纳米管的直接观察

瑞利散射属于弹性散射的范畴，常见于大气现象中。天空之所以呈现蓝色就是因为阳光照射下空气分子的瑞利散射。碳纳米管纳米级直径远小于光的波长，也可以产生瑞利散射现象[102]。由于碳纳米管瑞利散射截面很小，其散射信号很弱。采用超连续白色激光照射碳纳米管，提高了入射光强度，使散射信号得到提高。超连续激光采集到的瑞利散射谱中有多个由光跃迁产生的共振散射峰，这与碳纳米管电子态密度中的范霍夫奇异点 (van Hove singularity) 处的跃迁有关，可以用来分析悬空碳纳米管的直径及手性信息[103]。此外，激光的偏振方向也会影响散射峰的强度。当激光偏振方向平行于碳纳米管轴向时，散射效果最明显[102, 103]。结合碳纳米管的电子衍射谱和瑞利散射谱，可以得到碳纳米管的结构信息，从而建立了瑞利散射峰与碳纳米管手性的一一对应关系，实现了光学显微镜直接识别碳纳米管手性的目标[104, 105]。

虽然采用高强度的激发光可以增强碳纳米管的瑞利散射信号，但由于基底同时会有瑞利散射现象，影响碳纳米管的表征。而碳纳米管器件的制备需要基底表面的碳纳米管，因此消除基底的光散射影响，对实现基底表面碳纳米管水平阵列的光学表征和结构分析具有重要意义。为此，Joh 等[106, 107]在碳纳米管阵列表面覆盖一层甘油用于匹配基底的光折射率，在暗场显微镜下观察碳纳米管[图 4-32 (a)]。结合原子力显微镜、拉曼光谱得到的结果，分析得到基底表面碳纳米管手性等相关信息[图 4-32 (b)]。Liu 等[108]使用偏振片增强碳纳米管的光学对比度，实现了不同基底表面碳纳米管的实时光学成像，甚至场效应晶体管中的碳纳米管也可以光学成像，并根据散射峰得到碳纳米管的结构信息[图 4-32(c)]。

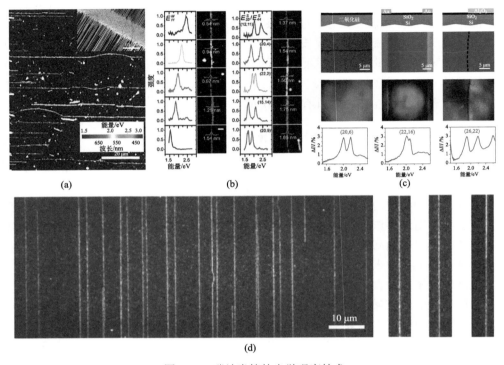

图 4-32　碳纳米管的光学观察技术

(a) 基底表面碳纳米管的瑞利散射图；(b) 半导体型和金属型碳纳米管的共振瑞利散射谱与光学照片、碳纳米管高度的表征[106]；(c) 不同基底表面碳纳米管的 SEM 图片、光学照片及瑞利光谱[108]；(d) 碳纳米管水平阵列的光学照片[109]

　　上述研究实现了基底表面碳纳米管的光学观察与结构表征，但并没有得到碳纳米管瑞利散射的真实颜色。姜开利等[109, 110]利用界面偶极子增强效应实现了碳纳米管水平阵列真实颜色的实时成像。该方法中，超连续激光用作激发瑞利散射的光源，光学显微镜用于收集散射光。为了消除基底的散射信号，被测样品置于含水的石英容器中。该系统可以得到不同颜色的碳纳米管，实现碳纳米管的位置、长度、密度、形貌等信息的高通量获得，而颜色的不同对应手性的差异，最终得到碳纳米管的手性信息[图 4-32(d)]。使用该方法研究发现，超长碳纳米管在宏观长度范围内具有一致的颜色，说明其结构的一致性[79]。另外，北京大学刘开辉和张锦教授[111]利用偏光显微镜实现了碳纳米管水平阵列的高通量成像，简单快速地获得碳纳米管的线密度和属性分布。

　　利用碳纳米管的瑞利散射可以实现光学观察和直接定位，并且能够得到碳纳米管的手性信息，体现了该方法的简单、有效及用于碳纳米管结构分析的广阔前景。目前，由于碳纳米管散射截面小、光衍射等因素的影响，得到的图像分辨率还需进一步提高。

2）碳纳米管负载纳米粒子的光学可视化技术

利用瑞利散射效应可以得到碳纳米管的结构信息，但是需要超连续光源、偏振片等设备的辅助，仅依靠普通光学显微镜同样可以实现碳纳米管的直接定位。受限于光学显微镜的分辨率，需要负载纳米粒子或层状材料实现碳纳米管的光学可视化。黄少铭等[112]通过电化学沉积金属银纳米粒子的方法实现碳纳米管水平阵列的光学观察。该方法需在碳纳米管水平阵列两端制作电极，电化学沉积过程需要在液相环境中进行。由于金属型和半导体型碳纳米管的导电性存在差异，沉积颗粒的速度也会存在区别，结合拉曼光谱就可以确定碳纳米管的属性。类似地，李彦等[113]发展了无需电镀表面沉积金纳米粒子的方法实现碳纳米管的光学定位和表征[图 4-33（a）]。该过程对碳纳米管的属性无选择性，无需制备电极，得到的纳米粒子尺寸均匀，可控性高。颗粒的存在对碳纳米管的直接定位、拉曼表征等起到积极作用，但该方法是在液相环境中实现的，对悬空碳纳米管水平阵列不适用。另外，生长过程中，通入过量碳源，在碳纳米管表面沉积碳层同样可以实现碳纳米管水平阵列的光学观察[114]，但影响后续碳纳米管的应用。

对于悬空碳纳米管，魏飞等[115, 116]通过气相沉积二氧化钛或二氧化锡的方法实现碳纳米管的光学可视化。该方法利用四氯化钛和四氯化锡空气中易水解的特点，水解过程中分别产生二氧化钛和二氧化锡颗粒，颗粒与悬空碳纳米管接触后，沉积在其表面并生长。该方法得到的颗粒尺寸为 $100\sim1000$ nm，符合米氏散射的颗粒尺寸范围[117]，从而具有强的光散射能力，可以辅助碳纳米管在光学显微镜下的直接观察和定位[图 4-33（b）]。碳纳米管的光学定位对拉曼光谱表征、可控操纵、器件制备等带来了极大便利。但该方法仅适用于悬空碳纳米管，对基底表面的碳纳米管没有可视化效果，并且二氧化钛和二氧化锡颗粒难以去除，这影响了该方法的广泛使用。

为实现碳纳米管无损的光学观察，姜开利等[118]利用水蒸气在碳纳米管表面凝结、形核变大并诱导光散射的特点实现基底表面碳纳米管的光学观察[图 4-33（c）]。该过程快速有效，不会引入杂质，不影响碳纳米管的后续应用，对碳纳米管生长条件优化具有重要意义。此外，通过降低样品区域的温度，使水蒸气在碳纳米管表面凝结成冰颗粒，可实现碳纳米管的光学观察并用于碳纳米管热导率的测定[119]。

2016 年，张莹莹等[55]发展了一种更为普适和无损的光学观察技术，该技术通过负载易升华的低熔点物质，同时实现了基底表面碳纳米管和悬空碳纳米管的光学观察[图 4-33（d）]。所采用的易升华、低熔点物质包括无机单质（升华硫）、无机铵盐(硫酸铵、氯化铵、硝酸铵等)、有机脂肪酸(树脂酸、棕榈酸、月桂酸等)、有机金属化合物(二茂铁等)等。该类物质可以通过大气环境下可控加热的方式负载在碳纳米管表面,从而实现碳纳米管的光学观察[图 4-33(e)],而观察的有效时间可以通过调控负载温度和负载时间进行选择,所负载的物质一般可在常温环境下稳定存在超过 2 h,从而可以方便地辅助碳纳米管的表征及操纵。更重要的是,所负载的物质可以通过温和加热去除,不影响碳纳米管的后续应用。另外,该方法适用于不同基底表面的碳纳米管,包括硅、石英、金属及聚合物基底等。除碳纳米管外,该技术也可以应用于其他的纳米材料,包括银纳米线、铜纳米线、石墨烯等,体现了良好的普适性。该方法具有快速、无损、高效、可控且可重复性高等特点,可有效促进纳米材料的形貌表征和基础性质研究,并辅助相关的纳米器件制备。

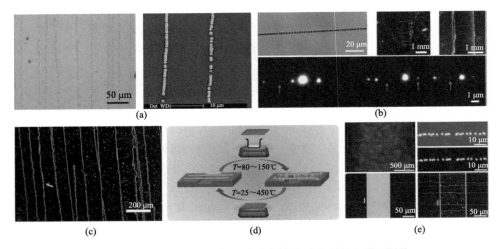

图 4-33 负载纳米粒子实现碳纳米管水平阵列的光学可视化

(a) 负载金颗粒的碳纳米管的光学和 SEM 照片[113];(b) 负载二氧化钛颗粒的碳纳米管的光学表征[116];(c) 水蒸气辅助碳纳米管的光学观察的光学照片[118];(d) 易升华、低熔点物质实现碳纳米管光学观察的示意图;(e) 负载升华硫颗粒的碳纳米管的光学表征[55]

通过负载纳米粒子实现碳纳米管光学可视化的方法简单、快速,仅使用普通光学显微镜即可实现,有助于碳纳米管的直接定位、辅助表征、可控操纵、器件制备等。但该类方法对高密度碳纳米管水平阵列的可视化存在困难,且不能提供碳纳米管的手性等信息。

## 2. 碳纳米管的可控操纵

碳纳米管的可控操纵对碳纳米管的力学、电学、热学等基础性质研究及器件构筑等具有重要意义。对于长度短的单根碳纳米管，一系列的可控操纵技术都依赖于高精度的贵重仪器，如扫描电子显微镜、透射电子显微镜及原子力显微镜等。电子显微镜系统中，一般通过纳米机械臂实现碳纳米管的弯曲、拉伸、切断等操纵手段[120-124]，然而其苛刻的高真空环境、有限的视场和复杂的操作过程限制了其广泛使用。原子力显微镜可以辅助进行大气环境中碳纳米管的操纵，进行碳纳米管的拉伸、转移、扭转等操作[125]，但其过程复杂、对操作人员技术要求高、耗时长，且对样品基底的平整度有很高要求。Duan 等[126]采用扫描探针显微镜纳米焊接(nano-welding)的方法实现了碳纳米管的弯曲、拉伸和特殊结构的构筑。对于碳纳米管水平阵列，可以通过转移的方法实现图形的构建，但工艺复杂，效率较低[126, 127]。因此，发展一种大气环境下可简单快速地实现碳纳米管可控操纵的技术对碳纳米管性质研究及器件制备具有重要意义。

　　上一节中我们介绍了通过负载纳米粒子实现悬空碳纳米管光学可视化的技术，实现了光学显微镜中碳纳米管的直接定位。同时，显微镜广阔的视场范围为宏观尺度下碳纳米管的可控操纵奠定了基础。基于二氧化钛颗粒实现碳纳米管光学观察的方法，魏飞等[116]发展了宏观尺度下碳纳米管的可控操纵技术。如前所述，负载有二氧化钛颗粒的悬空碳纳米管在光学显微镜中具有良好的分辨率，可以精确地定位碳纳米管，结合探针，可以对碳纳米管实现拉伸操作。借助颗粒的标记，可以发现，探针可以将碳纳米管的内层抽出，得到干净、完美的碳纳米管内层结构[图 4-34(a)]。另外，借助多个探针，可以实现碳纳米管多种形式的操作，如弯曲、扭转等，可以实现碳纳米管的切断和转移，将碳纳米管转移至任意基底，避免了聚合物转移过程步骤烦琐、易引入污染等不利影响，也可以实现碳纳米管器件及多级结构的构筑[图 4-34(b)]。该方法简单有效，且操作过程无需苛刻环境，耗时短，是碳纳米管可控操纵、器件构筑的可行方法。为避免二氧化钛纳米粒子对碳纳米管后续应用的影响，采用易升华、低熔点物质负载碳纳米管辅助其可控操纵显示出其特有的优势[55]。通过负载该类物质，同样可以快速地实现碳纳米管的精确定位，借助探针可以轻而易举地进行碳纳米管的拉伸、弯曲、切断、转移等多种操作，为碳纳米管复杂结构的构筑和器件的制备提供了技术保障。

　　在二氧化钛等颗粒的辅助下，魏飞等进一步观测到了碳纳米管内层抽出这一现象，并研究了多壁碳纳米管层间的相对滑动，首次发现了大气环境中、宏观长度的碳纳米管层间的结构超润滑现象[图 4-34(c)和(d)][128, 129]。碳纳米管内层抽出过程中，碳纳米管的层间摩擦力极低，且碳纳米管的长度并不影响管间摩擦力。该研究证实了宏观尺度下超润滑现象的存在，也间接验证了气流诱导法制备得到的碳纳米管具有完美的结构。

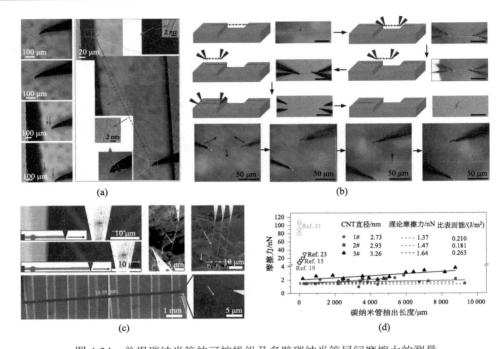

图 4-34　单根碳纳米管的可控操纵及多壁碳纳米管层间摩擦力的测量

(a) 通过操纵抽出多壁碳纳米管的内层；(b) 碳纳米管的切断、转移及构筑特殊结构[116]；(c) 多壁碳纳米管的内层抽出及摩擦力的测量；(d) 碳纳米管管间摩擦力测量结果与报道结果的对比[128]

　　此外，多壁碳纳米管内外管壁之间的结构超润滑现象为结构一致性、干净完美的碳纳米管内层抽出及应用奠定了基础。抽出的碳纳米管内层可以经过可控卷绕，得到高密度、结构一致的碳纳米管水平阵列[46]，这为碳纳米管高性能微纳电子器件的制备提供了另一种可能的材料选择。

## 4.4　电场诱导法制备碳纳米管水平阵列

　　碳纳米管的定向方法除了基底诱导和气流诱导方法外，还可以通过电场进行诱导定向。碳纳米管因为其独特的电子性质，可以看作是线状的导电高分子，其在轴向的极化率大于其在径向的极化率，因此可以通过电场对碳纳米管进行旋转和排列。

　　本节主要介绍电场诱导法制备碳纳米管水平阵列的生长机理和影响因素，通过对机理的分析，讨论生长过程中碳纳米管电子属性、电场与碳纳米管之间夹角、碳纳米管长度、催化剂颗粒直径、电场分布、直流电与交流电等对定向作用的影响。

## 4.4.1　电场诱导定向的机理

碳纳米管是一种一维纳米材料，因此控制碳纳米管在芯片上的排列方向，对于碳纳米管器件的集成具有重要价值。传统用 CVD 方法可实现碳纳米管在芯片上的直接生长，具有简单、低成本等特点。进一步地，人们也尝试了在 CVD 过程中引入外加电场，从而使得碳纳米管沿着电场方向生长这一开创性的思路(图 4-35)[130]。

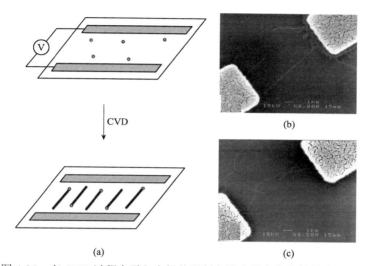

图 4-35　在 CVD 过程中引入电场从而制备沿电场方向生长的碳纳米管

(a) 利用 CVD 法制备沿着电场方向生长的碳纳米管水平阵列原理示意图；(b) 在 10 V 电场下制备的碳纳米管；(c) 无电场条件下制备的碳纳米管[130]

当生长中的碳纳米管受到电场干扰时，自由漂浮的碳纳米管可在电场的作用力下在空中自由旋转和排列，然后再落到基底表面。假设将一根碳纳米管放在外加均匀电场 $E$ 中，由于外加电场的影响，会在碳纳米管内部生成一个诱导的偶极矩 $P$。将两个物理量联系在一起的参数是极化率张量 $\alpha$ ，它们之间符合关系式(图 4-36)：

$$P = \alpha E \tag{4-3}$$

偶极矩 $P$ 平行于碳纳米管的轴向方向，并且产生一种将碳纳米管沿着电场方向扭转的力，扭矩 $T$ 和旋转能 $U$ 公式为

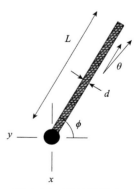

图 4-36　碳纳米管在电场 $E$ 中示意图[131]

$$T = 1/2\alpha_{zz}LE^2\sin2\phi \tag{4-4}$$

$$U = 1/2\alpha_{zz}LE^2\sin\phi\sin\phi \tag{4-5}$$

其中，$\alpha_{zz}$ 为平行于碳纳米管轴向的极化率；$E$ 为电场强度；$\phi$ 为电场和碳纳米管之间夹角；$L$ 为碳纳米管的长度。根据紧束缚方法[132]，半导体型和金属型碳纳米管在平行于碳纳米管轴向的极化率 $\alpha_{zz}$ 可以计算为

$$\alpha_{zz}^{S}=[(8\pi e^2 h^2)/mA](R/E_g^2) \tag{4-6}$$

$$\alpha_{zz}^{M}=[L^2/(24(\ln(L/R)-1))][1+(4/3-\ln2)/(\ln(L/R)-1)] \tag{4-7}$$

其中，$A$ 为石墨烯层上每个 C 原子的面积；$m$ 为电子的质量，g；$E_g$ 为碳纳米管的平均带隙，eV；$R$ 为碳纳米管半径，Å；$L$ 为碳纳米管的长度，nm。平行于碳纳米管轴向的极化率与 $R/E_g^2$ 的关系如图 4-37(a) 所示。

理论计算表明，垂直于碳纳米管轴向的极化率 $\alpha_{xx}$ [图 4-37(b)]可以表达为

$$\alpha_{xx} \sim R^2 \tag{4-8}$$

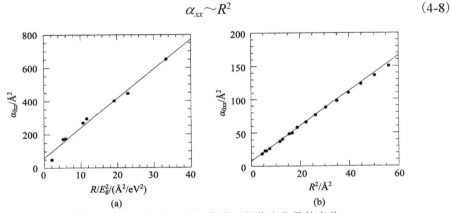

图 4-37    碳纳米管在电场作用下极化率张量的变化

(a)对于 $(n_1, n_2)$ 碳纳米管 $\alpha_{zz} - \dfrac{R}{E_g^2}$ 数据统计图；(b)对于 $(n_1, n_2)$ 碳纳米管 $\alpha_{xx}$-$R^2$ 的数据统计图[133]

具有不同半径的单位长度碳纳米管的静态极化率如表 4-1 所示。

表 4-1    具有不同半径（$R$）的单位长度碳纳米管的静态极化率[133]

| 管($n_1, n_2$) | $R$ | $\alpha_{zz}$ | $\alpha_{0xx}$ | $\alpha_{xx}$ |
|---|---|---|---|---|
| (9, 0) | 3.57 | | 40.6 | 8.9 |
| (10, 0) | 3.94 | 174.7 | 48.5 | 10.3 |
| (11, 0) | 4.33 | 171.6 | 57.8 | 12.1 |
| (12, 0) | 4.73 | | 65.7 | 13.9 |
| (13, 0) | 5.12 | 292.4 | 76.1 | 15.8 |
| (14, 0) | 5.52 | 268.3 | 87.4 | 17.9 |
| (15, 0) | 5.91 | | 97.4 | 20.1 |
| (16,0) | 6.30 | 445.5 | 109.9 | 20.1 |
| (17,0) | 6.70 | 401.4 | 123.6 | 22.4 |

续表

| 管 $(n_1, n_2)$ | $R$ | $\alpha_{zz}$ | $\alpha_{0xx}$ | $\alpha_{xx}$ |
|---|---|---|---|---|
| (18, 0) | 7.09 | | 136.3 | 24.9 |
| (19, 0) | 7.49 | 651.1 | 150.6 | 30.2 |
| (4, 4) | 2.73 | | 26.6 | 6.0 |
| (5, 5) | 3.41 | | 37.4 | 8.3 |
| (6, 6) | 4.10 | | 49.8 | 11.1 |
| (4, 2) | 2.09 | 49.1 | 18.8 | 4.2 |
| (5, 2) | 2.46 | | 23.1 | 5.2 |

### 4.4.2　电场诱导碳纳米管生长的影响因素

根据电场诱导定向机理，下面对该方法中影响碳纳米管生长和定向的因素进行详细的讨论。

#### 1. 碳纳米管电子属性的影响

具有不同电子属性的碳纳米管在 $\alpha_{zz}$ 上具有显著的差异。对于金属型碳纳米管，$E_g$ 近似为零(小直径金属型碳纳米管有一个小的带隙)，$\alpha_{zz}^M$ 仅与碳纳米管的长度和直径有关；对于半导体型碳纳米管，$\alpha_{zz}^S \sim R / E_g^2$。其中 $E_g = \alpha_{(C-C)} \gamma_0 / R$ [图 4-37(a)]，$\alpha_{(C-C)}$ 为相连两个 C 原子之间的距离(0.142 nm)；$\gamma_0$ 为相邻两个碳原子的相互作用能(2.9 eV)。假设一个典型的碳纳米管的直径大约为 2 nm，长度为 1 μm，金属型碳纳米管的极化率：$\alpha_{zz}^M = 7.8 \times 10^5$ Å$^2$；那么，半导体型碳纳米管的极化率：$\alpha_{zz}^S = 1.1 \times 10^3$ Å$^2$。由此可见，金属型碳纳米管的静态极化率是半导体型碳纳米管的三个数量级，电场对于金属型碳纳米管的定向诱导力更大。

#### 2. 电场与碳纳米管之间夹角的影响

碳纳米管在电场中的受力情况和碳纳米管管壁与电场之间的夹角有关。当 $\phi = 90°$ 时，碳纳米管在电场作用下具有最大旋转能。假设一个碳纳米管直径大约为 2 nm，长度为 1.5 μm，对于金属型碳纳米管，最大旋转能等于 $1.4 \times 10^3 kT$；而对于半导体型碳纳米管，最大旋转能约等于 $1 kT$。相比于 800℃时热激发能 $kT$(0.093 eV)，两者大小基本相同。

如果统计生长结束后金属型碳纳米管和半导体型碳纳米管与电场夹角，其分布符合以下公式：

$$p(\varphi)=\frac{1-p_{\mathrm{F}}}{2\pi}+p_{\mathrm{F}}p_{\mathrm{M}}N_{\mathrm{m}}\exp\left(-\frac{\alpha_{zz}^{M}LE^{2}\sin^{2}\varphi}{2kT}\right)+p_{\mathrm{F}}(1-p_{\mathrm{M}})N_{\mathrm{s}}\exp\left(-\frac{\alpha_{zz}^{S}LE^{2}\sin^{2}\varphi}{2kT}\right)$$

$$(4\text{-}9)$$

其中，$p(\varphi)$ 为角度分布；$p_{\mathrm{F}}$ 为自由生长的概率；$p_{\mathrm{M}}$ 为金属型碳纳米管生长的概率；$N_{\mathrm{m}}$、$N_{\mathrm{s}}$ 为两个归一化因子。第一项是任何电子属性碳纳米管随机生长结果，第二项与金属型碳纳米管有关，第三项与半导体型碳纳米管有关。实验中金属型碳纳米管与电场夹角的分布直方图如图 4-38 所示。

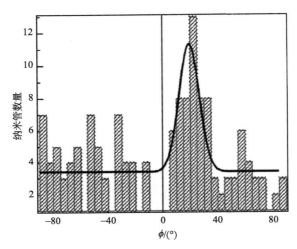

图 4-38　金属型碳纳米管与电场夹角的分布直方图[131]

### 3. 碳纳米管长度的影响

Joselevich 和 Lieber 在实验中发现[131]，碳纳米管在电场中的受力情况也与碳纳米管的长度有关。实验表明对于长度小于 1 μm 的碳纳米管，只有金属型碳纳米管可以按照电场方向定向排列。然而，当碳纳米管的长度大于 1.5 μm 时，金属型和半导体型碳纳米管都具有大于 $1\,kT$ 的静电势能，都可以受到电场方向的调制。因此，碳纳米管的长度存在一个临界值，超过临界长度的碳纳米管可以沿着电场方向平行排列，小于临界长度的碳纳米管则倾向于无规则排列。

### 4. 碳纳米管直径的影响

Joselevich 和 Lieber 同时发现[131]，无论碳纳米管长度如何，对于小尺寸催化剂颗粒生长的直径为 1～2 nm 的碳纳米管并不能很好地沿着电场方向生长；而对于大尺寸催化剂颗粒生长出的直径为 3～5 nm 且长度大于 1 μm 的碳纳米管则可以沿着平行

于电场准直地排列。对于第一种情况中直径较小的碳纳米管，由于截面较小，受
到的电场作用较弱，因此碳纳米管会下落到基底表面，从而与基底形成较强作用
力，同时基底是无定形的，即一重对称性，故碳纳米管呈现无规则分布，即所谓的
表面成键机理；第二种情况中大直径的碳纳米管，其截面积较大，可以明显受到电
场的作用，碳纳米管在生长中将会脱离基底，其取向机理倾向于电场诱导机理。

### 5. 电场分布的影响

2002 年，Dai 等进一步研究了电场分布对碳纳米管生长的影响[134]。在 Si/SiO$_2$
基底上采用 Mo 金属电极构建电场，利用 CVD 法制备出沿电场方向生长的碳纳米
管水平阵列。具体过程如下：①将 Al$_2$O$_3$ 负载的 Fe/Mo 催化剂放置在 Mo 电极上
方，可以制备出沿着电场排列的碳纳米管水平阵列；②将 Fe$_2$O$_3$ 纳米粒子放置在
两个 Mo 金属电极中间，制备出的碳纳米管方向随机，并无任何定向性(图 4-39)。
进一步利用 MEDICI 模拟软件计算样品周围的电场分布情况：①电极边缘的位置，
电场近似垂直于 Mo 电极的表面，大约在 0.5 V/μm；②电极中间的位置，基底和
空气的界面，电场强度大约在 0.2 V/μm。实验说明，碳纳米管在电场中的受力
情况与电场的分布有关：在电极沟道中间的电场梯度并不能控制碳纳米管生长方
向，此处的碳纳米管可以接触到基底并被控制生长方向。

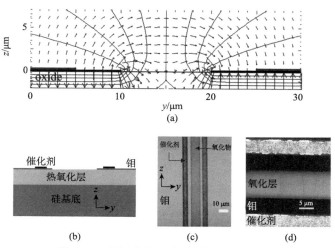

图 4-39　电场分布对碳纳米管取向的影响

(a) 从左到右 Mo 电极在 0 V 和 10 V 偏压下电场分布图和等势线；(b) 基底表面诱导碳纳米管水平阵列原理示意图；
(c) Si/SiO$_2$ 基底上构筑 Mo 电极和催化剂条带的截面图；(d) CVD 中制备出的碳纳米管水平阵列 SEM 形貌图[134]

### 6. 直流电与交流电的影响

Zhang 等于 2001 年利用 CVD 配合直流和交流电的方法制备碳纳米管水平阵

列[135]。他们先在石英基底上生长一层多晶硅，通过光刻和等离子刻蚀方法将其表面构筑成沟道，在沟道上方分别加载催化剂和安装金属电极。无电场引入时，碳纳米管在沟道处杂乱排列；当施加5～50 V 直流电时，碳纳米管表现出较好的阵列性，交流电结果类似(图 4-40)。电场驱动下的碳纳米管生长方向可以与气流方向垂直，此时气流诱导作用可以忽略不计。

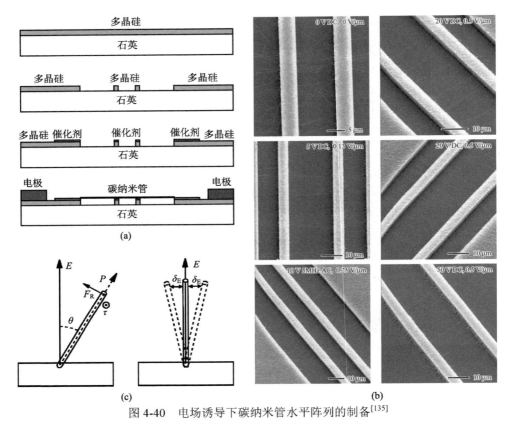

图 4-40　电场诱导下碳纳米管水平阵列的制备[135]

(a)电场诱导碳纳米管水平阵列的流程示意图；(b)在 0 V、5 V、20 V、50 V 直流电压(DC)条件下多晶 Si 电极之间的碳纳米管水平阵列；(c)电场中单壁碳纳米管的受力和振动方式示意图

　　总之，碳纳米管在诸多电子学领域具有潜在的应用价值，如场效应晶体管、射频晶体管和室温红外探测器等。这些领域对碳纳米管的一个共同要求是：碳纳米管具有较好的取向性。为了实现碳纳米管的特定取向，人们发展了晶格定向、台阶定向、气流诱导、电场诱导等方法。如果将不同定向方法结合，人们还可以获得更多具有特殊形貌的碳纳米管，如蛇形碳纳米管阵列[135-139]、碳纳米管交叉网络结构[140-146]等。这些结构丰富了碳纳米管聚集体的形貌，为碳纳米管在高性能电子器件应用的探索奠定了基础。

# 参 考 文 献

[1]　de Volder M , Tawfick S H, Baughman R H, Hart A J. Carbon nanotubes: present and future commercial applications. Science, 2013, 339 (6119): 535.

[2]　Kang S J, Kocabas C, Ozel T, Shim M, Pimparkar N, Alam M A, Rogers J A. High-performance electronics using dense, perfectly aligned arrays of single-walled carbon nanotubes. Nature Nanotechnology, 2007, 2 (4): 230-236.

[3]　Kang L, Zhang S, Li Q, Zhang J. Growth of horizontal semiconducting SWNT arrays with density higher than 100 tubes/μm using ethanol/methane chemical vapor deposition. Journal of the American Chemical Society, 2016, 138 (21): 6727-6730.

[4]　Hu Y, Kang L, Zhao Q, Zhong H, Zhang S, Yang L, Peng L, Zhang J. Growth of high-density horizontally aligned SWNT arrays using Trojan catalysts. Nature Communications, 2015, 6: 6099.

[5]　Zhang R, Zhang Y, Zhang Q, Xie H, Qian W, Wei F. Growth of half-meter long carbon nanotubes based on Schulz-Flory distribution. ACS Nano, 2013, 7 (7): 6156-6161.

[6]　Kinoshita M, Steiner M, Engel M, Small J P, Green A A, Hersam M C, Avouris P. The polarized carbon nanotube thin film LED. Optics Express, 2010, 18 (25): 25738-25745.

[7]　Shulaker M M, Hills G, Patil N, Wei H, Chen H Y, Wong H S P, Mitra S. Carbon nanotube computer. Nature, 2013, 501 (7468): 526-530.

[8]　Franklin A D. Electronics: The road to carbon nanotube transistors. Nature, 2013, 498 (7455): 443-444.

[9]　Lefebvre J, Austing D G, Finnie P. Two modes of electroluminescence from single-walled carbon nanotubes. Physica Status Solidi (RRL) - Rapid Research Letters, 2009, 3 (6): 199-201.

[10]　Mann D, Kato Y K, Kinkhabwala A, Pop E, Cao J, Wang X, Dai H. Electrically driven thermal light emission from individual single-walled carbon nanotubes. Nature Nanotechnology, 2007, 2 (1): 33-38.

[11]　Dukovic G, Wang F, Song D, Sfeir M Y, Heinz T F, Brus L E. Structural dependence of excitonic optical transitions and band-gap energies in carbon nanotubes. Nano Letters, 2005, 5 (11): 2314-2318.

[12]　St-Antoine B C, Ménard D, Martel R. Position sensitive photothermoelectric effect in suspended single-walled carbon nanotube films. Nano Letters, 2009, 9 (10): 3503-3508.

[13]　Lu R, Li Z, Xu G, Wu J Z. Suspending single-wall carbon nanotube thin film infrared bolometers on microchannels. Applied Physics Letters, 2009, 94 (16): 163110.

[14]　Lu R, Shi J J, Baca F J, Wu J Z. High performance multiwall carbon nanotube bolometers. Journal of Applied Physics, 2010, 108 (8): 084305.

[15]　Xiao L, Zhang Y, Wang Y, Liu K, Wang Z, Li T, Zhao Y. A polarized infrared thermal detector made from super-aligned multiwalled carbon nanotube films. Nanotechnology, 2011, 22 (2): 025502.

[16]　Freitag M, Martin Y, Misewich J A, Martel R, Avouris P. Photoconductivity of single carbon nanotubes. Nano Letters, 2003, 3 (8): 1067-1071.

[17]　Zeng Q, Wang S, Yang L, Wang Z, Pei T, Zhang Z, Xie S. Carbon nanotube arrays based high-performance infrared photodetector. Optical Materials Express, 2012, 2 (6): 839-848.

[18]　Han S, Liu X, Zhou C. Template-free directional growth of single-walled carbon nanotubes on a- and r-plane sapphire. Journal of the American Chemical Society, 2005, 127 (15): 5294-5295.

[19]　Ismach A, Segev L, Wachtel E, Joselevich E. Atomic-step-templated formation of single wall carbon nanotube patterns. Angewandte Chemie International Edition, 2004, 43 (45): 6140.

[20]　Su M, Li Y, Maynor B, Buldum A, Lu J P, Liu J. Lattice-oriented growth of single-walled carbon nanotubes. The Journal of Physical Chemistry B, 2000, 104 (28): 6505-6508.

[21]　Joselevich E. Self-organized growth of complex nanotube patterns on crystal surfaces. Nano Research, 2009, 2 (10): 743-754.

[22] Chen Y, Hu Y, Fang Y, Li P, Feng C, Zhang J. Lattice-directed growth of single-walled carbon nanotubes with controlled geometries on surface. Carbon, 2012, 50 (9) : 3295-3297.

[23] Ago H, Nakamura K, Ikeda K I, Uehara N, Ishigami N, Tsuji M. Aligned growth of isolated single-walled carbon nanotubes programmed by atomic arrangement of substrate surface. Chemical Physics Letters, 2005, 408 (4-6) : 433-438.

[24] Jeong S, Oshiyama A. Selective alignment of carbon nanotubes on sapphire surfaces: Bond formation between nanotubes and substrates. Physical Review Letters, 2011, 107 (6) : 065501.

[25] Chen Y, Hu Y, Liu M, Xu W, Zhang Y, Xie L, Zhang J. Chiral structure determination of aligned single-walled carbon nanotubes on graphite surface. Nano Letters, 2013, 13 (11) : 5666.

[26] Dai H, Liu J, Hata K, Windle A. Carbon nanotube synthesis and organization. Berlin, Heidelberg: Springer, 2007: 101-165.

[27] Ago H, Imamoto K, Ishigami N, Ohdo R, Ikeda K I, Tsuji M. Competition and cooperation between lattice-oriented growth and step-templated growth of aligned carbon nanotubes on sapphire. Applied Physics Letters, 2007, 90 (12) : 123112.

[28] Ismach A, Kantorovich D, Joselevich E. Carbon nanotube graphoepitaxy: highly oriented growth by faceted nanosteps. Journal of the American Chemical Society, 2005, 127 (33) :11554-11555.

[29] Chen Y, Shen Z, Xu Z, Hu Y, Xu H, Wang S, Liu Z. Helicity-dependent single-walled carbon nanotube alignment on graphite for helical angle and handedness recognition. Nature Communications, 2013, 4: 2205.

[30] Zhou W, Ding L, Yang S, Liu J. Synthesis of high-density, large-diameter, and aligned single-walled carbon nanotubes by multiple-cycle growth methods. ACS Nano, 2011, 5 (5) : 3849-3857.

[31] Hong S W, Banks T, Rogers J A. Improved density in aligned arrays of single-walled carbon nanotubes by sequential chemical vapor deposition on quartz. Advanced Material, 2010, 22 (16) : 1826-1830.

[32] Zhou W, Zhan S, Ding L, Liu J. General rules for selective growth of enriched semiconducting single walled carbon nanotubes with water vapor as *in situ* etchant. Journal of the American Chemical Society, 2012, 134 (34) : 14019-14026.

[33] Kang L, Hu Y, Zhong H, Si J, Zhang S, Zhao Q, Lin J, Li Q, Zhang Z, Peng L, Zhang J. Large-area growth of ultra-high-density single-walled carbon nanotube arrays on sapphire substrate. Nano Research, 2015, 8(11): 3694-3703.

[34] Wang C, Ryu K, de Arco L G, Badmaev A, Zhang J, Lin X, Zhou C. Synthesis and device applications of high-density aligned carbon nanotubes using low-pressure chemical vapor deposition and stacked multiple transfer. Nano Research, 2010, 3 (12) : 831-842.

[35] Cao Q, Han S J, Tulevski G S, Zhu Y, Lu D D, Haensch W. Arrays of single-walled carbon nanotubes with full surface coverage for high-performance electronics. Nature Nanotechnology, 2013, 8 (3) : 180-186.

[36] Cao Q, Han S J, Tulevski G S. Fringing-field dielectrophoretic assembly of ultrahigh-density semiconducting nanotube arrays with a self-limited pitch. Nature Communications, 2014, 5: 5071.

[37] Zhang R, Wen Q, Qian W, Su D S, Zhang Q, Wei F. Superstrong ultralong carbon nanotubes for mechanical energy storage. Advanced Material, 2011, 23 (30) : 3387-3391.

[38] Wagner R, Ellis W. Vapor-liquid-solid mechanism of single crystal growth. Applied Physical Letters, 1964, 4 (5) : 89-90.

[39] Homma Y, Kobayashi Y, Ogino T, Takagi D, Ito R, Jung Y J, Ajayan P M. Role of transition metal catalysts in single-walled carbon nanotube growth in chemical vapor deposition. The Journal of Physical Chemistry B, 2003, 107 (44) : 12161-12164.

[40] Yoshida H, Takeda S, Uchiyama T, Kohno H, Homma Y. Atomic-scale in-situ observation of carbon nanotube growth from solid state iron carbide nanoparticles. Nano Letters, 2008, 8 (7) : 2082-2086.

[41] Gavillet J, Loiseau A, Journet C, Willaime F, Ducastelle F, Charlier J C. Root-growth mechanism for single-wall carbon nanotubes. Physical Review Letters, 2001, 87: 275504.

[42] Ding F, Larsson P, Larsson J A, Ahuja R, Duan H, Rosén A, Bolton K. The importance of strong carbon-metal adhesion for catalytic nucleation of single-walled carbon nanotubes. Nano Letters, 2008, 8(2): 463-468.

[43] Ding F, Bolton K, Rosen A. Nucleation and growth of single-walled carbon nanotubes: A molecular dynamics study. The Journal of Physical Chemistry B, 2004, 108(45): 17369-17377.

[44] Ding F, Harutyunyan A R, Yakobson B I. Dislocation theory of chirality-controlled nanotube growth. Proceedings of the National Academy of Sciences, 2009, 106(8): 2506.

[45] Marchand M, Journet C, Guillot D, Benoit J M, Yakobson B I, Purcell S T. Growing a carbon nanotube atom by atom: "and yet it does turn". Nano Letters, 2009, 9(8): 2961-2966.

[46] Zhang R, Zhang Y, Xie H, Zhang Q, Qian W, Wei F. Controlled synthesis and property of horizontally aligned carbon nanotubes. Scientia Sinica Chimica, 2015, 45(10): 979.

[47] Zhang R, Xie H, Zhang Y, Zhang Q, Jin Y, Li P, Wei F. The reason for the low density of horizontally aligned ultralong carbon nanotube arrays. Carbon, 2013, 52: 232-238.

[48] Jin Z, Chu H, Wang J, Hong J, Tan W, Li Y. Ultralow feeding gas flow guiding growth of large-scale horizontally aligned single-walled carbon nanotube arrays. Nano Letters, 2007, 7(7): 2073-2079.

[49] Huang S, Woodson M, Smalley R, Liu J. Growth mechanism of oriented long single walled carbon nanotubes using "fast-heating" chemical vapor deposition process. Nano Letters, 2004, 4(6): 1025-1028.

[50] Ma Y F, Wang B, Wu Y P, Huang Y, Chen Y S. The production of horizontally aligned single-walled carbon nanotubes. Carbon, 2011, 49: 4098-4110.

[51] Rao F, Zhou Y, Li T, Wang Y. Horizontally aligned single-walled carbon nanotubes can bridge wide trenches and climb high steps. Chemical Engineering Journal, 2010, 157(2-3): 590-597.

[52] Yu Z, Li S, Burke P J. Synthesis of aligned arrays of millimeter long, straight single-walled carbon nanotubes. Chemical Material, 2004, 16(18): 3414-3416.

[53] Huang L, Cui X, White B, O'Brien S P. Long and oriented single-walled carbon nanotubes grown by ethanol chemical vapor deposition. The Journal of Physical Chemistry B, 2004, 108(42): 16451-16456.

[54] Huang L, White B, Sfeir M Y, Huang M, Huang H X, Wind S, O'Brien S. Cobalt ultrathin film catalyzed ethanol chemical vapor deposition of single-walled carbon nanotubes. The Journal of Physical Chemistry B, 2006, 110(23): 11103-11109.

[55] Jian M, Xie H, Wang Q, Xia K, Yin Z, Zhang M, Zhang Y. Volatile-nanoparticle-assisted optical visualization of individual carbon nanotubes and other nanomaterials. Nanoscale, 2016, 8(27): 13437.

[56] Hofmann M, Nezich D, Kong J. In-situ sample rotation as a tool to understand chemical vapor deposition growth of long aligned carbon nanotubes. Nano Letters, 2008, 8(12): 4122-4127.

[57] Liu Z F, Jiao L Y, Yao Y G, Xian X J, Zhang J. Aligned, ultralong single-walled carbon nanotubes: from synthesis, sorting, to electronic devices. Advanced Materials, 2010, 22(21): 2285-2310.

[58] Zhang B, Hong G, Peng B, Zhang J, Choi W, Kim J M, Liu Z. Grow single-walled carbon nanotubes cross-bar in one batch. The Journal of Physical Chemistry C, 2009, 113(14): 5341-5344.

[59] Wen Q, Zhang R, Qian W, Wang Y, Tan P, Nie J, Wei F. Growing 20 cm long DWNTs/TWNTs at a rapid growth rate of 80−90 μm/s. Chemical Material, 2010, 22(4): 1294-1296.

[60] Wang Q, Ng M F, Yang S W, Yang Y, Chen Y. The mechanism of single-walled carbon nanotube growth and chirality selection induced by carbon atom and dimer addition. ACS Nano, 2010, 4(2): 939-946.

[61] Flory P J. Molecular size distribution in linear condensation polymers. Journal of the American Chemical Society, 1936, 58(10): 1877-1885.

[62] Bianchini C, Giambastiani G, Guerrero I R, Meli A, Passaglia E, Gragnoli T. Simultaneous polymerization and Schulz-Flory oligomerization of ethylene made possible by activation with MAO of a C1-symmetric[2, 6-bis(arylimino) pyridyl] iron dichloride precursor. Organometallics, 2004, 23(26): 6087-6089.

[63] 张如范. 宏观长度结构完美的超长碳纳米管的可控制备与性质研究. 北京: 清华大学博士学位论文, 2015.

[64] Xie H, Zhang R, Zhang Y, Li P, Jin Y, Wei F. Growth of high-density parallel arrays of ultralong carbon nanotubes

with catalysts pinned by silica nanospheres. Carbon, 2013, 52: 535-540.

[65] Huang S, Cai X, Du C, Liu J. Oriented long single walled carbon nanotubes on substrates from floating catalysts. The Journal of Physical Chemistry B, 2003, 107 (48):13251-13254.

[66] Zheng L X, O'connell M J, Doorn S K, Liao X Z, Zhao Y H, Akhadov E A, Peterson D E. Ultralong single-wall carbon nanotubes. Nature Material, 2004, 3 (10): 673-676.

[67] Zhang Y, Zhou W, Jin Z, Ding L, Zhang Z, Liang X, Li Y. Direct growth of single-walled carbon nanotubes without metallic residues by using lead as a catalyst. Chemical Material, 2008, 20 (24): 7521-7525.

[68] Huang S, Cai Q, Chen J, Qian Y, Zhang L. Metal-catalyst-free growth of single-walled carbon nanotubes on substrates. Journal of the American Chemical Society, 2009, 131 (6): 2094-2095.

[69] Huang S, Cai X, Liu J. Growth of millimeter-long and horizontally aligned single-walled carbon nanotubes on flat substrates. Journal of the American Chemical Society, 2003, 125 (19): 5636-5637.

[70] Cui R, Zhang Y, Wang J, Zhou W, Li Y. Comparison between copper and iron as catalyst for chemical vapor deposition of horizontally aligned ultralong single-walled carbon nanotubes on silicon substrates. The Journal of Physical Chemistry C, 2010, 114 (37): 15547-15552.

[71] Reina A, Hofmann M, Zhu D, Kong J. Growth mechanism of long and horizontally aligned carbon nanotubes by chemical vapor deposition. The Journal of Physical Chemistry C, 2007, 111 (20): 7292-7297.

[72] Zhou W, Han Z, Wang J, Zhang Y, Jin Z, Sun X, Li Y. Copper catalyzing growth of single-walled carbon nanotubes on substrates. Nano Letters, 2006, 6 (12): 2987-2990.

[73] Peng B, Yao Y, Zhang J. Effect of the Reynolds and Richardson numbers on the growth of well-aligned ultralong single-walled carbon nanotubes. The Journal of Physical Chemistry C, 2010, 114 (30): 12960-12965.

[74] Xie H, Zhang R, Zhang Y, Zhang W, Jian M, Wang C, Wei F. Graphene/graphite sheet assisted growth of high-areal-density horizontally aligned carbon nanotubes. Chemical Communication, 2014, 50 (76): 11158-11161.

[75] Hong B H, Lee J Y, Beetz T, Zhu Y, Kim P, Kim K S. Quasi-continuous growth of ultralong carbon nanotube arrays. Journal of the American Chemical Society, 2005, 127 (44): 15336-15337.

[76] Wang X, Li Q, Xie J, Jin Z, Wang J, Li Y, Fan S. Fabrication of ultralong and electrically uniform single-walled carbon nanotubes on clean substrates. Nano Letters, 2009, 9 (9): 3137-3141.

[77] Wen Q, Qian W, Nie J, Cao A, Ning G, Wang Y, Wei F. 100 mm long, semiconducting triple-walled carbon nanotubes. Advanced Material, 2010, 22 (16): 1867-1871.

[78] Yao Y, Li Q, Zhang J, Liu R, Jiao L, Zhu Y T, Liu Z. Temperature-mediated growth of single-walled carbon-nanotube intramolecular junctions. Nature Material, 2007, 6 (4): 283-286.

[79] Yao Y, Dai X, Liu R, Zhang J, Liu Z. Tuning the diameter of single-walled carbon nanotubes by temperature-mediated chemical vapor deposition. The Journal of Physical Chemistry C, 2009, 113 (30): 13051-13059.

[80] Zhu Z, Wei N, Xie H, Zhang R, Bai Y, Wang Q, Wei F. Acoustic-assisted assembly of an individual monochromatic ultralong carbon nanotube for high on-current transistors. Science Advance, 2016, 2 (11): e1601572.

[81] Qin X, Peng F, Yang F, He X, Huang H, Luo D, Li Y. Growth of semiconducting single-walled carbon nanotubes by using ceria as catalyst supports. Nano Letters, 2014, 14 (2): 512-517.

[82] Ding F, Rosen A, Bolton K. Molecular dynamics study of the catalyst particle size dependence on carbon nanotube growth. The Journal of Chemical Physics, 2004, 121 (6): 2775.

[83] Li S, Yu Z, Rutherglen C, Burke P J. Electrical properties of 0.4 cm long single-walled carbon nanotubes. Nano Letters, 2004, 4 (10): 2003-2007.

[84] Yang F, Wang X, Li M, Liu X, Zhao X, Zhang D, Li Y. Templated synthesis of single-walled carbon nanotubes with specific structure. Accounts of Chemical Research, 2016, 49 (4): 606-615.

[85] Liu B, Wu F, Gui H, Zheng M, Zhou C. Chirality-controlled synthesis and applications of single-wall carbon nanotubes. ACS Nano, 2017, 11 (1): 31-53.

[86] Smalley R E, Li Y, Moore V C, Price B K, Colorado R, Schmidt H K, Tour J M. Single wall carbon nanotube

amplification: En route to a type-specific growth mechanism. Journal of the American Chemical Society, 2006, 128(49): 15824-15829.

[87] Liu J, Wang C, Tu X, Liu B, Chen L, Zheng M, Zhou C. Chirality-controlled synthesis of single-wall carbon nanotubes using vapour-phase epitaxy. Nature Communication, 2012, 3: 1199.

[88] Liu B, Liu J, Tu X, Zhang J, Zheng M, Zhou C. Chirality-dependent vapor-phase epitaxial growth and termination of single-wall carbon nanotubes. Nano Letters, 2013, 13(9): 4416-4421.

[89] Wang Y, Kim M J, Shan H, Kittrell C, Fan H, Ericson L M, Smalley R E. Continued growth of single-walled carbon nanotubes. Nano Letters, 2005, 5(6): 997-1002.

[90] Yao Y, Feng C, Zhang J, Liu Z. "Cloning" of single-walled carbon nanotubes via open-end growth mechanism. Nano Letters, 2009, 9(4): 1673-1677.

[91] Yu X, Zhang J, Choi W, Choi J Y, Kim J M, Gan L, Liu Z. Cap formation engineering: from opened $C_{60}$ to single-walled carbon nanotubes. Nano Letters, 2010, 10(9): 3343-3349.

[92] Omachi H, Nakayama T, Takahashi E, Segawa Y, Itami K. Initiation of carbon nanotube growth by well-defined carbon nanorings. Nature Chemistry, 2013, 5(7): 572-576.

[93] Yang F, Wang X, Si J, Zhao X, Qi K, Jin C, Zhang Z, Li Y. Water-assisted preparation of high-purity semiconducting (14, 4) carbon nanotubes. ACS Nano, 2016, 11(1): 186-193.

[94] Yang F, Wang X, Zhang D, Qi K, Yang J, Xu Z, Li Y. Growing zigzag (16, 0) carbon nanotubes with structure-defined catalysts. Journal of the American Chemical Society, 2015, 137(27): 8688-8691.

[95] Yang F, Wang X, Zhang D, Yang J, Luo D, Xu Z, Li X. Chirality-specific growth of single-walled carbon nanotubes on solid alloy catalysts. Nature, 2014, 510(7506): 522-524.

[96] Zhao X L, Zhang S C, Zhu Z X, Zhang J, Wei F, Li Y. Catalysts for single-wall carbon nanotube synthesis-From surface growth to bulk preparation. MRS Bulletin, 2017, 42: 809-818.

[97] Liu H, Takagi D, Chiashi S, Homma Y. The controlled growth of horizontally aligned single-walled carbon nanotube arrays by a gas flow process. Nanotechnology, 2009, 20(34): 345604.

[98] Xie H, Zhang R, Zhang Y, Yin Z, Jian M, Wei F. Preloading catalysts in the reactor for repeated growth of horizontally aligned carbon nanotube arrays. Carbon, 2016, 98: 157-161.

[99] Didenko V V, Moore V C, Baskin D S, Smalley R E. Visualization of individual single-walled carbon nanotubes by fluorescent polymer wrapping. Nano Letters, 2005, 5(8): 1563-1567.

[100] Otobe K, Nakao H, Hayashi H, Nihey F, Yudasaka M, Iijima S. Fluorescence visualization of carbon nanotubes by modification with silicon-based polymer. Nano Letters, 2002, 2(10): 1157-1160.

[101] Duggal R, Pasquali M. Dynamics of individual single-walled carbon nanotubes in water by real-time visualization. Physical Review Letters, 2006, 96(24): 246104.

[102] Yu Z, Brus L. Rayleigh and Raman scattering from individual carbon nanotube bundles. The Journal of Physical Chemistry B, 2001, 105(6): 1123-1134.

[103] Sfeir M Y, Wang F, Huang L, Chuang C C, Hone J, O'Brien S P, Brus L E. Probing electronic transitions in individual carbon nanotubes by Rayleigh scattering. Science, 2004, 306(5701): 1540-1543.

[104] Liu K, Deslippe J, Xiao F, Capaz R B, Hong X, Aloni S, Wang E. An atlas of carbon nanotube optical transitions. Nature Nanotechnology, 2012, 7(5): 325-329.

[105] Sfeir M Y, Beetz T, Wang F, Huang L, Huang X H, Huang M, Wu L. Optical spectroscopy of individual single-walled carbon nanotubes of defined chiral structure. Science, 2006, 312(5773): 554-556.

[106] Joh D Y, Herman L H, Ju S Y, Kinder J, Segal M A, Johnson J N, Park J. On-chip Rayleigh imaging and spectroscopy of carbon nanotubes. Nano Letters, 2011, 11(1): 1-7.

[107] Joh D Y, Kinder J, Herman L H, Ju S Y, Segal M A, Johnson J N, Park J. Single-walled carbon nanotubes as excitonic optical wires. Nature Nanotechnology, 2011, 6(1): 51-56.

[108] Liu K, Hong X, Zhou Q, Jin C, Li J, Zhou W, Wang F. High-throughput optical imaging and spectroscopy of individual carbon nanotubes in devices. Nature Nanotechnology, 2013, 8(12): 917-922.

[109] Wu W, Yue J, Lin X, Li D, Zhu F, Yin X, Wang X. True-color real-time imaging and spectroscopy of carbon nanotubes on substrates using enhanced Rayleigh scattering. Nano Research, 2015, 8 (8): 2721-2732.

[110] Wu W, Yue J, Li D, Lin X, Zhu F, Yin X, Wang J. Interface dipole enhancement effect and enhanced Rayleigh scattering. Nano Research, 2014, 8 (1): 303-319.

[111] Deng S, Tang J, Kang L, Hu Y, Yao F, Zhao Q, Zhang J. High-throughput determination of statistical structure information for horizontal carbon nanotube arrays by optical imaging. Advanced Material, 2016, 28 (10): 2018-2023.

[112] Huang S, Qian Y, Chen J, Cai Q, Wan L, Wang S, Hu W. Identification of the structures of superlong oriented single-walled carbon nanotube arrays by electrodeposition of metal and Raman spectroscopy. Journal of the American Chemical Society, 2008, 130 (36): 11860-11861.

[113] Chu H, Cui R, Wang J, Yang J, Li Y. Visualization of individual single-walled carbon nanotubes under an optical microscope as a result of decoration with gold nanoparticles. Carbon, 2011, 49 (4): 1182-1188.

[114] Chang N K, Hsu J H, Su C C, Chang S H. Horizontally oriented carbon nanotubes coated with nanocrystalline carbon. Thin Solid Films, 2009, 517 (6): 1917-1921.

[115] Zhang R, Ning Z, Zhang Y, Xie H, Zhang Q, Qian W, Wei F. Facile manipulation of individual carbon nanotubes assisted by inorganic nanoparticles. Nanoscale, 2013, 5 (14): 6584-6588.

[116] Zhang R, Zhang Y, Zhang Q, Xie H, Wang H, Nie J, Wei F. Optical visualization of individual ultralong carbon nanotubes by chemical vapour deposition of titanium dioxide nanoparticles. Nature Communication, 2013, 4: 1727.

[117] Fan X, Zheng W, Singh D J. Light scattering and surface plasmons on small spherical particles. Light: Science & Applications, 2014, 3 (6): e179.

[118] Wang J, Li T, Xia B, Jin X, Wei H, Wu W, Wei Y, Wang J, Liu P, Zhang L, Li Q, Fan S Jiang K. Vapor-condensation-assisted optical microscopy for ultralong carbon nanotubes and other nanostructures. Nano Letters, 2014, 14 (6): 3527-3533.

[119] Zhang X, Song L, Cai L, Tian X, Zhang Q, Qi X, Wang Y. Optical visualization and polarized light absorption of the single-wall carbon nanotube to verify intrinsic thermal applications. Light: Science & Applications, 2015, 4 (8): e318.

[120] Liu Z, Ci L, Kar S, Ajayan P, Lu J. Fabrication and electrical characterization of densified carbon nanotube micropillars for IC interconnection. IEEE Transactions on Nanotechnology, 2009, 8 (2): 196-203.

[121] Wei X L, Liu Y, Chen Q, Wang M S, Peng L M. The very-low shear modulus of multi-walled carbon nanotubes determined simultaneously with the axial Young's modulus via *in situ* experiments. Advanced Functional Materials, 2008, 18 (10): 1555-1562.

[122] Nakajima M, Arai F, Fukuda T. *In situ* measurement of Young's modulus of carbon nanotubes inside a TEM through a hybrid nanorobotic manipulation system. IEEE Transactions on Nanotechnology, 2006, 5 (3): 243-248.

[123] Wei X, Chen Q, Liu Y, Peng L. Cutting and sharpening carbon nanotubes using a carbon nanotube 'nanoknife'. Nanotechnology, 2007, 18 (18): 185503.

[124] Yu M, Dyer M J, Skidmore G D, Rohrs H W, Lu X, Ausman K D, Ruoff R S. Three-dimensional manipulation of carbon nanotubes under a scanning electron microscope. Nanotechnology, 1999, 10 (3): 244.

[125] Avouris P, Hertel T, Martel R, Schmidt T, Shea H R, Walkup R E. Carbon nanotubes: nanomechanics, manipulation, and electronic devices. Applied Surface Science, 1999, 141 (3): 201-209.

[126] Duan X J, Zhang J, Ling X, Liu Z F. Nano-welding by scanning probe microscope. Journal of the American Chemical Society, 2005, 127 (23): 8268-8269.

[127] Kang S J, Kocabas C, Kim H S, Cao Q, Meitl M A, Khang D Y, Rogers J A. Printed multilayer superstructures of aligned single-walled carbon nanotubes for electronic applications. Nano Letters, 2007, 7 (11): 3343-3348.

[128] Zhang R, Ning Z, Zhang Y, Zheng Q, Chen Q, Xie H, Wei F. Superlubricity in centimetres-long double-walled carbon nanotubes under ambient conditions. Nature Nanotechnology, 2013, 8 (12): 912-916.

[129] Zhang R, Ning Z, Xu Z, Zhang Y, Xie H, Ding F, Wei F. Interwall friction and Sliding behavior of centimeters long double-walled carbon nanotubes. Nano Letters, 2016, 16 (2): 1367-1374.

[130] Dittmer S, Svensson J, Campbell E E. Electric field aligned growth of single-walled carbon nanotubes. Current Applied Physics, 2004, 4 (6): 595-598.

[131] Joselevich E, Lieber C M. Vectorial growth of metallic and semiconducting single-wall carbon nanotubes. Nano Letters, 2002, 2 (10): 1137-1141.

[132] Landau L, Lifshitz E, Pitaevskii L. Electrodynamics of Continuous Media (Pergamon, Oxford). Israelachvili JN, 2000.

[133] Benedict L X, Louie S G, Cohen M L. Static polarizabilities of single-wall carbon nanotubes. Physical Review B, 1995, 52 (11): 8541.

[134] Ural A, Li Y, Dai H. Electric-field-aligned growth of single-walled carbon nanotubes on surfaces. Applied Physics Letters, 2002, 81 (18): 3464-3466.

[135] Zhang Y, Chang A, Cao J, Wang Q. Electric-field-directed growth of aligned single-walled carbon nanotubes. Applied Physics Letters, 2001, 79 (19): 3155-3157.

[136] Geblinger N, Ismach A, Joselevich E. Self-organized nanotube serpentines. Nature Nanotechnology, 2008, 3 (4): 195-200.

[137] Machado L D, Legoas S B, Soares J D S, Shadmi N, Jorio A, Joselevich E, Galvao D S. Dynamics of the formation of carbon nanotube serpentines. Physical Review Letters, 2013, 110 (10): 105502.

[138] Jeon S, Lee C, Tang J, Hone J, Nuckolls C. Growth of serpentine carbon nanotubes on quartz substrates and their electrical properties. Nano Research, 2008, 1 (5): 427-433.

[139] Yao Y, Dai X, Feng C, Zhang J, Liang X, Ding L, Liu Z. Crinkling ultralong carbon nanotubes into serpentines by a controlled landing process. Advanced Materials, 2009, 21 (41): 4158-4162.

[140] Cao Q, Kim H S, Pimparkar N, Kulkarni J P, Wang C, Shim M, Rogers J A. Medium-scale carbon nanotube thin-film integrated circuits on flexible plastic substrates. Nature, 2008, 454 (7203): 495.

[141] Rueckes T, Kim K, Joselevich E, Tseng G Y, Cheung C L, Lieber C M. Carbon nanotube-based nonvolatile random access memory for molecular computing. Science, 2000, 289 (5476): 94-97.

[142] Ismach A, Joselevich E. Orthogonal self-assembly of carbon nanotube crossbar architectures by simultaneous graphoepitaxy and field-directed growth. Nano Letters, 2006, 6 (8): 1706-1710.

[143] Huang S, Maynor B, Cai X, Liu J. Ultralong, well-aligned single-walled carbon nanotube architectureson surfaces. Advanced Materials, 2003, 15 (19): 1651-1655.

[144] Wang M S, Wang J Y, Chen Q, Peng L M. Fabrication and electrical and mechanical properties of carbon nanotube interconnections. Advanced Functional Materials, 2005, 15 (11): 1825-1831.

[145] Shen G, Lu Y, Shen L, Zhang Y, Guo S. Nondestructively creating nanojunctions by combined-dynamic-mode dip-pen nanolithography. ChemPhysChem, 2009, 10 (13): 2226-2229.

[146] Do J W, Estrada D, Xie X, Chang N N, Mallek J, Girolami G S, Lyding J W. Nanosoldering carbon nanotube junctions by local chemical vapor deposition for improved device performance. Nano Letters, 2013, 13 (12): 5844-5850.

# 第5章

## 碳纳米管垂直阵列的化学气相沉积控制制备

在实际应用中，单根或少根碳纳米管的操作极其困难，因此其实际应用受到很大的限制。与之不同的是，碳纳米管的宏观集合体不仅易于操作，而且展示了一系列独特的性质，因此吸引了广泛的关注。其中，碳纳米管垂直阵列(或碳纳米管森林)就是一种典型的碳纳米管宏观集合体。碳纳米管垂直阵列是指碳纳米管与基板表面呈垂直取向，碳纳米管之间呈平行排列的碳纳米管集合体。其中的碳纳米管不仅取向一致，而且具有较大的长径比。这种有序的结构比无规排列的碳米管更能充分发挥碳纳米管的优异性能。碳纳米管垂直阵列在强度、电导率、管径、管壁数、高度和管间距等方面具有很高的一致性，因此显示了一系列独特的性能和优势。1995 年，de Heer 等[1]将碳纳米管分散在乙醇中后将其通过微孔陶瓷过滤器，首次得到具有定向排列的碳纳米管。1996 年，解思深等[2]提出利用孔道限制碳纳米管生长取向的方法，利用硅胶为模板，将催化剂通过液相合成法分散到正硅酸乙酯水解形成的凝胶中，从而得到了原位生长的碳纳米管垂直阵列。本章首先介绍和讨论碳纳米管垂直阵列的结构、特性及应用价值，然后详细介绍碳纳米管垂直阵列的制备方法及原理，随后专门讨论三类特殊碳纳米管垂直阵列的制备方法，包括单壁碳纳米管垂直阵列、超顺排碳纳米管垂直阵列和高密度碳纳米管垂直阵列。

## 5.1 碳纳米管垂直阵列的结构、性质及应用

碳纳米管垂直阵列的性质与其独特的结构紧密相关，了解碳纳米管垂直阵列的结构特点才能深入研究其特性，进而开发其应用。

### 5.1.1 碳纳米管垂直阵列的结构

碳纳米管垂直阵列是大量具有规则取向的碳纳米管形成的宏观体。阵列中，碳纳米管具有相同的取向、巨大的长径比、相似的长度、相互作用小、缠绕少。这样的各向异性的结构使得碳纳米管垂直阵列相比于普通各向同性的碳纳米管材

料在性能上具有显著优势。下面将从管壁数、弯曲程度、长度和密度四个方面对碳纳米管垂直阵列加以分类描述。

　　根据碳纳米管壁数的不同，碳纳米管垂直阵列可分为多壁碳纳米管垂直阵列[2] [图 5-1(a)]和单壁碳纳米管垂直阵列[图 5-1(b)]。通过调控实验条件可以控制催化剂颗粒大小，进而控制碳纳米管的管壁数。2004 年，Hata 等[3]将水作为一种弱氧化剂引入碳纳米管垂直阵列的生长中，得到了单壁碳纳米管垂直阵列。2016 年，Tsuji 课题组通过对催化剂缓冲层进行设计，得到了单壁碳纳米管含量达 95%的碳纳米管垂直阵列[4]。

　　此外，根据碳纳米管的微观形貌，还可以将碳纳米管垂直阵列分为一般垂直阵列和超顺排垂直阵列。图 5-2 是不同弯曲程度的碳纳米管组成的垂直阵列。以赫尔曼取向因子(Herman's orientation factor, HOF)表示碳纳米管的弯曲和有序排列程度。当 HOF=1 时，为超顺排碳纳米管垂直阵列。超顺排碳纳米管垂直阵列的独特之处在于，可以从碳纳米管阵列中制备出连续的碳纳米管纤维 [图 5-2(c)][5]。2002 年，姜开利等首次报道了从碳纳米管垂直阵列中制备出连续的碳纳米管纤维[5]。本章 5.4 节将会详细阐述超顺排碳纳米管垂直阵列的制备方法。

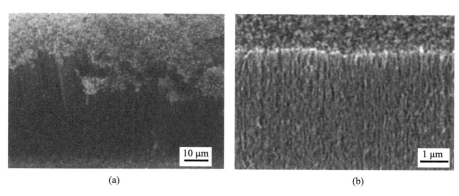

(a)　　　　　　　　　　　　　　(b)

图 5-1　多壁(a)[2]和单壁(b)[3]碳纳米管垂直阵列的扫描电子显微镜图

　　根据碳纳米管垂直阵列的长度不同，可以分为碳纳米管垂直阵列薄膜和超长碳纳米管垂直阵列[6]。较薄的碳纳米管垂直阵列具有较好的导热性和导电性，这是因为生长过程中碳纳米管之间存在相互作用力，所以随着阵列高度的增加，碳纳米管之间由于范德华力作用会出现弯曲和多根成束现象(图 5-2)。缠绕程度的增加影响了碳纳米管垂直阵列轴向的规则结构，从而影响了材料性能。另外，随着碳纳米管垂直阵列高度的增加，碳纳米管垂直阵列中与轴向垂直的表面也会发生明显的变化。从图 5-3 可以看出，碳纳米管垂直阵列的上下表面单根碳纳米管之间的缠绕不同，上表面碳纳米管之间的缠绕程度增加。这是由碳纳米管垂直阵列

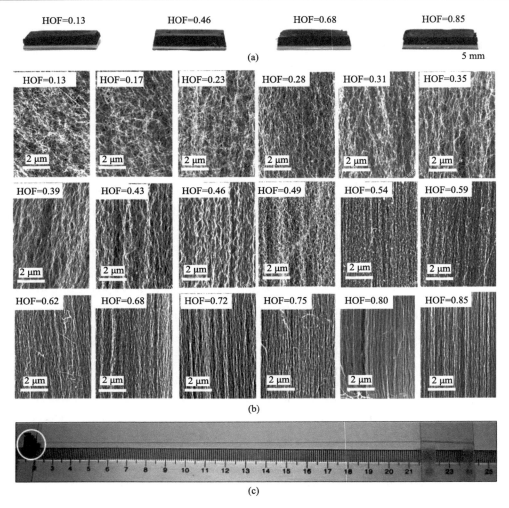

图 5-2　(a)不同排列程度的 1 mm 高的碳纳米管垂直阵列的实物图;(b)赫尔曼取向因子(HOF)从 0.13 到 0.85 对应的碳纳米管垂直阵列的扫描电子显微镜放大图[7]; (c)从碳纳米管垂直阵列中(左侧)抽出的一根连续的碳纳米管纤维[5]

底端生长模式引起的。随着碳源不断融入铁催化剂颗粒中,不同催化剂颗粒的活性不同导致碳纳米管的生长速率并不一致,先成核的碳纳米管向上生长,而后形核的碳纳米管拉扯着先形核的碳纳米管,使之在生长方向上受外力而弯曲,最终形成缠绕的网络结构。这种生长速率之间的差异造成了碳纳米管独特的表面结构。这种结构具有超疏水性,与水的接触角可以达到 150°。这赋予了碳纳米管垂直阵列作为一种自清洁表面材料的潜力。

　　根据碳纳米管垂直阵列中的碳纳米管密度的不同,可以分为一般碳纳米管垂直阵列和高密度碳纳米管垂直阵列。碳纳米管垂直阵列中碳纳米管的密度极高，可以达到 $10^{10\sim13}$ 根/$cm^2$ [8]。其质量密度一般为 $10^{-2}\sim10^2 g/cm^3$ [9, 10]。其中高密度碳纳米管垂直阵列密度可达 $1\times10^{12}$ 根/$cm^2$ 以上，同时其体积占比可达 30%～40%[11]。虽然碳纳米管垂直阵列的密度很高，但碳纳米管垂直阵列和高密度碳纳米管垂直阵列都具有很高的孔隙率(可达 95%)[12, 13]。这是碳纳米管的直径较小而管之间的间距较大造成的。这种特殊结构赋予了碳纳米管垂直阵列诸多独特的性质，表现在光学、力学、电学、热学等各方面。

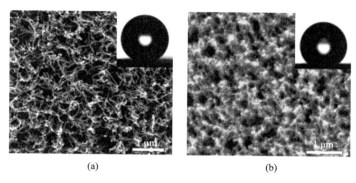

(a)　　　　　　　　　　　　　　(b)

图 5-3　预沉积催化剂法制备的多壁碳纳米管垂直阵列上(a)下(b)的表面形貌及其接触角(插图)

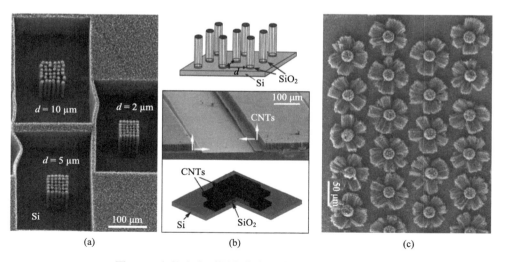

(a)　　　　　　　　(b)　　　　　　　(c)

图 5-4　在基底表面图案化生长的碳纳米管垂直阵列

(a)扫描电子显微镜图显示的是由直径 10 μm 的碳纳米管圆柱组成的"楼群"，每个圆柱块含有几十根碳纳米管(图案化的 $SiO_2$ 的地方有碳纳米管生长，Si 的地方没有碳纳米管生长)，圆柱之间的距离标示在图中；(b)碳纳米管的垂直和水平生长示意图，从图案化的 Si / $SiO_2$ 晶片的截面方向观测；(c)雏菊形状的碳纳米管阵列的扫描电子显微镜图[15]

碳纳米管垂直阵列的独特结构使其与碳纳米管水平阵列和无规分散材料相比，具有独特的应用价值。相对于超长水平阵列碳纳米管，垂直阵列中碳纳米管的排列非常密集，而相对于聚团碳纳米管，垂直阵列中碳纳米管的排列非常有序。通过对催化剂的设计及实验条件的调控，人们可以制备出各种图案化[14,15]的碳纳米管垂直阵列（图 5-4）；通过对反应条件的调控，可以制备出排列有序度不同的碳纳米管垂直阵列等[16]（图 5-2）。

### 5.1.2 碳纳米管垂直阵列的性质及应用

#### 1. 电学性质及应用

碳纳米管垂直阵列因其良好的导电性和较高的比表面积，在电学领域常被用作电极材料。例如，在锂离子电池和超级电容器[17]上，碳纳米管垂直阵列展现了很好的储能性能[18, 19]。例如，利用气相沉积法制备的碳纳米管垂直阵列可作为超级电容器的电极，该阵列的制备方法如下[17]：同时通入碳源（$C_2H_2$）和催化剂（Fe），在多孔氧化铝的模板中生长碳纳米管垂直阵列。为了利用碳纳米管垂直阵列的大比表面积，使用硫酸除去碳纳米管垂直阵列电极上的多孔氧化铝模板。通过使用循环伏安法、恒电流充放电和交流阻抗法，进行了碳纳米管垂直阵列作为阵列电极在超级电容器中的电化学性能的研究，发现在 1 mol/L 硫酸溶液中，碳纳米管垂直阵列超级电容器的放电电流密度达到了 210 mA/g，比电容为 365 F/g。此外，利用碳纳米管垂直阵列作为电极还具有等效串联电阻低、循环稳定性好等优点。

另外，除了作为普通电池材料的电极，碳纳米管垂直阵列还能作为场发射的阴极材料，在强电场下工作。场发射是指利用强电场在固体表面上形成隧道效应而将固体内部的电子拉到真空中，是一种实现大功率、高密度电子流的方法。碳纳米管垂直阵列中的碳纳米管属于宏观碳纳米管，长度可达毫米级别，这种大长径比的几何特征使得相应的阵列成为场发射的理想阴极材料之一[20]。研究发现，碳纳米管自身尺度，尤其是碳纳米管阵列密度对管的尖端电场及电场增强因子有很大的影响[20]。通过选择碳纳米管垂直阵列的密度、管半径和管长可以提高其场发射性能。研究结果表明，对于任何长径比的碳纳米管阵列膜，存在着与其最大电场增强因子相对应的最佳纳米管阵列密度，因此，只要能有效控制碳纳米管垂直阵列的管密度、管半径和管长的组合，它将有更优越的场发射性能。2004 年，吴锦雷等[21]报道了一种场发射开启电压值为 1.28 V/μm 的碳纳米管垂直阵列场发射器。这个开启电压值不仅低于一般金刚石薄膜和非晶碳薄膜场发射的开启电压值，而且也比一般的碳纳米管薄膜[22]场发射的开启电压值要低很多。

碳纳米管垂直阵列的导电性还能在有压缩形变的情况下保持，这使得其在一定意义下可以成为超轻导电弹簧。由于碳纳米管垂直阵列的微观结构中，碳纳米管的取向一致，所以其在沿碳纳米管轴向的抗压缩性能高于垂直方向。但是碳纳米管垂直阵列作为一个整体性的材料，如果没有填充物的支撑和保护，在拉伸和弯曲过程中易破损，稳定性较差。为了实现碳纳米管垂直阵列的实际应用，常采用聚合物封装的方法对其加以保护。2010 年，Baughman 等[23]通过用聚氨酯(PU)黏合剂渗透多壁碳纳米管垂直阵列制备高弹性和导电的复合材料。封装后复合材料的整体密度是 0.43 g/cm³，电导率为 50～100 S/m(图 5-5)。复合材料在高达 40%的伸长率下表现了高度可重复的电阻变化。

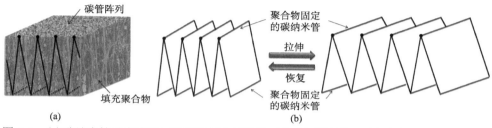

图 5-5　(a)碳纳米管垂直阵列与聚氨酯复合材料的三维手风琴结构；(b)碳纳米管垂直阵列与聚氨酯复合材料的拉伸与恢复状态[23]

### 2. 光学性质及应用

碳材料本身就具有很好的吸光性，而碳纳米管垂直阵列的独特微观结构更是提高了这种吸光性能。世间万物之所以会出现不同颜色的差别，主因在于不同物体对不同色光的反射、吸收、穿过的程度不同。碳由于 π 带的光学跃迁，是很好的吸收体，因此可用于许多常规的黑色材料，如炭黑和石墨。然而，由于空气和介电界面处的反射，辐射率被限制在 0.8～0.85。克服这个限制的方法之一是使用纳米结构。当光线入射碳纳米管垂直阵列表面时，光线进入纳米管之间的空隙，不断反弹并被吸收，直至变成热能，最终形成"黑体"的错觉。这种光吸收特性是由碳纳米管表面的微结构引起的，当光照射到碳纳米管垂直阵列表面，其大部分光被表面吸收而不是反射(图 5-6)。不同于其他黑色物质，碳纳米管垂直阵列

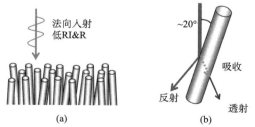

图 5-6　入射光和单壁碳纳米管垂直阵列的关系[10]

入射光和碳纳米管列阵(a)以及单根碳纳米管之间(b)的相互作用：RI 指折射率，R 指反射率

可应用于较广视角和波长范围，这对于光学仪器至关重要。在 200 nm～200 μm 的光谱范围内，碳纳米管垂直阵列的吸收率可以达到98%～99%[10]。对于特定的光(750 nm 波长的光)，其吸收性能可达到 99.956%[24]。

　　碳纳米管垂直阵列因其特殊的表面微纳结构在光学领域有着独特的性质，是目前最接近黑体的材料。黑体是一个理想化的物体，它能够吸收外来的全部电磁辐射，并且不会有任何的反射与透射[10]。黑体在室温下看起来完全为黑色，并且是最有效的热吸收器和发射器，因为在热平衡下的任何物体在每段波长内吸收的光都会以相同的量辐射出来。黑体的辐射光谱仅由温度决定，而不是由材料、性质和结构决定。这些特征使得黑体作为发射或吸收辐射的理想来源有很多应用价值。例如，黑体有效地将光转换成热能，所以在太阳能收集器[25, 26]和红外线热探测器(如热电传感器)[27]等领域非常重要。辐射率(或称发射率)是物体与黑体相似度的量度，被定义为由该物体和黑体辐射的能量的比率。任何真实物体的发射率都小于 1，并且与波长范围有关。Ajayan 等[28]通过在 457～633 nm 范围内用可见光激光器测量 4 个特定波长的反射率，揭示碳纳米管垂直阵列的超低反射率(0.045%)。该结果表明，碳纳米管垂直阵列在某些特定波长处能非常有效地吸收入射光。在 373 K 的热平衡情况下，单壁碳纳米管垂直阵列(460 μm，0.07 g/cm$^3$)在 5～12 μm 的光谱范围内具有非常高的辐射率(或吸收率)。这种辐射率明显高于常规黑色材料。更重要的是，与传统的黑色材料相比，单壁碳纳米管垂直阵列的辐射率在整个测量光谱范围内几乎与波长无关，辐射率标准差为 0.003。为了研究高发射率下对纳米结构的要求，研究者们设计了一系列实验。对于高度为 2～460 μm 的单壁碳纳米管垂直阵列，辐射率均大于 0.97。甚至连 2 μm 的单壁碳纳米管垂直阵列的辐射率也高于 0.97，而高于 50 μm 的单壁碳纳米管垂直阵列，辐射率大于 0.98。另外，在 0.029～0.084 g/cm$^3$ 的密度范围内，单壁碳纳米管垂直阵列的辐射率没有明显的变化。然而，结合密度和高度的实验结果，发现了辐射率有随着面质量密度(由高度和密度定义)的增加而增加的明显趋势。辐射率在 2.33 mg/cm$^2$ 时增加到 0.987。

　　尽管与波长无关的辐射率有力地说明了碳纳米管垂直阵列类似于黑体，但在理想情况下，辐射率需要在非常大的光谱范围内是一致的才能说明其类似性。然而，实验范围有限(5～12 μm)。实验的局限性可以通过使用基尔霍夫定律间接测量反射率来弥补，例如，物体的辐射率等于其反射率、透射率和吸收率之和，总和在热平衡中等于 1。因此，在透射率等于零的情况下，辐射率等于 1 减去反射率。为了精确测量从紫外到远红外的广泛的光谱范围，研究者使用 3 个独立的光学系统来检测不同波段单壁碳纳米管垂直阵列的反射率和透射率。在中远红外区域，具有单壁碳纳米管垂直阵列(600 μm)的单晶硅衬底的透射率与裸硅衬底相比显著降低了 0.002。对于其他光谱区域，透射率低于检测限，该近零透射率证实了辐射率可以用 1 减去反射率得到。需注意的是，在中远红外范围内，只有镜面反射率是可测量的，因为此光谱范围的积分球结果不可靠。因此，在该范围内测量的是镜面反射率。测得的镜面反射率小于 0.002，并且和波长无关。这些结果说明了碳纳米管垂直阵列不变的低反射率特性同样适用于该光谱范围。

　　黑体行为不是内在的碳纳米管的属性，而是源于碳纳米管垂直阵列的独特结构，即其稀疏性和定向性。碳纳米管垂直阵列受到定向碾压可以成为定向排列的碳纳米管巴基纸，这种压倒的碳纳米管垂直阵列同样具有良好的光吸收特性。有研究者对比了不同碳纳米管的辐射率，发现压倒的单壁碳纳米管垂直阵列和真空过滤得到的碳纳米管巴基纸的辐射率为 0.62～0.76，喷涂得到的碳纳米管膜的辐射率为 0.92。这些结果证明黑体行为不是内在的碳纳米管的属性，而是源于碳纳米管垂直阵列的独特结构。单壁碳纳米管垂直阵列类似气凝胶，碳纳米管仅占总体积的 3%（97%空气），这意味着平均每个碳纳米管占据 15 nm×15 nm 的面积。根据菲涅耳定律可以知道当物体的折射率接近空气的折射率时，光的反射被抑制。然而，对于大多数固体材料，难以实现低反射率，因为折射率通常很大。单壁碳纳米管垂直阵列的折射率虽然不是常数系数，但是均匀性非常好。这是因为阵列表面是平坦且均匀的，没有微米级的波纹，最大的可见结构是碳纳米管束之间的间隙，但也比测试波长小得多。单壁碳纳米管垂直阵列的这种均匀的稀疏性是实现低反射率和高发射率的关键之一。

　　除了均匀的稀疏性之外，定向性也在实现黑体行为方面发挥关键作用。单壁碳纳米管垂直阵列内的碳纳米管与基板法相的夹角为 20°。这种阵列结构可以认为是碳纳米管天线的稀疏组合。对于单个碳纳米管天线而言，碳纳米管和平行于管轴的入射光之间的相互作用非常弱，因为在该方向上电子不能与电场耦合。这导致阵列和正常入射光之间的弱光学相互作用，平行光源的吸收率只有正常光源的五分之一[29]。正常入射的光在阵列与空气界面的表现为低反射和高透射。因此，大多数光进入阵列并与不完美定向排列的碳纳米管相互作用。通过每次相互作用，光被反射、透射或吸收。因为单壁碳纳米管在紫外到远红外区域是良好的吸收体[30,31]，并且倾斜角度小，所以背向反射不会产生，而光进一步传播到阵列内部，并被迅速吸收。这种相互作用不断重复，直到衰弱的入射光被阵列完全吸收。这同样适用于具有一定角度的非正常入射光。通过使用配备有特殊检测系统的傅里叶变换红外光谱仪，测量在各种入射角下（±70°），2～10 μm 光谱范围内阵列的反射率依然极低。虽然反射强度随着入射角度的增加而增加，但仍然低于 2%。应当注意，观察到的反射率是镜面反射率（5 μm 处为 0.03%）远小于半球反射率（5 μm 处为 0.7%），因此镜面反射率仅提供辐射率的上限。从根本上说，碳纳米管垂直阵列的稀疏性和一定的定向性是显示黑体性质的关键。

### 3. 力学性质及应用

由于碳纳米管在碳纳米管垂直阵列中都是沿着一个方向定向排列的，所以碳纳米管垂直阵列在这个方向上的力学性能也最接近单根碳纳米管。这种由微观结构导致的各向异性的特点，使得碳纳米管垂直阵列的轴向力学性能极好，而垂直于轴的方向上极易破碎。这是因为垂直于轴方向上的碳纳米管之间是由范德华作用力相连的，很容易分开。所以在讨论力学性能时，我们重点讨论沿轴方向上的力学性能。在沿轴方向上，对碳纳米管垂直阵列进行压缩测试，测定其力学性能的变化，压缩测试的结果如图 5-7 所示。随着压缩应变的增大，压缩后的塑性形变也增大。压缩到 40%时，样品的塑性形变为 9.8%，并且样品表面并未出现明显的

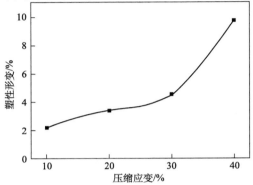

图 5-7　压缩应变与塑性形变关系曲线[32]

裂痕[32]。碳纳米管垂直阵列在压缩过程中表现为两种状态，0%～4%时为弹性弯曲，弹性模量为 0.375 MPa。在 4%～10%范围内为非线性弹性压缩，在卸载后，由于碳纳米管垂直阵列的弹性屈曲，碳纳米管垂直阵列在轴向压缩应变后仍然可以完全恢复。在压缩应变为 10%的情况下，10 次压缩循环后的碳纳米管垂直阵列基本可以恢复。但是经过多次循环压缩后，碳纳米管垂直阵列的应力和应变的比值是减小的，即杨氏模量是减小的。

由于碳纳米管阵列本身自支撑强度低，较易受到外力破坏，在实际的应用中将其保护起来也是较重要的步骤，而材料复合技术则是最常用的保护方法。目前，主要研究的复合基体材料为金属铜和聚合物。

### 4. 热学性质及应用

碳纳米管垂直阵列中碳纳米管的定向排列性使其热管理性能得到了极大的发挥。这种由微观结构导致的各向异性的特点，使得碳纳米管垂直阵列在垂直于轴向的方向上散热较少，在沿碳纳米管轴向具有优异的导热性。

随着当今电子器件功率的不断增加和小型化、高密度封装的趋势，芯片功率密度越来越大，其内部的产热也随之增加，从而使芯片散热面临严峻的考验。具有优异导热性能的碳纳米管散热材料可以解决这个问题。优异的热界面材料需要具备可压缩性及柔软性、低热阻性、高热传导性、表面浸润性、稳定性等[33]。目前文献中对于碳纳米管作为热界面材料的前期研究主要集中于碳纳米管的填料作

用。然而分散的碳纳米管填料与高分子材料组成的复合材料大大制约了碳纳米管轴向热导性能的发挥。碳纳米管垂直阵列的出现解决了这个问题。2013 年，李清文等[18]使用浮动催化化学气相沉积方法生长出了直径 80 nm 的多壁碳纳米管垂直阵列，较高的生长温度保证了阵列中碳纳米管具有很好的结晶度和纯度，并且大管径的碳纳米管使得阵列密度也有所提高，因此保证了碳纳米管阵列自身具有高达 17.76 W/(m·K) 的热导率。将其与增韧剂改性的柔性环氧树脂复合，将阵列从硅基底上完整地剥离并保持完整的阵列垂直结构；对复合材料表面进行机械抛光使得碳纳米管管端完整裸露在外，这样能有效地将热流从阵列底端传输到顶端；阵列密度的增大也使最终复合材料中的碳纳米管含量得到了提高，最终得到具有柔性、大面积的、可自支撑的阵列复合材料。该复合材料的热导率高达 8.23 W/(m·K)，接近原始碳纳米管垂直阵列热导率的 50%。其红外成像照片显示该材料具有很好的传热性能，如图 5-8 所示。

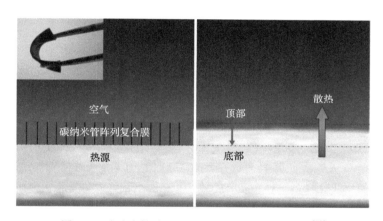

图 5-8　碳纳米管阵列/环氧复合膜的红外成像图[18]

　　碳纳米管因其导热性高、化学稳定性好、热膨胀系数小、强度高等优点成为热界面材料领域研究的热点。以碳纳米管垂直阵列为热界面材料，可以充分发挥碳纳米管的各向异性导热特性，碳纳米管垂直阵列中各管的相互平行排列使碳纳米管的热导率由杂散的两点之间转到两平行平面之间，高密度定向排列的碳纳米管为热输运提供了完美的途径，这对于热管理应用具有重大意义。在未来集成电路高密度化的趋势下，碳纳米管垂直阵列作为一种良好的散热材料有着巨大的潜力。

**5. 其他性质及应用**

　　碳纳米管垂直阵列中超高密度的定向碳纳米管结构与壁虎脚的结构极其相

似，因此可以做成仿生壁虎脚(图 5-9)。壁虎是一种攀爬型动物，能攀爬极平滑与地面垂直或平行的表面，如越过光滑的天花板。最近的研究揭示，壁虎的脚趾上附有数百万直立的微绒毛，每个微绒毛末梢都有纳米分支，壁虎单只脚掌刚毛的宏观黏附力可达到 10 N/cm$^2$[34]。当数百万这样的微绒毛与物体表面接触时，增大了物体表面之间的接触面积，它们之间会产生强大的相互作用力，即范德华力，这种力的大小远远超过了壁虎自身的重量，因此壁虎能够轻松自如地倒悬挂于天花板或墙壁表面。碳纳米管垂直阵列具有壁虎脚的强黏附能力[35, 36]。

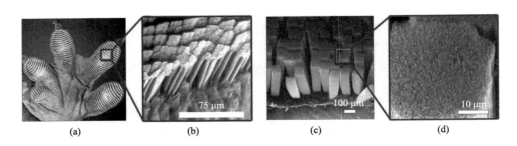

图 5-9　壁虎脚和碳纳米管垂直阵列模仿壁虎脚结构的图片

(a)壁虎脚的光学照片，可以看到很多瓣状的刚毛；(b)刚毛末端上千个小刮片的扫描电子显微镜放大图；(c)图案化的碳纳米管垂直阵列制备的合成壁虎胶带；(d)扫描电子显微镜局部放大图[37]

2007 年，Dhinojwala 等[37]首次报道了一种基于在壁虎脚分级结构的合成壁虎脚胶带，这个胶带是通过将微型图案化的碳纳米管垂直阵列转移到柔性聚合物胶带上而制得。合成壁虎胶带具有比壁虎脚高四倍的剪切应力(36 N/m$^2$)，并可以粘贴到各种表面，包括特氟龙。微米尺寸的壁虎脚刚毛(碳纳米管束)和纳米尺度的刮片(单个碳纳米管)都是实现将弱范德华相互作用转化为高剪切力(即宏观剪切黏合力)所必需的。

2016 年，戴黎明等[38]在其之前的工作基础上，报道了碳纳米管垂直阵列的不同于常规黏合剂的反温度行为。常规黏合剂会随着温度升高而黏附力降低。表面清洁的碳纳米管垂直阵列的黏附强度可以达到 143 N/cm$^2$(4 mm×4 mm)。黏附强度随着温度升高而升高，材料在−196～1000℃的温度范围内可以保持较好的黏附强度。这种反常的黏附行为可以使电和热的传输随温度升高而增强，使得碳纳米管垂直阵列在电、热管理方面具有巨大潜能。

除了应用于传统的电、光、力、热领域[39, 40]，碳纳米管垂直阵列在一些特殊领域也有着广泛应用。利用其管壁与水分子超润滑的特性，可以作为海水淡化的膜材料[41]；利用其表面超疏水的特性，可以作为除湿过滤的膜材料[42]；利用其亲油的特性，可以作为有机溶剂的吸附材料[32]。碳纳米管垂直阵列中还有一类特殊的阵列，称为超顺排(或可纺丝)碳纳米管阵列[43-45]，具体内容将在本章 5.4 节进行详细介绍。

# 5.2  碳纳米管垂直阵列的制备方法及原理

目前碳纳米管垂直阵列的制备主要采用化学气相沉积法。通过调控化学气相沉积过程中的参数,如催化剂(包括催化剂颗粒大小、数目)、反应气氛、反应时间和反应温度等调控碳纳米管垂直阵列的形貌与性能。根据催化剂引入方式不同,合成碳纳米管垂直阵列的方法可分为浮动催化剂法、预沉积催化剂法和模板法。此外,为了实现某些应用,将生长的碳纳米管垂直阵列从生长基底上完整无损转移下来也非常重要。下面逐一介绍碳纳米管垂直阵列的制备方法,并在最后介绍碳纳米管垂直阵列的转移方法。

## 5.2.1  浮动催化剂法及原理

浮动催化剂法是采用过渡金属有机化合物(如二茂铁)、无机化合物与碳氢化合物气相进料的方式,通过过渡金属化合物在高温炉内分解并在平整的基板上沉积形成催化剂,进而基于化学气相沉积原理进行碳纳米管生长的方法[46, 47]。这种催化剂溶解于前驱体溶液的生长方法[48]比较浪费原材料,但是对于碳纳米管垂直阵列的大批量连续制备十分有利。

浮动催化剂法的生长原理可以 2008 年 Mimura 等[49]的工作为例进行理解。他们采用 $FeCl_2$ 为催化剂,将催化剂粉末与石英基底同时放入加热炉内;先在 $10^{-3}$ Torr($1Torr=1.33322 \times 10^2$ Pa)的条件下升温,达到合适温度后通入乙炔等反应气体,在 820℃、10 Torr 的条件下保持 20 min,可以得到 2.1 mm 高的碳纳米管垂直阵列。反应过程中,催化剂 $FeCl_2$ 起到的作用如下:

$$FeCl_2 + C_2H_2 \longrightarrow FeC_2 + 2HCl \tag{5-1}$$

因为 $FeCl_2$ 在 820℃完全蒸发,该反应主要发生在气相中,因此可首先形成 $FeC_2$ 分子或相关的铁碳化物簇。由于碳化铁的低蒸气压,这些富含碳的碳化铁物质被认为由于多次碰撞而成核为纳米粒子,并且沉积在加热区中的表面上。然后,$FeC_2$ 纳米粒子分离成如下石墨烯层:

$$FeC_2 \longrightarrow FeC_{2-x} + xC \tag{5-2}$$

文献认为在氯介导的化学气相沉积中,碳纳米管生长开始于石墨烯层与富含碳的 $FeC_2$ 的分离过程,如 Jourdain 等[50]预测的。一旦形成芽状碳纳米管结构,就触发生长。

随后的 $H_2$ 生成间接反映了碳纳米管生长过程中的碳供应，因为 $H_2$ 生成仅可能是 $C_2H_2$ 分解的结果。有两种可能的反应导致 $C_2H_2$ 分解成 $H_2$。一个是 Fe 催化的脱氢反应，另一个是由氯化铁介导的反应。然而，从常规的化学气相沉积实验发现，生长期间在 Fe 沉积的石英衬底上只产生少量的 $H_2$，并且在 3 min 内 $H_2$ 产生终止。此外，使用这种简单的热 CVD 方法生长的碳纳米管的长度小于 300 μm。因此，这些结果表明观察到的高速生长是由氯化铁介导的。首先，$FeCl_2$ 表面可能出现在碳纳米管根部的催化剂颗粒上，这是由于剩余的 $FeCl_2$ 的吸附和表面 Fe 原子与剩余的 HCl 的氯化，根据以下的简单反应：

$$Fe + 2HCl \longrightarrow FeCl_2 + H_2 \tag{5-3}$$

然后，由于 $FeCl_2$ 的高脱氢活性，$C_2H_2$ 在碳纳米管的根部高度分解[51]。$FeCl_2$ 表面的 $C_2H_2$ 反应表示如下

$$FeCl_2 + C_2H_2 \longrightarrow FeC_2 + 2HCl \tag{5-4}$$

在反应中，$C_2H_2$ 分解，并且再形成 $FeC_2$ 相。由于 $FeC_2$ 含量超过碳在铁中的溶解度极限，碳会发生如下快速分离：

$$FeC_2 \longrightarrow FeC_{2-x} + xC \tag{5-5}$$

碳纳米管由于这种碳偏析而生长。这里，反应式(5-5)与反应式(5-2)、反应式(5-4)与反应式(5-1)相同。该反应循环会快速重复，这意味着碳纳米管垂直阵列在短时间内生长。在这个反应循环中，$FeCl_2$ 充当催化剂。

浮动催化剂法中由于催化剂可以原位形成，因此实验操作流程和所需设备较为简单，成本低，但是该过程中催化剂形成和碳纳米管生长是同时进行的，反应过程十分复杂，而且所得到的碳纳米管中杂质较多，不利于后续使用。

## 5.2.2 预沉积催化剂法及原理

相比于上面介绍的浮动催化剂法，预沉积催化剂法与现有微电子工艺兼容，设备简单，易于大量生产。同时，与浮动催化剂法相比，预沉积催化剂法得到的催化剂更均匀，反应可控程度高，因此更易于实现对碳纳米管垂直阵列的结构控制。

预沉积催化剂法可以看作是两步法生长碳纳米管垂直阵列，首先是催化剂的制备，催化剂的制备方法有离子溅射、分子束外延、Langmuir-Blodgett 膜自组装、磁控溅射法和电子束蒸镀法等。值得注意的是，在催化剂层的下方，往往有一层缓冲层。缓冲层的作用是防止表面的催化剂颗粒在高温下与基底融合而无法生长碳纳米管垂直阵列。缓冲层材料可以是多孔硅或者氧化铝，现在多用 $Al_2O_3$，因为 $Al_2O_3$ 可以在高温生长环境下保持稳定。1998 年，Ren 等[52]首先在玻璃基板上溅

射一层 15～60 nm 的 Ni 膜，经过 NH₃ 的刻蚀获得催化剂颗粒，然后以 C₂H₂ 为碳源通过等离子体增强化学气相沉积在 666℃ 制备出垂直于玻璃板面的多壁碳纳米管垂直阵列。1999 年，范守善[14]等首次利用薄膜催化热化学气相沉积成功制备了多壁碳纳米管垂直阵列(图 5-10)。他们利用阳极氧化的方法得到一层多孔硅缓冲层，然后利用电子束蒸镀方法蒸镀上一层 5 1nm 厚的 Fe 催化剂膜。以 C₂H₂ 为碳源，在 700℃ 的常压化学气相沉积条件下进行实验。此外，通过控制催化剂在基底上的分布等，可以制备出各种图案化的碳纳米管阵列。随后的很多工作以此为原型进行了一系列的改进和优化[16]。改进和优化包括催化剂的选择和合成、反应气体和反应助剂的调控及碳纳米管生长温度的控制。总而言之，在预沉积催化剂的过程中，通过调变薄膜的种类、厚度、催化剂的形核条件可以方便地调节催化剂颗粒大小及其分布，从而有效地控制碳纳米管的结构。

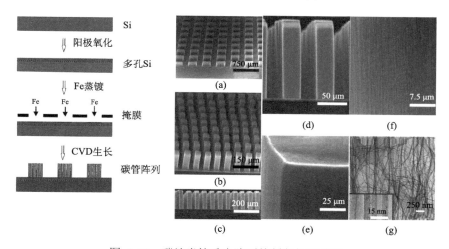

图 5-10　碳纳米管垂直阵列的制备与形貌图

左侧为掩膜法催化剂沉积与碳纳米管生长流程图，右侧为碳纳米管电子显微镜图片[14]；右图中：(a) 在 250 μm×250 μm 的催化剂图案上合成的阵列图片；碳纳米管长度为 80 μm，垂直于基板取向[见(f)]；(b) 在 38mm×38mm 的催化剂图案上合成的阵列图片；碳纳米管长度为 130 μm；侧视图见(c)；(d) 纳米"双子塔"，(c) 的放大图；(e)纳米"双子塔"的尖锐边角；(f)纳米"双子塔"中碳纳米管在垂直方向上具有良好取向；(g)阵列中的碳纳米管超声分散后的透射电子显微镜图片

　　首先要明确碳纳米管垂直阵列中的碳纳米管的生长方式。碳纳米管从催化剂颗粒析出的过程和水平阵列的碳纳米管生长过程无异[53]，分为底端生长和顶端生长模式，如图 5-11 所示。近年研究的碳纳米管垂直阵列的文献中用到的多为底端生长模式生长的阵列。范守善等[54]采用同位素碳源来记录碳纳米管阵列的生长过程，实验结果直接证明了阵列的生长为底端生长模式。

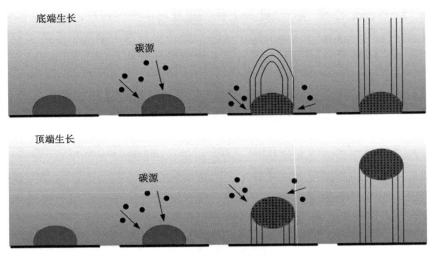

图 5-11　原子/分子尺度上的碳纳米管气-液-固生长机理
底端生长和顶端生长[55]

　　其次，在催化剂调控方面，除了使用前面介绍的金属催化剂，还可以使用非金属作为催化剂。2002 年，Ajayan 等[15]报道了一种不需要预沉积金属催化剂的碳纳米管垂直阵列制备方法。这种方法的生长基底是通过在 Si(100) 晶片上热氧化一层 100 nm 厚的 $SiO_2$，然后通过光刻而制得。光刻的目的是在硅基底上形成图案化的 $SiO_2$ 区域。将基底置于石英管内，利用化学气相沉积法，在 800℃ 左右，通入二甲苯/二茂铁蒸气混合物来生长碳纳米管垂直阵列。该方法可以控制碳纳米管的直径为 20～30 nm，从而在一定程度上实现碳纳米管的选择性生长。在硅表面上没有碳纳米管的生长，但是有取向的碳纳米管会从 $SiO_2$ 上沿着与基底表面平行的方向上生长(图 5-4)。这种不需要沉积金属催化剂的方法使预沉积催化剂法制备碳纳米管垂直阵列的过程被简化。

　　在碳源调控方面，用于生长碳纳米管垂直阵列的碳源有很多，如乙烯[14, 45]、乙炔[56, 57]、正己烷[47]等。使用这些碳源的碳纳米管生长情况随时间变化的规律一致，所以在探讨碳纳米管垂直阵列中碳纳米管生长情况时，可以归为一类进行讨论。Hart 研究组[58]报道了阵列的生长规律：初期，仅有小部分催化剂颗粒活化，碳管无法聚集成束进行垂直生长；随后，大部分催化剂颗粒被活化，杂乱生长的碳纳米管堆积密度达到某一值后，聚集成阵列生长；最后，催化剂开始失活，阵列的密度降低、取向性变差。由于阵列遵循底部生长模式，因此阵列顶部形貌随生长时间的延长不发生明显变化。这一演变过程如图 5-12 所示。此外，针对催化剂的逐渐失活这一现象，张莹莹等[59, 60]通过调节所通入的生长气氛和生长时间等，实现了催化剂的失活-再活化的循环，制备了多层碳纳米管垂直阵列。

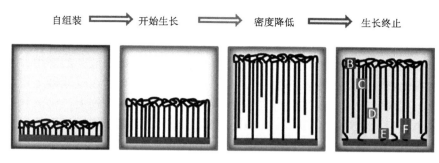

图 5-12　碳纳米管垂直阵列生长历程示意图[58]

　　基于以上预沉积催化剂法的碳纳米管生长的机理，可以实现对碳纳米管阵列的结构包括管壁数、管径和密度的控制。对于碳纳米管的管壁数和管径的控制，主要通过控制催化剂和生长气氛来实现。对于多壁碳纳米管垂直阵列的管壁数和管径的控制，因为只要求催化剂颗粒直径足够大即可，所以制备相对容易。具体的控制方法可以是控制铁催化剂的厚度进而控制催化剂颗粒大小[61]，或者在氢气还原铁催化剂的过程中控制氢气的量[62, 63]和温度[64]，进而控制还原后催化剂颗粒的大小。2004 年，Murakami 等[65]和 Hata 等[3]相继报道了合成单壁碳纳米管阵列。

　　对于密度的控制，可以通过对催化剂的预处理或结构设计来实现。Murakami 等[65]采用循环沉积和退火催化剂薄膜，有效提高催化剂密度，生长出高密度的碳纳米管垂直阵列(以双壁碳纳米管为主)。2012 年，Hata 等[7]通过对催化剂预处理，如在空气中暴露或反应离子刻蚀，实现对碳纳米管阵列的密度控制。Robertson 等[66]则采用三层结构的催化剂 $Al_2O_3$(0.5 nm)/Fe(0.7 nm)/$Al_2O_3$(5 nm)，生长出致密的垂直单壁碳纳米管阵列。在这种方法中，底层的 $Al_2O_3$ 起到抑制催化剂扩散的作用，而顶层的 0.5 nm 的 $Al_2O_3$ 能保证 Fe 纳米粒子在预处理和碳纳米管生长过程中有较小的尺寸和高密度。此外，该组还利用同样的原理通过等离子体增强化学气相沉积预处理 Fe 催化剂，获得了致密的少壁碳纳米管垂直阵列[67, 68]。

　　此外，基于化学气相沉积方法的预沉积催化剂生长碳纳米管垂直阵列方法已经衍生出了很多种改进了的方法，如常压化学气相沉积[16]、低压化学气相沉积[69]、等离子体增强化学气相沉积等[70]。

## 5.2.3　模板法及原理

　　模板法是早期合成碳纳米管垂直阵列的方法。1995 年，de Heer 等[71]将碳纳米管分散在乙醇中后将其通过微孔陶瓷过滤器，首次得到具有定向排列的碳纳米管。de Heer 采用 Ebbesen 和 Ajayan[72]描述的方法合成纳米管。使用直径 6.5 mm

的石墨阳极和 20 mm 石墨阴极，使两极间产生直流电弧，并在 500 Torr 的 He 气氛中保持 20 min。在阴极上得到纳米管，并把它们封装在 1 cm 长的圆柱形壳体中。提取出壳中粉末状烟灰状沉积物。然后将该粉末超声分散在乙醇中并离心以除去较大的颗粒。然后将溶液通过 0.2 μm 的陶瓷过滤器，其在过滤器上留下均匀的黑色沉积物。最后将过滤器有碳纳米管涂层的面压到聚合物上，将沉积的材料转移到塑料表面上（Delrin 或 Teflon），提起过滤器以暴露面向过滤器的表面，该表面外观为闪亮的灰色，此为得到的整齐排列的碳纳米管阵列。

1996 年，解思深等[2]提出利用孔道限制碳纳米管取向的方法，以硅胶为模板，将催化剂通过液相合成法分散到正硅酸乙酯水解形成的凝胶中，得到原位生长的碳纳米管垂直阵列（图 5-13）。后续发展的模板法都是以阳极氧化铝为模板[17]，将催化剂和碳源等生长气体混合，通过气相沉积的方法将碳纳米管垂直阵列沉积在阳极氧化铝模板的孔洞内，再用酸溶液刻蚀掉模板，得到大比表面积的碳纳米管垂直阵列。以上几种方法都是利用孔道的约束作用而得到长径比较大的碳纳米管垂直阵列。

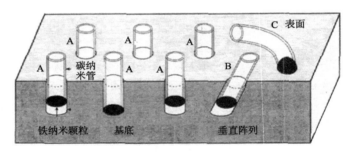

图 5-13　模板法碳纳米管垂直阵列生长模型[2]

A、B、C 代表三种不同孔洞生长出的碳纳米管

## 5.2.4　碳纳米管垂直阵列的转移

在某些应用中，完整无损地转移碳纳米管十分重要。转移指的是使碳纳米管垂直阵列与生长基底分离，得到自支撑的材料或者转移到其他的支撑材料上。由于溶液很容易破坏垂直阵列原有的组装结构，因此通常采用干法转移，即不引入刻蚀液对碳纳米管垂直阵列进行转移。近十年来，人们在碳纳米管垂直阵列干法转移的道路上不断探索，许多优化的转移方法不断涌现。如今，这些转移技术已经可以在实验室中作为一种常规实验方法使用。

2008 年，Hauge 等[73]通过在降温过程中引入水，从而刻蚀碳纳米管和铁催化剂之间的碳层，最后得到可干法转移下来的碳纳米管垂直阵列薄膜。2014 年，李清文等[74]通过在化学气相沉积生长碳纳米管垂直阵列的反应降温阶段引入少量 $O_2$，对碳纳米管与基底界面处进行氧化刻蚀，得到了完整的自支撑碳纳米管垂直阵列(图 5-14)。2015 年，姜开利等[75]利用冰为转移介质层，使一层极薄的水与碳纳米管中垂直阵列的上表面接触，然后迅速冷冻结冰，使冰与碳纳米管中垂直阵列的上表面牢牢结合，然后转移至目标基底(聚对苯二甲酸乙二醇酯、玻璃等)，也得到了完整的自支撑碳纳米管垂直阵列。

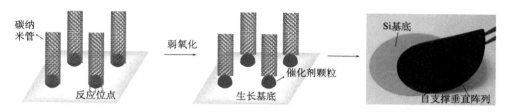

图 5-14  弱氧化方法转移碳纳米管垂直阵列的过程图和实物图[74]

## 5.3  单壁碳纳米管垂直阵列的制备

单壁碳纳米管垂直阵列作为碳纳米管垂直阵列的一类，与多壁碳纳米管垂直阵列相比拥有更加优异的导热、导电性能，可以广泛地应用于黑体材料、太阳能净水、热界面材料中，受到了众多研究者的青睐[76-78]。如何高效地制备单壁碳纳米管垂直阵列是实现其应用的关键。

生长碳纳米管垂直阵列的方法有很多，以热化学气相沉积法和等离子体增强化学气相沉积法最为常用。两种生长方法各有优势，热化学气相沉积法生长碳纳米管垂直阵列一般在常压下即可，设备简单，但是需要的温度普遍较高；等离子增强化学气相沉积法可以实现单壁碳纳米管垂直阵列的较低温度生长，但是需在真空条件下生长碳纳米管垂直阵列，生长条件要求高，对实现大规模生长碳纳米管垂直阵列有一定困难[68]。本节主要介绍如何通过调控催化剂和借助水、氧气等物质的辅助实现单壁碳纳米管垂直阵列的可控生长。

### 5.3.1  调控催化剂法

单壁碳纳米管垂直阵列的生长通常需要高温环境，高温下催化剂会裂解并和基底会发生一定的作用，降低催化剂的活性和寿命，对单壁碳纳米管垂直阵列的结构和性能产生重要的影响[79]。如何制备合适的催化剂成为单壁碳纳米管垂直阵列生长的关键，对此研究人员进行了大量的实验研究。

2004 年，Maruyama 等[65, 80]以石英片为基底，在乙酸溶液中浸涂 Co/Mo 双金属作为催化剂，首次生长出了高度约为 1.5 μm 的单壁碳纳米管垂直阵列。之后 Maruyama 等使用 448 nm 激光对样品进行拉曼光谱表征，进一步证明了合成的阵列为单壁碳纳米管垂直阵列，且大部分碳纳米管的管径分布在 1.0～2.0 nm 之间。与无序的单壁碳纳米管块体材料相比，光以小角度照射单壁碳纳米管垂直阵列时会产生透明度降低的现象，该阵列可以用作光学偏振器。

Hauge 等采用热钨灯丝辅助 CVD 法，以甲烷为碳源，生长出小管径单壁碳纳米管垂直阵列，荧光光谱和拉曼光谱中的呼吸峰表明制备的碳纳米管管径分布在 0.8～1.6 nm 之间[81]。Kawarada 等利用微波 PECVD 法制备了毫米级高度的单壁碳纳米管垂直阵列，并对阵列生长过程中不同阶段的生长速率进行了系统研究[82]。Nozaki 等以 Fe/Co 为双金属催化剂，利用大气压射频放电技术实现了常压下单壁碳纳米管垂直阵列的制备[83]。

Hata 等[84]通过分离催化剂形成过程和垂直阵列生长过程，实现了对 Fe 催化剂奥斯特瓦尔德熟化（奥斯特瓦尔德熟化指的是牺牲尺寸较小颗粒使得尺寸较大的催化剂纳米粒子长大，而尺寸较小颗粒变小甚至消失）、阵列中碳纳米管管径和密度的调控。同时发现 $H_2$ 的处理会增加催化剂的表面能和碳纳米管直径，升高温度会加剧催化剂颗粒在表面的扩散和碳纳米管直径的增大。阵列中碳纳米管管径与密度呈现负相关，高密度阵列对应小管径的碳纳米管，低密度阵列对应大管径的碳纳米管。

催化剂颗粒的尺寸对单壁碳纳米管的管径影响关键。Park 等在 20 nm 厚的 $Al_2O_3$ 缓冲层上利用电子束蒸镀超薄 Fe（0.1～0.3 nm）催化剂，以乙炔为碳源，在低压条件下实现了高度超过毫米、单根碳纳米管管径小于 3 nm 的单壁碳纳米管垂直阵列的制备[85]。在生长过程中无需通入氢气或水蒸气，便可获得控制良好的阵列管径（1.25～2.67 nm）。他们指出生长这种管径小且分布窄的碳纳米管垂直阵列的关键是：①在满足垂直阵列生长的情况下温度要尽量低，以抑制 Fe 催化剂颗粒的团聚和奥斯特瓦尔德熟化；②乙炔分压低于某一临界值以延长催化剂寿命；③Fe 催化剂和 $Al_2O_3$ 缓冲层满足纳米尺度的尺寸匹配，这样可以最大程度地减弱颗粒迁移和催化剂长大现象。

Sakurai 等[4]通过简单的退火处理，在溅射 MgO 缓冲层后负载 Fe 催化剂实现了高生长效率和高选择性的单壁碳纳米管垂直阵列的制备。该方法制备的单壁碳纳米管垂直阵列性能和使用 $Al_2O_3$ 缓冲层得到的类似。通过光谱和显微分析发现，退火过程抑制了基底表面催化剂的扩散，保持了其金属状态，提高了催化剂纳米粒子的稳定性和催化效率（与未经退火处理的 MgO 相比，效率提高了 5000%）。

以上的研究都在关注第一缓冲层对单壁碳纳米管垂直阵列生长的影响，而忽略了第二缓冲层的作用。Ostrikov 等研究发现通过调控第二缓冲层 $SiO_2$ 也可以实现 Fe 催化剂颗粒尺寸、数量和密度的控制，进而实现对单壁碳纳米管垂直阵列的调控[86]。Ostrikov 等控制 Fe 催化剂和 Al$_2$O$_3$ 缓冲层厚度不变，改变第二缓冲层 SiO$_2$(100 nm 和 500 nm)的厚度，以乙烯为碳源，获得了平均管径为 5～7 nm、34% 管径为 7～10 nm、只有 5%管径小于 3 nm 的单壁碳纳米管垂直阵列。

　　不仅通过调控催化剂可以实现单壁碳纳米管垂直阵列的可控生长，在单壁碳纳米管垂直阵列的生长过程中借助水和氧等的辅助也可以提高其生长效率。

## 5.3.2　水辅助化学气相沉积法

　　如图 5-15 所示，Stach 等以 Al$_2$O$_3$、SiO$_2$ 为中间缓冲层，借助水的辅助，生长了单壁碳纳米管垂直阵列，证实了在单壁碳纳米管垂直阵列生长过程中 Fe 催化剂会产生奥斯特瓦尔德熟化并扩散进入 Al$_2$O$_3$ 缓冲层，降低催化剂的数量和密度，导致大量碳纳米管生长终止。通过合理设计催化剂层和缓冲层，能够更好地调控碳纳米管垂直阵列的生长[87]。Maruyama 等[88]研究了磁控溅射、电子束蒸镀和原子层沉积等不同方法制备的 Al$_2$O$_3$ 缓冲层上 Fe 催化剂活性、寿命及在生长过程中的变化过程，发现通过磁控溅射得

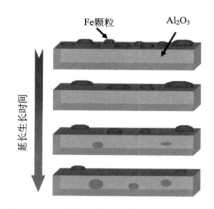

图 5-15　碳纳米管垂直阵列生长过程中催化剂颗粒随时间变化示意图[87]

到的 Al$_2$O$_3$ 缓冲层具有较高的孔隙率，可以最大程度地降低 Fe 的奥斯特瓦尔德熟化速率，进一步提高垂直阵列的生长效率。

　　此外，从阵列生长曲线可直观看到阵列高度随生长时间的变化情况和生长终止的时间，进一步计算可以得到阵列生长速率。因此，研究和理解碳纳米管垂直阵列的生长动力学对改善阵列生长有重大意义，同时还可以通过生长动力学研究分析不同生长条件对阵列生长的影响规律，进而优化阵列生长。如图 5-16 (a)所示，Futaba 等[89]分析了水辅助 CVD 法生长单壁碳纳米管的动力学，提出了简单的生长动力学衰减模型，并在此模型的基础上分析碳源与水之间的比例关系，优化了单壁碳纳米管垂直阵列的生长条件。如图 5-16 (b)所示，Meshot 和 Hart[90] 通过原位监测碳纳米管垂直阵列生长发现其生长曲线只有中间阶段与生长模型相符，阵列在最后阶段突然停止生长。通过扫描电子显微镜观察单壁碳纳米管垂直阵列不同位置形貌发现其顶部缠绕，中间部分垂直，而接近基底的区域呈无序状。随后，他们还借助生长曲线和 X 射线小角度散射等进行分析，进一步提出单壁碳纳米管垂直阵列生长终止的机理，即自发组织、稳定生长、碳纳米管数量密度衰减和自发终止生长[58]。

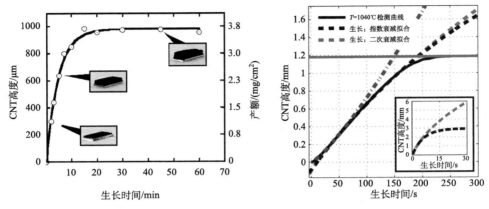

图 5-16   碳纳米管垂直阵列生长曲线[89, 90]

随后，Amama 等[91]通过进一步研究发现，在 $H_2$ 和 $H_2/H_2O$ 退火后沉积在 $Al_2O_3$ 缓冲层上的 Fe 催化剂出现奥斯特瓦尔德熟化现象，而且水分起到了抑制奥斯特瓦尔德熟化的重要作用，进而延长催化剂寿命。同时，在分析催化剂形貌演化时发现，缓冲层也起到了十分关键的作用。在高温条件下，缓冲层帮助催化剂形成纳米粒子，还能够阻止基底与金属催化剂发生化学反应。它本身不与催化剂发生反应，不减弱催化剂活性。

在有氧条件下，催化剂形貌演化使碳纳米管生长终止的机理逐渐被人接受，并利用此调控碳纳米管垂直阵列的生长。例如，Hasegawa 和 Noda[92]研究水分辅助 CVD 法中碳源的浓度抑制 Fe 奥斯特瓦尔德熟化，采用 Fe/Al-Si-O 催化剂，在 750℃合成高 4.5 mm 的单壁碳纳米管垂直阵列。

此外，在生长过程中引入合适的辅助物还可以实现单壁碳纳米管垂直阵列的超快速生长。Noda 等[93]研究了 $Fe/SiO_2$、$Fe/Al_2O_x$ 和 $Fe/Al_2O_3$ 三种不同催化剂组合的碳纳米管垂直阵列生长情况，发现 $Fe/Al_2O_x$ 的催化剂组合可以实现单壁碳纳米管垂直阵列的超快速生长，在 10 min 内碳纳米管垂直阵列就可以生长到毫米高度。$Al_2O_x$ 可以更好地催化碳氢化合物的重排，对提高碳纳米管垂直阵列生长速率起了关键作用。

Iijima 等利用水辅助 CVD 法实现了高纯度单壁碳纳米管垂直阵列的超快速生长。如图 5-17(a) 所示，生长过程中水的加入提高了催化剂的活性和寿命，仅 10 min 便可得到高度为 2.5 mm 的单壁碳纳米管垂直阵列。如图 5-17 (b)～(e) 所示，通过改变基底和催化剂的形貌与结构及阵列的生长时间还可以得到不同形貌和高度的单壁碳纳米管垂直阵列，实现了单壁碳纳米管垂直阵列的图案化设计[3]。

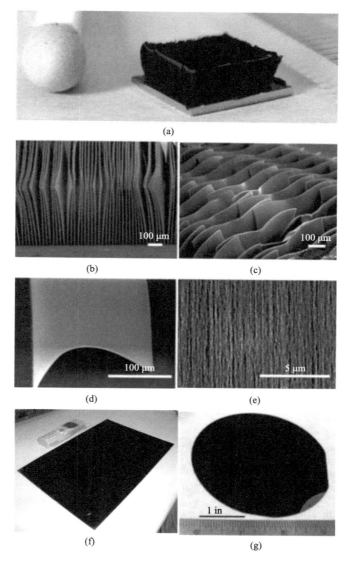

图 5-17　(a) 7 mm ×7 mm 硅片上 2.5 mm 高单壁碳纳米管垂直阵列，左右两边分别为火柴头和直尺；(b，c) 厚度为 10 μm 的单壁碳纳米管垂直阵列；(d) 5 μm 厚的单壁碳纳米管片；(e) 图 (d) 中阵列的表面图[3]；(f) A4 纸大小的单壁碳纳米管垂直阵列[94]；(g) 4 in 硅片上生长的单壁碳纳米管垂直阵列[95]

日本产业技术综合研究所的 Hata 等[96]利用水辅助 TCVD 法，通过调节 Fe 催化剂的厚度制备了不同管径、不同管壁数的碳纳米管垂直阵列。控制 Fe 催化剂的厚度为 1.6 nm，以乙炔为碳源，制备的高度为 450 μm 的单壁碳纳米管垂直阵列展现出优异的导热性能。基于碳纳米管生长和聚团机理，如图 5-17(f) 所示，Hata

研究组通过调控气流方向等条件实现了单壁碳纳米管垂直阵列的批量制备[94]。

### 5.3.3 氧辅助化学气相沉积法

与水辅助单壁碳纳米管垂直阵列的生长类似，氧气的引入也可以延长催化剂颗粒的寿命，促进单壁碳纳米管垂直阵列的生长。如图 5-17(g)所示，戴宏杰等[95]利用氧气的辅助，实现了 4 in 硅片上单壁碳纳米管垂直阵列的制备。该方法以电感耦合射频为等离子体源，以甲烷为碳源，以 1~2 nm 厚的 Fe 为催化剂，引入 1%的氧在生长过程中动态消耗氢，很好地平衡了碳和氢的自由基，提供了富碳和缺氢的环境，有利于 $sp^2$ 碳结构的形成，促进了单壁碳纳米管垂直阵列的生长。

Plata 等[97]研究了氧气在单壁碳纳米管垂直阵列生长过程中的作用。氧气的存在会加速催化剂纳米粒子的奥斯特瓦尔德熟化，改变通入的氧气含量可以对碳纳米管垂直阵列的微观形貌和宏观性能进行调控，氧气分压较低时，为单壁碳纳米管垂直阵列，当氧气浓度从 0 ppm 增加到 800 ppm 时，碳纳米管的管径从(4.8±1.3)nm 增加至(6.4±1.1)nm，碳纳米管也从最初的单壁增加至多壁。Futaba 等[98]在碳纳米管垂直阵列生长过程中通入水蒸气使催化剂的活性提高至 84%±6%，生长了高密度的单壁碳纳米管垂直阵列。

Lee 等[99]以硅片为基底，以圆柱形嵌段共聚物为模板制备了催化剂阵列，并通过氢气还原和沉积金属铝两种不同的高温处理过程得到不同粒径的催化剂，制备了不同单壁碳纳米管比例的垂直阵列。由氢气还原法得到的催化剂颗粒粒径更大，导致阵列中单壁碳纳米管含量降低。充足的载气供应和足够小的催化剂颗粒尺寸是制备单壁碳纳米管垂直阵列的关键条件，改变气体中氧气浓度可以调节单壁碳纳米管垂直阵列的生长速率，当氧气比例为 8%时，单壁碳纳米管垂直阵列生长速率达到最大值(27 μm/min)。减小催化剂颗粒的粒径，垂直阵列生长速率和碳纳米管管径也会随之下降。

In 等[100]发现在无氧条件下单壁碳纳米管垂直阵列生长速率随碳源浓度增加而线性增加，随 $H_2$ 浓度增大而单调下降。在无氧条件下，催化剂的奥斯特瓦尔德熟化并不明显，碳包裹催化剂终止生长机理也未起到主要作用。因此，他们认为碳源气相热分解对生长动力学起了主要作用。可见，在无氧条件下碳纳米管生长终止机理更加复杂。

近些年人们在单壁碳纳米管垂直阵列的控制生长方面取得了很大的进展，但是如何实现某一具体参数如：碳纳米管管径、单壁碳纳米管垂直阵列密度和碳纳米管的金属性的精确调控仍然存在一定的挑战，这是未来研究的重点。

## 5.4　超顺排碳纳米管垂直阵列的制备

　　碳纳米管拥有独特的力学、化学、电学等性能，在能源、复合材料、环境、医药等领域展现出巨大的应用潜力[101, 102]。但是碳纳米管之间相互缠结严重影响了碳纳米管块体材料的性质，虽然碳纳米管垂直阵列展现出了多方面优异的性能，但是其形貌和尺寸一直以来都有一定的限制，而超顺排碳纳米管垂直阵列，具有能够从阵列中连续不断抽膜的特性。薄膜由首尾相连的超顺排碳纳米管组成，经过加捻或者其他处理过程之后还可以形成纤维。通过这种方法，可以将单根碳纳米管的优异性质扩展到不同维度的碳纳米管块体材料中，在诸多领域都具有十分广阔的应用前景[103, 104]。本节主要介绍超顺排碳纳米管垂直阵列的结构、应用和制备方法。

### 5.4.1　超顺排碳纳米管垂直阵列的结构及应用

#### 1. 超顺排碳纳米管垂直阵列的结构

　　超顺排碳纳米管垂直阵列由清华大学范守善研究组于 2002 年在 *Nature* 上首次报道[105]，是碳纳米管垂直阵列中的一种，如图 5-18 所示，可以清楚看出，普通碳纳米管垂直阵列中的碳纳米管定向性差，相互之间作用力较弱，而超顺排碳纳米管垂直阵列中碳纳米管之间排列更加整齐平行，彼此间作用力更强，他们将这种能够纺丝的碳纳米管垂直阵列命名为"超顺排碳纳米管垂直阵列"。范守善等[106]认为整齐排列的碳纳米管之间较强的范德华力是超顺排碳纳米管垂直阵列能够纺丝的关键。但是一些研究表明阵列中碳纳米管的取向较好也不具备纺丝特性。Baughman 研究组[43,107]宣称阵列表面杂乱纠缠的碳纳米管对于抽丝起到关键作用。然而一些研究表明将超顺排碳纳米管垂直阵列表面的杂乱碳纳米管刻蚀掉，

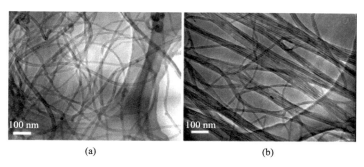

(a)　　　　　　　　　　　　　(b)

图 5-18　普通碳纳米管垂直阵列(a)与超顺排碳纳米管垂直阵列(b)中碳纳米管透射
电子显微镜图[106]

阵列仍旧可以抽丝。后续其他研究组采用不同的方法制备了超顺排碳纳米管垂直阵列，虽然不同研究小组报道的生长工艺参数彼此间差异较大，但这些超顺排碳纳米管垂直阵列所具有的共同特征是在一定密度范围内垂直阵列中碳纳米管保持了较好的取向。这要求催化剂颗粒有着高的成核密度和窄的直径分布。

Baughman 等[108]于 2011 年提出了一个关于超顺排碳纳米管垂直阵列的结构模型。通过分析抽膜过程中碳纳米管束由垂直排列转变为薄膜中的水平排列的 90° 重定向过程，Baughman 等推断出了超顺排碳纳米管垂直阵列的结构特点。形成碳纳米管薄膜的干纺自组装机理包括两个重新配置互联网络的基本过程：①通过优先抽拉阵列中多壁碳纳米管束之间的互联部位来实现抽丝；②在抽拉诱导的碳纳米管束再定位过程中，这些互联部位通过在阵列的顶部和底部致密化来实现自增强。结果表明，互联密度是决定碳纳米管垂直阵列能否干纺成为薄膜的一个关键参数。Baughman 等通过动态原位扫描电子显微镜[图 5-19(a)]证实了干法纺丝的基本机理，计算出能够纺成薄膜的碳纳米管垂直阵列结构参数范围。

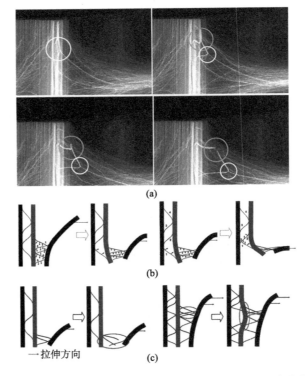

图 5-19 (a)超顺排碳纳米管垂直阵列在抽丝过程中的侧视图；(b, c)碳纳米管束从阵列中抽出的过程示意图，在抽丝过程中不同密度的互联的影响[108]

　　基于对阵列的观察，Baughman 等得出：原始碳纳米管垂直阵列由被平均直径较小的管束或单根碳纳米管互联的垂直定向的直径较大的管束组成。管束之间存在很多互联，为了了解连接部位在抽丝过程中的作用，Baughman 等建立了模型进行了模拟。如图 5-19(b)所示，管束在抽出的过程中与相邻管束分离，并通过范德华力与相邻管束连接使得更多的互联部分继续抽离，在此过程中，中间的连接部位轮流附着在管束的顶部或底部，如果互联的数量将达到某一临界值，则这些互联将有足够的力量开始拔出下一个管束，阵列表现出可纺性。

　　因此，关键参数是管束之间互联的数量。碳纳米管垂直阵列顶部和底部的互联密度存在上限和下限参数，因此限制了碳纳米管垂直阵列的最小和最大高度。如果互联密度小，即阵列低，那么外力值除以互联数量所得的结果将足够大，每个互联部分将从下一管束完全剥离，从而中断抽丝过程。实验表明碳纳米管垂直阵列不够高时发生此现象(一般低于 50～80 μm)。

　　另外，如果互联密度大，如图 5-19(c)所示，相邻管束将在中间某处拉出。在这种情况下，抽丝过程也将终止。由于形成管束的碳纳米管束在受拉伸时变硬，下一管束从中间开始时不能在拉伸方向连续地弯曲，同时其垂直部分与第三管束距离也会发生相应变化。最终导致下面情况之一发生：①第二管束完全脱离阵列；②第二和第三管束间的连接足以拉动第三管束成为一个整体，之后管束不形成纤维，并最终断裂。实验表明，如果阵列太高(通常高于 800 μm)，以上情况发生，阵列失去可纺性。

　　Baughman 等是以自己研究组制备的超顺排碳纳米管垂直阵列为基础建立的模型，以乙炔为碳源，当阵列高度为 100～800 μm 时制备了超顺排碳纳米管垂直阵列。此外，由于采用不同的制备方法，不同研究组所制备的超顺排碳纳米管垂直阵列高度也不同。但是其他课题组也观察到，存在对超顺排碳纳米管垂直阵列限制的上限，高于此值则垂直阵列不可纺丝。例如，朱云天等[109]报道，他们不能够从除 0.5～ 1.5 mm 高度以外的碳纳米管垂直阵列中抽丝。

　　超顺排碳纳米管垂直阵列除了对阵列高度有限制外，对碳纳米管管径、壁数和阵列密度等也有一定的要求。清华大学范守善研究组[5]最初报道的超顺排碳纳米管垂直阵列的碳纳米管直径为 10 nm，能够从阵列中抽出 200 μm 宽、30 cm 长的碳纳米管丝线[图 5-20(a)]，随后该研究组对超顺排碳纳米管垂直阵列的生长参数进行了精确调控，在 2005 年实现 4 in 硅片上管径为 15 nm 的超顺排多壁碳纳米管垂直阵列的制备[图 5-20(b)][106]。通过进一步调控于 2007 年实现了超顺排三壁碳纳米管垂直阵列的可控合成，2008 年实现了 8 in 硅片上超顺排碳纳米管垂直阵列的批量制备[图 5-20(c)][57]。此外，通过调节合适的催化剂结构及碳源种类和载气流量等条件，中国科学院李清文课题组目前已经实现了双壁含量 90%以上，管径分布 5 nm 左右的超顺排碳纳米管垂直阵列的批量制备[45]。另外，碳纳米管垂直阵列的密度也是影响其是否可纺的因素之一。一般情况下，对于管径在 10 nm 左右的超顺排碳纳米管垂直阵列，其密度为 $3\times10^{10}\sim1\times10^{11}$ 根/cm$^2$。

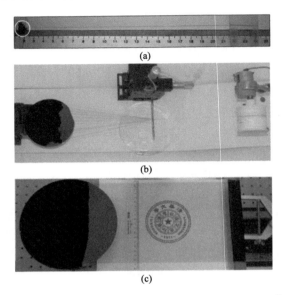

图 5-20　(a) 从超顺排碳纳米管垂直阵列中抽出连续不断的碳纳米管丝线[5]；(b) 从 4 in 硅片的超顺排碳纳米管垂直阵列中抽出连续不断的碳纳米管丝线并通过挥发性溶剂[106]；(c) 从 8 in 硅片的超顺排碳纳米管垂直阵列中抽出碳纳米管膜[110]

### 2. 超顺排碳纳米管垂直阵列的应用

与其他的碳纳米管垂直阵列不同，超顺排碳纳米管垂直阵列具有可以纺丝和抽膜的特性。从阵列中抽出的膜仅有十几到几十纳米厚，具有很大的比表面积，既导电又透明，具有一些独特的电学和光学特性[5]，同时还可以对抽出的薄膜进行加捻或者密实化处理来制备碳纳米管纤维，碳纳米管纤维具有高的力学强度和杨氏模量，是电的良导体[106]。由超顺排碳纳米管垂直阵列制备的薄膜和长线，将纳米级的碳纳米管变成不同维度的宏观集合体，把碳纳米管的优异性质延伸到宏观产品中。基于超顺排碳纳米管垂直阵列的产品，在电学、光学、能源、电子产品等诸多领域都展现出了很好的应用前景[45, 103, 111]，有些已经实现了产业化。

(1) 透明导电膜：直接将抽出的薄膜转移至透明高分子基底上便形成柔性的透明导电薄膜，进而广泛地应用于手机屏幕、液晶显示器和触摸电子产品中[5]。

(2) 光学偏振器：碳纳米管在薄膜中沿抽膜方向单一取向排列，电子的运动被局限在碳纳米管轴向上。外界光照射薄膜时，如果光的偏振方向与薄膜中碳纳米管轴向一致，电子将在光子的作用下沿碳纳米管轴向运动，能量最终被薄膜吸收掉；如果入射光的偏振方向与碳纳米管轴向垂直，则电子不能随光子光场运动，入射光能够顺利穿过薄膜，因此薄膜表现出偏振性，可以用作光学偏振器[5]。

（3）表面增强拉曼基底：表面增强拉曼散射效应是指在特殊制备的一些金属良导体表面或溶胶中，在激发区域内，样品表面或近表面的电磁场的增强导致吸附分子的拉曼散射信号比普通拉曼散射信号大大增强的现象。从阵列中抽出的薄膜具有良好的导电性，可以很好地用作表面增强拉曼基底[112]。

（4）能源存储：碳纳米管在能源存储和转化领域具有十分广泛的应用前景。由超顺排碳纳米管垂直阵列制备的碳纳米管薄膜或纤维可以用作超级电容器、锂离子电池、金属-空气电池等能量存储器件的集流体，而且还具有密度小、柔性好、环境友好等优点，与赝电容等物质复合后可以获得性能优良的能源器件[103, 111, 113]。

（5）碳纳米管微栅：透射电子显微镜已经成为科研工作中必不可少的仪器。目前商用的电子显微镜微栅是在铜网上沉积一层超薄的无定形碳作支持膜。但由于无定形碳膜的干扰，对于直径几纳米的颗粒，用普通微栅很难得到清晰的图像，通过在铜网上面铺上超顺排交叉膜作为支持膜可以很好地解决这个问题，获得清晰的高分辨电子显微镜图像[114]。

（6）人工肌肉：美国德克萨斯大学达拉斯分校纳米科技研究所 Baughman 教授研究组在碳纳米管的人工肌肉方面做出了很多开创性的工作，他们对从超顺排碳纳米管垂直阵列中抽出的碳纳米管膜进行加捻，制备了碳纳米管纤维，将这样的纤维置于电解液或者包裹于固态电解质中并通电可以实现纤维长度或者体积的变化，可以举起相当于人体肌肉很多倍重量的重物[115, 116]；同时将这样的纤维与石蜡等相变材料复合在加热或者通电时也可以实现对重物的提起和放下；在碳纳米管纱线上负载金属铂在催化水制备氢气时还可以驱动纱线运动，下方悬挂挡板还可以实现对气体的阻隔[117]。

（7）驱动器：基于超顺排碳纳米管垂直阵列可以制备很多种类的驱动器。其中，彭慧胜等通过仿生松果壳的结构制备了碳纳米管基光驱动器，首先将石蜡熔融并旋涂于商业购买的聚酰亚胺薄膜上作为基底，之后将从超顺排碳纳米管垂直阵列中抽出的碳纳米管膜铺展到制备的基底上，改变器件中碳纳米管的方向会使器件产生背光、向光甚至是螺旋化的响应[118]。

（8）纤维发电：Baughman 教授和合作者们利用碳纳米管纱线制备了一种只需拉伸或者旋转就可以发电的纤维发电器件"Twistron"[119]。这样的纱线能够实现自身发电。"Twistron"本质上是一种不需要外加电源的电容器，它由很多根碳纳米管组成，使得纱线呈类似弹簧的螺旋结构。浸泡或涂上诸如盐水的离子导电材料后这些电解质中的离子会自动插入纱线中，当纱线被拉伸或扭转时，纱线上的电荷彼此靠近，电压升高，从而产生电能。将来它或许可以为电子纺织品供电，也可以放置在海水中，在海浪运动或温度波动中来采集能量，转化成电能。

　　彭慧胜等还将包裹了聚四氟乙烯的碳纳米管纤维与上述制备的碳纳米管基光驱动器进行组装，在光照时石蜡发生相变，碳纳米管纤维和下端的碳纳米管膜之间的距离发生变化，两个电极之间感应的电荷随之发生改变，最终产生了电流[120]。这样将光驱动和静电效应成功集中到一起，实现了光照发电纤维的制备，发展了新的光照发电模式。

　　(9) 导电与加热器：碳纳米管拥有良好的导电性能，纺丝、加捻制备的碳纳米管纤维的电导率为 $10^2 \sim 10^3$ S/cm，可以在多种领域用作导电性良好的导线[121]。对碳纳米管纤维编织的织物通电可以加热，可以很好地用于人体热敷、可穿戴加热器等方面[122]。

　　除上述方面外，超顺排碳纳米管垂直阵列还可应用于场发射和热发射电子源[123]、高强度碳纳米管线[124]、碳纳米管薄膜扬声器等[125]。如今，部分基于超顺排碳纳米管阵列的应用已经实现了产业化。

## 5.4.2　超顺排碳纳米管垂直阵列的制备方法

　　自 2002 年清华大学范守善研究组首次报道超顺排碳纳米管垂直阵列后[5]，超顺排碳纳米管垂直阵列便受到全世界碳纳米管研究者的热切关注，世界上众多研究组都对此进行了系统性的研究，目前已有美国德克萨斯大学达拉斯分校纳米科技研究所 Baughman 研究组[43, 107]、澳大利亚联邦科学与工业研究组织的研究组[126]、美国辛辛那提大学与加拿大的达尔豪西大学合作的研究组[127]、中国科学院苏州纳米技术与纳米仿生研究所李清文研究组[45]、日本静冈大学的研究组等课题组成功地制备出超顺排碳纳米管垂直阵列[128]。与普通的碳纳米管垂直阵列相比，超顺排碳纳米管垂直阵列在碳纳米管管径、管间距离、取向程度、阵列密度等方面有着一些特殊的要求，下面详细讨论生长过程中的主要参数及其影响。

　　(1) 生长气氛的选择：超顺排碳纳米管垂直阵列也即可纺丝碳纳米管垂直阵列最初由范守善研究组以乙炔为碳源，氩气和氢气为载气，碳源与载气比例为 12：425，在直径 1 in 的石英管中生长制备。阵列高度为几百微米，可以从阵列中抽出宽度为 200 μm、长度为 30 cm 的碳纳米管丝线[5]。2004 年 Baughman 研究组以乙炔为碳源，制备了高度为 70～300 μm 的超顺排碳纳米管垂直阵列。从阵列中抽出不同宽度的碳纳米管膜，加捻后可以得到不同直径的纤维[43]。2005 年，Baughman 研究组从高度为 245 μm 的碳纳米管垂直阵列中成功地抽出了 5 cm 宽、1 m 长的自支撑碳纳米管薄膜。2006 年，范守善研究组通过低压 CVD 法，调整乙炔和氢气比例为 500：50，以厚度 3.5～5.5 nm 的 Fe 为催化剂在 680～720℃范围内实现了在 2 in 和 4 in 的硅片上超顺排碳纳米管垂直阵列的合成[106]。2006 年，朱云天等以乙烯作为碳源，氩气和氢气为载气，通过在硅片上先后沉积 10 nm $Al_2O_3$ 缓冲层和 1 nm Fe 催化剂层，在 750℃条件下生长出高度为 0.5～1.5 mm 均可以纺丝的超顺排碳纳米管垂直阵列，与前期的研究工作相比，该方法得到的阵列高度更高，抽膜并加捻后制备的碳纳米管纤维也具有更加优异的力学强度和电学性质[109]。

　　超顺排碳纳米管垂直阵列在诸多领域都有很好的应用前景，因此，如何实现超顺排碳纳米管垂直阵列产业化成为研究人员密切关注的问题。要实现超顺排碳纳米管垂直阵列的大批量制备，其中的关键问题之一是保证阵列的均匀性。范守善研究组通过开发低压 CVD 生长方法解决了这一问题，在常压 CVD 方法生长过程中，无定形碳的形成速率太快导致气体中碳源的含量不能太高，范守善研究组将压强降低至 2 Torr 左右，调节碳源含量至更高比例，成功地实现了在直径 8 in 的硅片上超顺排碳纳米管垂直阵列的批量化合成。在直径为 8 in 的硅片上可以抽出宽度为 20 cm 的碳纳米管薄膜，薄膜的长度可以达到几百米，达到了工业化生产的要求[110]。

　　(2) 催化剂的选择：管壁数作为碳纳米管的结构参数之一，对其性质有着重大影响。单壁碳纳米管中金属型和半导体型分别占 1/3 和 2/3，而绝大多数的多壁碳纳米管均为金属型。在晶体管等领域中，半导体型的碳纳米管更有优势。因此，在研究过程中，研究人员也力图将超顺排碳纳米管垂直阵列中碳纳米管的管壁数降低。基底上沉积的催化剂，在高温下会裂解为一定大小的催化剂颗粒，催化剂的粒径对碳纳米管的尺寸和管壁数影响很大。通过调节 Fe 催化剂的尺寸，范守善课题组[57]将碳纳米管的直径从 15 nm 调控到 6 nm，管壁数从 10 多层调控到 3 层。该研究组目前最好的实验结果是实现了超顺排三壁碳纳米管垂直阵列的合成。中国科学院苏州纳米技术与纳米仿生研究所李清文研究组[45]通过调节碳源的分压和 $Al_2O_3$ 缓冲层，获得了尺寸分布均匀的催化剂颗粒，进而在直径 4 in 的硅片基底上批量化制备了碳纳米管双壁含量 90% 以上、直径 5 nm 左右的超顺排碳纳米管垂直阵列。目前，超顺排单壁碳纳米管垂直阵列的合成仍然是一项挑战。

　　影响超顺排碳纳米管垂直阵列生长的因素很多，目前各个研究组所报道的生长工艺和参数之间也不尽相同。选择合适的催化剂并对其进行适当的处理对制备超顺排碳纳米管垂直阵列有着重要意义[129, 130]。Lee 等[79]指出沉积合适厚度的催化剂及对其进行氢气还原处理对产生合适尺寸的催化剂有很关键的作用，通过控制合适尺寸和密度的催化剂可以获得更好的超顺排碳纳米管垂直阵列。张强等[48]采用浮动催化剂 CVD 法，以二茂铁为前驱体，制备了超顺排碳纳米管垂直阵列 [图 5-21 (a)]。Zheng 等[131]在超顺排碳纳米管垂直阵列生长过程中引入一定比例的氧和氢，制备了不同形貌的超顺排碳纳米管垂直阵列，进一步经纺丝加捻后制备了不同强度的碳纳米管纤维。Inoue 等[49]以 $FeCl_2$ 为催化剂前驱体，乙炔为碳源，石英片为基底，采用低压 CVD 法生长了高度 2.1 mm 的碳纳米管垂直阵列，并从中抽出了长度为 15.5 cm 的碳纳米管丝线[图 5-21 (b)]。张莹莹等[16,132]在硅片上先后沉积 10 nm $Al_2O_3$ 缓冲层和 1 nm Fe 催化剂层，通过控制载气对催化剂的预处理条件，制备出超顺排碳纳米管垂直阵列。超顺排碳纳米管垂直阵列的纺丝能力与其形貌密切相关，随着预处理时间的延长，催化剂颗粒粗糙度增大，同时超顺排碳纳米管垂直阵列的纺丝能力会明显地下降甚至变得不可纺丝[图 5-21(c)]。

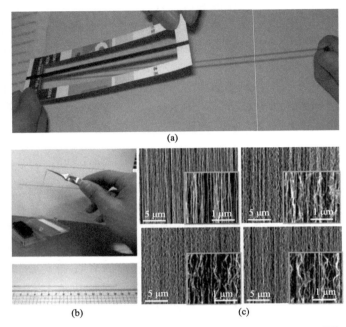

图 5-21　(a)浮动催化剂化学气相沉积法制备的碳纳米管垂直阵列纺丝过程[48]；(b)用镊子从碳纳米管垂直阵列中抽出长度为 15.5 cm 的丝[49]；(c)催化剂处理不同时间制备的碳纳米管垂直阵列侧视图，方框内为放大图[132]

综合来看，虽然不同研究小组报道的生长工艺参数彼此间差异较大，但目前报道的超顺排碳纳米管垂直阵列所具有的共同特征是催化剂颗粒有高的成核密度和窄的直径分布，在一定密度范围内超顺排碳纳米管垂直阵列内碳纳米管保持了良好取向。经过世界范围内众多科学家十多年的努力，超顺排碳纳米管垂直阵列的合成取得了很大的进步，从最开始的超顺排碳纳米管垂直阵列中抽出比较窄的丝线到现在可以在 8 in 的硅片上抽出 20 cm 宽的碳纳米管薄膜，已经成功实现了产业化的生产。但是，目前合成的仍然是多壁超顺排碳纳米管垂直阵列，单壁超顺排碳纳米管垂直阵列还不能够合成，同时，已经报道的超顺排碳纳米管垂直阵列的高度均在 1.5 mm 以下，高度更高的碳纳米管垂直阵列均不可以纺丝，如何合成单壁、高度更高的超顺排碳纳米管垂直阵列是将来研究的主要方向。

# 5.5　高密度碳纳米管垂直阵列的制备

碳纳米管垂直阵列的密度对垂直阵列的结构和性质有着重要影响。碳纳米管垂直阵列的面密度通常由基底上催化剂颗粒的粒径分布与密度大小决定。一般情况下，催化剂颗粒粒径越大，阵列中碳纳米管管径越大，相应的阵列面密度越低。而小管径碳纳米管占的体积较小，阵列的面密度则相对较高。因此，制备高密度碳纳米管垂直阵列的关键便是适当减小催化剂的尺寸并提高其面密度。影响催化剂颗粒大小的因素有催化剂厚度、缓冲层种类和厚度、镀膜工艺、垂直阵列生长工艺等。通过对催化剂的预处理或结构设计，可以实现对碳纳米管垂直阵列密度的控制。

## 5.5.1　调控催化剂法

虽然碳纳米管垂直阵列的面密度已经达到了每平方厘米上千亿根，但是碳纳米管在其中占据的体积比却很低。通常认为限制碳纳米管垂直阵列密度提高的主要原因是在生长温度下催化剂会随着生长时间的延长而团聚，导致碳纳米管垂直阵列的数量和密度降低。Yamazaki 等[11]通过多步生长法制备了高密度碳纳米管垂直阵列。整个生长过程分为三个阶段，首先通过低温等离子体诱导预沉积催化剂膜制备超高密度的纳米催化剂；其次进行碳纳米管垂直阵列的成核，限制催化剂的团聚，如果在催化剂颗粒上覆盖上一薄层碳，那么在碳纳米管的生长过程中催化剂颗粒则不能团聚和长大，这样可以有效地控制碳纳米管阵列的密度和管径；最后在 450℃生长碳纳米管，阵列密度可达 $1 \times 10^{12}$ 根/cm$^2$，同时其体积占比可达 30%～40%。

Thompson 等[63]研究了预处理工艺对碳纳米管垂直阵列管径和密度的影响。发现生长过程中对催化剂进行还原是十分必要的，碳纳米管结构与催化剂的形貌密切相关，将催化剂暴露于氢气气氛中会加速其还原和聚集长大，合理控制催化剂的长大过程可以很好地调控碳纳米管的特性。Thompson 等分别在生长过程的第 45 min、50 min、60 min 通入氢气，生长出的碳纳米管垂直阵列的密度分别为 $3.9 \times 10^9$ 根/cm$^2$、$2.6 \times 10^{10}$ 根/cm$^2$ 和 $4.9 \times 10^{10}$ 根/cm$^2$，相应碳纳米管的外径分别是 $(13.6 \pm 1.9)$ nm、$(9.8 \pm 1.8)$ nm、$(7.4 \pm 1.0)$ nm，同时碳纳米管的管壁数也逐渐减小。在催化剂刚被还原之后就开始生长碳纳米管，受限于催化剂的尺寸，生长的碳纳米管直径小而密度大，延长氢气处理时间则得到相反的结果。

硅基大规模集成电路工艺要求生产过程中处理温度不能超过 400℃。为此，想要在硅基电子器件上生长碳纳米管垂直阵列，需要垂直阵列的生长温度低于 400℃。Yokoyama 等[133]通过远程 PECVD 法在 390℃制备了面密度为 $1.6 \times 10^{11}$ 根/cm$^2$

的碳纳米管垂直阵列，对生长的垂直阵列进一步进行化学机械抛光可以提高垂直阵列导电性。通过调控合适的载气氛围[134]，可以实现 $5 \times 10^{11}$ 颗/cm$^2$ 的钴、镍高密度催化剂的制备，并在此基础上生长了碳纳米管垂直阵列。

Robertson 课题组[66]发展了多种生长高密度碳纳米管垂直阵列的生长方法。在硅基底上沉积三明治结构的催化剂 0.5 nm Al$_2$O$_3$ (top)/0.5 nm Fe/>5 nm Al$_2$O$_3$ 后，利用电弧微波 PECVD 法在 600℃ 条件下可以获得高质量密度（60～70 kg/m$^3$）的单壁碳纳米管垂直阵列，相应的面密度可以达到 $10^{12}$ 根/cm$^2$。之后基于微波 PECVD 方法，他们发展了一种只需 TCVD 过程而不需通入刻蚀气体的生长单壁碳纳米管垂直阵列的方法[135]。这说明在用低压冷壁反应器生长碳纳米管垂直阵列过程中包括水等在内的刻蚀气体可以拓宽垂直阵列的生长窗口，但是并不是必需物。他们以乙炔作为主要的生长前驱体，制备了高纯度、高面密度单壁碳纳米管垂直阵列，生长的碳纳米管平均直径为 1.3 nm，垂直阵列密度可达 $10^{12}$ 根/cm$^2$。

在通常的碳纳米管垂直阵列生长的过程中，所沉积的催化剂通常非常薄（通常只有几纳米或者更小），导致催化剂膜并不连续，退火之后催化剂会转变为纳米粒子。这样会导致催化剂和碳纳米管垂直阵列的密度降低。如图 5-22 所示，为了解决这一问题，Robertson 等[136]采用循环沉积、退火和固化处理，通过对初次沉积的催化剂层处理之后再沉积新的催化剂层来制备催化剂薄膜，有效提高了催化剂密度，生长出以双壁碳纳米管为主，垂直阵列高度 180～300 μm、管径 2.2～2.6 nm，质量密度 0.911～1.03 g/cm$^3$，面密度 $9.2 \times 10^{12}$～$1.10 \times 10^{13}$ 根/cm$^2$ 的高密度碳纳米管垂直阵列。之后，Robertson 等[66]在考虑催化剂与基底界面浸润情况的基础上通过几何计算给出了催化剂紧密堆积和催化剂与基底接触角为 90°两种情况下垂直阵列密度与碳纳米管管径的关系曲线，并与目前报道的较高密度的碳纳米管垂直阵列进行了对比后设计了由 Al$_2$O$_3$/Fe/Al$_2$O$_3$ 组成的三层结构的催化剂，利用氧等离子体对下层的 Al$_2$O$_3$ 进行处理来抑制 Fe 催化剂的扩散，而上层的 Al$_2$O$_3$ 能保证 Fe 纳米粒子在预处理和碳纳米管生长过程中的较小粒径和高密度，减小了阵列中碳纳米管的平均直径，生长出致密的单壁碳纳米管垂直阵列，面密度高达 $1.5 \times 10^{13}$ 根/cm$^2$[图 5-23 (a)]。之后，该研究组还设计了厚度为 0.5 nm Al/0.3～0.4 nm Fe/5 nm Al 的催化剂，将碳纳米管的尺寸减小至 1.0 nm，生长出了面密度为 $1.64 \times 10^{13}$ 根/cm$^2$ 的碳纳米管垂直阵列。

此外，Zhang 等[67]利用 CVD 法对 Fe 催化剂进行预处理，获得面密度 $4.8 \times 10^{12}$ 根/cm$^2$、质量密度 0.4 g/cm$^3$ 的致密碳纳米管垂直阵列[图 5-23 (b)]，对催化剂的预处理可以很好地抑制其在生长过程中的迁移，与正常的生长结果相比，合成的阵列密度提高 8 倍。生长阵列之前，首先将催化剂在 H$_2$ 保护下升温到 300℃，再通入 C$_2$H$_2$/H$_2$ 进行等离子体处理以在催化剂表面沉积一层碳膜，之后再将温度升高到碳纳米管垂直阵列的生长温度，先进行退火处理再进行碳纳米管垂直阵列生长，制备了取向性良好的碳纳米管垂直阵列。

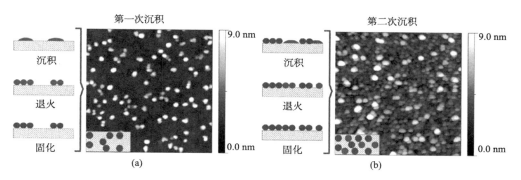

图 5-22　催化剂设计

(a)图表示第一次沉积催化剂；(b)图左列表示第二次沉积的固化、沉积和退火步骤。图(a)、(b)的右侧一列为第一次沉积和循环沉积之后催化剂纳米粒子的 AFM 图。退火过程在充满氩气和氢气(1000∶500 sccm)的压强为 1 bar 的石英管中进行。在第一次沉积催化剂时以 75℃/min 的速度将石英管从室温加热至 750℃，第二次沉积时升温速率调整为 25℃/min

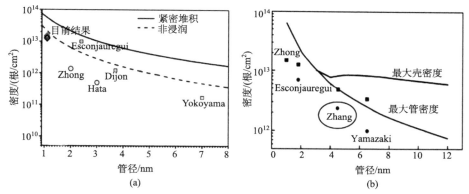

图 5-23　(a)碳纳米管垂直阵列密度与碳纳米管管径之间的关系[7]；(b)碳纳米管垂直阵列理论最大面密度[67]

Kawarada 等[137]在 600℃下以 0.5 nm 铁作催化剂，通过电弧微波 PECVD 法生长出了高度为 0.5 cm 的碳纳米管垂直阵列。生长过程中未发现催化剂的中毒现象，研究发现碳纳米管垂直阵列的生长速率受限于烃基自由基的扩散速率，制备的碳纳米管垂直阵列面密度为 $1 \times 10^{12} \sim 3 \times 10^{12}$ 根/cm²，阵列中碳纳米管之间的间距为 3∼10 nm。

通常，催化剂颗粒粒径随着催化剂厚度的增加而增大，Zhao 等[96]通过沉积不同厚度的 Fe 催化剂实现了对碳纳米管垂直阵列的密度、碳纳米管管壁数及管径的调控。由于碳纳米管的高长径比、一维线性等特性，碳纳米管垂直阵列的垂直度是表征其结构特点的一个十分重要的参数。相邻碳纳米管的相互作用，使得催化剂的密度和碳纳米管垂直阵列的垂直度密不可分。碳纳米管垂直阵列的密度控制着阵列垂直度，阵列垂直度随着阵列密度的增加线性增大。这样可以通过调控阵列的质量密度而实现对阵列垂直度的精确调控。Hata 等[7]通过对催化剂进行预处理，如在空气中暴露或反应离子刻蚀适当时间，实现了对少壁碳纳米管阵列密度的提升，阵列质量密度从 3.3 mg/cm$^3$ 增到 44 mg/cm$^3$，阵列垂直度也从 0.13 上升到 0.85（图 5-24）。

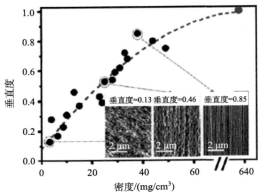

图 5-24    少壁碳纳米管垂直阵列垂直度和阵列质量密度的关系[66]

## 5.5.2    调控缓冲层法

缓冲层的引入抑制了高温下催化剂颗粒的团聚长大和向基底的扩散，提高了基底表面催化剂颗粒的密度。以二氧化硅作为缓冲层时阵列中碳纳米管的密度通常为 $1 \times 10^{10} \sim 8 \times 10^{10}$ 根/cm$^2$。与之相比，氧化铝缓冲层更有利于减小催化剂颗粒的尺寸，Futaba 等[98]在硅基底上沉积 10 nm 氧化铝和 1.2 nm 铁分别作为缓冲层和催化剂层，在碳纳米管垂直阵列生长过程中通入水蒸气使催化剂的活性提高至 84%±6%，催化剂的平均面密度可达 $(6.2\pm0.26)\times10^{11}$ 根/cm$^2$，阵列密度可达 $(5.2\pm0.35) \times 10^{11}$ 根/cm$^2$。即使如此，阵列中碳纳米管所占空间体积的比例仍很低，碳纳米管在其中的比例仅为 3.6%，其中大部分为空气。通过对催化剂的预处理或结构设计[138]、生长温度和生长压力等的调节可以实现碳纳米管垂直阵列密度的进一步提高[139]。

Plata 等[97]发现在碳纳米管垂直阵列的生长过程中通入一定量的氧气会对垂直阵列产生很大的影响。改变通入氧气的含量可以对垂直阵列的微观形貌和宏观性能进行调控，氧气分压较低时，生长的为单壁或者少壁的碳纳米管垂直阵列。氧气的存在会加速催化剂纳米粒子的奥斯特瓦尔德熟化，会对碳纳米管阵列的垂直度和密度产生较大影响。

Robertson 等[140]还发展了在导电基底上低温生长超高密度碳纳米管垂直阵列的方法。与硅等无机基底相比，在金属基底上生长碳纳米管垂直阵列要困难很多。

金属及金属复合物均为高表面能材料，形成用以生长碳纳米管的金属纳米粒子较为困难。同时，催化剂更容易扩散进入金属基底形成金属合金，生长过程中的气体还会和基底反应减弱其导电性能。Robertson 课题组在生长有 200 nm 二氧化硅的硅基底上沉积 40 nm 铜和 5 nm 钛后再沉积 0.3 或 0.8 nm 钼和 2.5 nm 钴。随后将铜片置于直冷式 CVD 炉中，在 450℃ 下利用低压生长高密度碳纳米管垂直阵列，硅片上沉积的钼会和钛、钴相互作用，抑制钴催化剂的长大和剥落。无钼基底生长的碳纳米管垂直阵列高度为 0.83 μm，质量密度为 0.34 g/cm$^3$；厚度为 0.3 nm 钼的基底生长的碳纳米管垂直阵列高度为 0.58 μm，质量密度为 0.82 g/cm$^3$；厚度为 0.8 nm 钼的基底，制备的碳纳米管垂直阵列平均高度为 0.38 μm，其质量密度可达 1.6 g/cm$^3$。面密度分别为 2.7×10$^{11}$ 根/cm$^2$、5.6×10$^{11}$ 根/cm$^2$ 和 5.5×10$^{11}$ 根/cm$^2$。与未沉积钼催化剂所生长的碳纳米管垂直阵列相比，其质量密度提高 5 倍。进一步，Robertson 等[141]利用商用铜箔沉积由 Al/Fe/Al 组成的三层结构催化剂，通入 2%的乙炔生长 0.5 min 便可以得到高密度的碳纳米管垂直阵列。垂直阵列面密度为 2.2×10$^{12}$ 根/cm$^2$，碳纳米管的平均直径为 1.9 nm。从上到下 Al/Fe/Al 三层金属的厚度分别为 0.5 nm、0.4 nm、6 nm 时生长的垂直阵列密度和质量最好。碳纳米管垂直阵列与铜基底之间存在欧姆接触，使用两探针法测得垂直阵列与基底之间的电阻为 60～80 Ω，进一步可以应用于超级电容器、电池等器件中。Yang 等[142]将 TiSiN 作为催化剂缓冲层，抑制了催化剂向基底的扩散，在其表面保留了更多的催化剂颗粒。同时确保了碳纳米管垂直阵列和基底的良好导电性。Yang 等先在硅基底上沉积 50 nm TiSiN、0.4 nm Fe 和 0.1 nm Al 作为催化剂，之后在 600℃ 下可以生长得到面密度为 (5.1± 0.1)×10$^{12}$ 根/cm$^2$ 和质量密度为 (0.36 ± 0.06) g/cm$^3$ 的高密度碳纳米管垂直阵列，垂直阵列和基底之间的电阻为 (0.70±0.05) kΩ。

　　虽然已经实现质量密度为 1.6 g/cm$^3$ 的碳纳米管垂直阵列的生长，但是其对应的面密度却只有 5.5 ×10$^{11}$ 根/cm$^2$。将碳纳米管垂直阵列应用于大规模集成电路要求其密度不低于 1×10$^{13}$ 根/cm$^2$，生长温度不高于 400℃。Noda 等[143]发展了 400℃ 下生长高密度碳纳米管垂直阵列的方法。Noda 等先在硅基底上沉积 5 nm TiN，再沉积 0.6 nm Ni 作为催化剂层，之后在低压环境中通入乙炔、氩气等进行碳纳米管垂直阵列的生长，生长的碳纳米管壁数多为 8，阵列中碳纳米管的密度可达 1.2×10$^{13}$ 根/cm$^2$，质量密度可达 1.1 g/cm$^3$，满足了工业应用碳纳米管垂直阵列的相关要求。

## 5.5.3　后处理法

　　上述描述的几种方法均是对催化剂或者缓冲层进行一定的处理来合成高密度碳纳米管垂直阵列。此外，也可以对已经合成的密度较低的碳纳米管垂直阵列进行一定的密实化处理来获取高密度的碳纳米管垂直阵列。如图 5-25 所示，Hata

等[144]利用液体对碳纳米管的密实化作用,采用液体对制备的单壁碳纳米管垂直阵列进行处理,阵列密度由 $4.3\times10^{11}$ 根/cm$^2$ 显著提高至 $8.3\times10^{12}$ 根/cm$^2$,之后还以处理后的碳纳米管垂直阵列作为电极材料制备了性能优良的超级电容器。

　　Robertson 等设计了新型的催化剂结构来实现一步法生长高密度碳纳米管垂直阵列[145]。他们在硅基底上沉积了三明治结构的 Fe/Ti/Fe 催化剂层,厚度分别为 $\tau$、10 nm、$\delta$,改变 Fe 催化剂的厚度可以生长出不同高度、不同密度的碳纳米管垂直阵列。当 $\tau$ 和 $\delta$ 的值在 $0.6\sim0.8$ nm 时生长的碳纳米管垂直阵列垂直度最好,密度最高,碳纳米管管径最小,平均为 1.0 nm。生长结束后用液体处理碳纳米管垂直阵列可以使其填充度提高至 57%,面密度增加至 $10^{12}$ 根/cm$^2$。

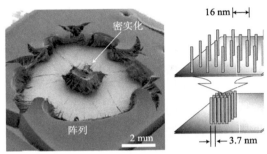

图 5-25　碳纳米管垂直阵列经液体密实化的电子显微镜图和示意图[144]

　　碳纳米管垂直阵列的密度对其性质有着重要的影响,经过科学家多年不断的努力,现在碳纳米管垂直阵列的密度已经可以达到 $1.64\times10^{13}$ 根/cm$^2$,但是如何制备高密度且特定金属型或半导体型的单壁碳纳米管垂直阵列仍需进一步努力。

　　综上,碳纳米管垂直阵列在光学、力学、电学和热学方面具有优异的性质,因此在诸多领域具有潜在应用价值。人们为了获得碳纳米管垂直阵列开发了一系列合成方法,包括浮动催化剂法、预沉积催化剂法和模板法等。研究者们通过长期的实验和理论研究,探讨了影响碳纳米管垂直阵列生长的各种因素,包括碳纳米管的生长机理、催化剂的影响、反应气体刻蚀的影响以及在金属和非金属催化剂表面的碳具体的析出方式等。此外,通过生长基板和催化剂的设计,实现了碳纳米管垂直阵列的图案化制备,通过后处理方法的研究,实现了碳纳米管垂直阵列的转移、去杂质及致密化等。在此基础上,通过精准调控反应条件,进一步合成了具有三类特殊结构的碳纳米管垂直阵列,包括单壁碳纳米管垂直阵列、超顺排碳纳米管垂直阵列和高密度碳纳米管垂直阵列。这些各具特色的碳纳米管垂直阵列在诸多领域(如光谱学领域、晶体管领域及能源领域等)有着独特的应用价值。其中,超顺排碳纳米管垂直阵列的产品已经实现了规模化应用,如手机显示屏、电子显微镜微栅等。碳纳米管垂直阵列的制备和应用研究为碳纳米管材料的实际应用开辟了新的领域,提供了新的思路。

# 参 考 文 献

[1]　de Heer W A, Bacsa W, Chatelain A, Gerfin T, Humphrey-Baker R. Aligned carbon nanotube films: production and optical and electronic properties. Science, 1995, 268 (5212): 845.

[2]　Li W, Xie S, Qian L, Chang B. Large-scale synthesis of aligned carbon nanotubes. Science, 1996, 274 (5293): 1701.

[3]　Hata K, Futaba D N, Mizuno K, Namai T, Yumura M, Iijima S. Water-assisted highly efficient synthesis of impurity-free single-walled carbon nanotubes. Science, 2004, 306 (5700): 1362-1364.

[4]　Tsuji T, Hata K, Futaba D N, Sakurai S. Unexpected efficient synthesis of millimeter-scale single-wall carbon nanotube forests using a sputtered MgO catalyst underlayer enabled by a simple treatment process. Journal of the American Chemical Society, 2016, 138 (51): 16608-16611.

[5]　Jiang K, Li Q, Fan S. Nanotechnology: spinning continuous carbon nanotube yarns. Nature, 2002, 419 (6909): 801.

[6]　Jakubinek M B, White M A, Li G, Jayasinghe C, Cho W, Schulz M J, Shanov V. Thermal and electrical conductivity of tall, vertically aligned carbon nanotube arrays. Carbon, 2010, 48 (13): 3947-3952.

[7]　Xu M, Futaba D N, Yumura M, Hata K. Alignment control of carbon nanotube forest from random to nearly perfectly aligned by utilizing the crowding effect. ACS Nano, 2012, 6 (7): 5837-5844.

[8]　Yun J, Jeon W, Alam Khan F, Lee J, Baik S. Reverse capillary flow of condensed water through aligned multiwalled carbon nanotubes. Nanotechnology, 2015, 26 (23): 235701.

[9]　Zhang X, Li Q, Holesinger T G, Arendt P N, Huang J, Kirve P D, Clapp T G, DePaula R F, Liao X, Zhao Y. Ultrastrong, stiff, and lightweight Carbon-Nanotube fibers. Advanced Materials, 2007, 19 (23): 4198-4201.

[10]　Mizuno K, Ishii J, Kishida H, Hayamizu Y, Yasuda S, Futaba D N, Yumura M, Hata K. A black body absorber from vertically aligned single-walled carbon nanotubes. Proceedings of the National Academy of Sciences, 2009, 106 (15): 6044-6047.

[11]　Yamazaki Y, Katagiri M, Sakuma N, Suzuki M, Sato S, Nihei M, Wada M, Matsunaga N, Sakai T, Awano Y. Synthesis of a closely packed carbon nanotube forest by a multi-step growth method using plasma-based chemical vapor deposition. Applied physics express, 2010, 3 (5): 055002.

[12]　Li X, Ci L, Kar S, Soldano C, Kilpatrick S J, Ajayan P M. Densified aligned carbon nanotube films via vapor phase infiltration of carbon. Carbon, 2007, 45 (4): 847-851.

[13]　Bui N, Meshot E R, Kim S, Pena J, Gibson P W, Wu K J, Fornasiero F. Ultrabreathable and protective membranes with sub-5 nm carbon nanotube pores. Advanced Materials, 2016, 28 (28): 5871-5877.

[14]　Fan S, Chapline M G, Franklin N R, Tombler W, Cassell A M, Dai H. Self-oriented regular arrays of carbon nanotubes and their field emission properties. Science, 1999, 283 (5401): 512-514.

[15]　Wei B, Vajtai R, Jung Y, Ward J, Zhang R, Ramanath G, Ajayan P. Microfabrication technology: organized assembly of carbon nanotubes. Nature, 2002, 416 (6880): 495-496.

[16]　Zhang Y, Zou G, Doorn S K, Htoon H, Stan L, Hawley M E, Sheehan C J, Zhu Y, Jia Q. Tailoring the morphology of carbon nanotube arrays: from spinnable forests to undulating foams. ACS Nano, 2009, 3 (8): 2157-2162.

[17]　Chen Q L, Xue K H, Shen W, Tao F F, Yin S Y, Xu W. Fabrication and electrochemical properties of carbon nanotube array electrode for supercapacitors. Electrochimica Acta, 2004, 49 (24): 4157-4161.

[18]　Wang M, Chen H, Lin W, Li Z, Li Q, Chen M, Meng F, Xing Y, Yao Y, Wong C P. Crack-free and scalable transfer of carbon nanotube arrays into flexible and highly thermal conductive composite film. ACS Applied Materials & Interfaces, 2013, 6 (1): 539-544.

[19]　Amade R, Jover E, Caglar B, Mutlu T, Bertran E. Optimization of $MnO_2$/vertically aligned carbon nanotube composite for supercapacitor application. Journal of Power Sources, 2011, 196 (13): 5779-5783.

[20]　朱亚波, 王万录, 廖克俊. 对碳纳米管阵列的场发射电场增强因子以及最佳阵列密度的研究. 物理学报, 2002, 51 (10): 2335-2339.

[21] 张琦锋, 于洁, 宋教花, 张耿民, 张兆祥, 薛增泉, 吴锦雷. 碳纳米管阵列的气相沉积制备及场发射特性. 物理化学学报, 2004, 4: 015.

[22] Xu X, Brandes G. A method for fabricating large-area, patterned, carbon nanotube field emitters. Applied Physics Letters, 1999, 74(17): 2549-2551.

[23] Shin M K, Oh J, Lima M, Kozlov M E, Kim S J, Baughman R H. Elastomeric conductive composites based on carbon nanotube forests. Advanced Materials, 2010, 22(24): 2663-2667.

[24] http://www.surreynanosystems.com/vantablack.

[25] Cao A, Zhang X, Xu C, Wei B, Wu D. Tandem structure of aligned carbon nanotubes on Au and its solar thermal absorption. Solar Energy Materials and Solar Cells, 2002, 70(4): 481-486.

[26] Yin Z, Wang H, Jian M, Li Y, Xia K, Zhang M, Wang C, Wang Q, Ma M, Zheng Q S, Zhang Y Y. Extremely black vertically-aligned carbon nanotube arrays for solar steam generation. ACS Applied Materials & Interfaces, 2017, 9(34): 28596-28603.

[27] Theocharous E, Deshpande R, Dillon A, Lehman J. Evaluation of a pyroelectric detector with a carbon multiwalled nanotube black coating in the infrared. Applied Optics, 2006, 45(6): 1093-1097.

[28] Yang Z P, Ci L, Bur J A, Lin S Y, Ajayan P M. Experimental observation of an extremely dark material made by a low-density nanotube array. Nano Letters, 2008, 8(2): 446-451.

[29] Murakami Y, Einarsson E, Edamura T, Maruyama S. Polarization dependence of the optical absorption of single-walled carbon nanotubes. Physical Review Letters, 2005, 94(8): 087402.

[30] Itkis M E, Borondics F, Yu A, Haddon R C. Bolometric infrared photoresponse of suspended single-walled carbon nanotube films. Science, 2006, 312(5772): 413-416.

[31] Itkis M, Niyogi S, Meng M, Hamon M, Hu H, Haddon R. Spectroscopic study of the Fermi level electronic structure of single-walled carbon nanotubes. Nano Letters, 2002, 2(2): 155-159.

[32] 陈国远. 基于 CVD 法制备碳纳米管阵列及其性能研究. 哈尔滨: 哈尔滨理工大学硕士学位论文, 2015.

[33] 邢亚娟, 陈宏源, 陈名海, 姚亚刚, 李清文. 碳纳米管在热管理材料中的应用. 科学通报, 2014, (28): 2840-2850.

[34] 罗敏, 李阳, 姚亚刚, 张昊, 张永毅, 李清文, 戴振东. 干黏附碳纳米管垂直阵列的转移及其黏附性能评价. 科学通报, 2015, (8): 771-779.

[35] Sethi S, Ge L, Ci L, Ajayan P M, Dhinojwala A. Gecko-inspired carbon nanotube-based self-cleaning adhesives. Nano Letters, 2008, 8(3): 822-825.

[36] Qu L, Dai L, Stone M, Xia Z, Wang Z L. Carbon nanotube arrays with strong shear binding-on and easy normal lifting-off. Science, 2008, 322(5899): 238-242.

[37] Ge L, Sethi S, Ci L, Ajayan P M, Dhinojwala A. Carbon nanotube-based synthetic gecko tapes. Proceedings of the National Academy of Sciences, 2007, 104(26): 10792-10795.

[38] Xu M, Du F, Ganguli S, Roy A, Dai L. Carbon nanotube dry adhesives with temperature-enhanced adhesion over a large temperature range. Nature Communications, 2016, 7: 13450.

[39] Saito Y, Hamaguchi K, Uemura S, Uchida K, Tasaka Y, Ikazaki F, Yumura M, Kasuya A, Nishina Y. Field emission from multi-walled carbon nanotubes and its application to electron tubes. Applied Physics A: Materials Science & Processing, 1998, 67(1): 95-100.

[40] Yamada T, Hayamizu Y, Yamamoto Y, Yomogida Y, Izadi-Najafabadi A, Futaba D N, Hata K. A stretchable carbon nanotube strain sensor for human-motion detection. Nature Nanotechnology, 2011, 6(5): 296-301.

[41] Falk K, Sedlmeier F, Joly L, Netz R R, Bocquet L. Molecular origin of fast water transport in carbon nanotube membranes: superlubricity versus curvature dependent friction. Nano Letters, 2010, 10(10): 4067-4073.

[42] Jeon W, Yun J, Khan F A, Baik S. Enhanced water vapor separation by temperature-controlled aligned-multiwalled carbon nanotube membranes. Nanoscale, 2015, 7(34): 14316-14323.

[43] Zhang M, Atkinson K R, Baughman R H. Multifunctional carbon nanotube yarns by downsizing an ancient technology. Science, 2004, 306(5700): 1358-1361.

[44] Jiang K, Wang J, Li Q, Liu L, Liu C, Fan S. Superaligned carbon nanotube arrays, films, and yarns: a road to applications. Advanced Materials, 2011, 23(9): 1154-1161.

[45] Di J, Hu D, Chen H, Yong Z, Chen M, Feng Z, Zhu Y, Li Q. Ultrastrong, foldable, and highly conductive carbon nanotube film. ACS Nano, 2012, 6(6): 5457-5464.

[46] Sen R, Govindaraj A, Rao C. Carbon nanotubes by the metallocene route. Chemical Physics Letters, 1997, 267(3): 276-280.

[47] Zhu H, Xu C, Wu D, Wei B, Vajtai R, Ajayan P. Direct synthesis of long single-walled carbon nanotube strands. Science, 2002, 296(5569): 884-886.

[48] Zhang Q, Wang D G, Huang J Q, Zhou W P, Luo G H, Qian W Z, Wei F. Dry spinning yarns from vertically aligned carbon nanotube arrays produced by an improved floating catalyst chemical vapor deposition method. Carbon, 2010, 48(10): 2855-2861.

[49] Inoue Y, Kakihata K, Hirono Y, Horie T, Ishida A, Mimura H. One-step grown aligned bulk carbon nanotubes by chloride mediated chemical vapor deposition. Applied Physics Letters, 2008, 92(21): 213113-213113.

[50] Jourdain V, Kanzow H, Castignolles M, Loiseau A, Bernier P. Sequential catalytic growth of carbon nanotubes. Chemical Physics Letters, 2002, 364(1): 27-33.

[51] Laude T, Kuwahara H, Sato K. FeCl₂-CVD production of carbon fibres with graphene layers nearly perpendicular to axis. Chemical Physics Letters, 2007, 434(1): 78-81.

[52] Ren Z, Huang Z, Xu J, Wang J, Bush P, Siegal M, Provencio P. Synthesis of large arrays of well-aligned carbon nanotubes on glass. Science, 1998, 282(5391): 1105-1107.

[53] 张如范, 张莹莹, 谢欢欢, 张强, 骞伟中, 魏飞. 水平阵列碳纳米管的可控制备及优异性能. 中国科学:化学, 2015, (10): 979-1009.

[54] Liu L, Fan S. Isotope labeling of carbon nanotubes and formation of ¹²C–¹³C nanotube junctions. Journal of the American Chemical Society, 2001, 123(46): 11502-11503.

[55] 张强. 宏量可控制备碳纳米管阵列. 北京: 清华大学博士学位论文, 2009.

[56] Zhang X, Jiang K, Feng C, Liu P, Zhang L, Kong J, Zhang T, Li Q, Fan S. Spinning and processing continuous yarns from 4-inch wafer scale super-aligned carbon nanotube arrays. Advanced Materials, 2006, 18(12): 1505-1510.

[57] Liu K, Sun Y, Chen L, Feng C, Feng X, Jiang K, Zhao Y, Fan S. Controlled growth of super-aligned carbon nanotube arrays for spinning continuous unidirectional sheets with tunable physical properties. Nano Letters, 2008, 8(2): 700-705.

[58] Bedewy M, Meshot E R, Guo H, Verploegen E A, Lu W, Hart A J. Collective mechanism for the evolution and self-termination of vertically aligned carbon nanotube growth. The Journal of Physical Chemistry C, 2009, 113(48): 20576-20582.

[59] Zhang Y Y, Stan L, Xu P, Wang H L, Doorn S K, Htoon H, Zhu Y T, Jia Q X. A double-layered carbon nanotube array with super-hydrophobicity. Carbon, 2009, 47(14): 3332-3336.

[60] Zhang S M, Peng D L, Xie H H, Zheng Q S, Zhang Y Y. Investigation on the formation mechanism of double-layer vertically aligned carbon nanotube arrays via single-step chemical vapour deposition. Nano-Micro Letters, 2017, 9(1): 12.

[61] Amama P B, Putnam S A, Barron A R, Maruyama B. Wetting behavior and activity of catalyst supports in carbon nanotube carpet growth. Nanoscale, 2013, 5(7): 2642-2646.

[62] Zhang H, Cao G, Wang Z, Yang Y, Shi Z, Gu Z. Influence of ethylene and hydrogen flow rates on the wall number, crystallinity, and length of millimeter-long carbon nanotube array. The Journal of Physical Chemistry C, 2008, 112(33): 12706-12709.

[63] Nessim G D, Hart A J, Kim J S, Acquaviva D, Oh J, Morgan C D, Seita M, Leib J S, Thompson C V. Tuning of vertically-aligned carbon nanotube diameter and areal density through catalyst pre-treatment. Nano Letters, 2008, 8(11): 3587-3593.

[64] Meshot E R, Plata D L, Tawfick S, Zhang Y, Verploegen E A, Hart A J. Engineering vertically aligned carbon nanotube growth by decoupled thermal treatment of precursor and catalyst. ACS Nano, 2009, 3(9): 2477-2486.

[65] Murakami Y, Chiashi S, Miyauchi Y, Hu M, Ogura M, Okubo T, Maruyama S. Growth of vertically aligned single-walled carbon nanotube films on quartz substrates and their optical anisotropy. Chemical Physics Letters, 2004, 385(3): 298-303.

[66] Zhong G, Warner J H, Fouquet M, Robertson A W, Chen B, Robertson J. Growth of ultrahigh density single-walled carbon nanotube forests by improved catalyst design. ACS Nano, 2012, 6(4): 2893-2903.

[67] Zhang C, Xie R, Chen B, Yang J, Zhong G, Robertson J. High density carbon nanotube growth using a plasma pretreated catalyst. Carbon, 2013, 53: 339-345.

[68] 梁尤轩, 赵斌, 姜川, 杨俊和. 垂直碳纳米管阵列的生长控制研究进展. 化工进展, 2014, 33(6): 1491-1497.

[69] Liu C, Cheng H M, Cong H, Li F, Su G, Zhou B, Dresselhaus M. Synthesis of macroscopically long ropes of well-aligned single-walled carbon nanotubes. Advanced Materials, 2000, 12(16): 1190-1192.

[70] Meyyappan M, Delzeit L, Cassell A, Hash D. Carbon nanotube growth by PECVD: a review. Plasma Sources Science and Technology, 2003, 12(2): 205.

[71] de Heer W A, Chatelain A, Ugarte D. A carbon nanotube field-emission electron source. Science, 1995, 270(5239): 1179-1180.

[72] Ebbesen T, Ajayan P. Large-scale synthesis of carbon nanotubes. Nature, 1992, 358(6383): 220-222.

[73] Pint C L, Xu Y Q, Pasquali M, Hauge R H. Formation of highly dense aligned ribbons and transparent films of single-walled carbon nanotubes directly from carpets. ACS Nano, 2008, 2(9): 1871-1878.

[74] Wang M, Li T, Yao Y, Lu H, Li Q, Chen M, Li Q. Wafer-scale transfer of vertically aligned carbon nanotube arrays. Journal of the American Chemical Society, 2014, 136(52): 18156-18162.

[75] Wei H, Wei Y, Lin X, Liu P, Fan S, Jiang K. Ice-assisted transfer of carbon nanotube arrays. Nano Letters, 2015, 15(3): 1843-1848.

[76] Zhang L, Zhao B, Wang X Y, Liang Y X, Qiu Y X, Zhang G P, Yang J H. Gas transport in vertically-aligned carbon nanotube/parylene composite membranes. Carbon, 2014, 66: 11-17.

[77] De Volder M F, Tawfick S H, Baughman R H, Hart, A J. Carbon nanotubes: present and future commercial applications. Science, 2013, 339(6119): 535-539.

[78] Liu P, Liu L, Wei Y, Liu K, Chen Z, Jiang K, Li Q, Fan S. Fast high-temperature response of carbon nanotube film and its application as an incandescent display. Advanced Materials, 2009, 21(35): 3563.

[79] Kim J H, Jang H S, Lee K H, Overzet L J, Lee G S. Tuning of Fe catalysts for growth of spin-capable carbon nanotubes. Carbon, 2010, 48(2): 538-547.

[80] Yamashita S, Inoue Y, Maruyama S, Murakami Y, Yaguchi H, Jablonski M, Set S Y. Saturable absorbers incorporating carbon nanotubes directly synthesized onto substrates and fibers and their application to mode-locked fiber lasers. Optics Letters, 2004, 29(14): 1581-1583.

[81] Xu Y Q, Flor E, Kim M J, Hamadani B, Schmidt H, Smalley R E, Hauge R H. Vertical array growth of small diameter single-walled carbon nanotubes. Journal of the American Chemical Society, 2006, 128(20): 6560-6561.

[82] Iwasaki T, Zhong G F, Aikawa T, Yoshida T, Kawarada H. Direct evidence for root growth of vertically aligned single-walled carbon nanotubes by microwave plasma chemical vapor deposition. The Journal of Physical Chemistry B, 2005, 109(42): 19556-19559.

[83] Nozaki T, Ohnishi K, Okazaki K, Kortshagen U. Fabrication of vertically aligned single-walled carbon nanotubes in atmospheric pressure non-thermal plasma CVD. Carbon, 2007, 45(2): 364-374.

[84] Sakurai S, Inaguma M, Futaba D N, Yumura M, Hata K. Diameter and density control of single-walled carbon nanotube forests by modulating ostwald ripening through decoupling the catalyst formation and growth processes. Small, 2013, 9(21): 3584-3592.

[85] Youn S K, Yazdani N, Patscheider J, Park H G. Facile diameter control of vertically aligned, narrow single-walled carbon nanotubes. RSC Advances, 2013, 3(5): 1434-1441.

[86] Han Z J, Ostrikov K. Uniform, dense arrays of vertically aligned, large-diameter single-walled carbon nanotubes. Journal of the American Chemical Society, 2012, 134(13): 6018-6024.

[87] Kim S M, Pint C L, Amama P B, Zakharov D N, Hauge R H, Maruyama B, Stach E A. Evolution in catalyst morphology leads to carbon nanotube growth termination. Journal of Physical Chemistry Letters, 2010, 1(6): 918-922.

[88] Amama P B, Pint C L, Kim S M, McJilton L, Eyink K G, Stach E A, Hauge R H, Maruyama B. Influence of alumina type on the evolution and activity of alumina-supported Fe catalysts in single-walled carbon nanotube carpet growth. ACS Nano, 2010, 4(2): 895-904.

[89] Futaba D N, Hata K, Yamada T, Mizuno K, Yumura M, Iijima S. Kinetics of water-assisted single-walled carbon nanotube synthesis revealed by a time-evolution analysis. Physical Review Letters, 2005, 95(5): 056104.

[90] Meshot E R, Hart A J. Abrupt self-termination of vertically aligned carbon nanotube growth. Applied Physics Letters, 2008, 92(11): 113107.

[91] Amama P B, Pint C L, McJilton L, Kim S M, Stach E A, Murray P T, Hauge R H, Maruyama B. Role of water in super growth of single-walled carbon nanotube carpets. Nano Letters, 2008, 9(1): 44-49.

[92] Hasegawa K, Noda S. Moderating carbon supply and suppressing Ostwald ripening of catalyst particles to produce 4.5-mm-tall single-walled carbon nanotube forests. Carbon, 2011, 49(13): 4497-4504.

[93] Noda S, Hasegawa K, Sugime H, Kakehi K, Zhang Z, Maruyama S, Yamaguchi Y. Millimeter-thick single-walled carbon nanotube forests: hidden role of catalyst support. Japanese Journal of Applied Physics Part 2-Letters & Express Letters, 2007, 46(17-19): L399-L401.

[94] Yasuda S, Futaba D N, Yamada T, Satou J, Shibuya A, Takai H, Arakawa K, Yumura M, Hata K. Improved and large area single-walled carbon nanotube forest growth by controlling the gas flow direction. ACS Nano, 2009, 3(12): 4164-4170.

[95] Zhang G Y, Mann D, Zhang L, Javey A, Li Y M, Yenilmez E, Wang Q, McVittie J P, Nishi Y, Gibbons J, Dai H J. Ultra-high-yield growth of vertical single-walled carbon nanotubes: hidden roles of hydrogen and oxygen. Proceedings of the National Academy of Sciences of the United States of America, 2005, 102(45): 16141-16145.

[96] Zhao B, Futab D N, Yasuda S, Akoshima M, Yamada T, Hata K. Exploring advantages of diverse carbon nanotube forests with tailored structures synthesized by supergrowth from engineered catalysts. ACS Nano, 2009, 3(1): 108-114.

[97] Shi W, Li J, Polsen E S, Oliver C R, Zhao Y, Meshot E R, Barclay M, Fairbrother D H, Hart A J, Plata D L. Oxygen-promoted catalyst sintering influences number density, alignment, and wall number of vertically aligned carbon nanotubes. Nanoscale, 2017, 9(16): 5222-5233.

[98] Futaba D N, Hata K, Namai T, Yamada T, Mizuno K, Hayamizu Y, Yumura M, Iijima S. 84% catalyst activity of water-assisted growth of single walled carbon nanotube forest characterization by a statistical and macroscopic approach. The Journal of Physical Chemistry B, 2006, 110(15): 8035-8038.

[99] Lee D H, Lee W J, Kim S O. Vertical single-walled carbon nanotube arrays via block copolymer lithography. Chemistry of Materials, 2009, 21(7): 1368-1374.

[100] In J B, Grigoropoulos C P, Chernov A A, Noy A. Growth kinetics of vertically aligned carbon nanotube arrays in clean oxygen-free conditions. ACS Nano, 2011, 5(12): 9602-9610.

[101] Iijima S. Helical microtubules of graphitic carbon. Nature, 1991, 354(6348): 56-58.

[102] Tans S J, Verschueren A R M, Dekker C. Room-temperature transistor based on a single carbon nanotube. Nature, 1998, 393(6680): 49-52.

[103] Chen T, Qiu L, Yang Z, Peng H. Novel solar cells in a wire format. Chemical Society Reviews, 2013, 42(12): 5031-5041.

[104] Aliev A E, Oh J, Kozlov M E, Kuznetsov A A, Fang S, Fonseca A F, Ovalle R, Lima M D, Haque M H, Gartstein Y N, Zhang M, Zakhidov A A, Baughman R H. Giant-stroke, superelastic carbon nanotube aerogel muscles. Science, 2009, 323(5921): 1575-1578.

[105] 姜开利, 王佳平, 李群庆, 刘亮, 刘长洪, 范守善. 超顺排碳纳米管阵列、薄膜、长线——通向应用之路. 中国科学: 物理学 力学 天文学, 2011, 41(4): 390-403.

[106] Zhang X B, Jiang K L, Teng C, Liu P, Zhang L, Kong J, Zhang T H, Li Q Q, Fan S S. Spinning and processing continuous yarns from 4-inch wafer scale super-aligned carbon nanotube arrays. Advanced Materials, 2006, 18(12): 1505.

[107] Zhang M, Fang S L, Zakhidov A A, Lee S B, Aliev A E, Williams C D, Atkinson K R, Baughman R H. Strong, transparent, multifunctional, carbon nanotube sheets. Science, 2005, 309(5738): 1215-1219.

[108] Kuznetsov A A, Fonseca A F, Baughman R H, Zakhidov A A. Structural model for dry-drawing of sheets and yarns from carbon nanotube forests. ACS Nano, 2011, 5(2): 985-993.

[109] Li Q, Zhang X, DePaula R F, Zheng L, Zhao Y, Stan L, Holesinger T G, Arendt P N, Peterson D E, Zhu Y T. Sustained growth of ultralong carbon nanotube arrays for fiber spinning. Advanced Materials, 2006, 18(23): 3160.

[110] Feng C, Liu K, Wu J S, Liu L, Cheng J S, Zhang Y, Sun Y, Li Q, Fan S, Jiang K. Flexible, stretchable, transparent conducting films made from superaligned carbon nanotubes. Advanced Functional Materials, 2010, 20(6): 885-891.

[111] Zhang Y, Bai W Y, Cheng X L, Ren J, Weng W, Chen P N, Fang X, Zhang Z T, Peng H S. Flexible and stretchable lithium-ion batteries and supercapacitors based on electrically conducting carbon nanotube fiber springs. Angewandte Chemie International Edition, 2014, 53(52): 14564-14568.

[112] Sun Y, Liu K, Miao J, Wang Z, Tian B, Zhang L, Li Q, Fan S, Jiang K. Highly sensitive surface-enhanced Raman scattering substrate made from superaligned carbon nanotubes. Nano Letters, 2010, 10(5): 1747-1753.

[113] Fang X, Yang Z B, Qiu L B, Sun H, Pan S W, Deng J, Luo Y F, Peng H S. Core-sheath carbon nanostructured fibers for efficient wire-shaped dye-sensitized solar cells. Advanced Materials, 2014, 26(11): 1694-1698.

[114] Zhang L, Feng C, Chen Z, Liu L, Jiang K, Li Q, Fan S. Superaligned carbon nanotube grid for high resolution transmission electron microscopy of nanomaterials. Nano Letters, 2008, 8(8): 2564-2569.

[115] Lee J A, Li N, Haines C S, Kim K J, Lepró X, Ovalle-Robles R, Kim S J, Baughman R H. Electrochemically powered, energy‐conserving carbon nanotube artificial muscles. Advanced Materials, 2017, 29(31): 1700870.

[116] Lee J A, Kim Y T, Spinks G M, Suh D, Lepró X, Lima M D, Baughman R H, Kim S J. All-solid-state carbon nanotube torsional and tensile artificial muscles. Nano Letters, 2014, 14(5): 2664-2669.

[117] Lima M D, Li N, de Andrade M J, Fang S, Oh J, Spinks G M, Kozlov M E, Haines C S, Suh D, Foroughi J. Electrically, chemically, and photonically powered torsional and tensile actuation of hybrid carbon nanotube yarn muscles. Science, 2012, 338(6109): 928-932.

[118] Deng J, Li J, Chen P, Fang X, Sun X, Jiang Y, Weng W, Wang B, Peng H. Tunable photothermal actuators based on a pre-programmed aligned nanostructure. Journal of the American Chemical Society, 2016, 138(1): 225-230.

[119] Kim S H, Haines C S, Li N, Kim K J, Mun T J, Choi C, Di J, Oh Y J, Oviedo J P, Bykova J, Fang S, Jiang N, Liu Z, Wang R, Kumar P, Qiao R, Priya S, Cho K, Kim M, Lucas M S, Drummy L F, Maruyama B, Lee D Y, Lepró X, Gao E, Albarq D, Ovalle-Robles R, Kim S J, Baughman R H. Harvesting electrical energy from carbon nanotube yarn twist. Science, 2017, 357(6353): 773-778.

[120] Yu X, Pan J, Deng J, Zhou J, Sun X, Peng H. A novel photoelectric conversion yarn by integrating photomechanical actuation and the electrostatic effect. Advanced Materials, 2016, 28(48): 10744-10749.

[121] Chen T, Wang S, Yang Z, Feng Q, Sun X, Li L, Wang Z S, Peng H. Flexible, light-weight, ultrastrong, and semiconductive carbon nanotube fibers for a highly efficient solar cell. Angewandte Chemie International Edition, 2011, 50(8): 1815-1819.

[122] Li Y, Zhang Z, Li X, Zhang J, Lou H, Shi X, Cheng X, Peng H. A smart, stretchable resistive heater textile. Journal of Materials Chemistry C, 2017, 5(1): 41-46.

[123] Yang Y, Liu L, Wei Y, Liu P, Jiang K, Li Q, Fan S. In situ fabrication of HfC-decorated carbon nanotube yarns and their field-emission properties. Carbon, 2010, 48(2): 531-537.

[124] Lin K, Sun Y, Zhou R, Zhu H, Wang J, Liu L, Fan S, Jiang K. Carbon nanotube yarns with high tensile strength

made by a twisting and shrinking method. Nanotechnology, 2010, 21 (4): 045708.

[125] Xiao L, Chen Z, Feng C, Liu L, Bai Z Q, Wang Y, Qian L, Zhang Y, Li Q, Jiang K, Fan S. Flexible, stretchable, transparent carbon nanotube thin film loudspeakers. Nano Letters, 2008, 8 (12): 4539-4545.

[126] Menghe M. Production, structure and properties of twistless carbon nanotube yarns with a high density sheath. Carbon, 2012, 50 (13): 4973-4983.

[127] Poehls J H, Johnson M B, White M A, Malik R, Ruff B, Jayasinghe C, Schulz M J, Shanov V. Physical properties of carbon nanotube sheets drawn from nanotube arrays. Carbon, 2012, 50 (11): 4175-4183.

[128] Ghemes A, Minami Y, Muramatsu J, Okada M, Mimura H, Inoue Y. Fabrication and mechanical properties of carbon nanotube yarns spun from ultra-long multi-walled carbon nanotube arrays. Carbon, 2012, 50 (12): 4579-4587.

[129] Huynh C P, Hawkins S C. Understanding the synthesis of directly spinnable carbon nanotube forests. Carbon, 2010, 48 (4): 1105-1115.

[130] Kim J H, Lee K H, Burk D, Overzet L J, Lee G S. The effects of pre-annealing in either $H_2$ or He on the formation of Fe nanoparticles for growing spin-capable carbon nanotube forests. Carbon, 2010, 48 (15): 4301-4308.

[131] Zheng L, Sun G, Zhan Z. Tuning array morphology for high-strength carbon-nanotube fibers. Small, 2010, 6 (1): 132-137.

[132] Wang H M, Wang C Y, Jian M Q, Wang Q, Xia K L, Yin Z, Zhang M C, Liang X, Zhang Y Y. Superelastic wire-shaped supercapacitor sustaining 850% tensile strain based on carbon nanotube graphene fiber. Nano Research, 2018, 11 (5): 2347-2356.

[133] Yokoyama D, Iwasaki T, Yoshida T, Kawarada H, Sato S, Hyakushima T, Nihei M, Awano Y. Low temperature grown carbon nanotube interconnects using inner shells by chemical mechanical polishing. Applied Physics Letters, 2007, 91 (26): 263101.

[134] Vanpaemel J, van der Veen M H, Cott D J, Sugiura M, Asselberghs I, de Gendt S, Vereecken P M. Dual role of hydrogen in low temperature plasma enhanced carbon nanotube growth. The Journal of Physical Chemistry C, 2015, 119 (32): 18293-18302.

[135] Zhong G, Hofmann S, Yan F, Telg H, Warner J, Eder D, Thomsen C, Milne W, Robertson J. Acetylene: a key growth precursor for single-walled carbon nanotube forests. The Journal of Physical Chemistry C, 2009, 113 (40): 17321-17325.

[136] Esconjauregui S, Fouquet M, Bayer B C, Ducati C, Smajda R, Hofmann S, Robertson J. Growth of ultrahigh density vertically aligned carbon nanotube forests for interconnects. ACS Nano, 2010, 4 (12): 7431-7436.

[137] Zhong G, Iwasaki T, Robertson J, Kawarada H. Growth kinetics of 0.5 cm vertically aligned single-walled carbon nanotubes. The Journal of Physical Chemistry B, 2007, 111 (8): 1907-1910.

[138] Zhang H, Cao G, Wang Z, Yang Y, Shi Z, Gu Z. Influence of hydrogen pretreatment condition on the morphology of $Fe/Al_2O_3$ catalyst film and growth of millimeter-long carbon nanotube array. The Journal of Physical Chemistry C, 2008, 112 (12): 4524-4530.

[139] Pint C L, Nicholas N, Pheasant S T, Duque J G, Parra-Vasquez A N G, Eres G, Pasquali M, Hauge R H. Temperature and gas pressure effects in vertically aligned carbon nanotube growth from Fe-Mo catalyst. The Journal of Physical Chemistry C, 2008, 112 (36): 14041-14051.

[140] Sugime H, Esconjauregui S, Yang J, D'Arsié L, Oliver R A, Bhardwaj S, Cepek C, Robertson J. Low temperature growth of ultra-high mass density carbon nanotube forests on conductive supports. Applied Physics Letters, 2013, 103 (7): 073116.

[141] Zhong G, Yang J, Sugime H, Rao R, Zhao J, Liu D, Harutyunyan A, Robertson J. Growth of high quality, high density single-walled carbon nanotube forests on copper foils. Carbon, 2016, 98: 624-632.

[142] Yang J, Esconjauregui S, Robertson A W, Guo Y, Hallam T, Sugime H, Zhong G, Duesberg G S, Robertson J. Growth of high-density carbon nanotube forests on conductive TiSiN supports. Applied Physics Letters, 2015, 106 (8): 083108.

[143] Na N, Kim D Y, So Y G, Ikuhara Y, Noda S. Simple and engineered process yielding carbon nanotube arrays with $1.2 \times 10^{13} cm^{-2}$ wall density on conductive underlayer at 400℃. Carbon, 2015, 81: 773-781.

[144] Futaba D N, Hata K, Yamada T, Hiraoka T, Hayamizu Y, Kakudate Y, Tanaike O, Hatori H, Yumura M, Iijima S. Shape-engineerable and highly densely packed single-walled carbon nanotubes and their application as super-capacitor electrodes. Nature Materials, 2006, 5(12): 987-994.

[145] Zhong G, Xie R, Yang J, Robertson J. Single-step CVD growth of high-density carbon nanotube forests on metallic Ti coatings through catalyst engineering. Carbon, 2014, 67: 680-687.

# 第6章

## 碳纳米管宏观体的控制制备

碳纳米管宏观体是指由无数碳纳米管按照一定的方式组装而成的碳纳米管纤维、薄膜、块体结构等。碳纳米管宏观体特殊的形貌和结构使其具有独特的性能，加之宏观形态使其易于操作，因此碳纳米管宏观体在实际应用中展现了巨大的价值和潜力。本章主要讨论碳纳米管宏观体的制备、性质及应用，将依次介绍三维(包括阵列、气凝胶、泡沫等块体结构)、二维(包括薄膜等平面形结构)和一维(包括纤维等线形结构)碳纳米管宏观体。

## 6.1 碳纳米管宏观体简介

在碳纳米管研究初期，人们得到的碳纳米管长度只有微米量级，产量也仅为毫克量级，这极大地限制了碳纳米管宏观性能的研究和碳纳米管的广泛应用。此外，通常制备得到的碳纳米管在宏观上呈粉末状或聚团状，微观上则是由管束相互缠结构成的。这种结构难以将碳纳米管自身优异的性质充分发挥出来。随着对碳纳米管生长机理的不断理解和认识及碳纳米管制备技术的不断发展，现在人们可以在很大程度上调控碳纳米管的结构和形貌。其中，将碳纳米管按照一定的需求组装成宏观体结构并进行其性质与应用研究引起了研究者广泛的兴趣。

碳纳米管宏观体，是指至少在一维尺度上为厘米量级及以上，可对其进行宏观操控，同时保持微米级长度、特性优异的碳纳米管集合体。根据碳纳米管宏观体的形态，可将其分为三类：一维线形材料，即一个维度上达到厘米级及以上的碳纳米管材料，包括碳纳米管长丝、纤维等；二维面形材料，即在长度和宽度都达到宏观尺度的一类薄膜状材料，通常由碳纳米管交织叠加而成，包括碳纳米管纸和碳纳米管薄膜；三维体相材料，即三个维度上都达到了宏观尺度的块体材料，具有三维网络结构，包括碳纳米管垂直阵列、碳纳米管泡沫、海绵等。此外，还可以根据碳纳米管的有序性进一步细分，如碳纳米管纸又可分为有序碳纳米管纸和无序碳纳米管纸。而根据所使用碳纳米管的种类和制备方法，还可将其分为单壁碳纳米管宏观体、多壁碳纳米管宏观体等不同类型。这些不同的碳纳米管宏观体具有各自的特点，如三维宏观体一般具有高比表面积、多级孔结构、内部互联导电网络等。在实际应用中需要综合考虑各方面因素，包括碳纳米管制备复杂程度、性能、应用领域等，选择最合适的碳纳米管宏观体。图 6-1 给出了几种常见的碳纳米管宏观体。

图 6-1　常见的碳纳米管宏观体[1]

本章将按照三维、二维、一维的顺序对碳纳米管宏观体进行介绍，讨论典型碳纳米管宏观体的结构特点、基本性质、制备方法及应用。

## 6.2　碳纳米管三维宏观体的制备、性质及应用

近年来，碳纳米管三维宏观材料因其优异的性能而受到了广泛关注。常见的碳纳米管三维宏观体包括碳纳米管气凝胶（如泡沫和海绵）及溶胶等。根据其制备方法不同，碳纳米管三维宏观体呈现出不同的形态，如阵列状、海绵状、棉花状等。从碳纳米管的结构出发，结合特定的制备方法，有望实现碳纳米管三维宏观体性质的精确调控：一方面，碳纳米管的一维特征使其管间 π-π 相互作用相对较弱，不易发生交联，有希望获得更高比表面积的三维宏观体；另一方面，碳纳米管根据其壁数、半径、手性等不同而具有结构和性质的多样性，使碳纳米管三维宏观体具有更多的性能和潜在应用。例如，碳纳米管气凝胶具有高孔隙率、低密度、大比表面积的结构特点，使其在支架材料、电极材料、催化、传感、吸附等

领域具有广泛的应用前景。如何将碳纳米管组装成性能优异的三维宏观体并发掘其应用价值是人们一直关心的问题。本节将对碳纳米管三维宏观体的制备性质及应用进行全面介绍。

### 6.2.1　碳纳米管三维宏观体的制备

碳纳米管三维宏观体的制备方法主要分为干法合成和湿法合成两类。干法合成指的是通过化学气相沉积、物理气相沉积、球磨、热解等技术手段，而不经过溶液相，制备得到碳纳米管三维宏观体的方法；湿法合成是将已经制备得到的碳纳米管分散于溶液中，再通过后处理手段增强碳纳米管间相互作用并形成三维宏观体的方法。本小节将分别对上述两种制备方法进行介绍。

**1. 碳纳米管三维宏观体的干法制备**

干法制备碳纳米管三维宏观体(主要包括碳纳米管垂直阵列、气凝胶及海绵等)多是通过化学气相沉积法直接实现的，根据其聚集状态可分为有序和无序两大类。

有序碳纳米管宏观体主要指的是碳纳米管垂直阵列[2]，包括多壁碳纳米管阵列[3-6]和单壁碳纳米管垂直阵列[7-9]，其合成策略有所不同。相关的合成方法在 5.2 节中已有详细描述，因此在本节不再赘述。

除了有序的碳纳米管垂直阵列，无序碳纳米管也可以通过化学气相沉积组装成三维宏观体。2004 年，各向同性碳纳米管气凝胶的概念被 Windle 首次提出。他们通过氢气向炉内注入二茂铁和噻吩的混合溶液，利用立式管式炉高温下制备得到了碳纳米管气凝胶[10]并将气凝胶纺成碳纳米管纤维，而未关注气凝胶本身的性质。Zhu 使用与碳纳米管垂直阵列相似的制备方法，成功地在硅片基底上制备了"碳纳米管棉花"，其不同之处在于棉花状碳纳米管制备过程中，催化剂只负载在基底边缘。这些"棉花"状的碳纳米管由很多自由排列的长碳纳米管组成，其厚度通常限制在毫米量级[11]。2013 年，Shan 等[12]合成了碳纳米管海绵(图 6-2)。他们使用氢气和氩气的混合气体将溶有二茂铁的二氯苯溶液带入管式炉内，经过 4 h 生长得到了低密度($5\sim10$ mg/cm$^3$)的多壁碳纳米管海绵。然而，由于得到的碳纳米管本身层数较多，碳纳米管海绵的比表面积较低(为 62.8 m$^2$/g)。通过化学气相沉积法还可以向碳纳米管晶格中掺入杂原子以实现碳纳米管宏观体的改性，如改变亲疏水性、导电性、气体吸附及催化活性。例如，通过向碳源中掺入含 N(如吡啶)或含 B(如三乙基硼)物质的方法，可以向碳纳米管晶格中掺入最高 4.28% 的 N 原子[12]或 0.7% 的 B 原子[13]。

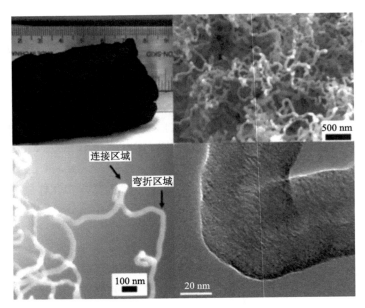

图 6-2 氮掺杂的碳纳米管海绵[12]

　　此外，碳纳米管三维宏观体也可以通过模板(如金属泡沫)制备得到。该方法中，通过选择不同尺寸分布的模板可以得到不同结构的碳纳米管宏观体，孔的存在还能阻止碳纳米管生长过程中的聚集现象。在碳纳米管生长结束之后，通过化学刻蚀移除模板，即可得到自支撑的三维碳纳米管宏观体。2012 年，Chen 等通过两步法制备得到了碳纳米管-石墨烯泡沫。制备过程中，首先在泡沫镍上采用化学气相沉积法生长石墨烯薄膜，然后加载镍纳米粒子并催化生长碳纳米管[14]。Ozkan 等采用一步法，通过将铁催化剂加载在泡沫镍上得到了碳纳米管三维宏观体[15]。目前来看，该方法主要用到的模板是泡沫镍，并且主要获得石墨烯和碳纳米管的复合材料。石墨烯的存在有助于增强宏观体的力学强度，从而使其在刻蚀掉模板之后能保持宏观体形貌，有利于其在催化、电极材料等领域的应用。

　　干法生长方法适于制备高质量的碳纳米管宏观体材料，并通常可以一步实现基本结构单元的生长与组装，但也存在一些问题，主要有如下几点：①基本结构单元的生长与组装过程相耦合，加大了对材料结构、性质的控制难度；②反应通常在高温(数百摄氏度或更高)下进行，较难对该过程实现原位观测与灵活调控；③此方法的前期投入与运行成本相对较高，且不易放大生产，在一定程度上可能制约产品的工业化。但是，随着对碳纳米管生长机理和生长过程的深入理解和认识，目前已实现碳纳米管三维宏观体的批量化制备，并应用到产品中。随着制备技术和表征技术的进一步发展，笔者相信，通过干法制备碳纳米管三维宏观体的方法会在碳纳米管结构与性质精确调控方面起到非常大的作用。

**2. 碳纳米管三维宏观体的湿法制备**

除了干法合成，碳纳米管三维宏观体也可以在溶液相中完成组装。该类方法通常分为两步：溶胶-凝胶转换和干燥。第一步中，碳纳米管前驱体需要分散在溶液中，碳纳米管的分散性对其最后制得的宏观体性能影响很大。为得到分散性良好的碳纳米管溶液，一般会在溶液中加入表面活性剂或对碳纳米管修饰以辅助分散。在适当浓缩或反应之后，碳纳米管悬浊液会逐渐转化为湿凝胶。第二步中，经过干燥(如真空干燥、冷冻干燥、超临界干燥等)处理，可以制备得到不同形貌的碳纳米管三维宏观体。

该类方法具有操作简单、可控性强等特点，其优势主要表现在以下方面：①反应条件普遍相对温和，有利于对反应过程的原位监测与灵活调控；②可将基本结构单元的制备与组装过程解耦，分别进行调控；③适合几乎所有结构单元的组装过程；④制备成本相对低廉，易于放大生产。本小节中，我们将从碳纳米管湿凝胶和气凝胶两部分来介绍这类碳纳米管三维宏观体的制备方法。

湿凝胶是指自支撑多孔材料中的空隙被溶液填充的一类凝胶材料，一般可分为水凝胶和有机凝胶两类。溶液相的碳纳米管前驱体经由共价键或非共价键交联转变为碳纳米管三维网络，即可得到碳纳米管湿凝胶。该方法的重点在于碳纳米管在分散液中良好的分散性和对交联力及官能组分的合理调控。从组分角度来看，碳纳米管自身既可形成三维连续网络，也可以作为网络结构的部分或客体组分。前已述及，为了实现高浓度、高分散性的碳纳米管分散液，碳纳米管通常需要表面活性剂辅助分散，并通过范德华力相互作用形成凝胶。Heiney 等首次使用十二烷基苯磺酸钠(SDBS)将碳纳米管分散在水溶液中，并得到了由本征碳纳米管组成的水凝胶，其碳纳米管质量含量约为 0.26%[16]。这种方法得到的碳纳米管水凝胶，其表面活性剂可以被除去而不改变形貌[17]。Abe 等进一步报道了使用脱氧胆酸钠作为分散剂得到的高弹性碳纳米管水凝胶，其碳纳米管浓度高达 1%～3%[18]。除了表面活性剂的辅助分散作用，还需对碳纳米管进行氧化处理，在端口处引入多种含氧基团，提高碳纳米管在溶液中的分散性。当碳纳米管的浓度达到临界浓度时，同样会出现凝胶化现象。

根据目前的研究，超酸(如氯磺酸)是唯一可以真正得到热力学稳定的碳纳米管溶液的体系。以氯磺酸为例，由于碳纳米管表面的质子化，碳纳米管可以自发地溶解在氯磺酸溶液中，其浓度高达 0.5%，这也为制备高质量纯碳纳米管凝胶提供了可能。然而，目前尚未有这方面的报道。大多数情况下，由于碳纳米管之间交联力较弱，试图仅用碳纳米管制备凝胶十分困难。因此，引入其他化学组分从而丰富体系中的交联力对构筑碳纳米管三维宏观体系有重要意义。除了引入外界交联力之外，经过功能化的碳纳米管中的官能团也可以为体系提供多级作用力。

例如，北京大学张锦课题组在制备碳纳米管凝胶过程中引入了多级氢键的概念，将碳纳米管和多乙烯多胺复合，制备得到了多功能碳纳米管水凝胶。实验过程中，首先用硫酸/硝酸对碳纳米管进行氧化处理，在碳纳米管表面得到含氧官能团，然后通过调控溶液中多乙烯多胺和氧化多壁碳纳米管的配比，可以得到多种氢键交联的碳纳米管水凝胶[19]。Liu 等将碳纳米管表面包覆特定结构的 DNA，同样构建了碳纳米管网络结构[20]。研究者发现，这类结构可以在不同 pH 下实现溶胶-凝胶的可逆转变[21]。

碳纳米管气凝胶可以由碳纳米管湿凝胶经过不同的干燥处理而制备得到。图 6-3 给出了常用的碳纳米管湿凝胶向气凝胶转变的几种干燥方法。目前，由纯碳纳米管构成的气凝胶的制备仍面临一些困难。

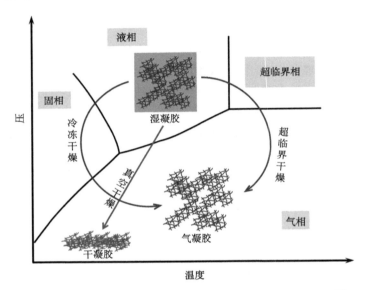

图 6-3    碳纳米管湿凝胶向气凝胶转变的几种常见干燥方式[1]

2007 年，Yodh 等首先报道了少壁碳纳米管气凝胶的制备[22]。他们使用超临界干燥的方法对 SDBS 分散的碳纳米管水凝胶进行干燥，得到碳纳米管的气凝胶。结果表明，得到的气凝胶具有很低的密度(10 mg/mL)和高的电导率(1 S/cm)。然而，由于分散过程中碳纳米管被剪短，相比于 CVD 法直接生长得到的碳纳米管海绵，该碳纳米管气凝胶易碎，结构稳定性一般。通过将多壁碳纳米管替换为单壁碳纳米管，可以得到比表面积高达 1291 m²/g 的碳纳米管气凝胶，其性能已经接近单壁碳纳米管比表面积的理论极限(1315 m²/g)[23]。Kong 等提出了另一种制备纯碳纳米管气凝胶的方法。他们将 SDBS 分散的碳纳米管稀溶液在温和的条件下进行浓缩。在浓缩过程中，碳纳米管分子间的相互作用加强，并最终通过超临界干燥的方法得到了低密度（2.7 mg/mL）、高比表面积和高电导率（0.91 S/cm）的碳纳米管气凝胶[24]（图 6-4）。由碳纳米管骨架构成的多组分凝胶不仅可以体现碳纳米管网络带来的良好导电性和高比表面积，也可以通过客体分子的引入为碳纳米管增加其他特定的功能或性质。例如，Zhang 等利用氧化处理后碳纳米管表面的羧基官能团和聚酰胺中的氨基相互作用，成功得到了高分子交联的碳纳米管气凝胶。这种气凝胶对 pH 具有良好的响应性，展现出可逆的溶胶-凝胶转换性能[25]。此外，利用石墨烯和碳纳米管之间较强的 π-π 堆叠作用也可以增强碳纳米管之间的交联力。由于氧化石墨烯对碳纳米管具有良好的分散性能，通过简单的化学反应或者水热还原法即可得到碳纳米管-石墨烯复合气凝胶[14]。在这一体系中，碳纳米管和石墨烯共同结合形成了三维网络结构，其中石墨烯可以提供大的比表面积，而碳纳米管可以提供导电通路。此外，碳纳米管被认为可以抑制石墨烯片层间的相互堆叠，从而进一步提高样品的比表面积。

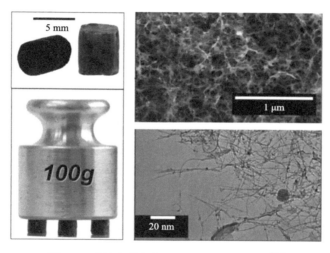

图 6-4　碳纳米管气凝胶的宏观及微观形貌[24]

值得注意的是，湿凝胶并不是得到气凝胶的必要步骤。对碳纳米管分散液进行冷冻干燥可以直接得到气凝胶。Tasis 等使用聚乙烯醇分散碳纳米管得到碳纳米管分散液，再通过冷冻干燥的方法直接制得碳纳米管气凝胶。在这一体系中，聚乙烯醇既作为碳纳米管的分散剂，又作为交联剂维持三维骨架结构的稳定[26]。除此之外，Gao 等报道了通过将氧化石墨烯和酸处理的多壁碳纳米管水溶液直接冷冻干燥得到复合气凝胶[27]。该种气凝胶具有良好的弹性和非常低的密度（0.16 mg/mL）。

湿法合成碳纳米管三维宏观体虽有诸多优点，但也有不足之处：材料经过溶液相（水、氧等环境）过程，通常产生许多缺陷；此外，为增强材料溶解性所使用的方法(如超声、非共价修饰、共价修饰等),对材料的结构和性质等产生负面影响。因此,需要改进及优化碳纳米管分散工艺,从而制备缺陷少、长度长、均匀分散的碳纳米管分散液。进一步提高碳纳米管三维宏观体的性质,还需要优化制备工艺。另外,在宏观体制备过程中,可以引入其他组分用以调控宏观体的性质,实现特定功能宏观体的制备。虽然面临诸多难题,但湿法合成方法操作相对简单、可控性强、易于工业化,是实现碳纳米管三维宏观体制备的实用化途径。

### 6.2.2　碳纳米管三维宏观体的性质及应用

前已述及,碳纳米管三维宏观体按照形貌可分为定向(碳纳米管垂直阵列)和无序宏观体两大类。由于其形貌和结构不同,其性质及应用领域也有所不同。定向碳纳米管(即碳纳米管垂直阵列)的性质及应用[3,28-34]在5.1.2节中已有详细介绍,此处不再赘述。下面介绍无序碳纳米管三维宏观体的性质及应用。

碳纳米管宏观体常具有不同尺寸的多级孔结构,即小孔(直径<2 nm)、介孔(2~50 nm)与大孔(>50 nm)。不同尺寸的孔,可赋予材料不同的性质。以小孔为主的材料,孔的曲率半径小,故往往具有超高比表面积,对气体分子常表现出高吸附量的特性;介孔的尺寸适中,一方面有利于物质传递,另一方面能够使材料保持较高的比表面积,常用于电催化或用作电化学储能中的电极材料;大孔的尺寸远超过一般分子,故可减少 Knudsen 扩散[1, 35]的影响,赋予材料极高的传质效率,但其比表面积通常较低。碳纳米管气凝胶通常具有很低的密度,一般为 $1\sim10^2$ mg/cm$^3$,而较低的密度通常意味着较高的孔隙率。若宏观体中的孔道用于容纳客体有机分子,如染料等有机物,则材料将具备超高的比质量吸附容量,在油水分离等领域表现出应用潜力。除此之外,碳纳米管本征的导电性也为碳纳米管三维宏观体提供了很多优异的性质[1]。

在储能方面,高效的电极材料需要高的电导率以实现电子的迅速转移,多级开放的孔结构以加快物质的传递,高的比表面积以提供多个活性位点,以及高的稳定性以提高循环次数和使用寿命。考虑到上述因素,结合碳纳米管三维宏观体的基本性质,研究者发现碳纳米管基气凝胶是一个非常好的电极材料。近年来,碳纳米管气凝胶被广泛用作超级电容器[36]的电极材料,并获得了非常好的效果。例如,Chen 等报道了基于 $MnO_2$ 和碳纳米管海绵的超级电容器,其赝电容高达 1230 F/g,其性能已经逼近理论值(1370 F/g)[37],见图 6-5。除了超级电容器外,碳纳米管宏观体的大比表面积、高机械稳定性还使其广泛应用在锂离子电池领域。例如,Rubloff 等通过原子层沉积的技术制备得到了多壁碳纳米管/$V_2O_5$ 的核壳结构海绵[38]。这种海绵提供了导电三维网络和不同层次的孔结构,为快速的电子输运和锂离子的传输提供了通路,从而赋予电池高达 818 μA • h/cm$^2$ 的能量密度。

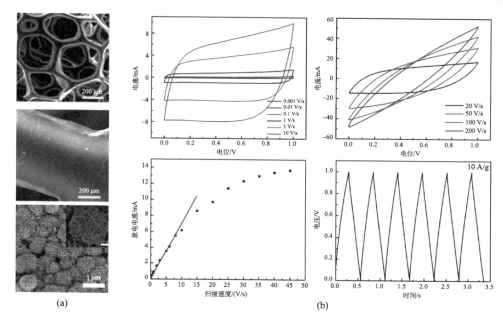

图 6-5　以碳纳米管海绵作为电极材料的超级电容器

(a) MnO$_2$/碳纳米管复合结构；(b) 基于上述复合结构制作的超级电容器性能表征[37]

在催化方面，碳纳米管气凝胶大的比表面积为化学反应提供大量的反应活性位点或催化剂负载量，高的电导率保证反应动力学的快速进行，碳纳米管本身高的化学稳定性保证其具有足够长的催化寿命。利用气凝胶本身的结构，碳纳米管可以作为分散催化剂的基底。例如，通过将 Pt 或氧化铜纳米粒子负载在碳纳米管气凝胶上，可以实现一氧化碳的催化氧化[26, 39]。同时，科学家也发现通过表面修饰和掺杂，碳纳米管本身也具有催化作用。N 掺杂可以提高局域电荷密度，从而活化惰性的碳纳米管，使碳纳米管海绵备了作为氧还原反应催化剂的催化能力[40]。

碳纳米管气凝胶对有机溶剂、油和染料有很高的吸附量，在可重复利用方面也展现了很好的应用前景，可用于油水分离、水的净化处理等方面。此外，由于碳纳米管本身的高热稳定性、机械性能和高电导，碳纳米管气凝胶在电容去离子化领域也展现了优异的应用潜力。2010 年，Gui 等发现碳纳米管海绵具有非常强的吸油能力，其吸附量可达自身重量的 180 倍[41]。同时，通过简单的挤压过程即可将吸附的油排除并且实现重复利用。目前最轻的碳纳米管-石墨烯密度仅为 0.16 mg/cm$^3$，但可吸附自身重量 743 倍的四氯化碳。除有机溶剂外，碳纳米管气凝胶还可以吸附染料分子。利用碳纳米管海绵做成的滤膜可以吸附水中的罗丹明分子，每克海绵可以净化 3.3 L 浓度为 0.02 mmol/L 的罗丹明 B 水溶液。Li 课题组巧妙地制备了高分子交联的对 pH 响应灵敏的碳纳米管气凝胶，在气凝胶吸附甲基蓝分子后，可以通过化学脱附的方法将染料分子除去[42]。虽然此时碳纳米管气凝胶的结构受到了破坏，但是通过控制 pH 的溶胶-凝胶转变及后续干燥过程可以实现气凝胶的再生[25]。

此外，碳纳米管在黏着剂[43]、传感器[12, 44]、光/电化学检测器[45-47]、组织工程学[48]和人造肌肉[49]等领域均有广泛的应用前景。

# 6.3  碳纳米管二维宏观体的制备、性质及应用

和三维宏观体不同，碳纳米管二维宏观体(一般指碳纳米管薄膜)在 z 方向上的厚度通常小于 100 nm。碳纳米管薄膜保持了碳纳米管优异的力学性质、导电性和化学稳定性。此外，由于碳纳米管本身极大的长径比及纳米级的直径，碳纳米管在薄膜中的占空比很低，对光的透过性好，并且具有良好的柔性。这些性质吸引了研究者的注意，因此发展了不同的碳纳米管薄膜的制备方法及应用。本节将从制备和应用的角度出发，对碳纳米管二维宏观体进行介绍。

## 6.3.1  碳纳米管二维宏观体的制备

和碳纳米管三维宏观体的合成方法类似，碳纳米管二维宏观体的制备也可以分为干法合成和湿法合成两大类。本小节将延续这种分类方法，对碳纳米管二维宏观体的制备方法进行详细介绍。

### 1. 碳纳米管二维宏观体的干法制备

碳纳米管二维宏观体的一种干法制备方法是从碳纳米管垂直阵列中直接抽出得到碳纳米管薄膜。2002 年，清华大学姜开利等[50]首次成功从碳纳米管阵列中抽丝得到连续碳纳米管长线。他们从 Si 基底上的超顺排碳纳米管阵列直接抽出长达 30 cm、宽 200 μm 的碳纳米管线。经过放大后观察，抽出的碳纳米管长线是由直径为几百纳米的细丝平行排列组成，这为后续从碳纳米管垂直阵列中直接抽出碳纳米管薄膜奠定了材料和技术基础。经过工艺的不断优化，碳纳米管垂直阵列尺寸可以达到 8 in 量级。8 in 硅片上生长得到的、高度为 300 μm 的超顺排碳纳米管阵列，可以抽出长达 200 m 的碳纳米管薄膜，而且制备过程简单，如图 6-6(a) 所示。其典型制备过程如下：用镊子从超顺排阵列中粘取一束碳纳米管，移动镊子过程中就可以得到一条连续的碳纳米管丝带，并且起始的窄丝带可以迅速地扩展成与硅片同宽的碳纳米管薄膜。从超顺排阵列中抽出的薄膜厚度大约是几十纳米，具体数值取决于阵列的高度。抽出碳纳米管薄膜的移动方向一般与碳纳米管阵列的基底平面平行，但两者有夹角时，抽出的薄膜会变得不均匀，形成条状的薄膜。

　　该条纹薄膜的厚度在抽拉方向上周期性变化，条纹的宽度与阵列的高度一致[51][图 6-6(b)]。

　　另一类碳纳米管薄膜是通过直接生长的方法得到的。2007 年，中国科学院物理科学所解思深教授研究组通过浮动催化化学气相沉积技术在 5 cm×10 cm 的基底上生长出均匀的碳纳米管薄膜，该薄膜具有高电导率、高透明度[52]。制备过程中，通过载气在 65～85℃的条件下将二茂铁/硫粉的混合物送入反应区域，在 600℃的条件下以甲烷为碳源制备碳纳米管薄膜，生长 30 min 薄膜的厚度可达 100 nm。制备得到的碳纳米管薄膜可以轻易揭下，转移至其他基底(图 6-7)。同年，Lima 等用平版印刷技术将 MgO-Fe$_2$O$_3$-MoO$_3$ 催化剂压到基底的特定区域上[53]，在 950℃下以甲烷为碳源直接生长出碳纳米管网络。

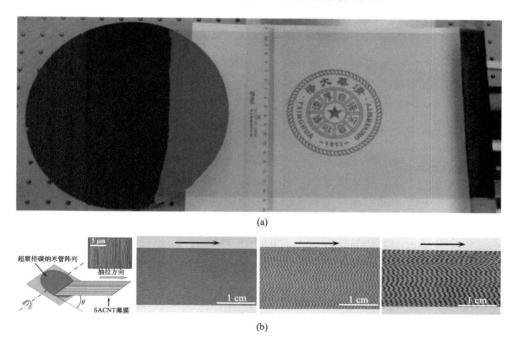

(a)

(b)

图 6-6　超顺排碳纳米管中直接抽出碳纳米管薄膜

(a) 超顺排碳纳米管拉膜过程示意图[50]；(b) 根据拉伸方向与碳纳米管基底方向的夹角不同形成的条纹薄膜[51]

　　使用直接生长法制备的碳纳米管薄膜工艺简单、耗时较短、成本低，且制备过程中碳纳米管的结构和电学性质保持较好。经过对管式炉的设计及生长条件的优化，目前已经可以实现碳纳米管薄膜的连续制备，这为碳纳米管薄膜的实际应用奠定了基础。然而，直接生长法目前还无法精确控制碳纳米管的手性和尺寸，此外，制备得到的碳纳米管薄膜中含有催化剂等杂质，限制了其进一步应用。

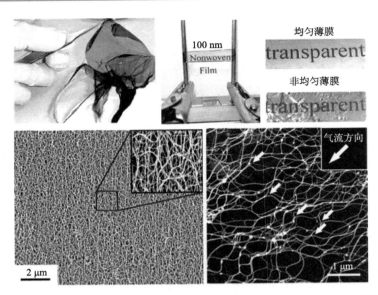

图 6-7　直接生长得到的自支撑碳纳米管薄膜的宏观和微观结构表征[52]

### 2. 碳纳米管二维宏观体的湿法制备

碳纳米管薄膜的湿法制备特指对制备得到的碳纳米管样品(通常为粉体)进行分散、分离、纯化,然后通过一定的方法将其制备成膜。该方法的优势在于能够得到更高导电性、更干净、更高纯度和选择性的碳纳米管薄膜,对其应用有着很重要的意义。该方法制备的碳纳米管宏观体经常被用于透明导电薄膜,因此其透光性和导电性是评价产品好坏的重要指标。 具体而言,通过湿法制备碳纳米管薄膜的方法又可分为真空抽滤法、浸涂法、喷涂法、LB 膜法、旋涂法和电沉积法等。下面逐一进行简介。

1) 真空抽滤法

真空抽滤法是制备薄膜材料最常见的方法之一。2004 年,Rinzler 等首次报道了用真空抽滤法制备碳纳米管薄膜[54]。研究者首先用十二烷基硫酸钠(SDS)分散碳纳米管获得分散性良好的碳纳米管溶液,再通过真空抽滤的方法均匀地将碳纳米管沉积在滤膜上形成薄膜,并洗去残余的 SDS 分子,从而得到干净的碳纳米管薄膜[图 6-8 (a) ]。这种薄膜展现出优异的导电性和透光性,厚度为 50 nm 的薄膜透光率可达 70%,方块电阻为 30 Ω/sq。随后,Zhou 等对该方法进一步优化,发现使用电弧放电法制备得到的碳纳米管组装成的薄膜性质要优于高压一氧化碳法制备得到的碳纳米管构建的薄膜[55]。同时,他们发现向薄膜中掺杂氯化亚砜能够在基本不影响透光性的前提下显著提升碳纳米薄膜的电导率。通过这种方法,他们得到了透光率为 87%,方块电阻为 160 Ω/sq 的碳纳米管薄膜。然而,上述方法制备得到的碳纳米管薄膜中碳纳米管不具备定向性。2016 年，Vajtai 等改进了真空抽滤的方法，通过表面带负电荷的表面活性剂增强碳纳米管间的排斥力，同时降低碳纳米管悬浊液浓度和抽滤速度得到了高定向性的碳纳米管薄膜[56]。这种方法可以控制薄膜厚度从几纳米到 100 nm，且制备得到的薄膜具有良好的电学和光学各向异性。

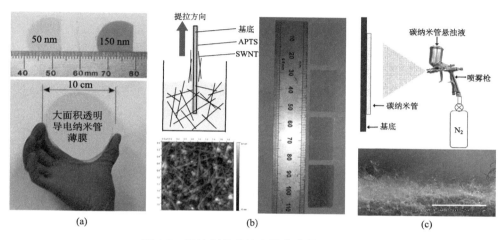

图 6-8　湿法制备碳纳米管薄膜的几种方法

(a) 真空抽滤法 [54]；(b) 浸涂法[53]；(c) 喷涂法[57]

2) 浸涂法

浸涂法是将基底浸入碳纳米管分散液中使碳纳米管吸附在基底上，待干燥后自然成膜从而得到连续的碳纳米管薄膜的方法。Lima 等最初以单壁、双壁或多壁碳纳米管为原料，采用浸涂法制备碳纳米管薄膜，且发现得到的薄膜表面相对较为光滑[53]。Poa 等将基底浸入氨丙基三乙氧硅烷的水溶液中，使基底表面上覆盖一层分子，并在氮气气氛下干燥，然后浸入用 Triton X-100 分散的单壁碳纳米管水溶液中 2 min 并缓慢提出[图 6-8(b)]。通过这种方法，他们得到了室温下大面积涂覆于玻璃或塑料基底上的碳纳米管薄膜。经过硝酸处理后，得到的碳纳米管薄膜方块电阻约为 130 Ω/sq，透光率为 69%[58]。

3) 喷涂法

喷涂法是指将碳纳米管分散液直接喷于基底上的工艺，其优点在于成膜效率高，适合制备大面积薄膜。薄膜厚度可以通过控制溶液的浓度、喷涂流量及喷涂时间实现良好的调控。2005 年，Grüner 等使用喷涂法在聚乙烯基底上制备了碳纳米管薄膜，其方块电阻为 2400 Ω/sq，透光率为 70%。以该薄膜为基础组装柔性晶体管，该晶体管在多次弯折的过程中性能几乎未发生改变，说明了薄膜良好的柔性[59]。Lee 教授课题组在此基础上发现，酸处理可以显著改善薄膜的导电性能，并成功制得了透光率为 80%、方块电阻为 70 Ω/sq 的碳纳米管薄膜[60]。随后，该小组将正丙醇水溶液和全氟磺酸化树脂的混合溶液用来分散单壁碳纳米管，将分散液喷涂在聚对苯二甲酸乙二醇酯（PET）基底上，通过 p 型掺杂使得碳纳米管薄膜的导电性得到提高，最终得到了方块电阻为 100 Ω/sq、透光率为 80% 的薄膜[61]。

采用类似的思路，研究者将碳纳米管加工成"墨水"，通过打印的方法可以在纸上得到更为复杂的形状。2005 年，清华大学魏飞教授课题组用喷墨打印机将多壁碳纳米管分散液打印在纸上，得到了导电性能良好且与纸结合力牢固的碳纳米管薄膜[62]。随后，喷墨打印技术由于不需经过光刻就能制备出各种复杂图案，并且具有对材料的利用率高等优点，近几年来受到了广泛关注。Li 等通过喷墨打印技术将聚乙烯醇功能化的单壁碳纳米管制成了方块电阻仅为 225 Ω/sq 的薄膜，为实现低成本的电子产品应用提供了机会[57][图 6-8（c）]。2009 年，Blackburn 等开发了超声波喷涂法，得到的碳纳米管薄膜粗糙度小于 3 nm，非常适合应用于光电子器件[63]。目前，美国 Eikos 公司已经使用喷涂法实现了碳纳米管透明导电薄膜的大规模生产，其性能可以与传统氧化铟锡（ITO）相媲美。

4）LB 膜法

Langmuir-Blodgett（LB）膜法是用特殊的装置将不溶物膜按一定的排列方式转移到固体基底上组成单分子层膜的方法。LB 膜法提供了在分子水平上依照一定要求控制分子排布的方式和手段，在新型电子器件及仿生元件等领域有广泛的应用前景。2008 年，Xie 等使用两亲分子对碳纳米管进行化学修饰，并使用 LB 技术将其加工成膜。他们发现碳纳米管的长度为 1～2 μm 时可以得到定向性良好的碳纳米管顺排结构，碳纳米管过长或过短都会导致定向性变差。使用该方法得到大约为 18 层的薄膜，其透光率可以达到 93%[64]。2013 年，Cao 等使用 Langmuir-Schaefer 法将纯度为 99% 的半导体型碳纳米管排列成膜，其密度可达 500 根/μm 以上；进一步地，使用这种碳纳米管薄膜加工而成的晶体管，其电导率高于 40 μS/μm，开关比可达 $10^3$ 量级[65]；2014 年，Joo 等开发了剂量控制流动蒸发自组装法[66]，将基底垂直浸入水中，在靠近基底的位置逐滴滴加溶解于有机溶剂中的碳纳米管溶液，同时逐渐向上提拉基底（图 6-9）。由于一滴碳纳米管溶液中包含的碳纳米管有限，随着碳纳米管溶液的不断滴入，溶液上会形成一条条顺排的碳纳米管薄膜带。这种方法得到的碳纳米管密度大约为 50 根/μm，以此为基础制备成电子器件。当沟道宽度为 9 μm 时，器件的迁移率为 38 cm$^2$/（V・s），开关比高达 $2.2×10^6$。

5）旋涂法

旋涂法是一种常用的有机薄膜成膜工艺，现在也常用于碳纳米管薄膜的制备。将基底吸在转盘上，在转盘旋转的过程中将碳纳米管分散液滴加在基底上，使溶

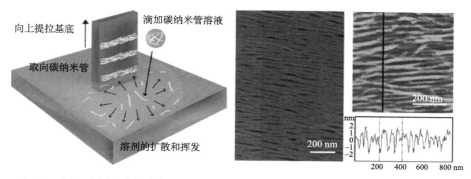

图 6-9 剂量控制流动蒸发自组装法制备宽度可控的取向单壁碳纳米管阵列的示意图
和结果表征[66]

液在离心力的作用下在基底上铺展成膜，高效快捷，并可通过控制旋涂的转速和时间来控制薄膜的厚度。使用这种方法制备的薄膜非常均匀，而且可以获得很薄的薄膜，但挥发性的溶剂在旋涂过程中比较容易挥发，且难以胜任大面积薄膜的制备。

6) 电沉积法

电沉积法也是很有前途的成膜工艺之一，其得到的薄膜均匀、光洁，成膜速度快且可反复利用，可得到复杂形状的薄膜。该方法由 Guo 等首先使用，通过电场实现了排列规则的碳纳米管薄膜的制备[67]。成会明教授课题组采用电位沉积和热压结合的工艺，制备出方块电阻为 220 $\Omega$/sq、透光率为 81% 的薄膜，并且在弯折过程中其导电性不受影响[68]。

湿法制备技术的关键是碳纳米管的分散问题，它决定碳纳米管薄膜的成膜质量及最终薄膜的透明性及导电性。因此，分散剂的选择对制备高稳定性的分散液至关重要。虽然高极性的有机溶剂如 $N,N$-二甲基甲酰胺（DMF）或 $N$-甲基吡咯烷等对碳纳米管有良好的溶解性，但是更多的时候还是希望使用更加安全的水溶液为溶剂。水溶液体系中，使用合适的表面活性剂或聚合物有助于改善碳纳米管的分散性。一方面，通过表面电荷相互排斥作用、空间位阻效应、长链分子缠绕等作用将碳纳米管相互分隔开，实现碳纳米管的均匀分散。另一方面，表面活性剂的引入会影响碳纳米管界面间的接触，从而对薄膜的导电性造成负面影响。因此，常需要通过后处理来消除表面活性剂的影响。如何平衡碳纳米管薄膜导电性和透光性也是目前该领域面临的问题。

## 6.3.2 碳纳米管二维宏观体的性质及应用

和碳纳米管三维宏观体类似，碳纳米管二维宏观体同样分为定向和无序两大类。本小节将分别介绍这两种二维碳纳米管宏观体的性质及其应用。

## 1. 定向碳纳米管二维宏观体的性质及应用

定向碳纳米管二维宏观体是指在碳纳米管薄膜中的碳纳米管具有一定的取向。除了普通碳纳米管薄膜具有的良好导电性、透光性和柔性之外，这类碳纳米管薄膜还具有导热和力学方面的各向异性。其结构与性质使其在多个方面具有独特的应用价值，下面进行一一简述。

1) 偏振片/偏振光源

碳纳米管是一种典型的一维材料，因此定向的碳纳米管薄膜通常在光吸收和光发射方面表现出偏振性。如果入射光子的偏振方向与碳纳米管的轴向一致，电子将在光子的电场作用下沿碳纳米管的轴向运动，从而吸收光子的能量，电子再通过与晶格的散射把能量消耗在晶格的热运动中。在这种情况下，该偏振方向的光子会被碳纳米管吸收。而如果入射光子的偏振方向与碳纳米管的轴向垂直，由于碳纳米管的限域作用，光子不能被电子吸收，因而可以穿过碳纳米管薄膜。利用这一点，定向碳纳米管薄膜可以被用作光学偏振片[50]。进一步地，碳纳米管具有广谱吸收的能力，所以碳纳米管偏振片工作波段非常宽，包括从深紫外到远红外的波段范围，这是一般偏振片难以比拟的。无论是超顺排碳纳米管抽丝而成的碳纳米管薄膜[50]，还是通过湿法制备得到的定向碳纳米管薄膜[56]，都可以用作偏振光片[图 6-10(a)]。另外，如果在碳纳米管薄膜中施加电流，碳纳米管中电子会在外电场的作用下运动。同样地，由于几何限域作用，电子的运动只能沿碳纳米管的轴向，于是电子的加速度和减速度都沿碳纳米管轴向。根据电动力学的原理，由电流加热发射的光子也应该是沿碳纳米管轴向偏振的[69]。利用该性质可以很方便地制造出偏振光源[51][图 6-10(b)]。基于超顺排碳纳米管薄膜加工而成的偏振白炽光源已有报道。实验发现，当在真空中开关电流时，碳纳米管薄膜可以在 1 ms 内被加热到白炽状态或由白炽状态降到室温。器件的快速响应归功于碳纳米管薄膜极小的单位面积热容、大的表面积和高的热辐射系数。在 0.08 W 的加热功率下，加工而成的白炽灯显示器单个像素可以达到 6400 cd/m$^2$ 的亮度。

2) 液晶配向层

超顺排碳纳米管薄膜由沿抽拉方向排列的碳纳米管组成，当该薄膜铺到玻璃基底上时，可以自然形成纳米级宽度的沟槽，这一沟槽可以用作液晶显示器的配向层。同时，由于碳纳米管薄膜既透明又导电，可以兼作液晶显示器的透明电极，取代价格较高且脆性的 ITO 透明导电膜，从而极大简化液晶显示器的制备工艺。2010 年，清华大学范守善教授课题组将超顺排薄膜铺在玻璃基底上，然后沉积一层 SiO$_2$ 以起到固定碳纳米管薄膜及隔离碳纳米管和液晶分子的作用，从而实现了兼具配向层和透明电极功能的碳纳米管薄膜[图 6-11(a)]。此外，该碳纳米管薄膜还可以用作内置的加热层，从而使液晶显示器的工作温度降低[70, 71]。

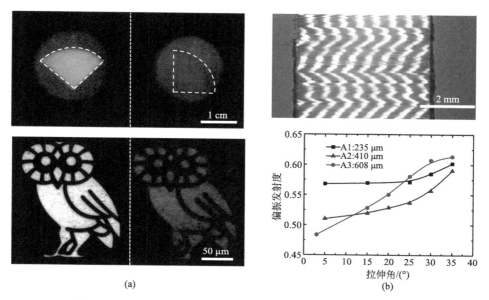

图 6-10　取向碳纳米管薄膜制成的偏振片[56] (a) 和偏振光源[51] (b)

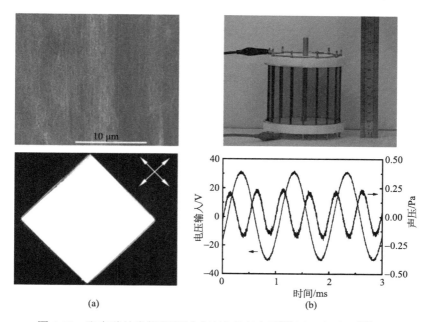

图 6-11　取向碳纳米管薄膜制成的液晶配向层[70] (a) 和扬声器[72] (b)

3）扬声器

热声效应是指可压缩流体的声振荡与固体介质之间由于热相互作用而产生的时均能量效应。碳纳米管薄膜具有非常小的单位面积热容，使热声效应变得非常强，发声频率范围非常宽。2008年，清华大学范守善教授课题组首次发现超顺排碳纳米管薄膜的这种性质，并将其应用于扬声器的制备[72][图6-11(b)]。结果表明，这种方式制备得到的碳纳米管扬声器发声范围非常宽(0.1～100 kHz)，而且厚度仅有几十纳米，其透明度高、易弯折、可拉伸，可以通过任意方式进行剪裁和加工。

4)场效应晶体管

和干法制备的碳纳米管定向薄膜不同，湿法制备碳纳米管薄膜的优势之一在于可以在制备前对碳纳米管样品进行纯化，甚至实现特定属性碳纳米管的分离。通过合适的方法，可以得到半导体型碳纳米管纯度高达99.94%的单壁碳纳米管分散液(具体方法见本书7.2节)。这种高定向、高半导体型碳纳米管薄膜为其在纳电子器件领域的应用提供了可能。2013年，美国IBM公司的Cao等将含量为99%的半导体型碳纳米管通过溶液相自组装的Langmuir-Schaefer法实现了高密度、高定向的碳纳米管薄膜的制备，其密度可高达500根/$\mu$m[66](图6-12)。使用这种方法，他们成功构筑了高性能场效应晶体管，其驱动电流密度高达120 $\mu$A/$\mu$m，电导率可达40 $\mu$S/$\mu$m，其开关比达到$10^3$。通过进一步的工艺改进，2017年，他们将单个碳纳米管器件尺寸减小至40 nm[73]，在0.5 V的驱动电压下，其电流密度可以达到0.9 mA/$\mu$m，其亚阈值摆幅可低至85 mV/dec，性能甚至超过了标准化工艺加工的硅基器件，为碳纳米管在纳电子器件中的应用指明了方向。

除此之外，定向碳纳米管薄膜在锂离子电池填充[74,75]、表面增强拉曼基底制备[76]、红外探测[77]、柔性触摸屏[78]等领域也有着广泛的应用。然而，这些应用绝大多数不依赖其定向性，且和无序二维碳纳米管宏观体的应用有较大重叠，因此本小节不过多展开。

**2. 无序碳纳米管二维宏观体的性质及应用**

无序碳纳米管二维宏观体是指在碳纳米管薄膜中的碳纳米管随机取向、无规排列。这类碳纳米管薄膜具有良好的导电性、透光性和柔性，而且结构可控性强、制备方法简单、成本较低、易于批量化生产，因此也具有多方面的应用价值。下面进行一一简述。

1)透明导电薄膜

碳纳米管薄膜是一种性能优良的柔性透明导电薄膜。透明导电薄膜是一种重要的光电材料，在太阳能电池、平面显示器、发光二极管及触摸屏等领域有着广泛的应用。目前，常用的透明导电薄膜是通过在玻璃衬底上沉积导电薄膜而制备的。但玻璃作为衬底存在刚性强、易碎、工艺复杂、价格昂贵等缺点。由于在导电、透光、柔性等方面表现良好，碳纳米管薄膜引起了研究者的广泛关注。和传统ITO相比，碳纳米管透明导电薄膜具有稳定性高、耐弯折、对湿度和高温稳定等特点。

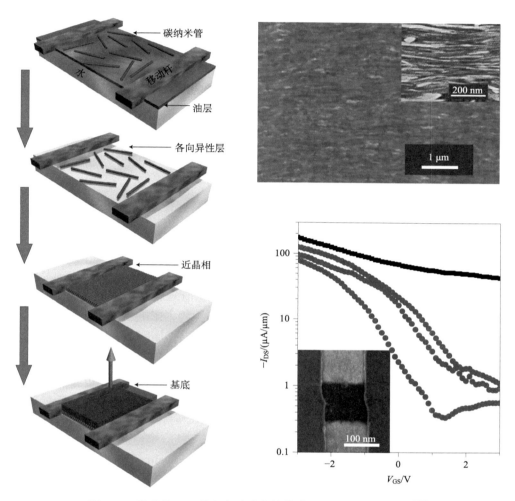

图 6-12 纯度为 99% 的取向碳纳米管薄膜制成的场效应晶体管[66]

因此，碳纳米管透明导电薄膜在平板显示器、太阳能电池和触摸屏方面都展现出良好的应用前景。例如，Southard 等通过喷涂法得到碳纳米管薄膜电极，其薄膜晶体管的接触电阻比 Au 要低[79]。类似地，碳纳米管薄膜同样在触摸屏的制备方面展现出取代传统 ITO 的潜力。Hecht 等使用碳纳米管透明导电薄膜组装成触摸屏，其导电性甚至优于 ITO[80]。该触摸屏经过 300 万次点触实验和 100 万次笔尖滑动试验后性能没有明显降低，足以证明其优异的稳定性。清华大学范守善教授课题组基于超顺排碳纳米管薄膜，通过激光剪薄、金属沉积等手段[78]，得到的触摸屏透光性可达 76.5%，高于相同工艺 ITO 组装的结果（约 75%）。同时，为了增加其耐磨性和耐用性,他们将一层紫外(UV)胶涂覆在薄膜表面,得到的触摸屏经过 50 次刮划实验仍可维持性能稳定,而相同工艺组装的 ITO 性能则在第一次试验后即受到影响,其耐刮擦性能和耐久性能 50 倍优于 ITO 的触摸屏。该方法目前已经进入市场化阶段,并且使触摸屏的柔性化成为可能。在太阳能电池方面,柔性、透明的碳纳米管薄膜用作电极,既可以简化制作工艺,又可以节约成本。Britz 等将喷涂法制得的碳纳米管柔性电极应用在 Cu(In,Ga)Se$_2$ 太阳能电池电极上,获得了高达 13%的能量转化效率[81]。Jia 等将真空抽滤得到的碳纳米管透明导电薄膜应用于纳米硅异质结太阳能电池,其效率可以达到 4%[82]。然而,碳纳米管薄膜构筑的太阳能电池效率不及金属或金属氧化物基太阳能电池,其高透光性下的导电性也有待提高。

　　2)场发射器件

　　和碳纳米管垂直阵列类似,碳纳米管薄膜同样被用于制备场发射器件。理论上,由于电子主要从碳纳米管的尖端发射,因此一般认为定向碳纳米管阵列比无序碳纳米管薄膜具有更好的场发射性能。然而,在实际操作中,无序碳纳米管的场发射性能并不弱于碳纳米管垂直阵列。原因主要分为两个方面:一方面是除了尖端结构会对碳纳米管电子发射产生影响,碳纳米管还存在缺陷发射[83,84]、端帽局域态能带发射[85]、吸附物谐振隧穿发射[86]等多种因素影响电子发射情况,其过程非常复杂;另一方面则是碳纳米管垂直阵列制备的不均匀性和屏蔽效应导致其场增强因子下降。通常制备碳纳米管薄膜用于场发射电极的方法主要是电沉积法和丝网印刷法(喷涂法的一种)。2001 年,Lee 等将碳纳米管分散在异丙醇中[87],并和银粉、有机黏合剂的混合浆料印刷到玻璃基板上,得到了 20 μm 宽的条形碳纳米管薄膜发射层。经过加热除去有机黏合剂和表面处理等步骤后,成功制作 4.5 in 和 9 in 的二极管型场发射器。经过进一步的配方改进,该方法的均匀性可以得到进一步增强,其场发射电流波动可低于 4.5%。Nakayama 等则通过电沉积的方法[88],先在玻璃基板上图形化一层导电层并在上面涂覆 1 μm 厚度的聚硅烷,将其浸入碳纳米管溶液中,通过在阴阳两极板间施加电场,可以使碳纳米管向阴极移动并被固定在阴极空隙中,从而得到了适用于场发射的阴极材料,并且具有真空封装后放气少等优点。Jeong 等制备了柔性的全碳纳米管薄膜场发射器件[89]。首先利用金离子对单壁碳纳米管薄膜进行 p 型掺杂,之后利用正硅酸乙酯(TEOS)进行钝化保护,所得到的碳纳米管薄膜具有高的导电性和环境稳定性,能够替代常规的 ITO 导电玻璃作为器件的阳极和阴极;而多壁碳纳米管/TEOS 混杂薄膜则能够作为发射极,得到了全碳纳米管场发射器件。

　　3)锂离子电池

　　利用碳纳米管本身的刚性结构作为骨架,并且结合其高导电性,可以将碳纳米管薄膜用于锂离子电池领域。2013 年,清华大学范守善教授课题组在超顺排碳纳米管薄膜拉膜过程中原位溅射四氧化三铁纳米粒子[90]，通过控制拉膜速度可以得到粒径不同的四氧化三铁颗粒，并应用于锂离子电池领域。当纳米粒子直径为 5~7 nm 时，得到的锂离子电池比容量可高达 800 mA·h/g。同时，超顺排碳纳米管薄膜上面涂覆锂离子电池电极的浆料后，还可以作为集流体，从而得到更为轻质的复合电极[91]。Cui 课题组则通过喷墨打印的方法，在不锈钢网上覆盖碳纳米管薄膜，并通过化学气相沉积的方法在其表面生长硅的包覆层。利用该方法得到的复合薄膜用作锂离子电池的负极材料，其比容量高达 2000 mA·h/g[92]。这种复合薄膜同样被用作集流体，并成功制备了超薄、柔性薄膜电池[93]。除了原位生长的方法外，电极材料还可以通过后处理的方法和碳纳米管形成复合薄膜。Dillon 课题组将氢氧化铁前驱体颗粒与单壁碳纳米管粉末、表面活性剂共同分散在溶液中，经过真空抽滤及热处理，即可得到四氧化三铁与碳纳米管的复合薄膜。复合薄膜中，碳纳米管的结构与单纯碳纳米管抽滤得到的薄膜结构一致，可以构成完整的网络结构，且四氧化三铁颗粒在其中分散均匀。利用该方法得到的锂离子电池富集材料展现出良好的循环稳定性[94]。

### 4) 红外探测器

依赖于碳纳米管的光热效应，特别是高的红外吸收、出色的电子和光电子性质及好的机械和化学稳定性，基于碳纳米管薄膜的红外探测器迅速成为该领域研究的热点之一。碳纳米管薄膜红外检测器根据检测原理大致分为热检测和光检测两类。其中，热检测主要依赖于温度变化时碳纳米管薄膜的电学性质(特别是电阻)变化的性质。2010 年，清华大学范守善教授课题组利用超顺排碳纳米管薄膜的高吸收系数和小单位面积热容的特点制备出热阻式红外探测器[77]。在室温和真空的条件下，单层超顺排薄膜制备的红外探测器在 10 mW/mm$^2$ 的红外光照射下，可以产生 15.4%的电阻变化，并且响应时间仅有 4.4 ms。更有趣的是，由于其定向性，该红外探测器具有偏振响应，可以据此进一步分辨材料的性质。然而，这种方法制备的探测器灵敏度较低，不及目前商用的热阻式红外探测器。相比之下，基于 p-n 结构筑的光伏或光电流检测器具有更快的响应速度和更高的灵敏度。半导体型碳纳米管为直接带隙材料，即导带底和价带顶在 k 空间中处于同一位置的半导体。当价带电子向导带跃迁时，电子波矢不变，满足动量守恒定律。因此，半导体型碳纳米管在光检测领域有着突出的优势。早期的碳纳米管红外探测器基于单根碳纳米管上的对称电极[95]，其问题在于碳纳米管的吸收截面非常小，对红外光的吸收较弱，难以得到足够强的信号。为了克服这一点，研究者们使用全半导体的碳纳米管水平阵列构建了红外检测器。2012 年，北京大学彭练矛教授课题组报道了通过碳纳米管水平阵列制备的红外传感器，相同强度光照条件下的光电流比单根碳纳米管提升 10 倍以上[96]。2016 年，该课题组使用溶液相沉积的碳纳米管薄膜，通过不对称电极加工获得了高灵敏度和高稳定性的广谱红外探测器[97]（图 6-13）。此外，基于碳纳米管的太赫兹检测器也被报道[98]。

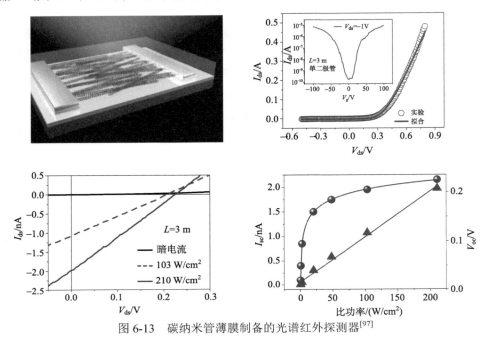

图 6-13　碳纳米管薄膜制备的光谱红外探测器[97]

# 6.4　碳纳米管纤维的制备

前面的章节中主要讨论了碳纳米管三维和二维宏观体的制备、性质及应用，本节承接前面的内容，主要介绍碳纳米管一维宏观体。作为碳纳米管一维宏观体，一维碳纳米管纤维可以有效地继承纳米尺度碳纳米管的优异性质，在诸多领域具有潜在应用价值。但是，可批量制备的碳纳米管的长度通常在微米或毫米级，且碳纳米管具有化学惰性，因此，如何将碳纳米管组装成宏观纤维材料成为其规模化应用的重要前提。经过近二十年的探索和发展，碳纳米管连续纤维的制备技术日渐完善，应用领域不断拓展，展现出在柔性能源、智能织物、可穿戴器件等诸多领域的应用价值。本节主要介绍碳纳米管纤维的结构、性质及制备方法。

## 6.4.1　碳纳米管纤维的结构、性质及应用

碳纳米管具有一维管状结构，在分子层面具有非常优异的力学、电学、热学等性质。作为一维碳纳米管宏观体，碳纳米管纤维很好地继承了微观尺度碳纳米管的形状和性能。碳纳米管纤维中定向排列的碳纳米管赋予纤维优异的力学、电学、热学性质及良好的化学稳定性，展现出广阔的应用潜力。

　　目前，碳纳米管纤维的制备方法主要有湿法纺丝和干法纺丝两类。湿法纺丝是借鉴于传统纺丝技术，以稳定的碳纳米管分散液为基础和关键。为获得碳纳米管分散液，溶液中的碳纳米管一般需要借助表面活性剂、酸或分散剂等物质和超声处理等手段的辅助。分散液注入凝固浴中形成连续的碳纳米管纤维。干法纺丝主要包括碳纳米管阵列纺丝和直接气相沉积纺丝法，得到的碳纳米管纤维中碳纳米管的定向性良好，具有优异的力学、电学、热学性质。干法纺丝制备的碳纳米管纤维断裂强度可达 9 GPa[99]，其比强度已经超过目前商用的高强度纤维，可以应用到高强度纤维复合材料等领域。碳纳米管纤维的导电性能优异，其电导率超过 $10^4$ S/cm[100, 101]。碳纳米管纤维具有良好的柔性，可以实现弯曲、扭转、打结、编织，而不影响其力学性能。此外，碳纳米管纤维具有较大的断裂伸长率，有效解决了碳纤维脆性大的问题，且在拉伸过程中可以看出碳纳米管纤维具有强能量吸收能力，可用于防弹衣等领域。

　　得益于碳纳米管突出的性能，碳纳米管纤维被赋予高强度、高导电性等优异性能，推动了相关的科学研究和潜在应用探索的发展与进步。碳纳米管高强度、高韧性、轻质、柔性的特点使其成为下一代高性能增强复合材料的优选材料[102]，有望应用于航空航天、军事等高科技领域[103]。碳纳米管纤维具有良好的导电性及高的载流能力，可以用作高性能导线，使用温度范围广，且减轻重量达 50%以上。此外，碳纳米管纤维具有压阻特性，可以用作柔性应变或者压力传感器[104-106]。碳纳米管纤维一维线状结构使其易于编织，可以与织物结合，制备成为智能可穿戴织物，检测人体运动及监测生理信号等。碳纳米管阵列纺出的纤维转移至预拉伸的柔性基底表面，作为可拉伸应变传感器，拉伸应变可达 900%以上，且具有良好的灵敏性，可实现手指运动的检测[104]。碳纳米管编织过程中，纤维相交处用聚合物隔绝，用作电容式压力传感器，可检测低至 0.75 Pa 的刺激，且可以快速响应[105]。碳纳米管纤维还可用作致动器，在其制备过程中引入加捻技术，可实现扭转致动及能量转化，体现优异的电机械性能[107-115]。阵列纺丝制备碳纳米管纤维过程中，牵伸、加捻成股，可以制备无电解质人工肌肉，可以实现 3%的收缩力下每分钟 1200 次循环变换[107]。碳纳米管纤维具有温敏特性，可用作柔性温度传感器[116]。此外，碳纳米管纤维还可用作气体传感器，检测氨气、一氧化氮、二氧化氮等气体，具有灵敏度高、响应快的特点[116]。

　　一维纤维状能源器件，包括锂电池、太阳能电池、超级电容器等，需要导电性良好、柔性、力学强度优异的电极材料，而碳纳米管纤维具备这些特点，被认为是极有潜力的纤维状能源转化与存储器件的电极材料[117-120]。碳纳米管纤维中碳纳米管良好的定向性赋予纤维优异的导电性，单壁碳纳米管可以通过掺杂实现半导体性质的改变，从而使其应用到柔性热电器件领域。碳纳米管纤维缠绕在柔性基底，利用聚乙烯亚胺和三氯化铁分别实现碳纳米管纤维不同部位的 n 型和 p

型掺杂，在 5 K 和 40 K 温差下发电能量密度可高达 10.85 μW/g 和 697 μW/g，展现出在柔性可穿戴能量转化器件方面的应用潜力[121]。复旦大学彭慧胜教授课题组利用阵列纺丝得到的碳纳米管纤维在纤维状能源转化和存储器件领域取得诸多研究成果，实现可穿戴器件的能源存储及能源转化和存储器件的联用等[118, 122, 123]。为提高性能及满足不同器件的需求，导电高分子、金属氧化物等与碳纳米管纤维结合，满足纤维状能源器件的需求，实现与织物结合，或者直接编织成智能织物，赋予其特殊的功能。

碳纳米管纤维因其特殊的一维线状结构和良好的电学、光学、热学性质及高柔性、力学和化学稳定性等，在高性能增强纤维、防静电材料、智能材料、纤维电极材料、传感器、致动器等领域展现广阔的应用潜力。

材料的应用必须以制备为前提。碳纳米管纤维的制备方法主要分为湿法纺丝和干法纺丝两类。下面将分别介绍上述两种方法。

## 6.4.2  湿法纺丝

湿法纺丝常见于聚合物纤维的制备过程，如凯夫拉纤维等。纺丝过程中，聚合物溶液注入到该聚合物不溶的凝固浴中，聚合物溶液中的溶剂溶解，聚合物得以析出，从而得到聚合物纤维。借鉴聚合物纤维的制备工艺，该方法最早用于碳纳米管纤维的制备。该方法的关键是得到分散性良好的碳纳米管溶液，因碳纳米管的化学稳定性，一般需要表面活性剂辅助其分散。2000 年，Vigolo 等[124]将分散在 SDS 中的单壁碳纳米管（SWNTs）以一定的速度注射到聚乙烯醇（PVA）溶液中[图 6-14(a)]，PVA 分子吸附在 SWNTs 表面，置换掉部分 SDS。经过洗涤和干燥后，大部分表面活性剂和聚合物被洗掉，得到柔性极好的碳纳米管纤维[图 6-14(b)]。该纤维的力学强度约为 150 MPa，电导率为 10 S/cm。

虽然上述方法得到了碳纳米管纤维，但其长度有限，且制备纤维的速度慢。Dalton 等[125]改进了纺丝过程，将 SWNTs 分散液注射进流动的 PVA 溶液中，经丙酮洗涤后得到连续的碳纳米管纤维。该方法制备的碳纳米管纤维长度超过 100 m，速度是前述方法的 70 倍，且得到的纤维力学强度达到 1.8 GPa，杨氏模量为 80 GPa。如图 6-14(c)所示，该碳纳米管纤维可以作为超级电容器的电极材料，与织物编织在一起，为智能织物的开发提供了新的思路。类似地，采用旋转凝固浴，经过卷绕、洗涤、干燥后，得到连续的碳纳米管纤维[126]。除了 PVA 溶液，聚乙烯酰亚胺（PEI）、聚对苯撑苯并二噁唑（PBO）、生物质材料等也被用来复合碳纳米管纤维[127-130]。

上述方法中，碳纳米管纤维中均复合聚合物，如 PVA、PEI 等。复合碳纳米管纤维中，聚合物可以有效传递载荷，提高纤维的力学强度，但是聚合物的存在同时降低了纤维的电学和热学性能。因此，制备纯碳纳米管的纤维变得尤为重要。

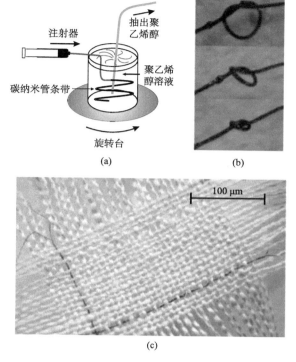

图 6-14　湿法纺丝制备碳纳米管纤维结构与应用展示

(a) 湿法纺丝制备碳纳米管纤维示意图；(b) 碳纳米管纤维具有高柔性[124]；(c) 碳纳米管纤维与织物结合[125]

2004 年，Ericson 等[131]将 SWNTs 分散在 102%的发烟硫酸中，得到 8%的碳纳米管分散液，然后将分散液注射进乙醚凝固浴中，经洗涤和干燥过程，得到连续的碳纳米管纤维。因碳纳米管表面缺陷的限制，该纤维的力学强度一般，但电导率提高了两个数量级。Pasquali 研究组[132]率先以氯磺酸作为碳纳米管分散剂，获得 0.5%质量分数的碳纳米管液晶相分散液[图 6-15(a)]。分散液注入凝固浴中可以得到碳纳米管纤维，断裂强度超过 320 MPa。进一步地，该研究组[101]以氯磺酸分散的碳纳米管液晶相分散液，将其喷入凝固浴中，改进纺丝工艺，得到连续的碳纳米管高度取向的纤维[图 6-15(b)]。该方法可以制备连续、轻质、高强度、高导电的碳纳米管纤维[图 6-15(c)]，其平均拉伸强度达到(1.0±0.2)GPa，杨氏模量为(120±50)GPa，电导率达到(2.9±0.3)×$10^4$ S/cm，体现出优异的性能，超过大多数文献中报道的数值[图 6-15(d)]。

除了酸用来分散碳纳米管，还可采用表面活性剂等小分子分散碳纳米管，获得分散液，得到纯碳纳米管的纤维。例如，采用十二烷基硫酸锂分散的 SWNTs，注射进凝固浴中得到中空的碳纳米管纤维[133]。以乙二醇为分散剂，超声处理碳纳米管，得到碳纳米管质量分数为 1%～3%的分散液，注射入乙醚凝固浴中，得到取向排列的碳纳米管纤维[134]。

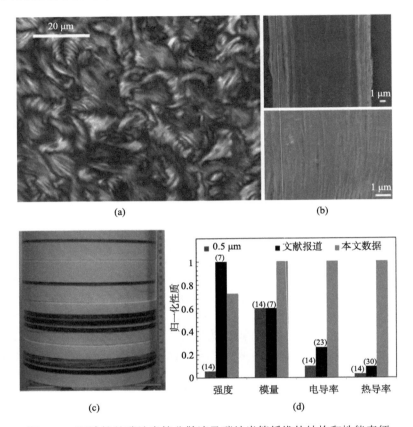

图 6-15 湿法纺丝碳纳米管分散液及碳纳米管纤维的结构和性能表征
(a) 碳纳米管分散在氯磺酸中呈现液晶相[132]；(b) 湿纤维的 SEM 照片；(c) 湿法纺丝可以得到连续的碳纳米管纤维；(d) 碳纳米管纤维具有优异的性质[101]

　　湿法纺丝可以得到连续的碳纳米管纤维，这是以碳纳米管良好的分散液为前提的。因其本身的化学惰性，碳纳米管需要借助表面活性剂或者功能化来辅助分散，这些过程会对碳纳米管纤维的性能带来负面影响。因此，后处理过程是必需的，包括洗涤、退火等[135]。发烟硫酸或者氯磺酸可以分散碳纳米管，但其会对设备造成一定损伤。目前，制备碳纳米管纤维的凝固浴有多种，可以选用聚合物、醇类、醚类、盐溶液、酸碱溶液、水等。不同凝固浴对纤维的性质会有影响，聚合物材料可以有效提高纤维的韧性和断裂伸长率，但会降低其导电性；小分子凝固浴得到的纤维导电性良好，通常脆性较大。此外，碳纳米管的类型也会影响纤维的性质。SWNTs 更易取向，具有更好的成纤能力，但其价格要比多壁碳纳米管

（MWNTs）高，影响了其产业化[136]。

虽然，湿法纺丝制备碳纳米管纤维取得了很大进步，但还需要解决诸多问题。首先，需要发展大批量、高纯度碳纳米管的制备工艺特别是 SWNTs 的制备方法。其次，获得均匀分散、高质量碳纳米管分散液仍是一个难题。目前碳纳米管分散液多借助表面活性剂等成分，超声辅助分散碳纳米管原料，过程中引入大量缺陷，导致该方法得到的纤维性质普遍低于商用高性能纤维。因此，需要改进碳纳米管分散工艺，得到缺陷少、长度长、均匀分散的碳纳米管分散液。另外，进一步提高碳纳米管纤维的性质，需要改进纺丝过程，实现碳纳米管高度取向性。虽然面临诸多难题，但湿法纺丝操作相对简单，易于工业化。

## 6.4.3 干法纺丝

与湿法纺丝相比，干法纺丝避免了碳纳米管的分散过程，更能保持其本身的性质。干法纺丝又分为阵列纺丝法、直接气相沉积纺丝法和薄膜卷绕法。

阵列纺丝法是指从碳纳米管垂直阵列中直接抽丝的过程，其关键在于获得连续可纺的碳纳米管阵列。阵列的可纺性与碳纳米管的形貌密切相关[137]，一般来说，可纺阵列碳纳米管具有窄的管径分布、合适的成核密度、干净的表面[138]。这些都可以通过改变催化剂和调控生长条件，包括催化剂的厚度、生长温度、气体流量、气体通入时间等实现。张莹莹等[137]系统研究了催化剂对碳纳米管阵列可纺性的影响。研究发现，最短时间的催化剂预处理过程可以制备可纺性最优的碳纳米管阵列；延长催化剂预处理时间，制备的阵列中碳纳米管排列紊乱，呈现出波浪状的排列方式，不具备可纺性。以上结果与催化剂在预处理过程中的裂解和聚并行为密切相关，从而影响碳纳米管的形貌。

2002 年，清华大学范守善研究组[50]首次从碳纳米管阵列中拉出了长度达30 cm 的纤维[图 6-16（a）]。进一步，美国德克萨斯大学达拉斯分校 Baughman等[139]将纺纱过程中的加捻工艺引入碳纳米管纤维制备过程中，从高度为 300 μm碳纳米管垂直阵列中抽出的薄膜加捻制备得到纤维[图 6-16（b）和（c）]。该纤维拉伸强度为 100～300 MPa，电导率达到 300 S/cm。通过溶液收缩或机械拉伸等过程进一步提高纤维的性能。纺丝得到的纤维经过 PVA 溶液致密化处理[图 6-16（d）]，得到拉伸强度 2.0 GPa 的碳纳米管复合纤维，其电导率为 920 S/cm[140]。高碳纳米管阵列得到的纤维中碳纳米管具有更少的节点，更有效地传递载荷，从而使纤维的性能更优异。高度为 1 mm 的碳纳米管阵列中抽出的纤维具有优异的力学性质，其最高拉伸强度达到 3.3 GPa，模量最高为 263 GPa，韧性高达 945 J/g[141]。

除此之外，碳纳米管的管壁数也会影响纤维的性能。研究发现，管壁数较少的碳纳米管纤维具有更优异的力学性能[142]。溶液收缩法是常用的提高纤维性质的方法，不同溶剂的基本性质有差异，且不同溶剂与碳纳米管具有不同的润湿性、渗透性、相互作用，从而对纤维的性质产生影响。例如，乙二醇处理得到的纤维的力学强度比乙醇处理的高 3 倍左右[143]。聚合物的交联会提高纤维的力学性质[144]。将碳纳米管纤维浸渍在高密度聚乙烯溶液中，制备出表面生长聚乙烯串晶的复合纤维，其断裂强度、杨氏模量分别达到 600 MPa 和 60 GPa，均高于原始碳纳米管纤维[145]。碳纳米管纤维加捻后，纤维轴向与碳纳米管之间呈现一定的角度，而这个角度与纤维的性能具有一定的关系[146]。在加捻角为 10°～40°制备碳纳米管纤维，研究发现，其力学性能变化明显，增大加捻角，纤维的断裂强度下降，而断裂伸长率提高，在加捻角为 12°时，纤维的断裂强度最大。另外，射线辐照、化学交联、等离子体处理等过程可以改善纤维中碳纳米管之间的物理力学性能，从而提高纤维的力学等性能[90, 147, 148]。

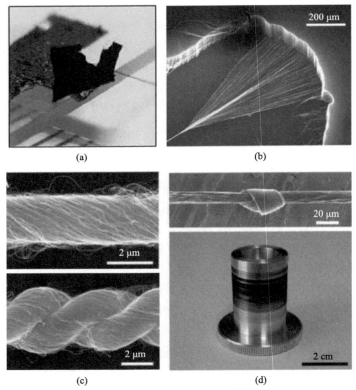

图 6-16  阵列纺丝制备碳纳米管纤维

(a)阵列纺丝法制备碳纳米管纤维的光学照片[50]；(b)阵列纺丝法制备碳纳米管纤维的 SEM 照片；(c)单股(上)和双股(下)碳纳米管纤维的 SEM 照片[139]；(d)碳纳米管/PVA 复合纤维的 SEM 照片及光学照片[140]

　　阵列纺丝得到的碳纳米管纤维中杂质少，经过后处理可以提高其力学、电学等性质。但碳纳米管之间的端点较为集中，且多为多壁碳纳米管，存在较多缺陷。因此，发展少壁或单壁、较高的超顺排碳纳米管阵列制备方法是高性能纤维制备的可行方案。目前，超顺排碳纳米管阵列的制备已经实现工业化，推动了碳纳米管纤维的进一步研究与应用。

上面介绍的湿法纺丝和阵列纺丝均是后处理得到纤维的过程，碳纳米管纤维还可以直接从碳纳米管生长的管式炉中抽出而制备得到。2002 年，清华大学朱宏伟等[149]首次从立式管式炉制备的碳纳米管产物中得到了长度为 20 cm 的 SWNTs 纤维。Li 等[10]直接将立式管式炉制备的碳纳米管气凝胶纺成碳纳米管纤维。该过程见图 6-17(a)，以乙醇为碳源，二茂铁为催化剂，噻吩作为生长促进剂，从管式炉上端注入反应体系中，在气流带动下制备的碳纳米管气凝胶缠绕在低温区的转轴上，卷绕得到碳纳米管纤维。该纤维中，碳纳米管具有定向性，且纤维具有良好的柔性[图 6-17(b)]。加快牵伸速率，加捻后可以得到连续的纤维[图 6-17(c)]，显示出批量制备的前景[76]。该纤维力学强度达到 1.25 GPa，电导率达到 $5 \times 10^3$ S/cm。

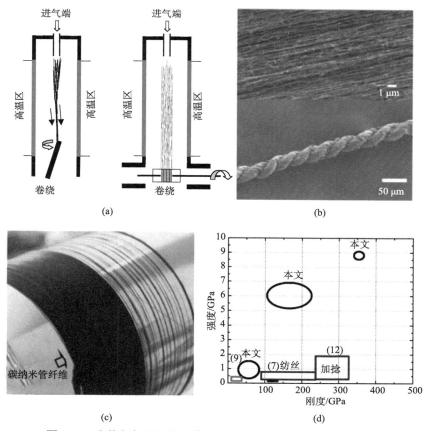

图 6-17　直接气相沉积纺丝法制备碳纳米管纤维及结构性能表征

(a) 直接气相沉积纺丝法制备碳纳米管纤维的示意图；(b) 制的碳纳米管纤维的 SEM 照片[10]；(c) 直接气相沉积纺丝法可连续制备纤维[76]；(d) 纤维的力学强度对比[99]

Koziol 等[99]研究了不同卷绕速率对纤维力学强度的影响。当提高卷绕速率时，纤维中碳纳米管的取向性提高，比强度和比韧性均提高。当卷绕速率为 20 m/min 时，得到的纤维强度达到 9 GPa，是目前报道的碳纳米管纤维中力学强度最高的 [图 6-17(d)]。研究表明，不同管壁数的碳纳米管、取向性、致密化等对纤维的力学性质会有影响[150]。华东理工大学的王健农研究组[100]改进了纤维的制备工艺，利用水平管式炉制备得到空心圆柱状碳纳米管气凝胶，进行溶液收缩和加压致密化后，得到高性能碳纳米管纤维。该纤维具有高力学强度(3.76～5.53 GPa)和高电导率，最高达到 $2.24×10^4$ S/cm。

除此之外，碳纳米管纤维还可以由碳纳米管薄膜直接卷绕得到[151-153]。浮动催化气相沉积法得到的碳纳米管薄膜通过加捻卷绕得到碳纳米管纤维，拉伸强度最高达到 0.8 GPa (图 6-18)[151]。由于薄膜层与层之间的结合较弱，该方法得到的纤维的力学、电学等性能还有较大提升空间。

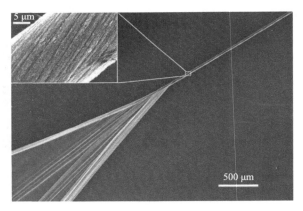

图 6-18　由碳纳米管薄膜卷绕成纤维的过程的 SEM 表征[151]

综上，碳纳米管纤维可以由湿法纺丝、阵列纺丝、直接气相沉积纺丝和薄膜卷绕等方法得到。湿法纺丝可以以无序的碳纳米管粉体为原料制备得到具有取向结构的碳纳米管纤维，并具有良好的力学、电学等性质。但分散过程中引入的表面活性剂或者碳纳米管的功能化均影响纤维的最终性能。高质量碳纳米管的制备及碳纳米管分散技术、纺丝工艺还需要进一步探索，以批量化制备高性能碳纳米管纤维。阵列纺丝、直接气相沉积纺丝和薄膜卷绕法均依赖于碳纳米管的可控制备。直接气相沉积纺丝法无需可纺性阵列，直接在碳纳米管生长过程中实现纺丝，具有过程简单、易于工业化的特点。但制备的纤维中含有催化剂颗粒等杂质，影响纤维的性质。此外，纺丝过程中，管式炉出气端需要开口，其安全性需要特别重视。尽管碳纳米管纤维在低成本、大批量、高性能方面未达到理想的水平，但我们相信，通过原理性设计和结构调控，高性能碳纳米管纤维的产业化必将完成，其会在高性能纤维、智能织物、能源器件、驱动器件等领域得到广泛应用。

　　本章总结了碳纳米管宏观体的控制制备及应用。碳纳米管可以通过干法或湿法组装成不同形貌的宏观体，主要包括三维块体材料、二维薄膜结构、一维纤维等碳纳米管集合体。干法制备碳纳米管宏观体主要涉及化学气相沉积的过程，其可控性强，因此在碳纳米管结构与性质调控方面具有明显的优势。湿法组装碳纳米管宏观体一般以碳纳米管均匀分散液为基础，具有方法简单、成本相对低廉、易工业化生产等特点。通过碳纳米管分散工艺的改进与优化，制备缺陷少、长度长、均匀分散的碳纳米管分散液是湿法制备高性能碳纳米管宏观体的关键。碳纳米管宏观体可有效地继承纳米尺度碳纳米管的优异性质，使其具有良好的力学、电学等性能。不同的制备方法及不同的形貌赋予碳纳米管宏观体不同的结构与性能，因此其应用领域方面也各有不同。例如，碳纳米管三维宏观体因其高孔隙率、低密度、大比表面积等结构特点成为电极材料、催化、传感、吸附等领域研究的热点材料之一；碳纳米管二维薄膜材料具有良好的导电性、透光性和柔性，在偏振片、场效应晶体管、透明导电薄膜、场发射器件、能源存储与转化等领域具有良好的应用前景；碳纳米管一维纤维具有优异的力学强度、良好的导电性及机械柔性，在高性能纤维、智能材料、纤维状能源器件、传感器、致动器等领域展现出广阔的应用潜力。在碳纳米管宏观体实际应用中，需要综合考虑制备过程的复杂程度、成本和性能。随着对生长过程理解和认识的深入、制备工艺的日益完善、组装过程的逐步优化，制备与组装具有特定形貌、特定结构、特定性能的碳纳米管宏观体已逐渐成为现实，这对碳纳米管基础性质的研究和应用领域的拓展具有重要意义。

# 参 考 文 献

[1]　Du R, Zhao Q, Zhang N, Zhang J. Macroscopic carbon nanotube-based 3D monoliths. Small, 2015, 11: 3263-3289.

[2]　Xu M, Futaba D N, Yumura M, Hata K. Alignment control of carbon nanotube forest from random to nearly perfectly aligned by utilizing the crowding effect. ACS Nano, 2012, 6: 5837-5844 .

[3]　Fan S, Chapline M G, Franklin N R, Tombler T W, Cassell A M, Dai H. Self-oriented regular arrays of carbon nanotubes and their field emission properties. Science, 1999, 283: 512-514.

[4]　Zhang X, Jiang K, Feng C, Liu P, Zhang L, Kong J, Fan S. Spinning and processing continuous yarns from 4-inch wafer scale super-aligned carbon nanotube arrays. Advanced Materials, 2006, 18: 1505-1510.

[5]　Li W, Xie S, Qian L, Chang B. Large-scale synthesis of aligned carbon nanotubes. Science, 1996, 274: 1701.

[6]　Ren Z F, Huang Z P, Xu J W, Wang J H, Bush P, Siegal M P, Provencio P N. Synthesis of large arrays of well-aligned carbon nanotubes on glass. Science, 1998, 282: 1105-1107.

[7]　Murakami Y, Chiashi S, Miyauchi Y, Hu M, Ogura M, Okubo T, Maruyama S. Growth of vertically aligned single-walled carbon nanotube films on quartz substrates and their optical anisotropy. Chemical Physics Letters, 2004, 385: 298-303.

[8]   Hata K, Futaba D N, Mizuno K, Namai T, Yumura M, Iijima S. Water-assisted highly efficient synthesis of impurity-free single-walled carbon nanotubes. Science, 2004, 306: 1362-1364.

[9]   Tsuji T, Hata K, Futaba D N, Sakurai S. Unexpected efficient synthesis of millimeter-scale single-wall carbon nanotube forests using a sputtered MgO catalyst underlayer enabled by a simple treatment process. Journal of the American Chemical Society, 2016, 138: 16608-16611.

[10]  Li Y L, Kinloch I A, Windle A H. Direct spinning of carbon nanotube fibers from chemical vapor deposition synthesis. Science, 2004, 304: 276-278.

[11]  Zheng L, Zhang X, Li Q, Chikkannanavar S B, Li Y, Zhao Y, Zhu Y. Carbon-nanotube cotton for large-scale fibers. Advanced Materials, 2007, 19: 2567-2570.

[12]  Shan C, Zhao W, Lu X L, O'Brien D J, Li Y, Cao Z, Suhr J. Three-dimensional nitrogen-doped multiwall carbon nanotube sponges with tunable properties. Nano Letters, 2013, 13: 5514-5520.

[13]  Hashim D P, Narayanan N T, Romo-Herrera J M, Cullen D A, Hahm M G, Lezzi P, Roy A K. Covalently bonded three-dimensional carbon nanotube solids via boron induced nanojunctions. Scientific Reports, 2012, 2: 363.

[14]  Dong X, Ma Y, Zhu G, Huang Y, Wang J, Chan-Park M B, Chen P. Synthesis of grapheme-carbon nanotube hybrid foam and its use as a novel three-dimensional electrode for electrochemical sensing. Journal of Materials Chemistry, 2012, 22: 17044-17048.

[15]  Wang W, Guo S, Penchev M, Ruiz I, Bozhilov K N, Yan D, Ozkan C S. Three dimensional few layer graphene and carbon nanotube foam architectures for high fidelity supercapacitors. Nano Energy, 2013, 2: 294-303.

[16]  Hough L, Islam M, Hammouda B, Yodh A, Heiney P. Structure of semidilute single-wall carbon nanotube suspensions and gels. Nano Letters, 2006, 6: 313-317.

[17]  Schiffres S N, Kim K H, Hu L, McGaughey A J, Islam M F, Malen J A. Gas diffusion, energy transport, and thermal accommodation in single-walled carbon nanotube aerogels. Advanced Functional Materials, 2012, 22: 5251-5258.

[18]  Tan Z, Ohara S, Naito M, Abe H. Supramolecular hydrogel of bile salts triggered by single-walled carbon nanotubes. Advanced Materials, 2011, 23: 4053-4057.

[19]  Du R, Wu J, Chen L, Huang H, Zhang X, Zhang J. Hierarchical hydrogen bonds directed multi-functional carbon nanotube-based supramolecular hydrogels. Small, 2014, 10: 1387-1393.

[20]  Cheng E, Li Y, Yang Z, Deng Z, Liu D. DNA-SWNT hybrid hydrogel. Chemical Communications, 2011, 47: 5545-5547.

[21]  Bayazit M K, Clarke L S, Coleman K S, Clarke N. Pyridine-functionalized single-walled carbon nanotubes as gelators for poly (acrylic acid) hydrogels. Journal of the American Chemical Society, 2010, 132: 15814-15819.

[22]  Bryning M B, Milkie D E, Islam M F, Hough L A, Kikkawa J M, Yodh A G. Carbon nanotube aerogels. Advanced Materials, 2007, 19: 661-664.

[23]  Kim K H, Oh Y, Islam M F. Mechanical and thermal management characteristics of ultrahigh surface area single-walled carbon nanotube aerogels. Advanced Functional Materials, 2013, 23: 377-383.

[24]  Jung S M, Jung H Y, Dresselhaus M S, Jung Y J, Kong J. A facile route for 3D aerogels from nanostructured 1D and 2D materials. Scientific Reports, 2012, 2: 849.

[25]  Zhang X, Chen L, Yuan T, Huang H, Sui Z, Du R, Li Q. Dendrimer-linked, renewable and magnetic carbon nanotube aerogels. Materials Horizons, 2014, 1: 232-236.

[26]  Skaltsas T, Avgouropoulos G, Tasis D. Impact of the fabrication method on the physicochemical properties of carbon nanotube-based aerogels. Microporous and Mesoporous Materials, 2011, 143: 451-457.

[27]  Sun H, Xu Z, Gao C. Multifunctional, ultra-flyweight, synergistically assembled carbon aerogels. Advanced Materials, 2013, 25: 2554-2560.

[28]  de Heer W A, Chatelain A, Ugarte D. A carbon nanotube field-emission electron source. Science, 1995, 270: 1179-1181.

[29]  Cola B A, Xu X, Fisher T S. Increased real contact in thermal interfaces: a carbon nanotube/foil material. Applied

Physics Letters, 2007, 90: 093513.

[30] Kordas K, Tóth G, Moilanen P, Kumpumäki M, Vähäkangas J, Uusimäki A, Ajayan P M. Chip cooling with integrated carbon nanotube microfin architectures. Applied Physics Letters, 2007, 90: 123105.

[31] Chu K, Guo H, Jia C, Yin F, Zhang X, Liang X, Chen H. Thermal properties of carbon nanotube-copper composites for thermal management applications. Nanoscale Research Letters, 2010, 5: 868.

[32] Shaikh S, Lafdi K. A carbon nanotube-based composite for the thermal control of heat loads. Carbon, 2012, 50: 542-550.

[33] Mizuno K, Ishii J, Kishida H, Hayamizu Y, Yasuda S, Futaba D N, Hata K. A black body absorber from vertically aligned single-walled carbon nanotubes. Proceedings of the National Academy of Sciences, 2009, 106: 6044-6047.

[34] Yin Z, Wang H, Jian M, Li Y, Xia K, Zhang M, Zhang Y. Extremely black vertically-aligned carbon nanotube arrays for solar steam generation. ACS Applied Materials & Interfaces, 2017, 9 (34): 28596-28603.

[35] Malek K, Coppens M O. Knudsen self-and Fickian diffusion in rough nanoporous media. The Journal of Chemical Physics, 2003, 119: 2801-2811.

[36] You B, Wang L, Yao L, Yang J. Three dimensional N-doped graphene-CNT networks for supercapacitor. Chemical Communications, 2013, 49: 5016-5018.

[37] Chen W, Rakhi R B, Hu L, Xie X, Cui Y, Alshareef H N. High-performance nanostructured supercapacitors on a sponge. Nano Letters, 2011, 11: 5165-5172.

[38] Chen X, Zhu H, Chen Y C, Shang Y, Cao A, Hu L, Rubloff G W. MWCNT/$V_2O_5$ core/shell sponge for high areal capacity and power density Li-ion cathodes. ACS Nano, 2012, 6: 7948-7955.

[39] Lu S, Liu Y. Preparation of meso-macroporous carbon nanotube-alumina composite monoliths and their application to the preferential oxidation of CO in hydrogen-rich gases. Applied Catalysis B: Environmental, 2012, 111: 492-501.

[40] Gong K, Du F, Xia Z, Durstock M, Dai L. Nitrogen-doped carbon nanotube arrays with high electrocatalytic activity for oxygen reduction. Science, 2009, 323: 760-764.

[41] Gui X, Wei J, Wang K, Cao A, Zhu H, Jia Y, Wu D. Carbon nanotube sponges. Advanced Materials, 2010, 22: 617-621.

[42] Li H, Gui X, Zhang L, Wang S, Ji C, Wei J, Cao A. Carbon nanotube sponge filters for trapping nanoparticles and dye molecules from water. Chemical Communications, 2010, 46: 7966-7968.

[43] Qu L, Dai L, Stone M, Xia Z, Wang Z L. Carbon nanotube arrays with strong shear binding-on and easy normal lifting-off. Science, 2008, 322: 238-242.

[44] Gui X, Cao A, Wei J, Li H, Jia Y, Li Z, Wu D. Soft, highly conductive nanotube sponges and composites with controlled compressibility. ACS Nano, 2010, 4: 2320-2326.

[45] Ostojic G N, Hersam M C. Biomolecule-directed assembly of self-supported, nanoporous, conductive, and luminescent single-walled carbon nanotube scaffolds. Small, 2012, 8: 1840-1845.

[46] Duque J G, Hamilton C E, Gupta G, Crooker S A, Crochet J J, Mohite A, Doorn S K. Fluorescent single-walled carbon nanotube aerogels in surfactant-free environments. ACS Nano, 2011, 5: 6686-6694.

[47] Zhang F, Tang J, Wang Z, Qin L C. Graphene-carbon nanotube composite aerogel for selective detection of uric acid. Chemical Physics Letters, 2013, 590: 121-125.

[48] Abarrategi A, Gutierrez M C, Moreno-Vicente C, Hortigüela M J, Ramos V, Lopez-Lacomba J L, del Monte F. Multiwall carbon nanotube scaffolds for tissue engineering purposes. Biomaterials, 2008, 29: 94-102.

[49] Aliev A E, Oh J, Kozlov M E, Kuznetsov A A, Fang S, Fonseca A F, Zhang M. Giant-stroke, superelastic carbon nanotube aerogel muscles. Science, 2009, 323: 1575-1578.

[50] Jiang K, Li Q, Fan S. Nanotechnology: spinning continuous carbon nanotube yarns. Nature, 2002, 419: 801.

[51] Liu K, Sun Y, Liu P, Wang J, Li Q, Fan S, Jiang K. Periodically striped films produced from super-aligned carbon nanotube arrays. Nanotechnology, 2009, 20: 335705.

[52] Ma W, Song L, Yang R, Zhang T, Zhao Y, Sun L, Zhang Z. Directly synthesized strong, highly conducting,

transparent single-walled carbon nanotube films. Nano Letters, 2007, 7: 2307-2311.

[53] Lima M D, de Andrade M J, Skákalová V, Nobre F, Bergmann C P, Roth S. *In-situ* synthesis of transparent and conductive carbon nanotube networks. Physica Status Solidi (RRL)-Rapid Research Letters, 2007, 1: 165-167.

[54] Wu Z, Chen Z, Du X, Logan J M, Sippel J, Nikolou M, Rinzler A G. Transparent, conductive carbon nanotube films. Science, 2004, 305: 1273-1276.

[55] Zhang D, Ryu K, Liu X, Polikarpov E, Ly J, Tompson M E, Zhou C. Transparent, conductive, and flexible carbon nanotube films and their application in organic light-emitting diodes. Nano Letters, 2006, 6: 1880-1886.

[56] He X, Gao W, Xie L, Li B, Zhang Q, Lei S, Vajtai R. Wafer-scale monodomain films of spontaneously aligned single-walled carbon nanotubes. Nature Nanotechnology, 2016, 11: 633-638.

[57] Li Z, Kandel H R, Dervishi E, Saini V, Biris A S, Biris A R, Lupu D. Does the wall number of carbon nanotubes matter as conductive transparent material? Applied Physics Letters, 2007, 91: 053115.

[58] Ng M A, Hartadi L T, Tan H, Poa C P. Efficient coating of transparent and conductive carbon nanotube thin films on plastic substrates. Nanotechnology, 2008, 19: 205703.

[59] Artukovic E, Kaempgen M, Hecht D, Roth S, Grüner G. Transparent and flexible carbon nanotube transistors. Nano Letters, 2005, 5: 757-760.

[60] Geng H Z, Kim K K, So K P, Lee Y S, Chang Y, Lee Y H. Effect of acid treatment on carbon nanotube-based flexible transparent conducting films. Journal of the American Chemical Society, 2007, 129: 7758-7759.

[61] Lee Y D, Lee K S, Lee Y H, Ju B K. Field emission properties of carbon nanotube film using a spray method. Applied Surface Science, 2007, 254: 513-516.

[62] Fan Z, Wei T, Luo G, Wei F. Fabrication and characterization of multi-walled carbon nanotubes-based ink. Journal of Materials Science, 2005, 40: 5075-5077.

[63] Tenent R C, Barnes T M, Bergeson J D, Ferguson A J, To B, Gedvilas L M, Blackburn J L. Ultrasmooth, large-area, high-uniformity, conductive transparent single-walled-carbon-nanotube films for photovoltaics produced by ultrasonic spraying. Advanced Materials, 2009, 21: 3210-3216.

[64] Jia L, Zhang Y, Li J, You C, Xie E. Aligned single-walled carbon nanotubes by Langmuir-Blodgett technique. Journal of Applied Physics, 2008, 104: 074318.

[65] Cao Q, Han S J, Tulevski G S, Zhu Y, Lu D D, Haensch W. Arrays of single-walled carbon nanotubes with full surface coverage for high-performance electronics. Nature Nanotechnology, 2013, 8: 180-186.

[66] Joo Y, Brady G J, Arnold M S, Gopalan P. Dose-controlled, floating evaporative self-assembly and alignment of semiconducting carbon nanotubes from organic solvents. Langmuir, 2014, 30: 3460-3466.

[67] Chen Z, Yang Y, Wu Z, Luo G, Xie L, Liu Z, Guo W. Electric-field-enhanced assembly of single-walled carbon nanotubes on a solid surface. The Journal of Physical Chemistry B, 2005, 109: 5473-5477.

[68] Pei S, Du J, Zeng Y, Liu C, Cheng H M. The fabrication of a carbon nanotube transparent conductive film by electrophoretic deposition and hot-pressing transfer. Nanotechnology, 2009, 20: 235707.

[69] Li P, Jiang K, Liu M, Li Q, Fan S, Sun J. Polarized incandescent light emission from carbon nanotubes. Applied Physics Letters, 2003, 82: 1763-1765.

[70] Fu W Q, Wei Y, Zhu F, Lin L, Jiang K L, Li Q Q, Fan S S. A general surface-treatment-free approach to fabrication of alignment layers using a super-aligned carbon nanotube film template. Chinese Physics B, 2010, 19: 088104.

[71] Fu W, Liu L, Jiang K, Li Q, Fan S. Super-aligned carbon nanotube films as aligning layers and transparent electrodes for liquid crystal displays. Carbon, 2010, 48: 1876-1879.

[72] Xiao L, Chen Z, Feng C, Liu L, Bai Z Q, Wang Y, Fan S. Flexible, stretchable, transparent carbon nanotube thin film loudspeakers. Nano Letters, 2008, 8: 4539-4545.

[73] Cao Q, Tersoff J, Farmer D B, Zhu Y, Han S J. Carbon nanotube transistors scaled to a 40-nanometer footprint. Science, 2017, 356: 1369-1372.

[74] Zhang H X, Feng C, Zhai Y C, Jiang K L, Li Q Q, Fan S S. Cross-stacked carbon nanotube sheets uniformly loaded with SnO$_2$ nanoparticles: a novel binder-free and high-capacity anode material for lithium-ion batteries. Advanced

Materials, 2009, 21: 2299-2304.

[75] Zhou R, Meng C, Zhu F, Li Q, Liu C, Fan S, Jiang K. High-performance supercapacitors using a nanoporous current collector made from super-aligned carbon nanotubes. Nanotechnology, 2010, 21: 345701.

[76] Sun Y, Liu K, Miao J, Wang Z, Tian B, Zhang L, Jiang K. Highly sensitive surface-enhanced Raman scattering substrate made from superaligned carbon nanotubes. Nano Letters, 2010, 10: 1747-1753.

[77] Xiao L, Zhang Y, Wang Y, Liu K, Wang Z, Li T, Zhao Y. A polarized infrared thermal detector made from super-aligned multiwalled carbon nanotube films. Nanotechnology, 2010, 22: 025502.

[78] Feng C, Liu K, Wu J S, Liu L, Cheng J S, Zhang Y, Sun Y H, Li Q Q, Fan S S, Jiang K. Flexible, stretchable, transparent conducting films made from superaligned carbon nanotubes. Advanced Functional Materials, 2010, 20: 885-891.

[79] Southard A, Sangwan V, Cheng J, Williams E D, Fuhrer M S. Solution-processed single walled carbon nanotube electrodes for organic thin-film transistors. Organic Electronics, 2009, 10: 1556-1561.

[80] Hecht D S, Thomas D, Hu L, Ladous C, Lam T, Park Y, Drzaic P. Carbon-nanotube film on plastic as transparent electrode for resistive touch screens. Journal of the Society for Information Display, 2009, 17: 941-946.

[81] Contreras M A, Barnes T, van de Lagemaat J, Rumbles G, Coutts T J, Weeks C, Britz D A. Replacement of transparent conductive oxides by single-wall carbon nanotubes in Cu (In, Ga) Se$_2$-based solar cells. The Journal of Physical Chemistry C, 2007, 111: 14045-14048.

[82] Jia Y, Li P, Wei J, Cao A, Wang K, Li C, Wu D. Carbon nanotube films by filtration for nanotube-silicon heterojunction solar cells. Materials Research Bulletin, 2010, 45: 1401-1405.

[83] Chen Y, Shaw D T, Guo L. Field emission of different oriented carbon nanotubes. Applied Physics Letters, 2000, 76: 2469-2471.

[84] Jung Y S, Jeon D Y. Surface structure and field emission property of carbon nanotubes grown by radio-frequency plasma-enhanced chemical vapor deposition. Applied Surface Science, 2002, 193: 129-137.

[85] de Pablo P J, Howell S, Crittenden S, Walsh B, Graugnard E, Reifenberger R. Correlating the location of structural defects with the electrical failure of multiwalled carbon nanotubes. Applied Physics Letters, 1999, 75: 3941-3943.

[86] Dean K A, Chalamala B R. Current saturation mechanisms in carbon nanotube field emitters. Applied Physics Letters, 2000, 76: 375-377.

[87] Lee N S, Chung D S, Han I T, Kang J H, Choi Y S, Kim H Y, Jung J E. Application of carbon nanotubes to field emission displays. Diamond and Related Materials, 2001, 10: 265-270.

[88] Nakayama Y, Akita S. Field-emission device with carbon nanotubes for a flat panel display. Synthetic Metals, 2001, 117: 207-210.

[89] Jeong H J, Jeong H D, Kim H Y, Kim J S, Jeong S Y, Han J T, Lee G W. All-carbon nanotube-based flexible field-emission devices: from cathode to anode. Advanced Functional Materials, 2011, 21: 1526-1532.

[90] Wu Y, Wei Y, Wang J, Jiang K, Fan S. Conformal Fe$_3$O$_4$ sheath on aligned carbon nanotube scaffolds as high-performance anodes for lithium ion batteries. Nano Letters, 2013, 13: 818-823.

[91] Liu K, Sun Y, Liu P, Lin X, Fan S, Jiang K. Cross-stacked superaligned carbon nanotube films for transparent and stretchable conductors. Advanced Functional Materials, 2011, 21: 2721-2728.

[92] Cui L F, Hu L, Choi J W, Cui Y. Light-weight free-standing carbon nanotube-silicon films for anodes of lithium ion batteries. ACS Nano, 2010, 4: 3671-3678.

[93] Hu L, Wu H, La Mantia F, Yang Y, Cui Y. Thin, flexible secondary Li-ion paper batteries. ACS Nano, 2010, 4: 5843-5848.

[94] Ban C, Wu Z, Gillaspie D T, Chen L, Yan Y, Blackburn J L, Dillon A C. Nanostructured Fe$_3$O$_4$/SWNT electrode: binder-free and high-rate Li-ion anode. Advanced Materials, 2010, 22: E145-E149.

[95] Wang S, Zhang L, Zhang Z, Ding L, Zeng Q, Wang Z, Chen Q. Photovoltaic effects in asymmetrically contacted CNT barrier-free bipolar diode. The Journal of Physical Chemistry C, 2009, 113: 6891-6893.

[96] Zeng Q, Wang S, Yang L, Wang Z, Pei T, Zhang Z, Xie S. Carbon nanotube arrays based high-performance

infrared photodetector. Optical Materials Express, 2012, 2: 839-848.

[97] Liu Y, Wei N, Zeng Q, Han J, Huang H, Zhong D, Ma Z. Room temperature broadband infrared carbon nanotube photodetector with high detectivity and stability. Advanced Optical Materials, 2016, 4: 238-245.

[98] He X, Fujimura N, Lloyd J M, Erickson K J, Talin A A, Zhang Q, Léonard F. Carbon nanotube terahertz detector. Nano Letters, 2014, 14: 3953-3958.

[99] Koziol K, Vilatela J, Moisala A, Motta M, Cunniff P, Sennett M, Windle A. High-performance carbon nanotube fiber. Science, 2007, 318: 1892-1895.

[100] Wang J N, Luo X G, Wu T, Chen Y. High-strength carbon nanotube fibre-like ribbon with high ductility and high electrical conductivity. Nature Communications, 2014, 5: 3848.

[101] Behabtu N, Young C C, Tsentalovich D E, Kleinerman O, Wang X, Ma A W, Fairchild S B. Strong, light, multifunctional fibers of carbon nanotubes with ultrahigh conductivity. Science, 2013, 339: 182-186.

[102] Wu A S, Chou T W. Carbon nanotube fibers for advanced composites. Mater Today, 2012, 15: 302-310.

[103] Lu W, Zu M, Byun J H, Kim B S, Chou T W. State of the art of carbon nanotube fibers: opportunities and challenges. Advanced Materilas, 2012, 24: 1805-1833.

[104] Ryu S, Lee P, Chou J B, Xu R, Zhao R, Hart A J, Kim S G. Extremely elastic wearable carbon nanotube fiber strain sensor for monitoring of human motion. ACS Nano, 2015, 9: 5929-5936.

[105] Kim S Y, Park S, Park H W, Park D H, Jeong Y, Kim D H. Highly sensitive and multimodal all-carbon skin sensors capable of simultaneously detecting tactile and biological stimuli. Advanced Materials, 2015, 27: 4178-4185.

[106] Zhao H, Zhang Y, Bradford P D, Zhou Q, Jia Q, Yuan F G, Zhu Y. Carbon nanotube yarn strain sensors. Nanotechnology, 2010, 21: 305502.

[107] Lima M D, Li N, de Andrade M J, Fang S, Oh J, Spinks G M, Kim S J. Electrically, chemically, and photonically powered torsional and tensile actuation of hybrid carbon nanotube yarn muscles. Science, 2012, 338: 928-932.

[108] Meng F, Zhang X, Li R, Zhao J, Xuan X, Wang X, Li Q. Electro-induced mechanical and thermal responses of carbon nanotube fibers. Advanced Materials, 2014, 26: 2480-2485.

[109] Chen P, He S, Xu Y, Sun X, Peng H. Electromechanical actuator ribbons driven by electrically conducting spring-like fibers. Advanced Materials, 2015, 27: 4982-4988.

[110] Kim S H, Haines C S, Li N, Kim K J, Mun T J, Choi C, Fang S. Harvesting electrical energy from carbon nanotube yarn twist. Science, 2017, 357: 773-778.

[111] Chen P, Xu Y, He S, Sun X, Pan S, Deng J, Peng H. Hierarchically arranged helical fibre actuators driven by solvents and vapours. Nature Nanotechnology, 2015, 10 (12): 1077.

[112] He S, Chen P, Qiu L, Wang B, Sun X, Xu Y, Peng H. A mechanically actuating carbon-nanotube fiber in response to water and moisture. Angewandte Chemie International Edition, 2015, 54: 14880-14884.

[113] Guo W, Liu C, Zhao F, Sun X, Yang Z, Chen T, Peng H. A novel electromechanical actuation mechanism of a carbon nanotube fiber. Advanced Materials, 2012, 24: 5379-5384.

[114] Li Y, Shang Y, He X, Peng Q, Du S, Shi E, Cao A. Overtwisted, resolvable carbon nanotube yarn entanglement as strain sensors and rotational actuators. ACS Nano, 2013, 7: 8128-8135.

[115] Foroughi J, Spinks G M, Wallace G G, Oh J, Kozlov M E, Fang S, Baughman R H. Torsional carbon nanotube artificial muscles. Science, 2011, 334: 494-497.

[116] Shang Y, Hua C, Xu W, Hu X, Wang Y, Zhou Y, Cao A. Meter-long spiral carbon nanotube fibers show ultrauniformity and flexibility. Nano Letters, 2016, 16: 1768-1775.

[117] Wang B, Fang X, Sun H, He S, Ren J, Zhang Y, Peng H. Fabricating continuous supercapacitor fibers with high performances by integrating all building materials and steps into one process. Advanced Materials, 2015, 27: 7854-7860.

[118] Zhang Y, Zhao Y, Ren J, Weng W, Peng H. Advances in wearable fiber-shaped lithium-ion batteries. Advanced Materials, 2016, 28: 4524-4531.

[119] Weng W, Chen P, He S, Sun X, Peng H. Smart electronic textiles. Angewandte Chemie International Edition, 2016,

55: 6140-6169.

[120] Qiu L, He S, Yang J, Deng J, Peng H. Fiber-shaped perovskite solar cells with high power conversion efficiency. Small, 2016, 12: 2419-2424.

[121] Choi J, Jung Y, Yang S J, Oh J Y, Oh J, Jo K, Kim H. Flexible and robust thermoelectric generators based on all-carbon nanotube yarn without metal electrodes. ACS Nano, 2017, 11: 7608-7614.

[122] Sun H, Zhang Y, Zhang J, Sun X, Peng H. Energy harvesting and storage in 1D devices. Nature Reviews Materials, 2017, 2: 17023.

[123] Yang Z, Ren J, Zhang Z, Chen X, Guan G, Qiu L, Peng H. Recent advancement of nanostructured carbon for energy applications. Chemical Reviews, 2015, 115: 5159-5223.

[124] Vigolo B, Penicaud A, Coulon C, Sauder C, Pailler R, Journet C, Poulin P. Macroscopic fibers and ribbons of oriented carbon nanotubes. Science, 2000, 290: 1331-1334.

[125] Dalton A B, Collins S, Munoz E, Razal J M, Ebron V H, Ferraris J P, Baughman R H. Super-tough carbon-nanotube fibres. Nature, 2003, 423: 703.

[126] Razal J M, Coleman J N, Muñoz E, Lund B, Gogotsi Y, Ye H, Baughman R H. Arbitrarily shaped fiber assemblies from spun carbon nanotube gel fibers. Advanced Functional Materials, 2007, 17: 2918-2924.

[127] Razal J M, Gilmore K J, Wallace G G. Carbon nanotube biofiber formation in a polymer-free coagulation bath. Advanced Functional Materials, 2008, 18: 61-66.

[128] Lynam C, Moulton S E, Wallace G G. Carbon-nanotube biofibers. Advanced Materials, 2007, 19: 1244-1248.

[129] Muñoz E, Suh D S, Collins S, Selvidge M, Dalton A B, Kim B G, Baughman R H. Highly conducting carbon nanotube/polyethyleneimine composite fibers. Advanced Materials, 2005, 17: 1064-1067.

[130] Kumar S, Dang T D, Arnold F E, Bhattacharyya A R, Min B G, Zhang X, Smalley R E. Synthesis, structure, and properties of PBO/SWNT composites. Macromolecules, 2002, 35: 9039-9043.

[131] Ericson L M, Fan H, Peng H, Davis V A, Zhou W, Sulpizio J, Parra-Vasquez A N G. Macroscopic, neat, single-walled carbon nanotube fibers. Science, 2004, 305: 1447-1450.

[132] Davis V A, Parra-Vasquez A N G, Green M J, Rai P K, Behabtu N, Prieto V, Booker R D, Schmidt J, Kesselman E, Zhou W, Fan H, Adams W W, Hauge R H, Fischer J E, Cohen Y, Talmon Y, Smalley R E, Pasquali M. True solutions of single-walled carbon nanotubes for assembly into macroscopic materials. Nature Nanotechnology, 2009, 4: 830-834.

[133] Kozlov M E, Capps R C, Sampson W M, Ebron V H, Ferraris J P, Baughman R H. Spinning solid and hollow polymer-free carbon nanotube fibers. Advanced Materials, 2005, 17: 614-617.

[134] Zhang S, Koziol K K, Kinloch I A, Windle A H. Macroscopic fibers of well-aligned carbon nanotubes by wet spinning. Small, 2008, 4: 1217-1222.

[135] de Volder M F, Tawfick S H, Baughman R H, Hart A J. Carbon nanotubes: present and future commercial applications. Science, 2013, 339: 535-539.

[136] 孟凡成, 周振平, 李清文. 碳纳米管纤维研究进展. 材料导报, 2010, 24: 38-43.

[137] Zhang Y, Zou G, Doorn S K, Htoon H, Stan L, Hawley M E, Jia Q. Tailoring the morphology of carbon nanotube arrays: from spinnable forests to undulating foams. ACS Nano, 2009, 3: 2157-2162.

[138] 丘龙斌, 孙雪梅, 仰志斌, 郭文瀚, 彭慧胜. 取向碳纳米管/高分子新型复合材料的制备及应用. 化学学报, 2012, 70: 1523-1532.

[139] Zhang M, Atkinson K R, Baughman R H. Multifunctional carbon nanotube yarns by downsizing an ancient technology. Science, 2004, 306: 1358-1361.

[140] Liu K, Sun Y, Lin X, Zhou R, Wang J, Fan S, Jiang K. Scratch-resistant, highly conductive, and high-strength carbon nanotube-based composite yarns. ACS Nano, 2010, 4: 5827-5834.

[141] Zhang X, Li Q, Holesinger T G, Arendt P N, Huang J, Kirven P D, Zheng L. Ultrastrong, stiff, and lightweight carbon-nanotube fibers. Advanced Materials, 2007, 19: 4198-4201.

[142] Jia J, Zhao J, Xu G, Di J, Yong Z, Tao Y, Li Q. A comparison of the mechanical properties of fibers spun from

different carbon nanotubes. Carbon, 2011, 49: 1333-1339.

[143] Li S, Zhang X, Zhao J, Meng F, Xu G, Yong Z, Li Q. Enhancement of carbon nanotube fibres using different solvents and polymers. Composites Science and Technology, 2012, 72: 1402-1407.

[144] Guo W, Liu C, Sun X, Yang Z, Kia H G, Peng H. Aligned carbon nanotube/polymer composite fibers with improved mechanical strength and electrical conductivity. Journal of Materials Chemistry, 2012, 22: 903-908.

[145] Zhang S, Lin W, Wong C P, Bucknall D G, Kumar S. Nanocomposites of carbon nanotube fibers prepared by polymer crystallization. ACS Applied Materials & Interfaces, 2010, 2: 1642-1647.

[146] Liu K, Sun Y, Zhou R, Zhu H, Wang J, Liu L, Jiang K. Carbon nanotube yarns with high tensile strength made by a twisting and shrinking method. Nanotechnology, 2009, 21: 045708.

[147] Miao M, Hawkins S C, Cai J Y, Gengenbach T R, Knott R, Huynh C P. Effect of gamma-irradiation on the mechanical properties of carbon nanotube yarns. Carbon, 2011, 49: 4940-4947.

[148] Min J, Cai J Y, Sridhar M, Easton C D, Gengenbach T R, McDonnell J, Lucas S. High performance carbon nanotube spun yarns from a crosslinked network. Carbon, 2013, 52: 520-527.

[149] Zhu H W, Xu C L, Wu D H, Wei B Q, Vajtai R, Ajayan P M. Direct synthesis of long single-walled carbon nanotube strands. Science, 2002, 296: 884-886.

[150] Alemán B, Reguero V, Mas B, Vilatela J J. Strong carbon nanotube fibers by drawing inspiration from polymer fiber spinning. ACS Nano, 2015, 9: 7392-7398.

[151] Ma W, Liu L, Yang R, Zhang T, Zhang Z, Song L, Xie S. Monitoring a micromechanical process in macroscale carbon nanotube films and fibers. Advanced Materials, 2009, 21: 603-608.

[152] Ryu S, Lee Y, Hwang J W, Hong S, Kim C, Park T G, Hong S H. High-strength carbon nanotube fibers fabricated by infiltration and curing of mussel-inspired catecholamine polymer. Advanced Materials, 2011, 23: 1971-1975.

[153] Feng J M, Wang R, Li Y L, Zhong X H, Cui L, Guo Q J, Hou F. One-step fabrication of high quality double-walled carbon nanotube thin films by a chemical vapor deposition process. Carbon, 2010, 48: 3817-3824.

# 第7章

碳纳米管的导电属性与手性控制制备

制备决定未来，尽管目前已经发展了一些碳纳米管结构可控制备的思路和方法，阻碍单壁碳纳米管向实际应用[1-4]推进的最大困难仍然在于其结构可控制备，其中最大的挑战是对其导电属性和手性的精准控制。本章将对碳纳米管导电属性和手性的可控制备方法进行介绍，包括金属型和半导体型单壁碳纳米管的选择性生长、分离方法，以及特定手性碳纳米管的控制等。尽管这些方法目前还不能完全满足对碳纳米管结构控制制备的需求，但是了解和认识这些方法，不仅能够加深对碳纳米管生长的理解，同时也可能启发碳纳米管精准合成的新思路和新方法。

## 7.1 金属/半导体型碳纳米管的选择性生长

单壁碳纳米管具有两种导电属性截然不同的类型，其中一类是金属型碳纳米管（包括真正零带隙的金属型碳纳米管和准金属型碳纳米管），该类碳纳米管具有与石墨烯类似的性质，其电子有效质量为零，因此具有相当高的载流子迁移率，金属型碳纳米管承载电流的能力是半导体型碳纳米管的4倍左右，并且金属型碳纳米管表现出其他材料所不具有的弹道输运性质，因此金属型碳纳米管在透明导电薄膜和电催化等领域有着极其重要的应用前景。另一类是半导体型碳纳米管。在后摩尔时代，由于传统工艺制备的硅晶体管在尺寸上不能进一步减小，从而促使人们寻找新的半导体材料替代现有的硅材料，半导体型碳纳米管就是潜在的材料之一。半导体型碳纳米管由于属于一维纳米材料，因此在尺寸上可以做到很小，同时其热导率较大，这有利于器件小型化和高集成度。此外，半导体型碳纳米管材料具有相当高的开关比，其本征性质又是双极型的，这在器件的功耗和快速响应上也是令人瞩目的。

通常制备的碳纳米管样品中，金属型碳纳米管和半导体型碳纳米管共存，而往往在实际应用中需要的是单一属性的碳纳米管，因此有必要发展一些方法实现选择性生长或者通过后处理方法去除某类碳纳米管。在 CVD 中可以通过设计生长条件实现对金属型碳纳米管和半导体型碳纳米管的选择性生长。本节主要介绍和讨论在碳纳米管原位选择性生长的方法。根据所依据原理的不同，从四个方面进行讨论：①气体刻蚀法；②外场辅助法；③催化剂设计法；④碳源调控法。其中，气体刻蚀法是目前使用最广泛的方法，不同具体过程中所采用的刻蚀反应略有差异。不过，由于该反应依赖于碳纳米管的管径，这种方法在实现高纯度单一导电属性碳纳米管制备上存在很大局限。下面结合一些实例来阐述上述选择性生长方法。

### 7.1.1 气体刻蚀法

一般来说，金属型碳纳米管往往具有比半导体型碳纳米管更高的反应活性，原因在于金属型碳纳米管的费米能级附近存在电子态。利用金属型碳纳米管和半导体型碳纳米管在电子态上反应活性的不同而进行选择性刻蚀是目前原位制备半导体型碳纳米管最主要的方法。

在弱氧化环境下，金属型碳纳米管将优先发生化学反应，从而被刻蚀掉。这一推论的前提是金属型碳纳米管和半导体型碳纳米管具有相似的管径。早期，Liu等[5]在碳纳米管的 CVD 生长中，采用甲醇/乙醇作为混合碳源，其中乙醇可以优先发生裂解，作为碳纳米管生长的物质来源，而甲醇难以被完全裂解，从而产生了羟基自由基，这种弱氧化环境从成核上就极大地抑制了金属型碳纳米管的存在，半导体型碳纳米管的含量被提升到 95%。随后他们进一步研究了弱氧化剂 $H_2O$ 对富集半导体型碳纳米管的影响[6]，如图 7-1(a)所示，相似地，水作为弱氧化剂时同样可以抑制金属型碳纳米管的形成，图 7-1(b)利用拉曼光谱详细表征了引入少

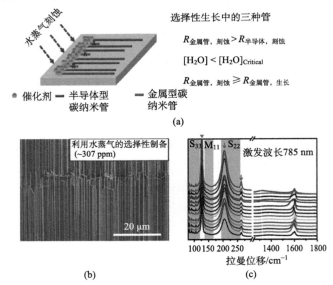

图 7-1　利用 $H_2O$ 刻蚀掉金属型碳纳米管从而制备富集半导体型碳纳米管的水平阵列[6]

(a) $H_2O$ 刻蚀反应的机理示意图；(b) 利用水蒸气刻蚀获得的碳纳米管水平阵列的 SEM 图；(c) 利用水蒸气 (307 ppm) 刻蚀获得的碳纳米管水平阵列的拉曼光谱分析，证明了其中富集了半导体型碳纳米管

量水情况下的碳纳米管的种类变化，这进一步说明了利用弱氧化刻蚀机理的正确性，优化使用的水的含量，可以获得97%以上的半导体型碳纳米管。2014 年，Liu课题组在此基础上[7]，进一步利用水的刻蚀对碳纳米管水平阵列进行重复循环生长，不仅使碳纳米管中富集了半导体型碳纳米管，同时也使碳纳米管的密度达到了 10 根/μm。

除了甲醇、水以外，在生长过程中也可以引入一些其他物质进行金属型碳纳米管的刻蚀从而获得半导体型碳纳米管，例如，过量的氢也可以用来获得高含量的半导体型碳纳米管。成会明课题组[8]在利用碳包覆窄分布的 Co 催化剂催化生长碳纳米管时，引入了过量的氢气，从而获得了窄带隙分布的半导体型碳纳米管，如图 7-2 所示。

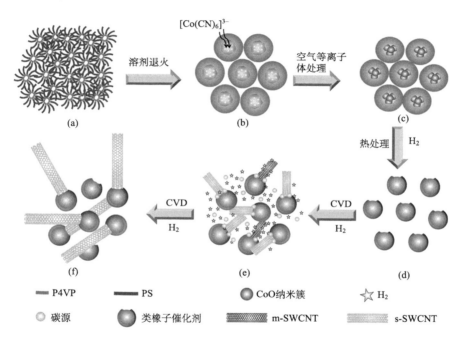

图 7-2　基于均一的 Co 催化剂利用 $H_2$ 刻蚀制备窄管径分布的半导体型碳纳米管的示意图[8]

通常来说，气体刻蚀获得的碳纳米管的选择性与碳纳米管的有序程度之间不存在明显的关联，薄膜或水平阵列型的碳纳米管都可以通过气体刻蚀反应来提高半导体型碳纳米管的选择性。同时，水蒸气通常能够表现出较好的选择性，而氧气和二氧化碳分别由于氧化性过强和过弱表现出较差的选择性，氢气之所以能够表现出较好的选择性是因为样品存在较窄的管径分布，通常情况下，氢气不能体现出明显的反应选择性。对于甲烷和氨气，反应选择性的来源不是气体与碳纳米管的直接反应，而是甲烷和氨气的裂解产物，主要是自由基类的中间裂解产物，通常具有较好的反应活性。

前面已经提到碳纳米管的反应活性不仅与碳纳米管的电子态相关，还与碳纳米管的管径相关，因此只有当碳纳米管具有相似的管径(或相当窄的管径分布)时，才能实现半导体型碳纳米管的富集。但是碳纳米管中的碳原子以 $sp^2$ 方式杂化，杂化后的成键轨道理论上应该是平面性的，由于碳纳米管本身的卷曲会造成碳碳键的扭曲，因此使得碳碳键存在一定的应力，同时管径越小，这种应力应该越明显，而管径越大时，应力所能决定的反应活性表现力越差，而管径大小决定的这个应力导致的反应活性的强弱目前还没有详细的报道。实际上，在实验中应力存在的大小是气体分子选择性刻蚀制备金属型碳纳米管的关键。

既然碳纳米管的刻蚀反应与其管径相关，且管径越小，碳纳米管越易反应，那么就可以从大管径金属型碳纳米管和小管径半导体型碳纳米管的混合物中去除小管径的半导体型碳纳米管而对大管径金属型碳纳米管进行富集。成会明教授等正是从这个角度出发利用氢气的刻蚀反应制备了富集金属型碳纳米管的样品，见图 7-3(a)[9]。他们还发现在浮动催化化学气相沉积(FFCVD)中，当使用二茂铁作为浮动催化剂、甲烷为碳源时，在一定条件下可以得到大管径的金属型碳纳米管和小管径的半导体型碳纳米管[9]，如图 7-3(b)给出的拉曼所示，在无氢气的氛围下得到的碳纳米管的管径以小于 1 nm 的半导体型碳纳米管为主，而当引入氢气气氛后，碳纳米管的管径分布明显变大，小管径的半导体型碳纳米管消失，即氢气对小管径的碳纳米管进行了刻蚀，而大管径的金属型碳纳米管的管径主要分布在 1.3 nm 左右，同时金属型碳纳米管的含量从原来的30%左右提升至88%左右。

由此可见，利用气体分子刻蚀方法可以根据样品的不同特征而实现不同属性碳纳米管的富集，由于样品中碳纳米管的管径分布差异，气体分子刻蚀可以实现大管径金属型碳纳米管的富集；而在同一管径条件下，则可以发生基于电子态密度的刻蚀反应导致半导体型碳纳米管的富集。气体刻蚀法也可以用于碳纳米管的后处理中，从而获得类似的效果，这种方法将在 5.2 节中进行分析。基于以上分析可以得出，在均一尺寸的管径前提下，仍然是金属型碳纳米管具有化学上的反应优先性，而在管径分布不均一的情况下，管径的影响要优先于电子态导致的刻蚀反应活性的影响，由此可以得到一个粗略的反应顺序：

小管径金属型碳纳米管>小管径半导体型碳纳米管>大管径碳纳米管

显然，以上碳纳米管的选择性富集都是针对实验结果的定性分析，并没有对具体的刻蚀行为进行理解。为了更好地理解气体对碳纳米管的刻蚀行为，张锦课题组利用原位偏振光学显微镜和拉曼光谱等手段对这一现象进行了深入的研究[10,11]。首先是对于单根碳纳米管在刻蚀气体下的被刻蚀行为。由于碳纳米管的一维特性，在偏振光学显微镜下，只有在特定方向上才能够被"看到"，

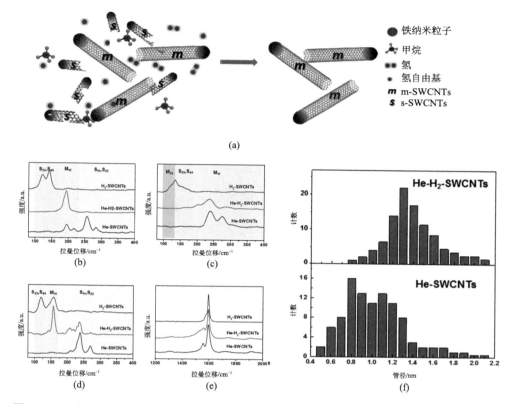

图 7-3　(a)利用氢气刻蚀反应去除小管径半导体型碳纳米管，从而富集大管径金属型碳纳米管[9]；不同氢/氦比下获得的单壁碳纳米管样品的拉曼光谱及管径分析；(b~d)使用的三种不同波长的激光，分别为 633 nm、532 nm 及 785 nm；(e)三种不同样品所给出的 G 峰对比；(f)体系中有无氢气对碳纳米管管径分布的对比分析

如图 7-4(a)和(b)所示，随后对样品在大气氛围下进行加热处理，因为大气中包含氧气、二氧化碳、水等易与碳纳米管反应的物质，因此无需再引入特定的刻蚀气体，随着处理温度的升高，在 600℃左右(该温度主要取决于碳纳米管结构的完美程度，这里使用的单壁碳纳米管具有较高的质量，因此刻蚀发生的温度较高)，单壁碳纳米管在偏振光学显微镜下能够呈现出明显的被刻蚀现象。进一步对刻蚀位点及刻蚀反应长度的统计表明，单壁碳纳米管被气体刻蚀的位点出现的位置是随机的。同时与二维材料(如石墨烯)的被刻蚀行为进行对比，可以发现石墨烯等二维材料在刻蚀过程中会逐渐形成一些稳定结构，这些稳定结构是刻蚀终止的原因，而对于一维的碳纳米管，圆柱形结构能够始终维持刻蚀过程中活性位点的存在，因此其刻蚀的终止方式为自终止行为。尽管碳纳米管的被刻蚀终止行为比较特殊，但是仍然可以用 "kinetic Wulff construction"(KWC)模型来理解。KWC 理

论主要是根据动力学生长速率和刻蚀速率的差异来解释获得材料的最终形状，已经能够很好地用于解释很多三维和二维材料的生长过程。在单壁碳纳米管被刻蚀的 KWC 模型中，均一的端口结构是获得的最终的"晶面"。更为详细的动力学模型可以描述如下，如图 7-4(c)所示，单壁碳纳米管的被刻蚀过程包括活性位点的反应起始、蔓延及终止三个阶段，每个阶段可以用一个反应势垒来表示，例如，反应起始的势垒为 $\Delta E_i$，反应蔓延的势垒为 $\Delta E_p$，反应终止的势垒为 $\Delta E_t$，因此三个阶段的反应势垒大小顺序为 $\Delta E_t > \Delta E_i > \Delta E_p$。对三个势垒分别进行估算，其中参考石墨烯类似的刻蚀反应过程，单壁碳纳米管的 $\Delta E_i$ 估计为 2.7 eV。对刻蚀的平均长度与相应的刻蚀温度建立联系，即 $\ln \overline{d}_k = -\dfrac{\Delta E_p}{k_B} \cdot \dfrac{1}{T} + C$，如图 7-4(d～e)所示，根据此线性关系图，可以获得 $\Delta E_p$，其大小估计为 2.4 eV，比 $\Delta E_i$ 小 0.3 eV。其中最难获得的就是反应的终止势垒，主要是因为单壁碳纳米管的自终止的根本原因不清楚，可能是由于在刻蚀过程中形成了更稳定的边缘结构，也有

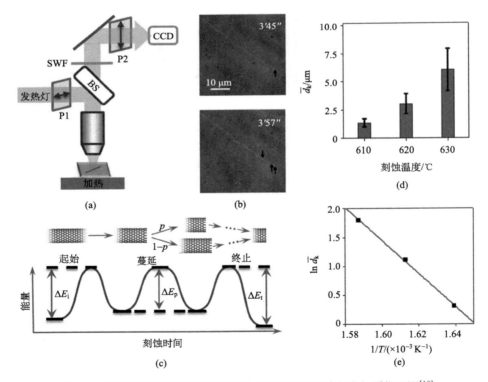

图 7-4　利用偏振光学显微镜对碳纳米管的被刻蚀过程进行原位观测[10]

(a) 偏振光学显微镜原位观测碳纳米管被刻蚀的原理示意图；(b) 不同时间下原位观测到碳纳米管的被刻蚀过程；(c) 用 KWC 模型来理解单壁碳纳米管的被刻蚀过程中的反应起始、蔓延及终止三个阶段；(d) 不同温度下碳纳米管被刻蚀的平均长度；(e) 刻蚀的平均长度与相应的刻蚀温度之间的联系用来估算 $\Delta E_p$ 大小

可能是刻蚀反应过程中固有的一些副反应的存在或碳纳米管与基底反应等导致的。反应终止的本质尚不明确，有待于更详细的实验研究。

除了对单根碳纳米管被刻蚀现象的研究外，张锦课题组在以上实验基础上对碳纳米管的气体刻蚀反应选择性也进行了较为详尽的报道[11]。刻蚀反应通常选择的气体包括氧气、水蒸气及二氧化碳，三种气体的氧化性强度依次为氧气、水蒸气、二氧化碳。氧化性强度的大小决定了气体对碳纳米管发生刻蚀反应温度的高低，一般来说，氧化性越强，刻蚀反应发生的温度越低，张锦教授等利用原位偏振光学显微镜观察到，氧气对碳纳米管的刻蚀反应在 610℃就能发生，水蒸气则在 750℃，二氧化碳在 830℃。同时，在较为强烈的反应温度下，例如，对于氧气，反应温度在 750℃时，刻蚀反应在碳纳米管上发生的位点数目和平均长度不存在特定的碳纳米管种类选择性。因此，利用气体刻蚀对碳纳米管进行选择性去除的过程依赖于所使用的反应温度，更为详尽的实验证明，850℃下通入一定的水蒸气能够获得最高的反应选择性，并有效地去除金属型碳纳米管而保留半导体型碳纳米管，其次是反应活性较弱的二氧或碳，选择性最差的则为反应活性最强的氧气，这与普遍使用水蒸气提高碳纳米管半导体型选择性的实验事实是一致的。但是，这里仍存在的问题是没有考虑碳纳米管管径存在的影响，主要是因为基底上获得的碳纳米管通常具有一个较窄的管径分布。

总之，在同一管径分布的前提下，由于金属碳纳米管的活泼性，基本所有的刻蚀反应都会优先发生在金属型碳纳米管上而使半导体型碳纳米管得以保留。但是需要注意的是，刻蚀反应不应过强，同时应与生长条件结合进行优化，只有在优化和协同作用下才能发挥所期待的刻蚀剂的作用。由此可以反映出，利用刻蚀反应选择性富集某导电属性的单壁碳纳米管实际上是基于对管径和电子态的选择性反应，在选择刻蚀剂时，应综合考虑管径和电子态。原位刻蚀反应的局限在于，由于目前获得的碳纳米管很难具有完全一致的管径，故利用刻蚀剂无法保证百分之百的选择性，同时要想获得较高的选择性势必会牺牲碳纳米管的密度。因此未来利用原位气体刻蚀应该做到两方面的发展，一是寻找新的刻蚀剂，该刻蚀剂发生的刻蚀反应仅取决于电子态密度或管径，同时在碳纳米管生长初期就能够进行选择性刻蚀，并在原有催化剂上形成稳定的碳纳米管结构；二是应该做到与其他实验条件的结合，从而实现刻蚀反应的单一性，例如，通过制备窄分布的催化剂而获得窄管径分布的碳纳米管，在此条件下，才能在原位生长环境中进一步提高半导体型碳纳米管的选择性。

## 7.1.2　外场辅助法

在碳纳米管生长过程中引入特定的外场条件，也可以实现金属型碳纳米管和半导体型碳纳米管的有效分离。这种特定的外场可以是电场也可以是光作用等，不同的场实现选择性的机理也有所不同。

例如，本书在第 4 章中曾提到电场可以辅助实现碳纳米管的定向生长，电场的特殊性在于只对存在明显自由电子的物质产生作用，不同种类的碳纳米管存在的自由电子数量不同，因此利用电场可以对碳纳米管进行选择性富集。2002 年，Lieber 等[12]发现在生长碳纳米管时，引入一个平行电场，由于金属型和半导体型碳纳米管在电子态上的差异，二者受到的电场力有所不同，因此在转向时二者会发生不同的角度偏转，从而可以用来识别金属型和半导体型碳纳米管。在上述启发下，张锦课题组[13]引入了一个与气流方向垂直的强电场，分析了电场诱导下金属型和半导体型碳纳米管所受到的转向力变化，从而实现了在超长碳纳米管水平阵列中对金属型碳纳米管的富集[图 7-5(a)]。在一个垂直强电场下，碳纳米管的受力分析如图 7-5(b)所示，此时碳纳米管受到的电场力大小为[14]

$$U_E = \frac{1}{2}\alpha_{zz}LE^2\sin^2\theta \times 4\pi\varepsilon_0 = 2\pi\varepsilon_0 \cdot \alpha_{zz}E^2L\sin^2\theta \qquad (7\text{-}1)$$

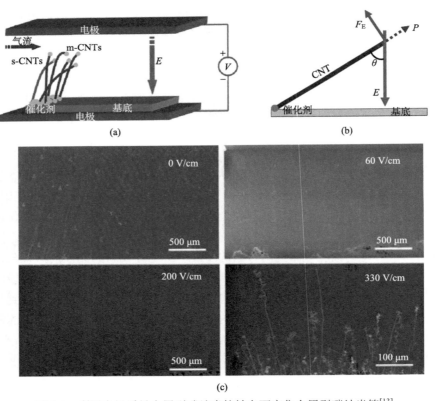

图 7-5 利用电场诱导金属型碳纳米管转向而富集金属型碳纳米管[13]

(a)电场条件下富集金属型碳纳米管的原理示意图；(b)垂直电场下，碳纳米管的受力分析；(c)不同电场强度下，碳纳米管的转向富集的 SEM 图片

也就是说，当电场力大于碳纳米管受到的热浮力时，碳纳米管的转向就由电场主导。显然在这个过程中，施加的电场强度是一个极其关键的参数，只有合适的电场强度才能导致足够大的电场力，使特定的碳纳米管产生转向。图 7-5(c)给出了不同电场强度下，碳纳米管受到不同电场力作用而产生的不同转向结果[13]。在这个实验中，他们还充分计算了体系中(1223 K)的热能量约为 $1.7 \times 10^{-20}$ J，据此得到电场的强度应该大于 $2 \times 10^4$ V/m，并且碳纳米管与电场的夹角($\theta$)大于 45°。这种情况下，金属型碳纳米管的长度大于 10 μm 时就可以受到电场作用而定向，此时，半导体型碳纳米管受到的电场力转动能量要小于体系的热能量，因此无法转动而不能定向。根据式(7-1)，也可以知道该选择性受到电场强度的调控，通过改变垂直电场强度确实实现了阵列中金属型碳纳米管的选择性富集，表 7-1 中给出了不同电场强度下，超长碳纳米管阵列中金属型碳纳米管的含量变化。其中，在获得的超长碳纳米管水平阵列中，金属型碳纳米管的含量可达到 80%左右。然而，任何方法都有其优点和缺点，该方法的缺陷在于只能应用于生长过程中可以飞行起来的碳纳米管，而且该方法获得的碳纳米管阵列密度较低，这限制了该方法的广泛使用。

表 7-1　不同直流电场下金属型碳纳米管的富集选择性[13]

| 样品 | EF 强度 | 金属管数目 | 半导体管数目 | 金属管含量/% |
|---|---|---|---|---|
| 1 | 0 V/cm | 35 | 40 | 46.7 |
| 2 | DC, 80 V/cm | 12 | 9 | 57.1 |
| 3 | DC, 150 V/cm | 26 | 14 | 65.0 |
| 4 | DC, 200 V/cm | 38 | 8 | 82.3 |

与利用电场对金属型碳纳米管进行取向富集生长不同的是，在富集生长半导体型碳纳米管中利用的外场则是紫外光。由于紫外光属于高能量光源，在紫外灯的作用下，可以激发某些物质产生自由基，由于自由基属于高能量物质，所以它们可以与反应性较好的金属型碳纳米管优先反应从而达到富集半导体型碳纳米管的作用。2009 年，张锦课题组[15]利用这一点在生长过程中巧妙地引入了紫外灯，如图 7-6 所示，实验中他们发现，在紫外灯的照射下，金属型碳纳米管会优先被破坏，然而，这些被破坏的金属型碳纳米管会变成无定形碳在基底上沉积，从器件应用的角度出发，这些残留的无定形碳会严重影响器件性能；为了克服这一点，可以在碳纳米管的生长初期就引入紫外光，这样获得的碳纳米管样品中不仅半导体型碳纳米管的含量高于 95%，而且避免了大量无定形碳的形成。尽管上述机理可以合理解释所观察到的实验现象，但是仍然缺乏一个从更深层次上解释紫外光作用于金属型碳纳米管的反应机理，究其原因在于化学气相沉积中引入的气体在

高温下具有复杂的化学反应，紫外光的引入只能进一步增加反应的复杂性，未来需要更加精细的表征手段对此过程进行更好的研究和认识。

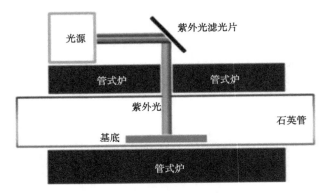

图 7-6　紫外光引入生长体系制备半导体型碳纳米管水平阵列示意图[15]

综上，在碳纳米管生长过程中引入特定的外场条件，可以实现金属型碳纳米管和半导体型碳纳米管的有效分离，例如，利用外加电场可控制使得金属型和半导体型碳纳米管发生不同程度的转向，从而达到富集某一类碳纳米管的目的，然而，利用外电场选择性制备金属型碳纳米管目前看来远没有刻蚀反应所达到的选择性好。另外，利用紫外光这种高能量外场条件，可以得到与刻蚀反应类似的选择性，但是这种仍以化学反应为主的选择性富集方法，具有与刻蚀反应相似的局限性，短期内很难再提高所获得的半导体型单壁碳纳米管的纯度。未来需要对其反应机理进行更加深刻的研究和认识，也可能需要开发其他可能的外场，从而实现选择性分离纯度的进一步提高。

### 7.1.3　催化剂设计法

在以上两种方法中，可以看到单一导电属性的碳纳米管的最高选择性为95%～97%，同时阵列密度维持在较低的水平，因此需要从生长的本源问题出发，才有可能在原位生长中更加有效地富集某一特定导电属性的单壁碳纳米管。本书前已述及，催化剂可以看作碳纳米管生长的模板，利用催化剂对碳纳米管的影响，能够从原理上可以获得更高的纯度，同时催化剂作为碳纳米管生长中的最重要的角色之一，对碳纳米管的结构影响很大，因此通过调控催化剂可获得不同结构的碳纳米管。具体的调控思路可分为两种，一种是调控催化剂的催化特性，另一种是调控催化剂的结构。两种方法的原理有所不同，但是可以相互结合，以更有效地实现对碳纳米管导电属性的控制。

针对催化剂对碳源的裂解特性，张锦课题组[16]采用双金属催化剂的方法制备了半导体型碳纳米管水平阵列。他们认为不同金属催化剂对于乙醇碳源有不同的裂解方式，一般 Cu 催化剂优先裂解乙醇分子的 C—C 键从而产生碳自由基供给碳纳米管的生长，而裂解产生的 CO 不具有氧化性，因此单纯使用 Cu 催化剂很难获得具有选择性的碳纳米管样品。而 Ru 催化剂则优先催化 C—O 键的断裂，其中产生的吸附氧作为一种氧化性物质可以用来刻蚀金属型碳纳米管，但是考虑到另一个裂解产物乙烯，由于其在生长温度下极容易裂解，因此 Ru 催化剂吸附氧而被大量的碳湮没从而无法产生具有选择性的碳纳米管样品。当使用两种金属的合金催化剂时，在合适的配比下，则可以充分利用 Ru 产生的吸附氧而产生对半导体碳纳米管的选择性，见图 7-7。可见，利用催化剂裂解特性制备具有单一

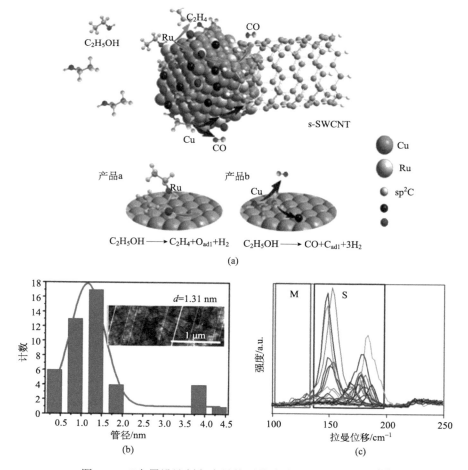

图 7-7　双金属设计制备半导体型单壁碳纳米管水平阵列[16]

(a)双金属设计反应刻蚀原理图；(b)半导体型碳纳米管的 AFM 照片及管径分布；(c)半导体型碳纳米管的拉曼表征分析

导电属性的碳纳米管的根本性原理是利用裂解过程产生的刻蚀剂,这与刻蚀反应在本质上及最终导致的选择性上没有很大的差别,但是依据此条原则可以进行更多的设计,也就是凡是通过引入某种催化剂而使得在生长过程中可以产生氧化物质的思路就可以用来提高半导体型碳纳米管的含量。

因此从设计方面考虑,将催化剂负载在可以释放氧原子的载体上也是一种有效抑制金属型碳纳米管生长的有效思路,例如,二氧化铈就是一种很好的储氧和放氧材料。李彦课题组[17]将 Fe 催化剂负载二氧化铈载体上,二氧化铈具有萤石结构,晶体中很容易失去晶格氧而使+4 价的铈转变为+3 价的铈,在氧气气氛中,又可以重新回到+4 价状态,因此二氧化铈经常作为一种典型的存储并可重复释放氧的物质而被应用在固体氧化燃料电池(SOFCs)中。在碳纳米管生长过程中,二氧化铈载体就起到了持续不断地释放晶格氧原子的作用,释放出的氧原子在催化剂表面的氛围中可以有效抑制金属型碳纳米管的生长,因此能够获得远高于 95%半导体选择性的碳纳米管样品,如图 7-8 所示。

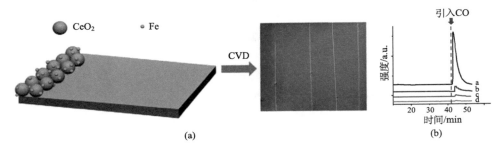

图 7-8　利用 CeO$_2$ 放氧制备半导体型碳纳米管[17]

(a)制备半导体型碳纳米管的原理示意图;(b)CeO$_2$ 的氧存储容量测量,四条线从上到下依次表示氢气处理时间为 0 min、3 min、10 min、60 min

尽管上述两种方法均得到了与刻蚀反应类似的选择性,但是其基本原理都是通过在体系中引入氧化性物种来抑制金属型碳纳米管的生长,那么催化剂的结构特征又是如何影响半导体型碳纳米管的含量呢?一种考虑是催化剂与两种导电属性的碳纳米管之间的结合能不同,结合能较强的碳纳米管由于无法继续在端口处接碳原子而被终止。张锦课题组[18]研究发现,当使用 TiO$_2$ 作为催化剂时,由于还原性气氛的存在,TiO$_2$ 氧空位的出现,不同的氧空位含量使得碳纳米管在 TiO$_2$ 催化剂上的结合能发生变化,尤其是当氢气含量较高时,TiO$_2$ 产生更多的氧空位,半导体型碳纳米管与此催化剂的结合能要小于金属型碳纳米管与催化剂的结合能,因此半导体型碳纳米管能够持续生长而得到 95%的富集,见图 7-9。尽管能够在理论上反映出金属型碳纳米管与半导体型碳纳米管的差异性形成,但是更本质的原理并不清楚,也就是说,TiO$_2$ 催化剂上氧空位的形成改变了本身的何种特性才引起了这种差异性结合尚未明确。而事实上，氧空位改变了催化剂的三个方面，一是催化特性，但催化特性的改变不应将选择性差异反映在结合能上；二是催化剂结构，但催化剂结构的改变对碳纳米管的首要影响应该表现为对特定结构碳纳米管的选择性生长；三是催化剂的电子态，氧原子的缺失对整个催化剂上电子云的分布会引起重新分布，而金属型碳纳米管和半导体型碳纳米管较大的差异就是电子态的差异，因此极有可能是这样一个电子态差异引起的半导体型选择性。目前，真正的机理尚不清楚，但是未来可以借助一定实验手段和理论计算对这一机理进行更加深刻的研究，以期给出更清晰和合理的解释。

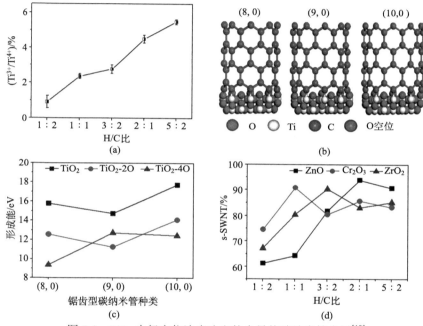

图 7-9　TiO$_2$ 中氧空位浓度决定的半导体碳纳米管含量[18]

(a) 不同 H/C 比下，Ti$^{3+}$ 与 Ti$^{4+}$ 的比值反映了氧空位浓度的变化；(b) 理论模拟的不同碳纳米管与 TiO$_2$ 的结合；(c) 不同导电属性的碳纳米管与含有不同量的氧空位的 TiO$_2$ 的形成能比较；(d) 调控不同 H/C 比在不同种类氧化物催化剂上实现半导体型碳纳米管选择性

　　由此可见，无论是引入刻蚀剂，还是对碳源和催化剂进行设计，通过原位生长获得半导体型碳纳米管的主要方法还是依赖于刻蚀机理，尽管其相应的选择性可以根据生长条件进行调控，但是仅依赖于刻蚀所得到的半导体选择性最高只有 97%，这个含量仍不够理想，因此碳纳米管选择性的提高还需要进一步结合催化剂结构上的设计。最近，李彦课题组[19]报道了他们的最新进展，通过结合水的刻蚀和催化剂的设计，可以使碳纳米管的选择性提高至 99%，原理见图 7-10，其中催化剂结构决定的手性选择性高达 97%，遗憾的是，所获得的碳纳米管的密度过

低。尽管如此，这仍然为碳纳米管的选择性生长提供了有效的方法。

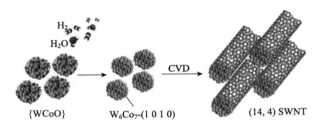

$\{WCoO\}$     $W_6Co_7\text{-}(1\ 0\ 1\ 0)$     (14, 4) SWNT

图 7-10   钨钴催化剂结合水刻蚀实现高含量半导体型碳纳米管的制备[19]

相似地，对于金属型碳纳米管的富集，人们也主要是从催化剂结构设计出发的。2009 年，Harutyunyan 等[20]发现使用在氢气下还原得到的 Fe 催化剂，能够得到大量的金属型单壁碳纳米管，见图 7-11(a)，通过研究他们认为这种选择性来源于 Fe 催化剂形貌的变化，在不同气氛下，催化剂与气氛之间的界面存在界面能，界面能决定了催化剂所暴露的晶面特征，在氢气下还原得到的 Fe 催化剂将暴露(1 1 1)晶面，而在非氢气气氛下得到的催化剂的(1 1 1)面消失，即(1 1 1)面对此金属型碳纳米管的存在有着至关重要的作用，见图 7-11(b)。但是在这个工作中，令人遗憾的是他们并没有进一步阐明 Fe 催化剂的(1 1 1)面是如何进一步促进了金属型碳纳米管的富集，金属型碳纳米管的含量超过 90%。值得注意的是，Harutyunyan 等从其 RBM 峰的特征分析，不难看出富集的金属型碳纳米管主要种类为(12, 6)碳纳米管，这可能引起我们进一步思考(12, 6)碳纳米管与 Fe 催化剂的(1 1 1)晶面可能存在着一定的联系，如果在二者之间建立起合适的联系将有助于从催化剂设计的角度对碳纳米管实现结构的调控。

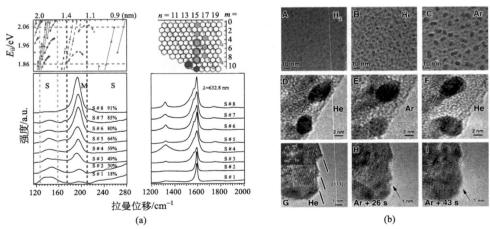

图 7-11   调控 Fe 催化剂结构实现金属型碳纳米管的富集[20]

(a)金属型碳纳米管的拉曼光谱表征；(b)不同气氛处理下 Fe 催化剂形貌变化

此外，2014 年李彦课题组[21]报道了一种基于固体合金催化剂富集手性碳纳米管的方法，其同样得到了较高含量的 (12, 6) 金属型碳纳米管，且该金属型碳纳米管的含量同样高于 90%。

2017 年，张锦课题组[22]利用碳化钼催化剂也得到了高含量的 (12, 6) 金属型碳纳米管。在以上三个工作中，面对类似的富集结果，其关键点都在于催化剂的设计及相似的生长环境，因此建立催化剂与碳纳米管之间的联系及研究催化剂上碳纳米管的生长行为是极其重要的。这种由手性选择性导致的金属型碳纳米管选择性，将在 7.3 节中进行详细的分析和讨论。

由此可见，基于催化剂设计来进行碳纳米管导电属性的富集体现在两方面，一方面是利用催化剂的催化特性，通过对气氛中特定气体的裂解或吸附产生特定的刻蚀剂，这与前面提到的气体刻蚀法是类似的；另一方面则是通过催化剂结构实现碳纳米管的手性选择性，手性选择性导致的碳纳米管单一属性选择性往往较高。

## 7.1.4　碳源调控法

除了以上三类方法可以实现金属型碳纳米管和半导体型碳纳米管的选择性制备外，碳源前驱体的选择也能直接影响所获得的碳纳米管的导电属性的分布。利用碳源实现这种选择性，其本质与刻蚀是相似的，主要是分子在裂解过程中产生的具有一定刻蚀行为的产物，产物和哪种类型的碳纳米管反应，也是从管径和电子态两个层面出发的，反应顺序也几乎和原位刻蚀中的一致，下面我们结合一些实例，分析和讨论碳源分子表现出的具体作用。

通过选择不同的碳源，可以对金属型碳纳米管的含量进行调控。刘云圻等[23]在使用只含有一个羟基基团的醇类分子作为碳源生长碳纳米管时发现，不同的醇类分子得到的金属型碳纳米管的含量不同，并且其含量随着碳源分子中碳氧比 (RCO) 的上升而提高，如表 7-2 所示。同时在图 7-12 (a) 和表 7-2 中，他们通过对比正丁醇、异丁醇及叔丁醇生长的结果，发现三者得到了相似的选择性，因此他们认识到这种选择性并不随着分子结构的变化而变化，仅与碳源分子中的碳氧比相关。基于此，他们提出醇类分子中裂解出的羟基并不会对碳纳米管造成刻蚀，这些羟基仅对附着在碳纳米管上的无定形碳起着更好的刻蚀作用，如图 7-12 (b) 所示。那么在其设计中，碳源是如何影响选择性呢？虽然作者并没有给出具体的原因，但是我们推测其选择性主要来源于碳纳米管的管径选择性。我们首先注意到小分子醇类得到的碳纳米管的分布较宽，且其中小管径的碳纳米管占据了一定含量，而在较大分子的醇类中，所得到的碳纳米管以大管径的碳纳米管为主，也就是说，当使用碳氧比较高的分子时，产生的碳源量较大，而羟基基团较少，导致刻蚀反应较弱，催化剂上更容易沉积大量碳物种而使得小颗粒的催化剂失活，而大颗粒的催化剂仍能持续生长碳纳米管。前面提到，这些碳纳米管中，小管径碳纳米管中以半导体型为主，大管径碳纳米管中以金属型为主，因此由于小颗粒催化剂的失活而只能保留大管径的金属型碳纳米管。虽然在该实验中并没有给出更大分子量的醇类分子作为碳源时的生长结果，但是我们可以预期，当使用更大分子量的醇类分子时，由于其本身的裂解性能可能会变差，因此对于金属型碳纳米管的选择性可能会因此而变弱，并不会随着醇类分子中碳氧比的增大而一直增大，这种增大趋势只在一定范围内适用。

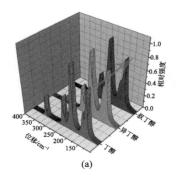
(a)

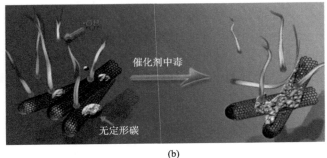
(b)

图 7-12 不同碳氧比的醇类分子对金属型碳纳米管的选择性调控[23]

(a) 具有相同碳氧比的不同醇类分子表现出相似的碳纳米管种类分布；(b) 裂解产生的羟基对无定形碳的刻蚀机理

表 7-2 不同醇类分子对金属型碳纳米管的选择性[23]

| 碳原料 | $T^a$ | $N_m^b$ | $N_s^c$ | $P_m/\%^d$ |
|---|---|---|---|---|
| 乙醇 | 262 | 110 | 152 | 42±2 |
| 正丙醇 | 213 | 102 | 111 | 48±2 |
| 正丁醇 | 242 | 138 | 104 | 57±3 |
| 正戊醇 | 196 | 127 | 69 | 65±2 |
| 异丁醇 | 221 | 121 | 100 | 55±2 |
| 叔丁醇 | 236 | 134 | 102 | 57±1 |

a. $T$ 表示碳管总数；b. $N_m$ 表示金属管数量；c. $N_s$ 表示半导体管数目；d. $P_m$ 表示金属管含量。

与刘云圻等的设计不同的是，成会明课题组[24]在制备氮掺杂的碳纳米管时发现，当使用二氧化硅作为催化剂，乙二胺(ethylenediamine)作为含氮的碳源时，会得到氮掺杂的金属型碳纳米管的富集，如图 7-13 所示的拉曼光谱分析。他们认为引入氮原子，可能在成核阶段改变了碳纳米管与催化剂之间的作用力，这种作用力的改变使得碳纳米管的管径分布发生了较大的改变，在引入氮掺杂的碳源后，碳纳米管的管径由原来的较大尺寸变为小尺寸，从图 7-14 可以看出，氮掺杂后的碳纳米管的管径主要分布在 0.7～1.4 nm。即他们同样认为是碳纳米管直径分布的改变导致了碳纳米管导电属性的选择性，但是他们也忽略了另一个重要的问题，该方法富集的碳纳米管的种类仍然以 (12, 6) 碳纳米管为主，这与前面提到的金属型选择性的结果存在巧合之处，这不得不引起我们对这样一个共同结果的好奇。这些类似的结果都反映了一个事实，那就是特定的 CVD 条件可能会引起催化剂的某种变化，在这种变化之下，催化剂实际上也引发了碳纳米管的手性控制，手性控制的最终结果导致了金属型碳纳米管的富集。

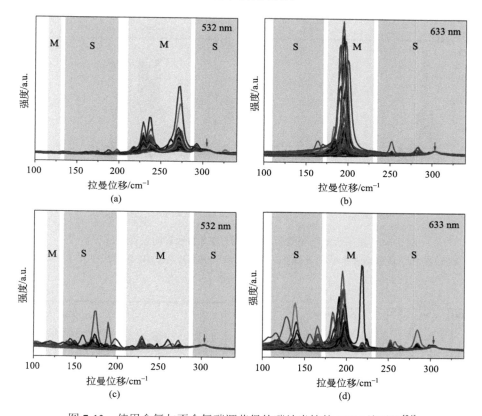

图 7-13　使用含氮与不含氮碳源获得的碳纳米管的 RBM 峰对比[24]

(a) 532 nm 和 (b) 633 nm 波长下显示使用含氮碳源获得的碳纳米管几乎全为金属型；(c) 532 nm 和 (d) 633 nm 波长下显示使用不含氮碳源获得的碳纳米管具有各种类型

　　与通过碳源选择制备金属型碳纳米管类似，在通过选择碳源制备半导体型碳纳米管方面，人们也主要是考虑分子中是否含有羟基，只有含有羟基的碳源分子，才能在发生特定裂解时产生较强的刻蚀剂，从而实现金属型碳纳米管与半导体型碳纳米管的分离，从这点看，利用碳源分子实现碳纳米管的半导体选择性与原位刻蚀方法从根本原理上讲，二者几乎没什么差别，只是二者引入刻蚀剂的方式不同而已。例如，Zhou 等[25]发现在利用异丙醇作为碳纳米管生长的碳源时，获得的半导体型碳纳米管的含量尤其高，如图 7-15 所示，他们认为主要是异丙醇作为碳源裂解时产生了会对金属型碳纳米管刻蚀的物质，然后利用检测小分子物质的质谱对异丙醇和乙醇中的裂解产物进行甄别，他们发现在异丙醇裂解的产物中，水的含量有明显的提高，在图 7-15 和表 7-3 中对比也可以发现。这一发现使得碳纳米管生长中所选的刻蚀剂不再仅局限在氧化性物质上，而更多的是能够直接或间接产生氧化性基团的物质，从而大大扩展了人们对生长条件的选择。从这样的观

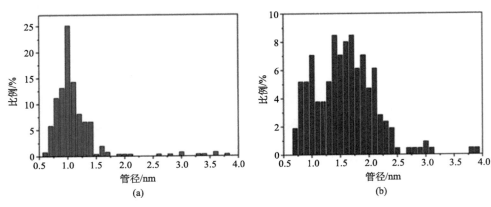

图 7-14　使用含氮与不含氮碳源获得的碳纳米管的管径对比分析[24]

(a) 使用含氮碳源获得的碳纳米管具有更小的管径，分布更窄；(b) 使用不含氮碳源获得的碳纳米管具有更大的管径，分布也更宽

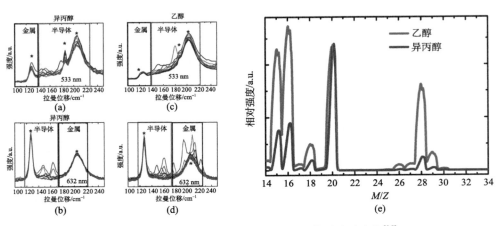

图 7-15　使用异丙醇作为碳源制备半导体型碳纳米管[25]

(a) 533 nm 和 (b) 632 nm 波长下对异丙醇制备的碳纳米管的 RBM 峰的表征分析；(c) 533 nm 和 (d) 632 nm 波长下对乙醇制备的碳纳米管的 RBM 峰的表征分析；(e) 利用质谱对两种碳源的裂解产物进行分析

表 7-3　质谱分析异丙醇和乙醇的裂解产物的丰度对比[25]

| M/Z | 可能种类 | IPA | 乙醇 |
|---|---|---|---|
| 15 | $CH_3^+$ | 2.25 | 6.87 |
| 16 | $CH_4$ | 2.7 | 8.15 |
| 18 | $H_2O$ | 0.58 | 1.5 |
| 26 | $C_2H_2^+$ | 0.049 | 0.32 |
| 28 | $C_2H_4$ | 0.75 | 4.7 |
| 29 | $C_2H_5^+$ | 0.152 | 1 |

点出发，乙醇作为一个典型的含氧的碳源，应该也潜在能够被用于生长半导体选择性的碳纳米管，那如何利用乙醇来实现呢，关键在于催化剂，在催化剂设计部分，我们已经分析过如何通过调控催化剂而仅使用乙醇作为碳源就可以获得半导体型碳纳米管，由此可见，碳源的选择性作用与催化剂是密不可分的。

归根结底，碳源对碳纳米管导电属性的影响来自其相应的裂解产物对碳纳米管的选择性反应，这与前面提到的气体刻蚀法在机理上是一致的，与气体刻蚀法直接提供刻蚀剂不同的是，在该方法中刻蚀剂是由含有杂原子的碳源间接提供的。与气体刻蚀法不同的另外一点则是在该过程中需要催化剂的参与。

综上，选择性制备具有某一导电属性碳纳米管就是采用合适的选择性反应刻蚀剂、实现碳纳米管管径控制及通过对催化剂结构调控进行碳纳米管手性富集的一个综合过程。显然，在不追求单一手性碳纳米管生长的前提下，碳纳米管管径控制是对某一导电属性碳纳米管富集最重要的因素。而对碳纳米管管径控制的决定性手段仍然是催化剂，因此催化剂在碳纳米管导电属性控制方面仍然是主导因素。催化剂在该过程中有两个重要作用，除了决定碳纳米管的管径分布，还有就是其自身的催化裂解特性对生长气氛的影响。除了催化剂之外，就是碳纳米管生长条件的选择，主要是引入的气体刻蚀剂，不同刻蚀剂引入的量和温度是大相径庭的，氧化性越强，引入的量应当减少，温度也应适当降低；氧化性越弱，引入的量应当增加，温度也应适当提高。目前，水蒸气因其适当的氧化性成为效果表现最好的刻蚀剂。良好刻蚀剂的高选择性依赖于碳纳米管样品的窄管径分布，因此，未来对特定导电属性的碳纳米管实现高含量的选择性的可行性手段将是催化剂设计和气氛刻蚀相结合。

## 7.2　金属/半导体型碳纳米管的分离方法

采用原位生长法制备具有选择性的碳纳米管样品，尽管碳纳米管的结构完美程度保持得较好，但选择性往往不高。此外，由于生长窗口较窄，使用不同实验设备和不同人员操作时，重复性往往比较差，这使得原位生长法受到局限。为了更加有效地推进碳纳米管的应用，人们发展了后处理的方法，这样获得的碳纳米管的选择性大大提升，甚至能够进行手性的分离。根据不同的样品特征，可采用不同的后处理方法用于处理碳纳米管样品，目前主要分为两类，一类是针对表面碳纳米管而发展起来的生长后刻蚀法和胶带法（包括 SDS 洗涤法），另一类则是针对粉体碳纳米管建立起来的溶液分离体系（包括溶胶-凝胶色谱法、密度梯度超高速离心和生物分子分离体系）。

### 7.2.1　生长后刻蚀法

生长后刻蚀法主要是针对表面碳纳米管的处理，尤其是表面水平阵列碳纳米管。这里我们将碳纳米管的断裂和消失统一称为刻蚀。从刻蚀的机理出发，我们将刻蚀分为气氛调控的刻蚀和场诱发刻蚀。

气氛调控的刻蚀主要是利用某一特殊的气体分子，在特定条件下与某种碳纳米管发生反应从而去除该类型的碳纳米管。前面我们提到金属型碳纳米管相比于半导体型碳纳米管更易发生反应，同时小管径的碳纳米管相较于大管径的碳纳米管也更易发生反应，因此 Dai 等[26]利用甲烷等离子体（plasma）去除了碳纳米管中小管径的金属型碳纳米管，剩下的碳纳米管为 100%的中等管径的半导体型碳纳米管，图 7-16(a) 显示该过程是一种干法化学刻蚀过程，并与现有的半导体工业中的部分过程兼容。进一步，他们研究了这个气相反应刻蚀过程中具体的变化过程及该过程中的管径和导电属性的依赖性，如图 7-16(b) 所示，在该过程中，任何种类的碳纳米管都可以吸附甲烷等离子体中的 C—H 物种，从而形成具有 C—

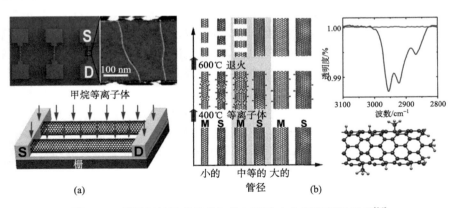

图 7-16　利用甲烷等离子体气体刻蚀除去金属型碳纳米管[26]

(a) 碳纳米管场效应晶体管的 SEM 及 AFM 图片和甲烷等离子体处理过程示意图；(b) 左侧为被反应的碳纳米管在退火过程中的演变及管径和导电属性的依赖性，右侧为等离子体处理后的碳纳米管薄膜的红外光谱及反应后的可能构型，该图显示处理后的碳纳米管具有更多的 C—H 基团及 C—CH₃ 等

$H_x$ 共价键的新状态，进一步进行退火处理，$C—H_x$ 会在脱附过程中引发碳纳米管的破环反应，其中，任何导电属性的小管径碳纳米管和中等管径的金属型碳纳米管优先反应，随着退火过程的进行，被反应破坏得越来越严重，而中等管径的半导体型碳纳米管和任意导电属性的大管径碳纳米管则会发生 $C—H_x$ 物种的可逆脱附而重新恢复成原来的完美结构。显然，这种非原位的刻蚀反应依然遵循了我们在前面提到的碳纳米管的反应顺序。

根据以上反应顺序，利用选择性刻蚀不仅可以对半导体型碳纳米管进行富集，也可以利用气体分子对于碳纳米管管径的反应选择性实现对大管径金属型碳纳米管进行富集。刘云圻等[27]利用 $SO_3$ 处理碳纳米管样品，发现处理后的碳纳米管的导电性增强，即样品中金属型碳纳米管的含量上升了，拉曼光谱等表征发现原有样品中小管径的半导体型碳纳米管被刻蚀了，也就是说该反应是一种管径依赖性的反应。同样地，Guan 等[28]利用 $NO_2$ 作为氧化剂也得到了类似的结果，如图 7-17 所示。比较之下，我们发现无论是原位刻蚀还是非原位刻蚀，实际上都遵循了同一个碳纳米管的反应顺序，但是这种刻蚀反应理论上很难达到很高的选择性，除非样品初始就具有一个很窄的管径分布，因此这种刻蚀相关方法实施的关键就是尽可能使样品的初始管径分布足够窄。

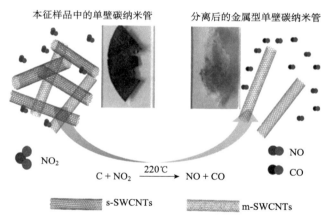

图 7-17　利用 $NO_2$ 选择性富集金属型碳纳米管[28]

除了气体分子刻蚀，场诱发刻蚀同样也可以被用于碳纳米管样品的后处理。所采用的场主要分为光场和电场。在光场中，则是利用不同碳纳米管对光的能量的不同反应，例如，当采用紫外这种高能量的光线照射样品时，由于紫外可以激发自由基的产生，自由基可以进一步对具有差异的碳纳米管进行选择性刻蚀，张锦课题组[29]正是利用紫外的这一特点，去除了碳纳米管水平阵列中的金属型碳纳米管而保留了半导体型碳纳米管，这与前面在原位刻蚀中引入紫外光的机理是相同的。除了紫外线，Maehashi 等[30]利用具有一定能量密度的激光去除可以与之发生共振的碳纳米管，从而达到手性选择性的目的，但是这种方法并没有达到预期效果，后继的相关研究不多。

与利用光完全不同的是，在电场方法中，更准确的说是利用碳纳米管的焦耳热效应。在零栅压（有时会偏离）下，当在碳纳米管的源漏之间加一个电压时，金属型碳纳米管会导通并具有一个较大的电流，而半导体型碳纳米管中的电流则很小，因此在一定的时间累积下，金属型碳纳米管中会产生大量的焦耳热，引起自身温度的显著升高，从而可以发生化学反应，例如，金属型碳纳米管可以在空气中被刻蚀断裂。2001 年，Avouris 等[31]证明了这样一个现象并将其用在了碳纳米管 FET 中，无论是对于具有较好导电性的多壁管，还是含有金属型碳纳米管的单壁碳纳米管管束，由于电流加热作用，多壁管会发生管壁的减薄，而单壁碳纳米管管束则会由于整体受热而被减短，有的甚至可以完全反应掉。利用这个原理，通过分离碳纳米管就可以有效去除其中的金属型碳纳米管。

从焦耳热的思路出发，Rogers 组于 2013 年和 2014 年分别利用电流[32][图 7-18（a）]和微波加热[33][图 7-18（b）]的方法发展了热毛细流纯化方法。这两种

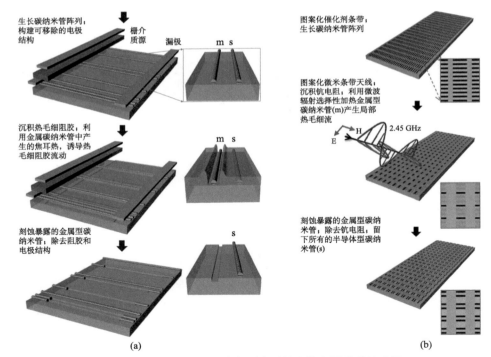

图 7-18　利用焦耳热去除表面阵列管中的金属型碳纳米管

(a) 通过构建碳纳米管 FET 器件，在零栅压下施加源漏电流使金属型碳纳米管加热使金属管暴露出来而被去除[32]；
(b) 以金为微波的吸收触角，使金属型碳纳米管在微波中被加热暴露出来而被去除掉[33]

方法的共同之处就是利用了一种热毛细阻剂，该物质为小分子材料，其特点在于常温下为固态，当被加热时，则会发生融化。将该物质置于碳纳米管的上方，当碳纳米管中引入电流或微波时，金属型碳纳米管会发热，导致其上层的热毛细阻剂融化，由于毛细作用的存在，融化的阻剂会形成一个小的缝隙，使得金属型碳纳米管暴露出来，再进一步利用分子刻蚀，就可以将暴露出来的金属型碳纳米管去除。该方法几乎可以百分之百地去除金属型碳纳米管，但是由于热扩散尺寸的限制，仅适用于密度不是很高的样品中。

相比其他方法，利用焦耳热的方法是目前在低密度下最为适用的去除金属型碳纳米管的方法，因为这种方法仅与碳纳米管的带隙相关，而与管径无关，因此能够百分之百地去除金属型碳纳米管，唯一的局限就是样品的密度。未来希望获得的碳纳米管水平阵列中半导体型碳纳米管的密度达到 125 根/μm，因此原始样品会比这个密度更高，两根碳纳米管的间距将会缩短到几纳米，而热传导通过金属电极是很容易发生的，可见在高密度碳纳米管水平阵列中如何有效去除金属型碳纳米管是一个巨大的挑战。

## 7.2.2　胶带法

在碳纳米管的后处理过程中，非原位刻蚀是基于金属型和半导体型碳纳米管在特定条件下的反应差异而进行的选择性破坏，因此往往只能得到一种类型的碳纳米管，而目标类型的碳纳米管也会受到一定的影响。因此人们发展了溶液相分离的方法，在该方法中，极有可能同时获得两种类型的碳纳米管，也有可能只获得某一种类型的碳纳米管，且这类方法可以高效、大量地分离碳纳米管。但是溶液相分离得到的碳纳米管长度较短，其原因在于起始样品的缺陷，借鉴此观点，张锦课题组[34]将溶液相分离的思路应用于基底表面的碳纳米管水平阵列的分离，如图 7-19 所示。十二烷基磺酸钠(SDS)是最早用于碳纳米管溶液相分离的一种表面活性剂，其在金属型和半导体型碳纳米管表面的吸附量会有所差异，基于此，吸附 SDS 更多的金属型碳纳米管会在轻微的超声中脱离基底而进入溶液相中，最终在基底上留下更多的半导体型碳纳米管。

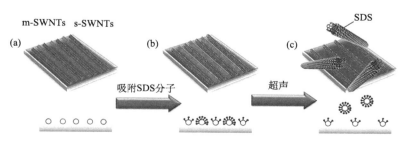

图 7-19　SDS 溶液法去除表面碳纳米管水平阵列中的金属型碳纳米管[34]

上述过程中会不可避免地对单壁碳纳米管造成破坏和污染。为了避免这种不利影响，张锦课题组[35]尝试将分子对单壁碳纳米管的选择性吸附从溶液相体系转移至基底表面，并实现了对具有一定长度的定向单壁碳纳米管阵列的分离，即胶带法分离，原理如图 7-20 所示。首先他们通过理论计算的方法验证了这种思路的可行性。大量的报道表明氨基功能团能选择性吸附半导体型单壁碳纳米管，而苯基功能团能选择性吸附金属型单壁碳纳米管。选用 $NH_2$—$(CH_2)_3$—$SiH_3$ 和 $C_6H_5$—$SiH_3$ 分子分别代表氨基和苯基的表面，选用 $(8, 8)$ 和 $(14, 0)$ 分别代表金属型和半导体型单壁碳纳米管。理论计算表明，氨基硅烷吸附在金属型和半导体型单壁碳纳米管上具有相同的最低能量构型：N 原子位于 C 六元环的中央，孤对电子垂直于单壁碳纳米管表面。

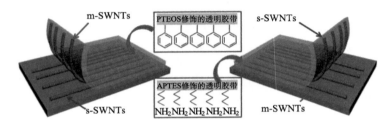

图 7-20　胶带法分离表面碳纳米管水平阵列中的金属型和半导体型碳纳米管[35]

每个氨基基团与半导体型单壁碳纳米管的结合能比与金属型单壁碳纳米管的结合能大 11 meV。苯基硅烷吸附在金属型单壁碳纳米管上，其最低能量构型为堆叠型，而吸附在半导体型单壁碳纳米管上，其最低能量构型为桥式型，每个苯基基团与金属型单壁碳纳米管的结合能比与半导体型单壁碳纳米管的结合能大16 meV。理论计算表明，当分子脱离溶液相体系到基底表面时，氨基功能团仍能选择性吸附半导体型单壁碳纳米管，而苯基功能团仍能选择性吸附金属型单壁碳纳米管。

为了使得单壁碳纳米管在整个分离过程中不经历溶液处理的过程，选择聚二甲基硅烷薄膜作为"胶带"的支撑层，3-氨丙基三乙氧基硅烷和苯基三乙氧基硅烷作为"胶带"的黏结层，这样就得到了氨基功能化和苯基功能化的表面。除此之外，支撑层与黏结层之间以化学键结合，黏结层和单壁碳纳米管之间以配位键和 π-π 相互作用结合，单壁碳纳米管和氧化铝基底之间以范德华相互作用结合，从原理上满足各层之间相互作用大小的差异。这种胶带法分离的效用类似于机械剥离石墨烯的方法。

通过优化"胶带"的制备条件，制备了具有特殊表面的"胶带"。实验发现，单壁碳纳米管阵列经氨基功能化"胶带"处理后，金属型单壁碳纳米管的含量提高至 90%，而经苯基功能化"胶带"处理后，半导体型单壁碳纳米管的含量提高至 85%。该方法操作简单，并且由于"胶带"的制备工艺非常简单，可以实现大面积样品的分离。显然，胶带法只能用于阵列性碳纳米管的分离，而不能用于随机分布碳纳米管膜的分离。

以上介绍的生长后刻蚀法及胶带法主要是针对生长在基底表面的碳纳米管样品，两种方法都可以用来处理单晶基底上获得的碳纳米管水平阵列样品，并能得到较好的结果，缺点都是以牺牲碳纳米管的密度为代价的。除了对表面碳纳米管样品的后处理外，对于直接获得的粉体碳纳米管也根据其自身特征发展了一些后处理方法，主要是基于溶液相的后处理，下面对相关内容进行介绍和分析。

### 7.2.3　溶胶-凝胶色谱法

色谱法是一种物理化学分析方法，主要是基于待分离的物质在流动相和固定相中的分配系数的差异，不同的物质在固定相中的保留时间不同，从而实现物质的分离。分配系数的微小变化都会影响物质本身在固定相中的保留时间。从高分子物质以及生物分子分离中得到启发，由于碳纳米管也可以视为由单一碳原子构成的一种共轭"大分子"结构，因此色谱法也被尝试进行单壁碳纳米管的分离。用于单壁碳纳米管手性分离的色谱技术主要包括凝胶渗透色谱法、尺寸排阻色谱法和凝胶柱色谱法。在色谱法中，色谱柱中填充的固定相的组成和结构性质、流动相中使用的多种表面活性剂都是调节单壁碳纳米管分离效果的重要因素。此外，淋洗顺序和策略的变化也有助于实现不同手性和性质单壁碳纳米管的分离。Kataura 研究组[36]在凝胶柱色谱分离单壁碳纳米管方面做了比较细致的研究工作。相关研究表明，表面活性剂分散的具有不同结构的单壁碳纳米管与琼脂糖凝胶之间存在不同强度的结合能力。根据此原理，2011 年，Kataura 等[37]在前期以交联琼脂糖凝胶为介质多步淋洗实现金属型和半导体型单壁碳纳米管分离的研究基础上，采用表面活性剂十二烷基硫酸钠，通过过载和多柱串联的方式首次实现了单手性单壁碳纳米管的溶液分离。如图 7-21 所示，根据不同手性的半导体型单壁碳纳米管与琼脂凝胶之间作用力由强到弱的顺序，这些碳纳米管可以依次吸附在固定相不同的凝胶柱中，进而逐一被洗脱并实现手性分离。进一步实验表明，利用多个色谱柱串联的凝胶柱色谱技术经过一步分离即可从 CoMoCAT 碳纳米管样品中获得纯度高达 74.5%的(6, 5)管[38]。此外，通过选用凝胶孔隙尺寸更小的含氨基的交联葡聚糖凝胶作为分离介质，李清文等[39]也实现了基于溶胶-凝胶色谱法半导体型单壁碳纳米管的手性分离。与 Kataura 等不同的是，他们在单个色谱柱的基础上采取了十二烷基硫酸钠/脱氧胆酸钠(SDS/DOC)二元表面活性剂梯度淋洗的策略，通过逐渐加强淋洗强度使得不同手性的单壁碳纳米管分离开来，进一步对单壁碳纳米管样品进行纯化，利用凝胶柱色谱分离技术，他们[40]还实现了金属型碳纳米管的管径分离。

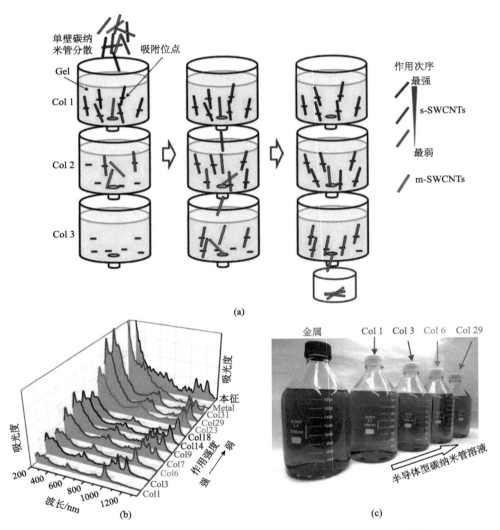

图 7-21　使用单一表面活性剂多柱串联凝胶色谱法分离碳纳米管[37]

(a)分离单壁碳纳米管示意图；(b)吸收光谱及(c)分离得到的 m-SWNTs 和 s-SWNTs 的溶液图片

　　随着人们对凝胶柱色谱分离技术用于碳纳米管分离投入更多的研究，凝胶柱色谱分离技术也变得越来越成熟。近年，相关研究发现，色谱分离过程中的环境因素(包括温度、pH 等)的变化都有可能引起单壁碳纳米管表面包覆的表面活性剂的结构变化，进而改变碳纳米管与凝胶之间的作用力强度。例如，温度的调控可以增强不同手性单壁碳纳米管与凝胶之间的作用力差异。Kataura 等[41]通过调控凝胶柱色谱分离时的温度，成功地分离了 7 种单一手性的碳纳米管，并推测可能的原因在于温度下降增强了特定手性的碳纳米管和吸附在碳纳米管表面的十二烷基硫酸钠分子之间的相互作用，导致十二烷基硫酸钠分子在碳纳米管表面形成新的组装结构，进一步改变了碳纳米管的介电常数，影响了碳纳米管在凝胶上的吸附作用力。在色谱分离过程中，与温度影响类似，pH 的变化也会影响分离结果。Hennrich 等[42]发现 pH 的变化会引起十二烷基硫酸钠胶团在碳管表面吸附结构的变化，从而减弱碳纳米管和凝胶间的相互作用力强度。例如，2013 年，在单柱尺寸排阻色谱法中[43]，他们以聚丙烯葡聚糖尺寸排阻凝胶为固定相，十二烷基硫酸钠溶液作为流动相，通过调节洗脱液的 pH，实现了单手性以及窄手性单壁碳纳米管的分离。同时在 2014 年，Hennrich 等[44]通过精确调节凝胶渗透色谱中洗脱液的 pH 梯度实现了 8 种单手性碳纳米管的分离。

## 7.2.4　密度梯度超高速离心

密度梯度超高速离心法（DGU）是一种用于生物上分离亚细胞物质（DNA 等）的技术。其根本原理是不同颗粒之间存在沉降系数差时，在一定离心力作用下，颗粒各自以一定速度沉降，在密度梯度不同区域上形成区带，从而实现物质的分离。显然，不同手性的碳纳米管由于组成碳原子数目存在差异，因此不同结构的碳纳米管在密度梯度介质层中的就会存在悬浮密度差异，通过超高速离心就可以使不同结构的碳纳米管分离并形成不同的密度层。2005 年，Hersam 等[45]最先将密度梯度超高速离心应用于碳纳米管的溶液分离中，以具有线性密度分布的碘克沙醇水溶液作为介质层，不同结构的碳纳米管在高速离心状态下，由于悬浮密度的不同，从而在不同密度梯度环境中达到受力平衡并实现分离，最终获得了纯度较好的金属型和半导体型碳纳米管溶液。

一般认为，在密度梯度超高速离心方法中，由于表面活性剂在不同碳纳米管上的吸附量和组装形态的不同，可以增强不同结构碳纳米管的悬浮密度差异，因此表面活性剂的选择是至关重要的。显然，理解表面活性剂的化学结构，它们在碳纳米管表面的组装形态以及与碳纳米管的相互作用方式，就能够有效地调节密度梯度超高速离心用于单壁碳纳米管的手性分离过程。例如，当仅使用单一表面活性剂时，如胆酸钠或十二烷基硫酸钠，就可以实现单壁碳纳米管的长度和金属/半导体类型的分离。但是，碳纳米管的悬浮密度与其自身的质量和体积有关，通常情况下这种差异很小，因此在手性分离方面，仅使用一种表面活性剂很难有效地增强碳纳米管之间悬浮密度的差异，需要采取多种表面活性剂协同来实现。结合使用脱氧胆酸钠和十二烷基硫酸钠表面活性剂共同来分散碳纳米管时，由于十二烷基硫酸钠分散的碳纳米管的表面覆盖度要高于脱氧胆酸钠分散的碳纳米管，同时，由于脱氧胆酸钠的疏水基团与碳纳米管侧壁存在较强的相互作用，因此脱氧胆酸钠会优先覆盖在碳纳米管的表面，优先覆盖的表面活性剂脱氧胆酸钠又限制了十二烷基硫酸钠在碳纳米管表面的包覆结构。正是这种调制作用放大了不同手性碳纳米管之间的悬浮密度差异。基于这个原理，Maruyama 等[46]利用脱氧胆酸钠和十二烷基硫酸钠实现了 7 种手性碳纳米管的分离，同时(6, 5)管的纯度可以高达 97%。

通过对密度梯度超高速离心方法的更精细设计，如建立三次正交密度梯度超速离心迭代方法，Hersam 等[47]在第一步和第三步中分别使用 1∶9 SDS/SC 和 3∶2 SDS/SC 共表面活性剂，依次实现了管径选择、小管径半导体富集以及去除金属型碳纳米管等，最终得到了接近单手性的(6, 5)型碳纳米管溶液。三次正交密度梯度超速离心迭代方法使得到的碳纳米管的管径更加均一，在薄膜晶体管方面有很好的应用。

除了分离过程中的表面活性剂，密度梯度介质也是影响密度梯度超高速离心分离效果的另一重要因素。传统的密度梯度介质都是线性的，因此在该环境下得到的碳纳米管结构种类数量少，同时需要多次重复密度梯度超高速离心过程才能获得较好的分离效果。为了提高密度梯度超高速离心方法的分离效果，Weisman 等[48]提出了非线性密度梯度超高速离心方法，即利用非线性密度梯度代替传统的线性密度梯度，利用该方法仅一步分离程序就可以实现多种不同手性半导体型碳纳米管的分离，如图 7-22 所示。此外，采用盐类物质作为密度梯度介质也可以分离获得手性单壁碳纳米管。例如，Yanagi 等[49]发现将常规密度梯度超高速离心获得的金属型和半导体型碳纳米管再次采用 CsCl 作为密度梯度介质进行密度梯度

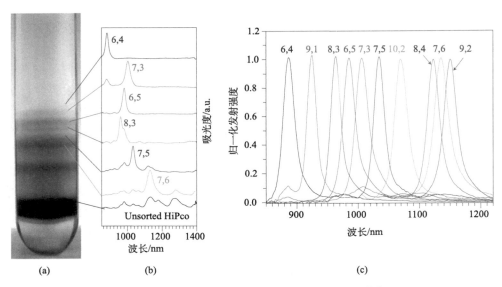

图 7-22　非线性梯度密度离心法分离碳纳米管[48]

分离的 s-SWNTs(a) 及对应的吸收光谱图(b) 和荧光光谱图(c)

超高速离心后，可以获得管径为 1.44 nm 且手性单一的 (11, 10) 型碳纳米管。通过对密度梯度超高速离心方法的进一步改进，Kono 和 Doorn 等[50]实现了扶手椅型碳纳米管的富集，富集的碳纳米管样品中几乎不含半导体型和锯齿型碳纳米管。

目前，通过密度梯度超高速离心法已经可以获得高纯度的多种单一手性或窄手性的单壁碳纳米管溶液。但是这种方法存在设备要求高、分离效率低、表面活性剂分子设计复杂等问题，在实现宏量化、规模化分离方面仍存在很大的挑战。

## 7.2.5　利用生物分子的选择性分离方法

单壁碳纳米管不仅可以视为一种高分子物质，也可以视为一种类似 DNA 等生物分子的存在一定螺旋的"特殊"物质。因此，一些存在同样螺旋的一些生物分子成为另一类可以有效分散和分离碳纳米管的物质。与一般用于碳纳米管分散和分离的表面活性剂相比，生物分子种类更加广泛，同时相应的体系作用也更加复杂。尽管生物分子对于碳纳米管的分散能力不如一般的表面活性剂分子，但是生物分子分散的碳纳米管样品具有更好的生物相容性，提高了碳纳米管在生物领域应用的可靠性和安全性。

目前，常见的用于碳纳米管分散和分离的生物分子包括核苷酸类分子、多肽分子[51, 52]及糖基生物分子[52-55]等。例如，2003 年，Zheng 等[56]首次报道了利用单链 DNA (ssDNA) 结合离子交换色谱实现不同结构碳纳米管的分离。在该过程中，他们发现 DNA 可以与碳纳米管通过 π-π 相互作用形成稳定的螺旋状组装体，从而能够有效地分散碳纳米管。同时，分散后的不同结构的碳纳米管会获得不同的有效线电荷密度，导致不同结构的碳纳米管与阴离子交换树脂间的静电吸附作用力存在不同的差异。进一步，将尺寸排阻色谱和离子交换色谱联用[57]，在减窄碳纳米管长度分布的基础上，从 CoMoCAT 样品中获得了手性单一的 (9, 1) 和 (6, 5) 型碳纳米管。2009 年，Zheng 等[58]在系统地研究了 DNA 序列分散碳纳米管的能力之后，他们在 DNA 库中筛选出 20 多种短链 DNA 序列，且每种 DNA 序列都能对特定的 $(n, m)$ 管进行富集。图 7-23 (a) 即为利用 DNA 成功地分离出的 12 种单一手性的碳纳米管。通过对 DNA 分子结构的进一步分析，他们发现可以识别出手性碳纳米管结构的 DNA 序列都是由简单交替排布的嘧啶以及周期性穿插的嘌呤组成的。这样的 DNA 可以通过相邻单链之间的氢键作用力形成稳定有序的二维平面结构，如图 7-23 (b) 所示，这种特殊的平面结构可以在特定的碳纳米管表面呈桶状。2011 年，他们还发现了一系列 DNA 序列可以用于识别 (6, 6) 和 (7, 7) 扶手椅型碳纳米管，从而实现金属型碳纳米管的手性分离[59]。

此外，2008 年，Naik 等[60]也报道了利用鲑鱼基因组 DNA 从 CoMoCAT 样品中富集了纯度高于 86% 的 (6, 5) 型碳纳米管。鲑鱼基因组 DNA 的使用大大降低了DNA 分散碳纳米管的成本，同时分散过程中就可以表现出对 (6, 5) 型碳纳米管的

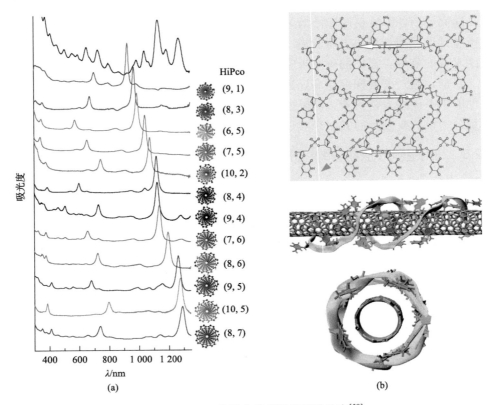

图 7-23 DNA 分子实现碳纳米管的分离[58]

(a) HiPco 单壁碳纳米管混合物及 12 种分离的 s-SWNTs 的吸收光谱；(b) 由三组平行的 ATTTATTT 组装的二维 DNA 平面结构，以及在 (8, 4) 碳管表面由二维 DNA 平面缠绕形成的桶状结构

手性选择性。同年，Papadimitrakopoulos 等[61]也报道了另一种核苷酸类分子黄素单核苷酸(FMN)用于分离碳纳米管，并实现了 85%的(8, 6)单一手性碳纳米管的富集，原因在于黄素单核苷酸可以在碳纳米管表面通过氢键相互作用形成组装体。

为了进一步增强生物分子用于碳纳米管分离的效果，Zheng 等[62]将双水相萃取分离方法扩展到生物体系中。基于 DNA 分子的双水相萃取分离的实现主要是两种聚合物相间溶解自由能竞争的结果，同时任何能够改变或扰动两相间物理化学性质的因素都能改变相应的 DNA 分散的碳纳米管的分布状况。例如，通过选择合适的 DNA 序列和两相聚物，并加入调节剂调控 DNA 包覆的碳纳米管在两相中的分配，可以实现多达 15 种单一手性碳纳米管的分离，但是相应的纯度不高。

除了特定的 DNA 序列可以有效地分散碳纳米管，也可以通过设计合成特定氨基酸排列的多肽分子用于碳纳米管的手性分离。但是与 DNA 分子相比，多肽分子中的共轭结构少，对碳纳米管的分散性能和分离效果不如 DNA 分子。为了提高多肽分子对于碳纳米管的分散和分离能力，DeGrado 等[63]重新设计了一种新的多肽分子，利用已知的氨基酸序列调控形成 $\alpha$ 螺旋结构，并自组装成六元环状超分子结构。进一步通过调制氨基酸序列来控制六元环的孔直径大小，进而可以识别不同手性的单壁碳纳米管，最终成功地选择性分散了(6, 5)和(8, 3)型碳纳米管。在此基础上，Krauss 等[64]则将非天然氨基酸引入多肽分子中，调节多肽分子中天然氨基酸与非天然氨基酸的比例从而获得了单一手性的碳纳米管。由此可见，无论是使用 DNA 分子还是使用通过设计获得的多肽分子进行单壁碳纳米管的手性分离时，碱基和氨基酸的序列排布都起到了很至关重要的作用。通过合理设计不同序列的 DNA 分子和多肽分子不仅可以识别不同结构的碳纳米管，还可以提高碳纳米管表面性质的分辨度。

　　经过不断的努力和发展，生物分子材料在碳纳米管的分离种类和分离纯度方面都有着不俗的表现，同时由于生物分子包覆的碳纳米管独有的良好生物相容性，使其成为医学、生物、检测等领域的不二选择。但是，该体系存在的最大制约因素是分散和分离所使用的生物分子成本普遍极高，这极大地限制了这类方法在碳纳米管分散和分离中的进一步应用，因此寻找低成本的分散用生物分子是该体系得到推广的必由之路。

　　综上所述，基于表面活性剂、共轭分子以及生物分子等体系建立起的溶液分离策略，能够实现单一手性碳纳米管的纯化分离，同时由于其纯度高，获得的碳纳米管在纳电子学、生物医学、光电器件等领域都能表现出优异的性能，具有较高的应用前景。目前，碳纳米管的溶液分离方法呈现出多样化的发展态势，各有优势也存在相当大的局限性，但还没有一种材料体系和分离方法可以完全满足实际应用和宏量化分离的要求，这些局限性可以从两个角度来分析。首先从分离使用的材料来看，表面活性剂使用最为广泛，也具有较好的分离效果，但是分离后的碳纳米管样品中残余的表面活性剂很难去除，同时为了提高分散浓度和分离效果，长时间超声导致碳纳米管样品被截短。这些都大大限制了碳纳米管在电子学上的应用。另一类是生物分子材料，包括 DNA、多肽等，尽管这类分子包覆的碳纳米管样品具有很好的生物相容性，但是 DNA 分子和多肽的筛选和设计制造成本过高，限制了这类分子的规模化应用与推广。最后是共轭分子体系，其优势在于这类分子分离获得的碳纳米管样品具有优良的器件性能。但是目前这类分子用于碳纳米管分离的报道还比较少，属于发展的前期，同时新型分子的设计是该体系研究的重点之一。从表 7-4 可以看出，综合对比而言，共轭分子体系在宏量分离方面具有明显优势，其分离时间短、成本低、对碳纳米管的管径选择范围更宽、碳管质量也最好。但是相对于其他方法，聚合物分子对碳纳米管选择性的机理还有待进一步清晰明确。其次是分离方法，尽管密度梯度高速离心法、色谱分离法等不仅可以实现单手性碳纳米管的分离，还开始了商业化生产，但是这些方法在宏量分离的推广上仍然面临着工艺复杂和成本过高的问题。而最新发展起来的共轭聚合物选择性分散和双相萃取分离的设备简单，因此在宏量分离上存在较大的发展潜力。由此可见，未来实现碳纳米管宏量分离需从两方面进行，一方面将共轭分子体系与色谱分离或萃取分离等方法相结合，有可能扬长避短，实现更多高纯度单手性单壁碳纳米管的批量分离；另一方面取决于碳纳米管合成技术的提升，能够提供更高纯度、更低成本的碳纳米管原料。

**表 7-4  几种手性 SWNTs 分离材料体系的性能比较**

| 手性 SWNTs | 表面活性剂体系 | 生物分子体系 | 共轭分子体系 |
| --- | --- | --- | --- |
| 分离纯度 | 高 | 较高 | 较高 |
| 手性种类(已报道) | 最多 | 较多 | 较少 |
| 碳管长度/μm | <1 | <1 | <2 |
| 碳管管径分布/nm | 0.5~1 | 0.5~1 | 0.5~1.2 |
| 分离工艺 | 复杂 | 中等 | 简单 |
| 分离时间/h | 10~20 | 5~20 | 1~2 |
| 分离成本 | 高 | 高 | 低 |
| 晶体管性能 | 中等 | 中等 | 高 |
| 适合领域 | 催化、传感、光学 | 生物、医学 | 微纳电子、光电 |
| 存在的主要问题 | 表活剂的去除 | 降低成本 | 分离种类不多 |

综上，根据获得的碳纳米管样品的特征发展了不同的对于碳纳米管的后处理方法，主要可以分为两类，即表面碳纳米管样品(主要是碳纳米管水平阵列)和粉体碳纳米管。对于碳纳米管水平阵列，后处理方法包括刻蚀法和胶带法，刻蚀法按照采用的手段又可以分为气体直接刻蚀及电流、微波等辅助刻蚀。胶带法则是依据粉体碳纳米管的溶液处理的思路发展起来的，对胶带进行特性集团的修饰，可以对不同属性的碳纳米管进行选择性去除。在所有的对碳纳米管水平阵列的后处理方法中，电流及微波等辅助刻蚀是目前获得单一导电属性最好的手段，其原因在于在这类方法中，反应的发生只与碳纳米管的电子态密度相关而不涉及管径。但是该方法也受到碳纳米管密度的限制，不适用于高密度的碳纳米管样品。对于高密度碳纳米管水平阵列的后处理，未来仍然遵循反应只与碳纳米管的电子态密度这一原则。相比于基底表面的碳纳米管样品，粉体碳纳米管具有量大、无序且含有更多杂质的特点，需要对其进行溶液化处理。分散进入溶液的碳纳米管，可以按照高分子的特征进行处理，主要是采用表面活性剂为分散剂，采用色谱法、密度梯度超高速离心法等对碳纳米管进行不同导电属性，甚至手性的分离。近年来通过溶液法分离策略获取单一导电属性、单手性或窄手性的单壁碳纳米管的研究已经取得了很大进展。在手性种类、分离纯度等方面都明显优于选择性生长或

生长后处理方法，分离的纯度目前已经极高，可以达到 99.99%以上，但是缺点也更突出，如碳纳米管的长度较短，管壁上的表面活性剂不易去除。因此，对于粉体碳纳米管的溶液处理法的未来发展主要集中在两个方面：分离获得长度较长及管壁干净的碳纳米管样品。但是粉体碳纳米管的溶液处理法在宏量分离方面仍有一些问题需要解决，才能实现更大规模、更低成本的分离，进而推动手性单壁碳纳米管在微纳电子、光电、生物医药等领域的实际应用。

## 7.3　特定手性碳纳米管的控制制备

尽管人们已经在碳纳米管的后处理法分离方面，尤其是溶液相分离方面获得一些很好的成果，例如，对于半导体型碳纳米管，其分离所能达到的纯度已经接近四个九，同时，利用溶液相分离还可以获得单一手性的碳纳米管，这些高纯度的碳纳米管在生物成像等领域具有很好的应用前景。但是面向 FET 等电子学领域的半导体工业应用时，分离所获得的碳纳米管则远远无法满足对样品的要求。分离过程中不仅会使碳纳米管的长度大打折扣，其相应的迁移率和取向程度也都大大降低。因此人们仍然寄希望于在化学气相沉积过程中直接实现对碳纳米管的结构控制。碳纳米管的化学气相沉积过程可以分为成核和生长两个阶段，两个阶段都离不开碳纳米管与催化剂的界面，因此认识催化剂的结构和状态对碳纳米管的控制生长极为重要。在成核阶段，人们认识到催化剂对碳纳米管的成核结构几乎起着决定性作用，故而认识并建立催化剂与碳纳米管结构之间的热力学关系对碳纳米管的结构调控有着重要作用。另一个问题则是碳纳米管的生长动力学问题，只有认识碳纳米管生长速率的影响因素，才能针对想要富集的目标类型碳纳米管进行生长条件的选择和优化。碳纳米管的成核和生长也对应基本物理化学中的热力学和动力学问题，因此本书首先从这两个角度对碳纳米管的手性结构控制进行探讨。在此基础上，本书借助一些实例来讨论分析如何利用催化剂实现碳纳米管某一特定手性的富集，进而展望未来借助化学气相沉积方法对于实现一类手性碳纳米管的可能性。除了利用催化剂对碳纳米管的结构进行控制，人们也引入了"克隆"的手段，以碳纳米管自身为生长模板，期望直接获得单一手性的碳纳米管样品，这部分内容本书将在本章的最后一节进行介绍。

### 7.3.1　碳纳米管的成核热力学

碳纳米管的制备过程中，如果对碳原子进行追踪，会发现碳原子经历了从碳源分子到催化剂再到碳纳米管的过程，因此在这一过程中，催化剂起到了桥梁的作用，必然会影响碳纳米管的结构。尽管催化剂具有不同的组成，也具有不同的结构和特性，但是催化剂与碳纳米管之间都共享一个界面，那么这个界面具有怎样的特征，是否存在一个共同的规律来影响碳纳米管的成核呢？首先从催化剂的角度看，前面提到催化剂可以分为液态催化剂和固态催化剂，因此碳纳米管的成核必然有所差异，据此我们在讨论碳纳米管成核时也需要分两种情况进行讨论。鉴于人们对于碳纳米管在催化剂上成核的认识是不断发展和进步的，并不是一蹴而就的，所以本书沿着人们对碳纳米管成核认识的发展历程来介绍和讨论碳纳米管与催化剂之间存在的界面热力学问题，并在最后比较液态催化剂和固态催化剂上截然不同的热力学成核规律，提出在催化剂作用下实现碳纳米管手性控制的一些可能的思路。

早期，人们提出 VLS 机理去理解碳纳米管的生长过程，在该过程中，催化剂被视为液体状态，基于此，人们更多地采用分子动力学（molecular dynamics，MD）模拟碳原子在一个动态的催化剂上如何进行自组装成碳纳米管，见图 7-24（a）[65, 66]。在该过程中，人们更多地关注了在不停运动的催化剂中，碳原子是如何扩散的，催化剂中的金属原子与碳原子将会发生何种作用，是否形成相应的碳化物，能否达到一个饱和状态，但是我们注意到这时候的催化剂仅包含十几到几十个的金属原子，催化剂的整体状态趋向于离散，金属原子之间的相互作用显得不够紧密。同时在这一时期，理论方面的发展主要是为了说明碳纳米管的形成，因此没有给出催化剂与碳纳米管手性之间相对应的关系。尽管有些计算考虑了碳纳米管的端帽问题，却是端帽孤立状态下进行的其成键轨道和反键轨道的计算，而不是与催化剂一起的一个复合体的整体能量相关的计算[67]，见图 7-24（b），这样获得的计算结果并不能真正反映催化剂与碳纳米管之间的相干关系，这样也就对指导通过调控催化剂对碳纳米管进行结构控制起不到特别重要的作用。

随着对碳纳米管生长原位观察技术手段的发展，尤其是透射电子显微镜技术的改善，使得人们能够原位观测到碳纳米管从催化剂上逐渐生长出来的过程，见图 7-25（a）[68]。但是原位透射电镜的缺陷在于不能同时得到碳纳米管的手性信息，因此也很难直接建立碳纳米管的手性与催化剂结构之间的对应关系。只能通过非原位透射电子显微镜对已经生长结束的碳纳米管及与其相连的催化剂进行表征来确定二者之间的联系，人们发现碳纳米管是以催化剂为模板生长起来的，这就像是溶液相中存在晶种时晶体的生长一样，起初结合石墨烯在金属上生长，人们认识到碳纳米管似乎也是从催化剂的某个特定方向外延出来的，见图 7-25（b），朱宏伟等[69]通过对 Co 催化剂生长碳纳米管过程的高分辨透射电子显微镜的观察，他们认为碳纳米管管壁上的碳原子排列与 Co（1 1 1）面上的金属原子排列呈现一种类似 AB 堆垛的方式。这样碳纳米管生长依赖的催化剂的模拟模型就从完全液态的模式逐渐变为有序且活动性不大的固体状态的模式。据此，碳纳米管在催化剂上的热力学形成过程渐渐明朗起来。

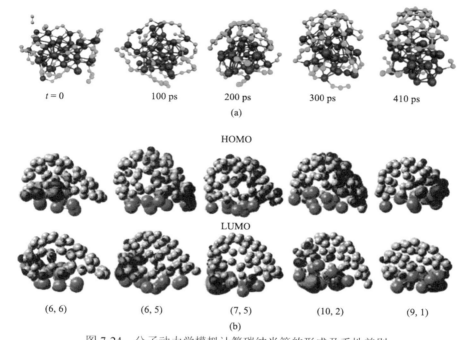

图 7-24　分子动力学模拟计算碳纳米管的形成及手性差别

(a) 催化剂上的五元环结构促使碳纳米管的端帽的形成及生长[65, 66]；(b) 不同手性碳纳米管的端帽和 Co₉ 耦合体系的成键轨道和反键轨道计算[67]

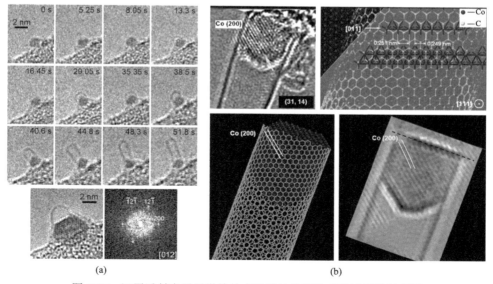

图 7-25　运用透射电子显微镜技术对碳纳米管的成核过程进行观测

(a) 原位透射电子显微镜记录碳纳米管在 Fe₃C 的某个晶面成核并进行生长[68]；(b) 运用非原位透射电子显微镜对碳纳米管和 Co 催化剂进行表征，发现碳纳米管管壁的碳原子排布与催化剂的 (1 1 1) 面 Co 原子排布是相关的[69]

首先考虑的是在催化剂上，少数碳原子是如何进行自组装的，自组装形成的早期碳帽结构是否具有最稳定结构。在这样一个早期过程中，催化剂可以被视为提供了一个较大的平面供碳原子进行自组装，该过程与石墨烯早期的成核过程类似。2012 年，Ding 等[70]提出了在金属催化剂表面，石墨烯的成核前期会出现一些碳的自组装体，在这些自组装体中，以一些特定幻数组成的碳自组装体在一个平整表面上会存在一些稳定结构，这些稳定结构取决于这些碳自组装体与平整表面所形成的夹角，例如，在 $C_{20}$、$C_{21}$ 及 $C_{24}$ 中，分别会出现图 7-26 中最稳定的形态，但是在碳原子增加的过程中，这些碳原子组成的最稳定形态会发生不停的变化，而不是始终维持在一种结构上不做改变。也就是说，在碳纳米管形成的初期，催化剂上也可能存在这样类似的稳定变化规律。

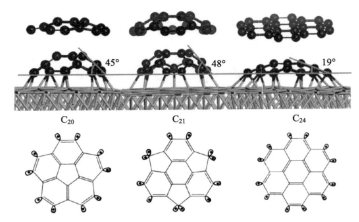

图 7-26　自由和限制在 Rh（1 1 1）面上不同的碳簇的存在形态及各个形态的活性位点[70]

随着生长过程的进行，碳自组装体不断长大直至形成碳帽结构，那么这些碳帽结构存在什么规律呢？2014 年，Yakobson 等[71]建立了不同手性的碳帽结构，基于 Fe 催化剂，并定义一个形成能为碳帽结构和催化剂复合优化后的能量，他们发现尽管碳帽的结构不同，但是从形成能的计算结果分析来看，碳帽结构的不同并没有引起整个形成能的巨大差异，见图 7-27，也就是说，碳帽结构尽管能够决定碳纳米管的手性，但是决定不了催化剂对某种碳纳米管特定选择性的问题。那么碳纳米管在催化剂上的选择性差异的来源是什么呢？碳帽继续长大形成碳纳米管结构后，碳纳米管之间的差异就表现在其端口处的碳原子排布了，这有可能就是碳纳米管选择性的来源。

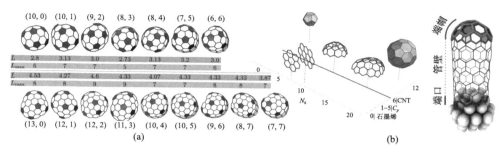

图 7-27　不同手性碳纳米管端帽的可能结构及形成能差异和碳纳米管手性来源[71]

(a)各个手性碳纳米管的端帽结构及形成能差异,可以看出端帽之间没有悬殊的能量差异; (b)碳纳米管的结构划分:端帽、管壁及端口,端口决定着碳纳米管的手性

　　2014 年,Yakobson 等[72]在 Co 催化剂(1 1 1)面上对其进行理论计算发现,对于相似管径的碳纳米管而言,碳纳米管在 Co 催化剂上的形成能有两个特殊的点,其中,当手性角在 10°~15°时,碳纳米管的形成能最高,向两边逐渐降低,尤其是其手性角越大时,即碳纳米管的边缘结构越接近扶手椅型结构,碳纳米管在 Co 催化剂上的形成能最低,见图 7-28(a)。如此便可以理解催化剂对碳纳米管的手性选择性来源。但是,张锦课题组[73]却报道了与之截然不同的结果,见图 7-28(b)。他们对化学气相沉积生长碳纳米管过程进行不断的温度扰动,以期得到催化剂与碳纳米管最稳定的界面,他们发现扰动后的结果是碳纳米管向小手性角方向变化

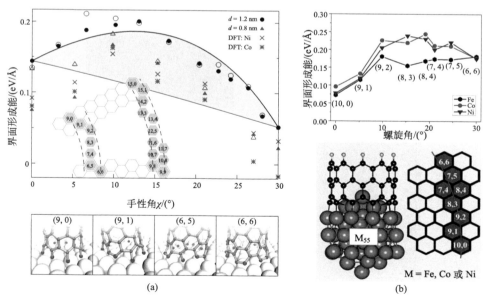

图 7-28　不同催化剂模型下的碳纳米管与催化剂界面之间的稳定类型

(a)固体 Co(1 1 1)面上的稳定类型为扶手椅型碳纳米管[72]; (b)液态催化剂模型下,碳纳米管最稳定构型为锯齿型碳纳米管[73]

了，进一步他们通过理论计算发现，锯齿型管与 Fe 催化剂的结合能最小，而非前面提到的扶手椅型管。那怎样理解二者获得结果的不同呢？可能的原因之一就是所采用催化剂的模型的不同，Yakobson 等将 Co 催化剂完全视为固态催化剂，体现的是催化剂晶面与碳纳米管之间的联系，而张锦等在计算时则将 Fe 催化剂完全以液态形式处理，体现的则是碳纳米管与液态催化剂之间包覆的成键关系。

相比于固态催化剂而言，液态催化剂难以定义出一个特定的形态，因此其对于碳纳米管的结构控制并不是一个有利的状态。而固态催化剂则恰恰是我们可以研究催化剂与碳纳米管之间热力学相关联系最好的研究对象，而后的实验更加证明，固态催化剂比液态催化剂更容易实现对碳纳米管手性的控制。

目前为止，尽管人们建立了很多模型去表达碳纳米管和催化剂之间相应的热力学关系，并提出了二者之间存在热力学匹配关系，但是这种潜在的匹配关系并没有传达出这样一种具体的信息，可以通过这种联系对碳纳米管的生长进行广泛的解释和预测。2017 年，张锦课题组[74]在利用拉曼和高分辨透射电子显微镜下观察到(8, 4)碳纳米管垂直生长在 WC 催化剂的(1 0 0)面，进而借助晶体生长学中的浮生生长行为，巧妙地提出了碳纳米管浮生于固态催化剂的特定晶面，二者存在对称性匹配关系，如图 7-29 所示。其更多的实验也证明在使用 WC 固态催化剂

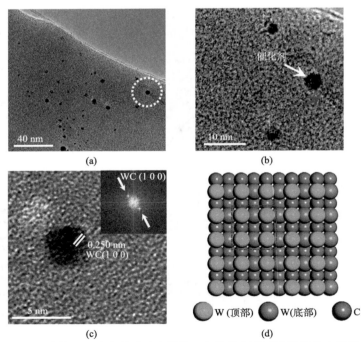

图 7-29　对称性匹配决定的碳纳米管端口与催化剂晶面直接的热力学关系[74]

(a)透射电子显微镜下 WC 催化剂生长出单壁碳纳米管；(b)碳纳米管与催化剂的相对位置关系；(c)WC 催化剂的
(1 0 0)面与碳纳米管呈垂直关系；(d)WC 催化剂的(1 0 0)面为准四重晶面

时，更多四重对称的碳纳米管出现。这个生长规则的提出可以解释更多的实验现象，并可以对未来固态催化剂选择性生长碳纳米管具有一定预测和指导意义。例如，在较多的实验中发现，(12, 6)金属型碳纳米管是很多催化剂在生长碳纳米管时经常重复出现的一种碳纳米管类型，这是因为通常的催化剂暴露的稳定晶面为六重对称的，而(12, 6)管正是一种六重对称的碳纳米管，因此无论在哪种生长条件下，该碳纳米管都能稳定存在。

从以上的讨论和分析可以看出，对于液态催化剂和固态催化剂而言，碳纳米管与之接触获得的最稳定的界面是不同的，对于液态催化剂，最稳定的界面应该是锯齿型边缘，扶手椅型边缘为次稳定结构；而对于固态催化剂，最稳定的界面应该是扶手椅型边缘，主要是由于固态催化剂具有固定的结构，因此是以平板模型引入的，扶手椅型边缘的碳原子在间距上能够和更多催化剂表面的原子进行键合，而锯齿型边缘的碳原子间的间距更大使得匹配程度下降，导致能量的升高。但是针对不同的催化剂状态体系，都有各自的实验和理论依据，目前还很难统一，同时各自正确与否还有待进一步实验的验证。

## 7.3.2　碳纳米管的生长动力学

与热力学相对应的另一个问题是动力学。研究碳纳米管生长动力学的重要性在于，可以依据碳纳米管生长动力学特征选取合适的生长条件。前期，许多实验结果表明[75-78]，见图 7-30(a)[79]，对于多种方法制备的碳纳米管，其螺旋角越大，碳纳米管的含量越高，也就是说，碳纳米管的手性越接近扶手椅型，其成核和生长就变得越容易，基于此，Ding 等[79]进行了分子模拟，提出了一种碳纳米管生长的螺旋位错理论。其理论表达为：在液态催化剂上，手性角为 0°的锯齿型碳纳米管可以看成是一种与催化剂结构匹配的完美晶体，则其他手性的碳纳米管均可以看成沿着碳纳米管的轴向发生一定的螺旋位错，见图 7-30(b)，位错的数目与碳纳米管的手性角成正比，则碳纳米管的生长就可以看成是在位错处添加碳原子。对于锯齿型碳纳米管，由于其与催化剂的完美匹配，因此其生长相当于破坏一个碳-金属键，而在一个完全封闭的前端面上增加一个新的碳原子就开始新的端面的生长，因此所需要的能量很高。对于手性碳纳米管和扶手椅型碳纳米管而言，由于位错始终存在，因此在原有端面上增加一个碳原子就可以形成新的端面，其生长过程中不需要对碳-金属键进行破坏，所需要的能量大量减少，这样使得这些碳纳米管的生长变得极其容易。同时，手性角越大，位错数目越多，生长就越容易。

2010 年，Jin 等[80]从一维材料纳米管的共性出发，认可了在一维材料中存在的螺旋位错的动力学生长机理。同时，2012 年，Maruyama 等[81]利用原位拉曼对单根碳纳米管的生长速率进行研究，见图 7-31(a)。通过对若干根碳纳米管生长速率和碳纳米管手性角的统计分析，他们同样得到了与 Ding 等一致的结论，即碳

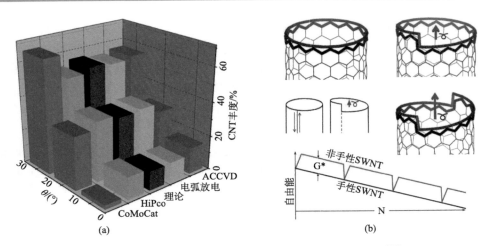

图 7-30 螺旋位错理论描述碳纳米管的生长动力学规律[79]

(a)对不同种类碳纳米管的统计分析显示,手性角越大,其占有的比例越大; (b)螺旋位错理论中对碳纳米管模型的描述

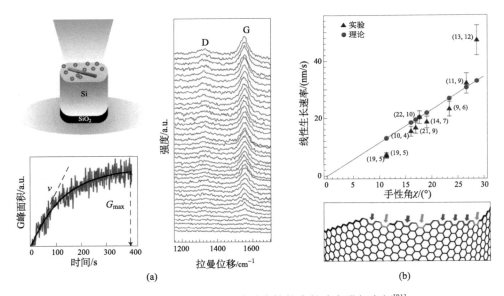

图 7-31 运用原位拉曼对碳纳米管的生长速率进行表征[81]

(a)原位拉曼检测碳纳米管生长速率示意图及利用 G 峰变化测量碳纳米管生长速率方法; (b)上方为不同碳纳米管生长速率的统计,显示手性角越大,碳纳米管的生长速率越大;下方为碳纳米管边缘活性不同的添加碳原子对的位置,浅红色最活泼,红色次之,深红色最差(彩图请扫封底二维码)

纳米管的手性角越大,其相应的动力学生长速率越快。但是他们对碳纳米管的位错位置提出了新的看法,他们认为碳纳米管的生长以添加 $C_2$ 原子对而生长,而 $C_2$ 原子对的添加位置(这里称为 kink)共有三种,见图 7-31(b),其中浅红色位置

在添加原子对时是无能量势垒的，而深红色位置在添加碳原子对时能量最高，因此锯齿型管的生长是极其困难的。

Yuan 和 Ding [82]在基于自己之前的工作，对锯齿型碳纳米管的生长进行了详细的计算和研究，他们同样认识到锯齿型碳纳米管的生长在动力学上确实不占优势，通过与扶手椅型碳纳米管生长速率的对比，他们计算得到锯齿型碳纳米管的生长速率是扶手椅型的千分之一，如图 7-32 所示，生长温度越低，其生长速率越小，生长温度升高，在一定程度上可以提高锯齿型碳纳米管的生长速率。

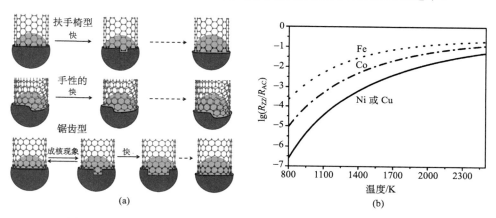

图 7-32　螺旋位错理论计算比较三种不同类型碳纳米管的生长速率[82]

(a) 扶手椅型和手性管具有较高的生长速率，锯齿型管具有一个明显的限速步骤就是添加一个碳原子；(b) 在不同催化剂上计算得到的锯齿型管生长速率与扶手椅型管生长速率之比，显示锯齿型管具有极小的生长速率

尽管这些工作已经对碳纳米管的生长动力学给出了极为重要的理解，但是仔细分析碳纳米管样品的手性分布时，可以发现在很多样品中，尤其是低温生长的碳纳米管样品，整体上遵循碳纳米管的手性角越大，其含量越多，可是具体到某一手性角时，并没有发现有很多扶手椅型碳纳米管，相反地，其含量似乎并不高，这就与之前给出的结论相矛盾，这是为什么呢？2014 年，Yakobson 等[72]以固态催化剂为模型，仍然以螺旋位错理论为基础，重新对碳纳米管的生长速率进行研究和计算，如图 7-33 所示。在其模型中，他们认为碳纳米管与催化剂的某个晶面相垂直，此时碳纳米管的螺旋位错位置并不是取决于碳纳米管自身端面碳原子的排列，而是取决于碳纳米管与催化剂晶面相对的一些特殊位置，这样对于锯齿型和扶手椅型碳纳米管而言，其端面的碳原子与催化剂的金属原子均能稳定结合，这样就不存在螺旋位错，要使其进行下一步生长，就必须打破碳-金属键重新开启一个端面，而对于手性管而言就不同了，他们认为在手性角等于 19.1°时，碳纳米管相对于催化剂的螺旋位错数目最多，因此相应的碳纳米管的生长速率最快。另一个问题则是如何解释碳纳米管样品中手性角越大，所占的比例越高。其实在这

里，前面的工作忽视了热力学存在的问题，而将含量问题仅归结于生长速率的问题，因此当 Yakobson 等引入热力学时，很容易就解释了该问题，即锯齿型和扶手椅型碳纳米管在热力学上较稳定，但是动力学生长上不占优势，因此二者的一个交集导致了越靠近扶手椅型方向，碳纳米管的含量越高，这就与事实基本一致了。

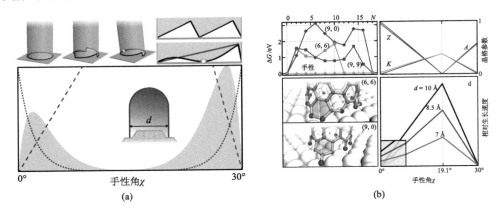

图 7-33　固态催化剂上碳纳米管生长模型及计算[72]

(a)钴催化剂采用平板模型，碳纳米管与晶面之间存在生长的位错；(b)钴催化剂表面生长碳纳米管时，手性角为19.1°的碳纳米管具有最大的生长速率

此外，张锦课题组等[74]利用 WC 催化剂在石英表面生长碳纳米管时，在其生长的起始阶段，先引入一个碳氢比较小的气氛(如碳氢比等于 50/300)进行碳纳米管的短时间生长，由于氢气比例较大，因此任何可能成核的碳纳米管都可以生长。随后采用高的碳氢比(如 100/0)继续进行生长，他们发现，越是靠近催化剂带一端的碳纳米管，其手性分布向大手性角方向集中，而远离催化剂带较长的碳纳米管，其手性角分布则向 19.1°方向集中，这种趋势的变化也印证了在固态催化剂上碳纳米管的动力学生长规律与 Yakobson 等的一致，如图 7-34 所示。

由此可见，碳纳米管的化学气相沉积生长过程中，催化剂似乎并不是以一种完全液态的形式存在，还含有一些固态的特征，基于此，引导我们对碳纳米管的生长速率所遵循的螺旋位错机理的研究向可能更正确的方向进行深入的研究。相信将来能有更丰富的实验结果和更加合理的理论结果来阐述碳纳米管的动力学生长行为规律。

### 7.3.3　催化剂诱导的手性控制

为了实现碳纳米管在电子学器件中的真正应用，人们尝试各种办法对碳纳米管进行结构控制，随着对碳纳米管生长热力学和动力学认识的加深，一些特定手性的碳纳米管逐渐被成功制备出来，尤其是基于催化剂诱导的碳纳米管的手性控

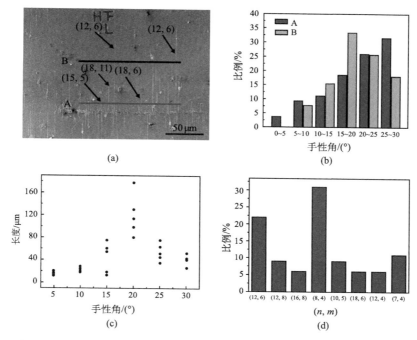

图 7-34　基于固态催化剂在一次性生长碳纳米管过程中改变碳源浓度证明碳纳米管的生长速率[74] (a)改变碳源浓度生长后对离催化剂带不同距离进行碳纳米管表征的 SEM 照片；(b)距离催化剂带远近的两处碳纳米管的手性角分布统计图；(c)生长结束后，对碳纳米管长度和手性角的关系统计图；(d)WC 催化剂生长结束后的碳纳米管的种类统计图

制。见图 7-35，Chen 等[83]给出了已经报道出来的相关的手性碳纳米管种类，并对各个手性碳纳米管进行了方法和产率上的综述，进一步地，张锦课题组[84]则对其中比较典型的手性控制的结果给出了一个时间发展下的路线图，见图 7-36，这些无不体现着人们对碳纳米管生长的理解的逐渐加深。由于固态催化剂具有更好的刚性模板作用，因此逐渐取代现有的液态催化剂体系，随之而来的，生长模式也从原有的 VLS 模式演变为 VS 模式。在固态催化剂模板作用下，碳纳米管的热力学成核行为和动力学生长行为可以进一步被讨论。但是，有一点值得注意，事实上没有绝对的固态和液态催化剂，它们只是相对于生长温度来体现的，例如，有些催化剂，Fe、Co、Ni 等，如果将生长温度维持在 900℃，那么这些催化剂很容易表现为液态，但是将生长温度降低至 650℃时，这些催化剂又将表现为固态。因此未来在设计固态催化剂方面可能存在两条路进行选择，一是设计并寻找一些熔点极高的催化剂，即使在极高的生长温度下也能够维持固态，显然这类催化剂是有限的；二是降低生长温度，使原来呈现液态的催化剂在低温下转变为固态，这就大大扩大了所使用的催化剂范围。早期，人们在粉体样品中实现(6, 5)管的生长实际上就是一种固态催化剂，但是遗憾的是，这种低温生长还没能有效地用于

单壁碳纳米管在单晶基底上的阵列性生长。在此基础上，下面根据人们对催化剂认识的不断加深谈一谈催化剂对碳纳米管手性的影响。

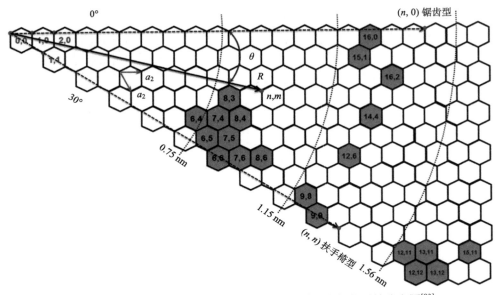

图 7-35　目前报道的能够获得一定富集度的碳纳米管的手性分布图[83]

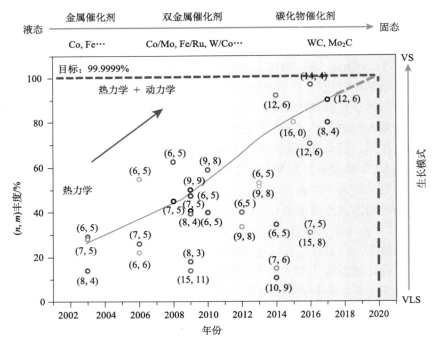

图 7-36　催化化学气相沉积中碳纳米管手性富集的发展路线图[84]

从催化剂本身角度来看，作为催化剂，其典型的作用体现在两点：加速化学反应的进行并影响化学反应的选择性。但是在碳纳米管生长的过程中，催化剂发挥的作用就不再局限于以上两点，其作用可概括为如下四个方面：催化碳源的裂解；控制碳的中间体的扩散和反应；在纳米尺度上是碳纳米管成核和生长的模板；提供持续的生长位点来延续生长。前两点与大多数的异相催化剂是相通的，而后两点则是针对碳纳米管生长所独有的。

He 等[85]发现在同一 CVD 过程中，当使用不同碳源时，例如 CO 和 $CH_4$，得到的碳纳米管的种类大大不同，如图 7-37 所示，利用 CO 得到的碳纳米管具有更窄的分布，他们认为碳源不同而导致的碳纳米管手性种类差异的关键在于不同碳源在催化剂上的裂解速率具有差异性。其中，CO 的裂解速度似乎更快一些，而众所周知 $CH_4$ 是一种裂解温度较高的气体分子，因此在碳原子的供给速率上前者更快，后者更慢，因此对后者来说，很难存在碳源过多造成的催化剂中毒，对各个手性的碳纳米管都可以促进生长。

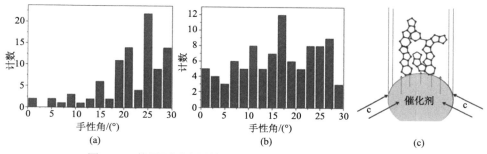

图 7-37　使用不同碳源前驱体获得的碳纳米管的手性分布[85]

(a)CO 作为碳源获得的窄手性分布的碳纳米管；(b)$CH_4$ 作为碳源时获得的碳纳米管具有较宽的手性分布；(c)催化剂上通过体相扩散形成的碳原子小片的纳米簇

另外，人们也从催化剂的结构上认识碳纳米管的生长。早期，Resasco 等[86]认识到当使用 Co/Mo 合金催化剂时，得到的碳纳米管的手性分布很窄，以(6, 5)管为主，两个金属的协同作用体现在 Mo 作为一种高熔点的金属，可以稳定 Co 纳米粒子的稳定性，但是可惜的是他们并没有说明 Co 纳米粒子与(6, 5)管之间的对应关系。2009 年，Chiang 和 Sankaran[87]考察了碳纳米管种类和 $Ni_xFe_{1-x}$ 之间的变化关系，如图 7-38 所示，在 Ni 催化剂中，随着 Fe 的增加，其(8, 4)碳纳米管的含量有明显的上升，利用高分辨透射电子显微镜对合金纳米粒子晶格变化的研究，他们认为碳纳米管手性的变化与 Fe 引入导致 Ni 晶格的畸变是相关的，但是他们却没有从原子水平更加深入地阐明晶格畸变对碳纳米管的影响。类似地，Chen 等[88-90]利用 S 对 Co 催化剂进行掺杂，发现碳纳米管的手性以(9, 8)管为主，他们认为 S 的引入对 Co 的某些晶面会进行选择性失活从而提高了选择性，但是他们仍没有给出手性选择性的原子水平上的解释。我们认为这种困难在于 Ni、Fe 和 Co 均为低熔点催化剂,在基于 VLS 机理上阐明碳纳米管的成核规则是比较困难的。因此人们开始渐渐地偏向固态催化剂的概念,并试图建立催化剂与碳纳米管之间的结构匹配。

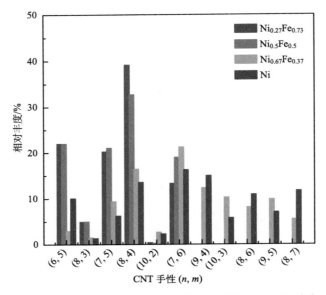

图 7-38    Ni$_x$Fe$_{1-x}$ 比例变化对碳纳米管手性富集的影响[87]

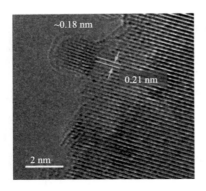

图 7-39    原位高分辨透射电子显微镜观察 Co 纳米粒子上碳纳米管端帽的形成[91]

He 等[91]采用 MgO 载体负载 Co 纳米粒子生长 (6, 5) 管,通过原位高分辨透射电子显微镜观察到在 MgO 载体和 Co 纳米粒子之间存在一个晶格失配,而这则稳定了 Co 纳米粒子的存在,同时生长采用一个较低的温度,稳定结构的 Co 纳米粒子促进了碳纳米管的成核和生长,如图 7-39 所示。可见,稳定的催化剂晶体结构对碳纳米管的生长有着极其关键的作用。

在前人的工作基础上,李彦课题组[19, 21, 92, 93]设计了高熔点的 W/Co 合金,在 1030℃下,该合金能够保持稳定的结构和状态,从酶催化反应的角度创新地提出了催化剂与碳纳米管的结构性匹配。通过选择合适的还原条件,能够得到三种不同的活性晶面 (0 0 12)、(1 1 6) 和 (1 0 10),

并基于这三种晶面分别制备了含量较高(12, 6)、(16, 0)和(14, 4)碳纳米管，如图7-40 所示。尽管他们在实验结果上获得了前所未有的进步，但是在生长理论上提出的结构匹配并没有给出一个具体的匹配原则等而仍然使催化剂诱导的碳纳米管生长处在一个黑匣子中。

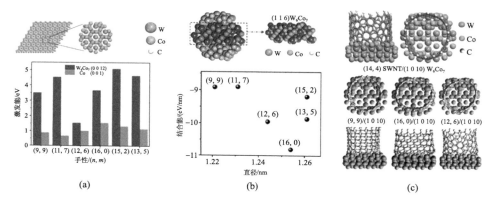

图 7-40  W/Co 固态催化剂实现多种手性碳纳米管的富集[93]

(a) (12, 6)碳纳米管的富集使用的 W/Co 固态催化剂的(0 0 12)面[121]；(b) (16, 0)碳纳米管的富集使用的 W/Co 固态催化剂的(1 1 6)面[92]；(c) (14, 4)碳纳米管的富集使用的 W/Co 固态催化剂的(1 0 10)面[19]

2017 年，张锦等[74]观察到(8, 4)碳纳米管能够在固态 WC 催化剂的(1 0 0)晶面进行垂直生长，并引入晶体学中浮生生长的观点，将碳纳米管视为碳原子的一种固体晶体，而浮生生长在催化剂的特定晶面上，从而与其合作者们提出了碳纳米管在生长上与催化剂的浮生晶面遵循对称性匹配原则。这一原则的提出，使得碳纳米管在固态催化剂上的成核变得有迹可循。更进一步地，他们结合 Yakobson 等提出的碳纳米管生长动力学行为，通过设计特定的固态催化剂，得到了富集度很高的(8, 4)和(12, 6)碳纳米管，并具有相当高的密度，如图7-41 所示。尽管此理论还有待更多的实验验证，但是目前来看，此理论能更好地解释碳纳米管在固态催化剂上的生长。

至此，本书已经将液态催化剂和固态催化剂上的成核热力学和生长动力学都进行了一定的分析，并列举了一些具体实现碳纳米管手性控制的例子。但是我们更希望将成核热力学和生长动力学结合起来，基于催化剂进行预测最大可能被富集的碳纳米管种类，显然碳纳米管的富集可以按照热力学和动力学两个方向进行选择性富集。同样按照催化剂的状态进行分析，首先是液态催化剂，由于液态催化剂很难得到均一的尺寸分布，因此对于液态催化剂来说，几乎很难得到手性单一的碳纳米管样品，但是却可以得到具有同一特征的一类碳纳米管。前面我们提到，对于液态催化剂，最稳定的热力学成核结构为锯齿型碳纳米管，但是锯齿型

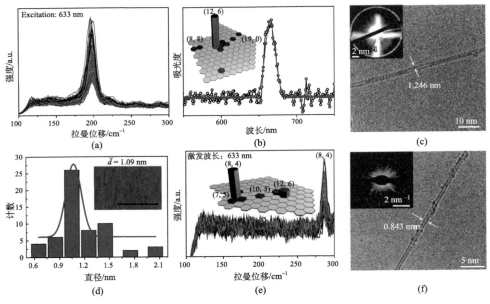

图 7-41  利用固态催化剂制备出高密度手性富集的碳纳米管水平阵列[74]

碳化钼催化剂制备的 (12, 6) 管相关的表征，拉曼光谱 (a)、吸收光谱 (b) 及电子衍射 (c)；碳化钨催化剂制备的 (8, 4)

碳纳米管相关表征，催化剂分布 (d)、拉曼光谱和含量 (e) 及电子衍射 (f)

碳纳米管在生长动力学上存在一个较高的生长势垒，因此具有一个相当慢的生长速率，同时在实验条件下，很容易由于过量的碳源而被终止生长。但是与之相邻近的近锯齿型碳纳米管因为存在一个位错点，具有比锯齿型碳纳米管大得多的生长速率，可见，利用液态催化剂在追求热力学稳定结构成核环境下富集的碳纳米管类型为近锯齿型碳纳米管。对于动力学富集方向，可以注意到对于液态催化剂，扶手椅型碳纳米管具有较高的动力学生长速率，同时在动力学生长调控下，热力学稳定的结构是比较容易被终止的，相反亚稳的结构可以在动力学生长环境的促进下得到快速富集。动力学促进的生长环境的获得往往是通过加大反应物浓度实现的，因此在使用液态催化剂生长碳纳米管的过程中提高使用的碳源浓度，理论上可以得到动力学促进的扶手型碳纳米管，如图 7-42 所示。

　　另一个则是固态催化剂，固态催化剂可以通过一些特定的合成办法获得较窄的分布，因此基于固态催化剂既可以得到一类特定类型的碳纳米管，又可以获得单一手性的碳纳米管。固态催化剂对于碳纳米管的手性富集同样可以从热力学和动力学两个角度进行富集生长。首先是热力学角度，对于固态催化剂，碳纳米管采取垂直生长模式，其成核和生长是与特定的晶面密切相关的，因此需要考虑晶面的堆积类型。理论计算表明，在固态催化剂上，扶手椅型碳纳米管是一种比锯齿型碳纳米管更稳定的成核结构，但是在固态催化剂晶面上，扶手椅型碳纳米管

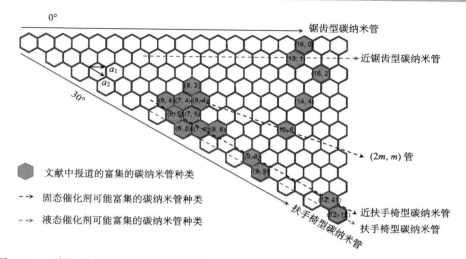

图 7-42  文献报道的可以富集的碳纳米管种类及利用不同类型催化剂可能富集的碳纳米管种类

又缺少生长时需要的位错，在动力学生长上也容易受到限制，相反近扶手型碳纳米管不仅具有和扶手椅型碳纳米管相近的稳定结构，同时具有一个位错位置，在动力学生长上具有一定优势，因此在在追求热力学稳定生长条件下，固态催化剂上得到的应该是近扶手椅型碳纳米管。当再考虑固态催化剂晶面堆积类型时，近扶手椅型碳纳米管的种类将会进一步变窄，例如，通常晶体的稳定晶面包含一重、二重、三重、四重及六重对称性，但是对于纳米催化剂，在高温下，稳定性越高的晶面往往具有更高的对称性(原子密度大造成的)，因此四重和六重晶面是出现比较多的晶面。结合晶面对称性后，近扶手椅型碳纳米管的种类则主要为近六重的碳纳米管，如 (9, 8)、(6, 5) 管等，如图 7-42 所示，这几乎与实验事实一致。可见，如果使用分布不均一的固态催化剂，可以得到近六重的近扶手椅型碳纳米管，而当使用的固态催化剂具有较窄分布时，得到的可以是单一手性的近六重的近扶手椅型碳纳米管。再考虑动力学富集方向，在固态催化剂上，手性角为 19.1° 的碳纳米管具有最大的动力学生长速率，这类碳纳米管可以成为 (2m, m) 型碳纳米管，同时考虑晶面对称性，在较大碳源供给下，动力学生长具有优势的三重、四重及六重的 (2m, m) 型碳纳米管将被富集得到，如图 7-42 所示，目前已经得到四重的 (8, 4) 及六重 (12, 6) 型碳纳米管。如果进一步增大催化剂尺寸，则有可能得到四重的 (16, 8) 型碳纳米管。

综上，我们对不同状态的催化剂类型，从热力学和动力学两个角度分析了可能富集的碳纳米管类型，其中一些碳纳米管已经被制备出来，有些则需要进一步对催化剂和实验条件进行设计才能得到。从图 7-42 还应该注意到，有一些报道的手性富集的碳纳米管种类并不符合上述本书分析的类型，如 (14, 4) 及 (16, 2) 碳纳米管，原因可能在于催化剂晶面的不平整性，但是缺乏相应的表征手段，很难确认具体是何种原因导致的。因此，未来对于碳纳米管的手性控制生长，一方面要加强实验和理论方面的知识来推动碳纳米管的发展，另一方面也要依赖表征手段的进步和革新。相信随着人们对碳纳米管生长机理越来越清晰的认识，利用催化剂对碳纳米管实现手性的任意控制也将成为现实。

### 7.3.4　无催化剂的碳纳米管外延生长及克隆

　　早期，人们采用催化剂设计试图实现碳纳米管结构控制生长而屡屡受挫的时候，也尝试改变思路，既然碳纳米管是从催化剂上生长出来且在生长过程中手性结构能够保持不变，那么能否控制已经生长出的碳纳米管在端口处再重新加载新鲜催化剂而继续使碳纳米管沿着原来的结构继续生长呢？按照这个想法，Smalley 等[94, 95]在碳纳米管的端口添加了 Fe 金属催化剂，如图 7-43 所示，确实在一定程度上观察到了碳纳米管的继续生长，实现了碳纳米管的"克隆"。但是仍有不足的是，由于催化剂无法进行可控的添加，同时催化剂属于液态催化剂，因此额外引入的催化剂会另外生长新的碳纳米管，同时诱导原始碳纳米管手性的改变。

　　2009 年，张锦课题组[96]在石英基底表面不添加催化剂，而是利用在生长好的碳纳米管上截出的一段碳纳米管作为种子，实现了碳纳米管的克隆生长，如图 7-44 所示。实验证明，这种不在碳纳米管端口添加催化剂的克隆方法确实能够准确维持碳纳米管的结构，但是其效率极低，原因包含两个方面，一是碳纳米管端口活化后能够生长的效率不高，二是生长能够再延续的长度不够长，即生长寿命不长。同时，这种克隆方法添加碳原子的机理也没有进行阐明。

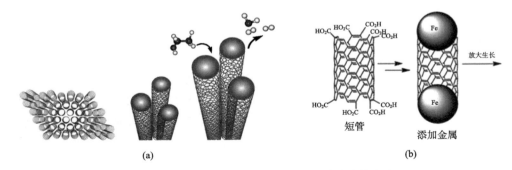

图 7-43　端口添加金属催化剂而实现碳纳米管克隆

(a)碳纳米管端口添加金属催化剂实现碳纳米管克隆的示意图[94]；(b)碳纳米管端口添加金属催化剂的具体实施过程[95]

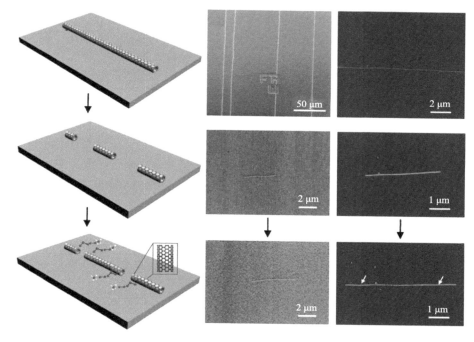

图 7-44　无催化剂辅助的碳纳米管的气相克隆生长[96]

　　2012 年，Zhou 等[97]沿用张锦课题组提出的克隆思路，采用分离出的碳纳米管作为克隆使用的种子，并对碳纳米管端口的活化进行了优化，从而大大提高了碳纳米管克隆的效率和产率。与此同时，他们给出了一个无催化剂下碳纳米管克隆的规律，如图 7-45 所示。在克隆过程中，碳纳米管的端口以 Diels-Alder 反应

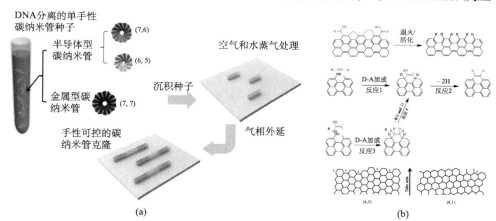

图 7-45　利用溶液分离的碳纳米管作为种子实现碳纳米管的气相外延克隆[97]

(a)利用溶液法分离获得的碳纳米管作为种子在基底表面实现碳纳米管克隆的示意图；(b)碳纳米管气相克隆生长的 Diels-Alder 反应机理

机理添加原子对，因此克隆速率与碳纳米管端口处的扶手椅型的位点数目相关，数目越多，生长速率越快。2013 年，他们在之前研究的基础上，给出了碳纳米管克隆生长的速率曲线，证实了他们提出的机理，如图 7-46 所示[98]。

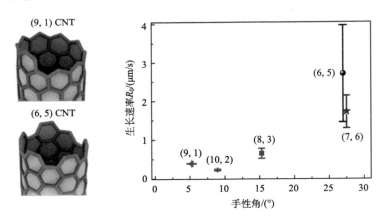

图 7-46　碳纳米管气相外延克隆的生长速率测量分析[98]

从另一个角度讲，碳纳米管的起始便是一个碳帽，那么如果能大量合成这种碳帽，再结合碳纳米管克隆的思想，就可能制备出大量手性结构均一的碳纳米管。2010 年，张锦等[99]首次利用 $C_{60}$，通过不同的开口和制备手段得到了碳帽，成功进行了碳纳米管的生长，如图 7-47 所示。但是由于开口结构的不确定性，仍然没有实现对碳纳米管的单一手性的选择性制备。

随后，2013 年，Omachi 等[100]利用有机合成的办法制备了扶手椅型的碳环，利用这些碳环成功进行了碳纳米管的生长，如图 7-48 所示。然而，其制备的碳纳米管仍然呈现多种手性，而非单一的扶手椅型，同时，即使该方法有效，但是合成碳环的种类却是非常有限的。

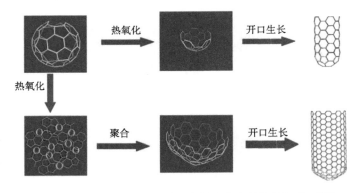

图 7-47　打开 $C_{60}$ 并作为碳纳米管克隆生长的端帽种子[99]

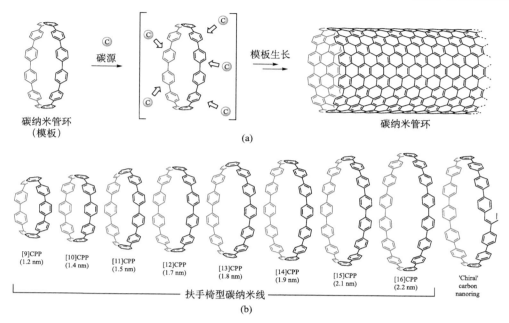

图 7-48　利用碳纳米环为种子进行碳纳米管的克隆生长[100]

(a)碳纳米环作为种子实现碳纳米管克隆的生长示意图；(b)内径不同的多种多样的碳纳米环

　　利用开口的 $C_{60}$ 和碳环最大的问题都是出现手性不均一的现象，这可能是在气相反应中由于碳纳米管的生长速率过慢，因此会出现更多的缺陷，缺陷的出现导致了碳纳米管手性的转变，另一方面则是由于对 $C_{60}$ 进行开口时，其开口位置并不均一，同时如果仅作为一个端帽结构，仍会衍生出多种结构的碳纳米管，因此需要对碳纳米管克隆的种子进行严格的控制。2014 年，Sanchez-Valencia 等[101]同样借助于有机合成手段制备了 $C_{96}H_{54}$，将该分子分散在单晶 Pt(111) 面上，当在低温下对其退火时发现，该分子可以成功脱氢并组合成具有极短长度的(6, 6)管，以此作为碳纳米管克隆生长的种子，通入合适的碳源后，该碳纳米管成功生长到几百纳米，如图 7-49(a) 所示。随后他们又制备了 $C_{54}H_{24}$ 作为(9, 0) 管克隆的前驱体，如图 7-49(b) 所示。但是相对而言，这种方法仍然表现为较低的生长效率[102]。

　　图 7-50 给出了碳纳米管克隆生长过程的发展历程[93]。实验事实证明，碳纳米管克隆确实是一个比催化剂诱导碳纳米管结构控制生长更加有效的方法。但是克隆生长最大的问题仍然停留在我们最初讨论的两点上，即碳纳米管种子端口的活化和生长效率的问题。如果可以彻底解决这两个问题，那么碳纳米管的克隆在表面水平阵列制备方面有可能完全代替催化剂诱导碳纳米管生长的方法。笔者认为应当给予碳纳米管克隆生长更多的关注，以进一步挖掘这种方法的潜力。

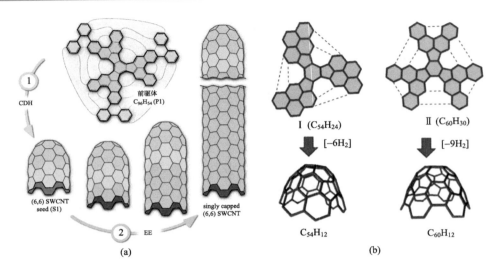

图 7-49 大分子的再组成为碳纳米管克隆生长的种子

(a)$C_{96}H_{54}$组装为(6, 6)管生长的种子[101]；(b)制备其他手性碳纳米管端帽的大分子设计[102]

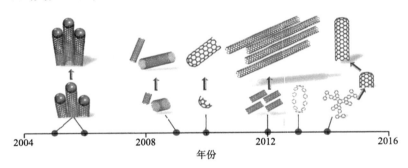

图 7-50 碳纳米管克隆使用的种子的发展路线图[93]

总之，尽管人们在碳纳米管的结构控制方面已经取得了不小的进展，但是就碳纳米管的导电属性和手性控制而言(特别是后者)，仍然处于实验室规模的前沿探索阶段，目前看来，以催化剂作为模板对碳纳米管进行结构控制的方法仍呈现较低的选择性，但是其效率较高，由于监测手段的限制，在生长过程中催化剂到底是如何影响碳纳米管的成核与结构的仍然还不明晰。相比于催化剂对于碳纳米管结构的控制，使用碳纳米管自身作为模板的克隆生长，能够完全继承原有碳纳米管的结构，同时该过程中无需引入任何金属成分，显然是最理想的方法，然而这种方法最大的缺陷是效率极低，根本性原因在于碳纳米管端口的活化，目前人们还没找到理想的方法对其进行活化从而提高克隆效率。未来要想真正实现特定碳纳米管结构的精准合成，还有很长的路要走，一方面是继续探索以催化剂为模板的结构控制方法，这种方法可探索的空间更大，因此有更大的成功可能；另一方面是继续寻找提高碳纳米管克隆效率的方法，尽管难度很大，但是一旦有所突破，那么将为碳纳米管的研究和应用带来革命性的推动作用。

## 参 考 文 献

[1] Javey A, Wang Q, Ural A, Li Y, Dai H. Carbon nanotube transistor arrays for multistage complementary logic and ring oscillators. Nano Letters, 2002, 2 (9): 929-932.

[2] Derycke V, Martel R, Appenzeller J, Avouris P. Carbon nanotube inter-and intramolecular logic gates. Nano Letters, 2001, 1 (9): 453-456.

[3] Chen Z, Appenzeller J, Lin Y M, Sippel-Oakley J, Rinzler A G, Tang J, Wind S J, Solomon P M, Avouris P. An integrated logic circuit assembled on a single carbon nanotube. Science, 2006, 311 (5768): 1735.

[4] Wang S, Zhang Z, Ding L, Liang X, Shen J, Xu H, Chen Q, Cui R, Li Y, Peng L M. A doping-free carbon nanotube CMOS inverter-based bipolar diode and ambipolar transistor. Advanced Materials, 2008, 20 (17): 3258-3262.

[5] Ding L, Tselev A, Wang J, Yuan D, Chu H, McNicholas T P, Li Y, Liu J. Selective growth of well-aligned semiconducting single-walled carbon nanotubes. Nano Letters, 2009, 9 (2): 800-805.

[6] Zhou W, Zhan S, Ding L, Liu J. General rules for selective growth of enriched semiconducting single walled carbon nanotubes with water vapor as in situ etchant. Journal of the American Chemical Society, 2012, 134 (34): 14019-14026.

[7] Li J, Liu K, Liang S, Zhou W, Pierce M, Wang F, Peng L, Liu J. Growth of high-density-aligned and semiconducting-enriched single-walled carbon nanotubes: decoupling the conflict between density and selectivity. ACS Nano, 2014, 8 (1): 554-562.

[8] Zhang F, Hou P X, Liu C, Wang B W, Jiang H, Chen M L, Sun D M, Li J C, Cong H T, Kauppinen E I, Cheng H M. Growth of semiconducting single-wall carbon nanotubes with a narrow band-gap distribution. Nature Communications, 2016, 7: 11160.

[9] Hou P X, Li W S, Zhao S Y, Li G X, Shi C, Liu C, Cheng H M. Preparation of metallic single-wall carbon nanotubes by selective etching. ACS Nano, 2014, 8 (7): 7156-7162.

[10] Zhao Q, Yao F, Wang Z, Deng S, Tong L, Liu K, Zhang J. Real-time observation of carbon nanotube etching process using polarized optical microscope. Advanced Materials, 2017, 29 (30): 1701959.

[11] Wang Z, Zhao Q, Tong L, Zhang J. Investigation of etching behavior of single-walled carbon nanotubes using different etchants. The Journal of Physical Chemistry C, 2017, 121 (49): 27655-27663.

[12] Joselevich E, Lieber C M. Vectorial growth of metallic and semiconducting single-wall carbon nanotubes. Nano Letters, 2002, 2 (10): 1137-1141.

[13] Peng B, Jiang S, Zhang Y, Zhang J. Enrichment of metallic carbon nanotubes by electric field-assisted chemical vapor deposition. Carbon, 2011, 49 (7): 2555-2560.

[14] Zhang Y, Chang A, Cao J, Wang Q, Kim W, Li Y, Morris N, Yenilmez E, Kong J, Dai H. Electric-field-directed growth of aligned single-walled carbon nanotubes. Applied Physics Letters, 2001, 79 (19): 3155-3157.

[15] Hong G, Zhang B, Peng B, Zhang J, Choi W M, Choi J Y, Kim J M, Liu Z. Direct growth of semiconducting single-walled carbon nanotube array. Journal of the American Chemical Society, 2009, 131 (41): 14642-14643.

[16] Zhang S, Hu Y, Wu J, Liu D, Kang L, Zhao Q, Zhang J. Selective scission of C–O and C–C bonds in ethanol using bimetal catalysts for the preferential growth of semiconducting SWNT arrays. Journal of the American Chemical Society, 2015, 137 (3): 1012-1015.

[17] Qin X, Peng F, Yang F, He X, Huang H, Luo D, Yang J, Wang S, Liu H, Peng L, Li Y. Growth of semiconducting single-walled carbon nanotubes by using ceria as catalyst supports. Nano Letters, 2014, 14 (2): 512-517.

[18] Kang L, Hu Y, Liu L, Wu J, Zhang S, Zhao Q, Ding F, Li Q, Zhang J. Growth of close-packed semiconducting single-walled carbon nanotube arrays using oxygen-deficient TiO$_2$ nanoparticles as catalysts. Nano Letters, 2014, 15(1): 403-409.

[19] Yang F, Wang X, Si J, Zhao X, Qi K, Jin C, Zhang Z, Li M, Zhang D, Yang J, Zhang Z, Xu Z, Peng L, Bai X, Li Y. Water-assisted preparation of high-purity semiconducting(14, 4) carbon nanotubes. ACS Nano, 2016, 11(1): 186-193.

[20] Harutyunyan A R, Chen G, Paronyan T M, Pigos E M, Kuznetsov O A, Hewaparakrama K, Kim S M, Zakharov D, Stach E A, Sumanasekera G U. Preferential growth of single-walled carbon nanotubes with metallic conductivity. Science, 2009, 326(5949): 116-120.

[21] Yang F, Wang X, Zhang D, Yang J, Luo D, Xu Z, Wei J, Wang J Q, Xu Z, Peng F, Li X, Li R, Li Y, Li M, Bai X, Ding F, Li Y. Chirality-specific growth of single-walled carbon nanotubes on solid alloy catalysts. Nature, 2014, 510(7506): 522-524.

[22] Zhang S, Tong L, Hu Y, Kang L, Zhang J. Diameter-specific growth of semiconducting SWNT arrays using Mo$_2$C solid catalyst. The Journal of American Chemical Society, 2015, 137(28): 8904-8907.

[23] Wang Y, Liu Y, Li X, Cao L, Wei D, Zhang H, Shi D, Yu G, Kajiura H, Li Y. Direct enrichment of metallic single-walled carbon nanotubes induced by the different molecular composition of monohydroxy alcohol homologues. Small, 2007, 3(9): 1486-1490.

[24] Li J C, Hou P X, Zhang L, Liu C, Cheng H M. Growth of metal-catalyst-free nitrogen-doped metallic single-wall carbon nanotubes. Nanoscale, 2014, 6(20): 12065-12070.

[25] Che Y, Wang C, Liu J, Liu B, Lin X, Parker J, Beasley C, Wong H S P, Zhou C. Selective synthesis and device applications of semiconducting single-walled carbon nanotubes using isopropyl alcohol as feedstock. ACS Nano, 2012, 6(8): 7454-7462.

[26] Zhang G, Qi P, Wang X, Lu Y, Li X, Tu R, Bangsaruntip S, Mann D, Zhang L, Dai H. Selective etching of metallic carbon nanotubes by gas-phase reaction. Science, 2006, 314(5801): 974-977.

[27] Zhang H, Liu Y, Cao L, Wei D, Wang Y, Kajiura H, Li Y, Noda K, Luo G, Wang L, Zhou J, Lu J, Gao Z. A facile, low-cost, and scalable method of selective etching of semiconducting single-walled carbon nanotubes by a gas reaction. Advanced Materials, 2009, 21(7): 813-816.

[28] Yu Q, Wu C, Guan L. Direct enrichment of metallic single-walled carbon nanotubes by using NO$_2$ as oxidant to selectively etch semiconducting counterparts. The Journal of Physical Chemistry Letters, 2016, 7(22): 4470-4474.

[29] Zhang Y, Zhang Y, Xian X, Zhang J, Liu Z. Sorting out semiconducting single-walled carbon nanotube arrays by preferential destruction of metallic tubes using xenon-lamp irradiation. The Journal of Physical Chemistry C, 2008, 112(10): 3849-3856.

[30] Maehashi K, Ohno Y, Inoue K, Matsumoto K. Chirality selection of single-walled carbon nanotubes by laser resonance chirality selection method. Applied Physics Letters, 2004, 85(6): 858-860.

[31] Collins P G, Arnold M S, Avouris P. Engineering carbon nanotubes and nanotube circuits using electrical breakdown. Science, 2001, 292(5517): 706-709.

[32] Jin S H, Dunham S N, Song J, Xie X, Kim J H, Lu C, Islam A, Du F, Kim J, Felts J, Li Y,Xiong F, Wahab M A, Menon M, Cho E, Grosse K L, Lee D J, Chung H U, Pop E, Alam M A, King W P, Huang Y, Rogers J A. Using nanoscale thermocapillary flows to create arrays of purely semiconducting single-walled carbon nanotubes. Nature Nanotechnology, 2013, 8(5): 347-355.

[33] Xie X, Jin S H, Wahab M A, Islam A E, Zhang C, Du F, Seabron E, Lu T, Dunham S N, Cheong H I, Tu Y,Guo Z, Chung H U, Li Y,Liu Y, Lee J, Song J, Huang Y, Alam M A, Wilson W L, Rogers J A. Microwave purification of large-area horizontally aligned arrays of single-walled carbon nanotubes. Nature Communications, 2014, 5: 5332.

[34] Hu Y, Chen Y, Li P, Zhang J. Sorting out semiconducting single-walled carbon nanotube arrays by washing off metallic tubes using SDS aqueous solution. Small, 2013, 9(8): 1306-1311.

[35] Hong G, Zhou M, Zhang R, Hou S, Choi W, Woo Y S, Choi J Y, Liu Z, Zhang J. Separation of metallic and

semiconducting single-walled carbon nanotube arrays by "scotch tape". Angewandte Chemie International Edition, 2011, 50(30): 6819-6823.

[36] Tanaka T, Jin H, Miyata Y, Kataura H. High-yield separation of metallic and semiconducting single-wall carbon nanotubes by agarose gel electrophoresis. Applied Physics Express, 2008, 1(11): 114001.

[37] Liu H, Nishide D, Tanaka T, Kataura H. Large-scale single-chirality separation of single-wall carbon nanotubes by simple gel chromatography. Nature Communications, 2011, 2: 309.

[38] Liu H, Tanaka T, Kataura H. One-step separation of high-purity(6, 5) carbon nanotubes by multicolumn gel chromatography. Physica Status Solidi, 2011, 248(11): 2524-2527.

[39] Gui H, Li H, Tan F, Jin H, Zhang J, Li Q. Binary gradient elution of semiconducting single-walled carbon nanotubes by gel chromatography for their separation according to chirality. Carbon, 2012, 50(1): 332-335.

[40] Zhang J, Tan F, Li H, Jin H, Li Q. Effects of purification on the diameter separation of metallic single-walled carbon nanotubes by gel column chromatography. Physica Status Solidi(RRL)-Rapid Research Letters, 2012, 6(6): 250-252.

[41] Liu H, Tanaka T, Urabe Y, Kataura H. High-efficiency single-chirality separation of carbon nanotubes using temperature-controlled gel chromatography. Nano Letters, 2013, 13(5): 1996-2003.

[42] Moshammer K, Hennrich F, Kappes M M. Selective suspension in aqueous sodium dodecyl sulfate according to electronic structure type allows simple separation of metallic from semiconducting single-walled carbon nanotubes. Nano Research, 2009, 2(8): 599-606.

[43] Flavel B S, Kappes M M, Krupke R, Hennrich F. Separation of single-walled carbon nanotubes by 1-dodecanol-mediated size-exclusion chromatography. ACS Nano, 2013, 7(4): 3557-3564.

[44] Flavel B S, Moore K E, Pfohl M, Kappes M M, Hennrich F. Separation of single-walled carbon nanotubes with a gel permeation chromatography system. ACS Nano, 2014, 8(2): 1817-1826.

[45] Arnold M S, Stupp S I, Hersam M C. Enrichment of single-walled carbon nanotubes by diameter in density gradients. Nano Letters, 2005, 5(4): 713-718.

[46] Zhao P, Einarsson E, Xiang R, Murakami Y, Maruyama S. Controllable expansion of single-walled carbon nanotube dispersions using density gradient ultracentrifugation. The Journal of Physical Chemistry C, 2010, 114(11): 4831-4834.

[47] Green A A, Hersam M C. Nearly single-chirality single-walled carbon nanotubes produced via orthogonal iterative density gradient ultracentrifugation. Advanced Materials, 2011, 23(19): 2185-2190.

[48] Ghosh S, Bachilo S M, Weisman R B. Advanced sorting of single-walled carbon nanotubes by nonlinear density-gradient ultracentrifugation. Nature Nanotechnology, 2010, 5(6): 443-450.

[49] Kawai M, Kyakuno H, Suzuki T, Igarashi T, Suzuki H, Okazaki T, Kataura H, Maniwa Y, Yanagi K. Single chirality extraction of single-wall carbon nanotubes for the encapsulation of organic molecules. Journal of the American Chemical Society, 2012, 134(23): 9545-9548.

[50] Hároz E H, Rice W D, Lu B Y, Ghosh S, Hauge R H, Weisman R B, Doorn S K, Kono J. Enrichment of armchair carbon nanotubes via density gradient ultracentrifugation: Raman spectroscopy evidence. ACS Nano, 2010, 4(4): 1955-1962.

[51] Ortiz-Acevedo A, Xie H, Zorbas V, Sampson W M, Dalton A B, Baughman R H, Draper R K, Musselman I H, Dieckmann G R. Diameter-selective solubilization of single-walled carbon nanotubes by reversible cyclic peptides. Journal of the American Chemical Society, 2005, 127(26): 9512-9517.

[52] Nepal D, Geckeler K E. Proteins and carbon nanotubes: close encounter in water. Small, 2007, 3(7): 1259-1265.

[53] Yan L Y, Li W, Fan X F, Wei L, Chen Y, Kuo J L, Li L J, Kwak S K, Mu Y, Chan-Park M B. Enrichment of(8, 4) single-walled carbon nanotubes through coextraction with heparin. Small, 2010, 6(1): 110-118.

[54] Najeeb C K, Chang J, Lee J H, Lee M, Kim J H. Preparation of semiconductor-enriched single-walled carbon nanotube dispersion using a neutral pH water soluble chitosan derivative. Journal of Colloid and Interface Science, 2011, 354(2): 461-466.

[55] Dodziuk H, Ejchart A, Anczewski W, Ueda H, Krinichnaya E, Dolgonos G, Kutner W. Water solubilization, determination of the number of different types of single-wall carbon nanotubes and their partial separation with respect to diameters by complexation with η-cyclodextrin. Chemical Communications, 2003, 8: 986-987.

[56] Zheng M, Jagota A, Semke E D, Diner B A, McLean R S, Lustig S R, Richardson R E, Tassi N G. DNA-assisted dispersion and separation of carbon nanotubes. Nature Materials, 2003, 2(5): 338.

[57] Zheng M, Semke E D. Enrichment of single chirality carbon nanotubes. Journal of the American Chemical Society, 2007, 129(19): 6084-6085.

[58] Tu X, Manohar S, Jagota A, Zheng M. DNA sequence motifs for structure-specific recognition and separation of carbon nanotubes. Nature, 2009, 460(7252): 250.

[59] Tu X, Hight Walker A R, Khripin C Y, Zheng M. Evolution of DNA sequences toward recognition of metallic armchair carbon nanotubes. Journal of the American Chemical Society, 2011, 133(33): 12998-13001.

[60] Kim S N, Kuang Z, Grote J G, Farmer B L, Naik R R. Enrichment of (6, 5) single wall carbon nanotubes using genomic DNA. Nano Letters, 2008, 8(12): 4415-4420.

[61] Ju S Y, Doll J, Sharma I, Papadimitrakopoulos F. Selection of carbon nanotubes with specific chiralities using helical assemblies of flavin mononucleotide. Nature Nanotechnology, 2008, 3(6): 356-362.

[62] Ao G, Khripin C Y, Zheng M. DNA-controlled partition of carbon nanotubes in polymer aqueous two-phase systems. Journal of the American Chemical Society, 2014, 136(29): 10383-10392.

[63] Grigoryan G, Kim Y H, Acharya R, Axelrod K, Jain R M, Willis L, Drndic M, Kikkawa J M, DeGrado W F. Computational design of virus-like protein assemblies on carbon nanotube surfaces. Science, 2011, 332(6033): 1071-1076.

[64] Cogan N M B, Bowerman C J, Nogaj L J, Nilsson B L, Krauss T D. Selective suspension of single-walled carbon nanotubes using β-sheet polypeptides. The Journal of Physical Chemistry C, 2014, 118(11): 5935-5944.

[65] Page A J, Ohta Y, Irle S, Morokuma K. Mechanisms of single-walled carbon nanotube nucleation, growth, and healing determined using QM/MD methods. Accounts of Chemical Research, 2010, 43(10): 1375-1385.

[66] Ohta Y, Okamoto Y, Page A J, Irle S, Morokuma K. Quantum chemical molecular dynamics simulation of single-walled carbon nanotube cap nucleation on an iron particle. ACS Nano, 2009, 3(11): 3413-3420.

[67] Gómez-Gualdrón D A, Balbuena P B. Effect of metal cluster-cap interactions on the catalyzed growth of single-wall carbon nanotubes. The Journal of Physical Chemistry C, 2008, 113(2): 698-709.

[68] Yoshida H, Takeda S, Uchiyama T, Kohno H, Homma Y. Atomic-scale in-situ observation of carbon nanotube growth from solid state iron carbide nanoparticles. Nano Letters, 2008, 8(7): 2082-2086.

[69] Zhu H, Suenaga K, Wei J, Wang K, Wu D. A strategy to control the chirality of single-walled carbon nanotubes. Journal of Crystal Growth, 2008, 310(24): 5473-5476.

[70] Yuan Q, Gao J, Shu H, ZhaO J, Chen X, Ding F. Magic carbon clusters in the chemical vapor deposition growth of graphene. Journal of the American Chemical Society, 2012, 134(6): 2970-2975.

[71] Penev E S, Artyukhov V I, Yakobson B I. Extensive energy landscape sampling of nanotube end-caps reveals no chiral-angle bias for their nucleation. ACS Nano, 2012, 8(2): 1899-1906.

[72] Artyukhov V I, Penev E S, Yakobson B I. Why nanotubes grow chiral. Nature Communication, 2014, 5: 4892.

[73] Zhao Q, Xu Z, Hu Y, Ding F, Zhang J. Chemical vapor deposition synthesis of near-zigzag single-walled carbon nanotubes with stable tube-catalyst interface. Science Advances, 2016, 2(5): e1501729.

[74] Zhang S, Kang L, Wang X, Tong L, Yang L, Wang Z, Qi K, Deng S, Li Q, Bai X, Ding F, Zhang J. Arrays of horizontal carbon nanotubes of controlled chirality grown using designed catalysts. Nature, 2017, 543(7644): 234-238.

[75] Bachilo S M, Strano M S, Kittrell C, Hauge R H, Smalley R E, Weisman R B. Structure-assigned optical spectra of single-walled carbon nanotubes. Science, 2002, 298(5602): 2361-2366.

[76] Bachilo S M, Balzano L, Herrera J E, Pompeo F, Resasco D E, Weisman R B. Narrow(n, m)-distribution of single-walled carbon nanotubes grown using a solid supported catalyst. Journal of the American Chemical Society,

2003, 125 (37): 11186-11187.

[77]　Miyauchi Y, Chiashi S, Murakami Y, Hayashida Y, Maruyama S. Fluorescence spectroscopy of single-walled carbon nanotubes synthesized from alcohol. Chemical Physics Letters, 2004, 387 (1): 198-203.

[78]　Hirahara K, Kociak M, Bandow S, Nakahira T, Itoh K, Saito Y, Iijima S. Chirality correlation in double-wall carbon nanotubes as studied by electron diffraction. Physical Review B, 2006, 73 (19): 195420.

[79]　Ding F, Harutyunyan A R, Yakobson B I. Dislocation theory of chirality-controlled nanotube growth. Proceedings of the National Academy of Sciences, 2009, 106 (8): 2506-2509.

[80]　Morin S A, Bierman M J, Tong J, Jin S. Mechanism and kinetics of spontaneous nanotube growth driven by screw dislocations. Science, 2010, 328 (5977): 476-480.

[81]　Rao R, Liptak D, Cherukuri T, Yakobson B I, Maruyama S. *In situ* evidence for chirality-dependent growth rates of individual carbon nanotubes. Nature Materials, 2012, 11 (3): 213-216.

[82]　Yuan Q, Ding F. How a zigzag carbon nanotube grows. Angewandte Chemie International Edition, 2015, 127 (20): 6022-6026.

[83]　Wang H, Yuan Y, Wei L, Goh K, Yu D, Chen Y. Catalysts for chirality selective synthesis of single-walled carbon nanotubes. Carbon, 2015, 81: 1-19.

[84]　Zhang S, Tong L, Zhang J. The road to chirality-specific growth of single-walled carbon nanotubes. National Science Review, 2017, 5(3): 310-312.

[85]　He M, Jiang H, Kauppinen E I, Lehtonen J. Diameter and chiral angle distribution dependencies on the carbon precursors in surface-grown single-walled carbon nanotubes. Nanoscale, 2012, 4 (23): 7394-7398.

[86]　Lolli G, Zhang L, Balzano L, Sakulchaicharoen N, Tan Y, Resasco D E. Tailoring (*n, m*) structure of single-walled carbon nanotubes by modifying reaction conditions and the nature of the support of CoMo catalysts. The Journal of Physical Chemistry B, 2006, 110 (5): 2108-2115.

[87]　Chiang W H, Sankaran R M. Linking catalyst composition to chirality distributions of as-grown single-walled carbon nanotubes by tuning $Ni_xFe_{1-x}$ nanoparticles. Nature Materials, 2009, 8 (11): 82.

[88]　Wang H, Wang B, Quek X Y, Wei L, Zhao J, Li L J, Chan-Park M B, Yang Y, Chen Y. Selective synthesis of (9, 8) single walled carbon nanotubes on cobalt incorporated TUD-1 catalysts. Journal of the American Chemical Society, 2010, 132 (47): 16747-16749.

[89]　Wang H, Wei L, Ren F, Wang Q, Pfefferle L D, Haller G L, Chen Y. Chiral-selective $CoSO_4/SiO_2$ catalyst for (9, 8) single-walled carbon nanotube growth. ACS Nano, 2012, 7 (1): 614-626.

[90]　Wang H, Ren F, Liu C, Si R, Yu D, Pfefferle L D, Haller G L, Chen Y. $CoSO_4/SiO_2$ catalyst for selective synthesis of (9, 8) single-walled carbon nanotubes: Effect of catalyst calcination. Journal of Catalysis, 2013, 300: 91-101.

[91]　He M, Jiang H, Liu B, Fedotov P V, Chernov A I, Obraztsova E D, Cavalca F, Wagner J B, Hansen T W, Anoshkin I V. Chiral-selective growth of single-walled carbon nanotubes on lattice-mismatched epitaxial cobalt nanoparticles. Scientific Reports, 2013, 3: 1460.

[92]　Yang F, Wang X, Zhang D, Qi K, Yang J, Xu Z, Li M, Zhao X, Bai X, Li Y. Growing zigzag (16, 0) carbon nanotubes with structure-defined catalysts. Journal of the American Chemical Society, 2015, 137 (27): 8688-8691.

[93]　Yang F, Wang X, Li M, Liu X, Zhao X, Zhang D, Zhang Y, Yang J, Li Y. Templated synthesis of single-walled carbon nanotubes with specific structure. Accounts of Chemical Research, 2016, 49 (4): 606-615.

[94]　Wang Y, Kim M J, Shan H, Kittrell C, Fan H, Ericson L M, Hwang W F, Arepalli S, Hauge R H, Smalley R E. Continued growth of single-walled carbon nanotubes. Nano Letters, 2005, 5 (6): 997-1002.

[95]　Smalley R E, Li Y, Moore V C, Price B K, Colorado R, Schmidt H K, Hauge R H, Barron A R, Tour J M. Single wall carbon nanotube amplification: en route to a type-specific growth mechanism. Journal of the American Chemical Society, 2006, 128 (49): 15824-15829.

[96]　Yao Y, Feng C, Zhang J, Liu Z. "Cloning" of single-walled carbon nanotubes via open-end growth mechanism. Nano Letters, 2009, 9 (4): 1673-1677.

[97]　Liu J, Wang C, Tu X, Liu B, Chen L, Zheng M, Zhou C. Chirality-controlled synthesis of single-wall carbon

nanotubes using vapour-phase epitaxy. Nature Communications, 2012, 3: 1199.

[98]  Liu B, Liu J, Tu X, Zhang J, Zheng M, Zhou C. Chirality-dependent vapor-phase epitaxial growth and termination of single-wall carbon nanotubes. Nano Letters, 2013, 13 (9) : 4416-4421.

[99]  Yu X, Zhang J, Choi W, Choi J Y, Kim J M, Gan L, Liu Z. Cap formation engineering: from opened $C_{60}$ to single-walled carbon nanotubes. Nano Letters, 2010, 10 (9) : 3343-3349.

[100] Omachi H, Nakayama T, Takahashi E, Segawa Y, Itami K. Initiation of carbon nanotube growth by well-defined carbon nanorings. Nature Chemistry, 2013, 5 (7) : 572-576.

[101] Sanchez-Valencia J R, Dienel T, Gröning O, Shorubalko I, Mueller A, Jansen M, Amsharov K, Ruffieux P, Fasel R. Controlled synthesis of single-chirality carbon nanotubes. Nature, 2014, 512 (7512) : 61-64.

[102] Abdurakhmanova N, Mueller A, Stepanow S, Rauschenbach S, Jansen M, Kern K, Amsharov K Y. Bottom up fabrication of (9, 0) zigzag and (6, 6) armchair carbon nanotube end-caps on the Rh (111) surface. Carbon, 2015, 84: 444-447.

# 第8章

## 总结与展望

在过去的 20 余年间，人们在碳纳米管的结构控制制备与性能方面做了大量的探索，获得了全面而深入的认识。碳纳米管可以看作是由石墨卷曲而成的无缝中空管，根据卷曲的石墨层数的不同，可分为单壁碳纳米管和多壁碳纳米管[1]。从成键的角度来讲，碳纳米管的每一层管壁均由 $sp^2$ 杂化的碳原子构成。相邻碳原子之间以 σ 键相连，每六个碳原子构成一个六元环，无数六元环并在一起构成蜂巢状的网络结构。除了 σ 键，在碳纳米管壁的表面还存在一个离域 π 键。碳纳米管特殊的结构赋予了其优异的机械强度[2]和良好的导电与导热性[3, 4]。相对于性质较为类似的多壁碳纳米管，不同结构单壁碳纳米管之间的差异更加明显，体现的性质也更为出色。随着石墨烯的尺寸和卷曲方向的不同，单壁碳纳米管的拓扑结构(或称手性)发生改变，从而引起物理性质上的巨大差异。例如，根据手性的不同，单壁碳纳米管可能呈现金属性或半导体性[5]。碳纳米管优异的性能推动人们广泛探索了其在多个领域的应用，在纳电子器件、透明显示、超强材料、高分子复合材料、涂料、油墨、能源器件等[6]多个领域，碳纳米管都展示了巨大的潜力。

为了使碳纳米管走向实际应用，过去的 20 余年，研究者们在碳纳米管的控制制备方面倾注了大量心血并取得了一系列重要成就。面向不同的应用，对碳纳米管产品的结构和形貌显然有着不同的要求，因此，发展种类丰富、特征鲜明的碳纳米管材料的控制制备方法至关重要。纵观碳纳米管合成领域的发展历程，不难发现目前该领域的两个明显的发展趋势(图 8-1)：一部分研究者从微观角度出发，力图实现碳纳米管的精细结构控制(特别是单壁碳纳米管的管径、手性等)；而另一部分研究者则从宏观角度出发，追求碳纳米管宏观体的结构设计和碳纳米管的宏量制备。尽管人们在这两个方向上的研究都取得了突出的进展，但是二者之间的结合却比较薄弱。换言之，目前碳纳米管的制备很难兼顾产量和质量。这一问题使得碳纳米管仍无法满足多种多样的应用需求。针对特定的应用，碳纳米管产品需要具备哪些性质？如何从合成的角度突出这种性质？这些问题的答案是碳纳米管走向应用的关键。为了给碳纳米管的未来发展指明道路，本章将首先从应用出发，分析其对碳纳米管产品的要求；然后，根据这些要求，从碳纳米管的精细结构、聚集态和量产出发总结研究进展；最后，提出碳纳米管的发展蓝图。

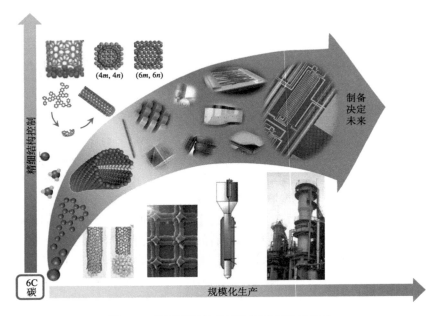

图 8-1　不同类型的碳纳米管及其发展趋势

## 8.1　碳纳米管的应用与需求

　　实现应用是材料发展的终极目标。时至今日，基于碳纳米管出色的机械强度、热导和电导性能，已经有多种多样的应用被提出和验证[6]。这使得碳纳米管相较于其他同时代材料有着更强的竞争优势。当然，对于特定应用来讲，碳纳米管并不需要全面展现出所有特性；相反，突出强调其某一方面或某几方面的优异性能更为关键。因此，了解每一种应用对应的需求可以为其制备指明方向。遗憾的是，与本征碳纳米管的优异性能相比，目前实际碳纳米管应用中所展现出的结果并不尽如人意。这是由于在实际应用中，决定其性能的往往不是单根碳纳米管，而是很多碳纳米管聚集而形成的宏观状态，这就为研究碳纳米管聚集态提出了要求。进一步来讲，目前碳纳米管的应用大多集中于某类特定性质的碳纳米管混合物，而基于单一手性碳纳米管样品的应用前景仍需要进一步的研究，只有根据特定手性碳纳米管发展特定应用，才能真正体现碳纳米管的结构优势。

　　需要强调的是，虽然碳纳米管在很多领域都展现了很优异的性能，但若将其作为"万金油"，其竞争力未必高于发展成熟的传统材料；相反，以碳纳米管为核心材料构筑的应用，甚至只有碳纳米管才能胜任的"杀手锏"应用是未来的发展方向。表 8-1 总结了目前碳纳米管广泛应用的领域及其对应的产品需求。例如，碳纳米管首个走向商业化的应用是导电聚合物添加剂[7]。相关的应用需要碳纳米管具有高的电导率，因此金属性碳纳米管更为适宜。结合其高的比表面积，在锂离子电池的电极材料中加入少量碳纳米管即可极大提高其循环稳定性、充放电速度和寿命[8]。同样作为添加剂，利用碳纳米管的机械性能，可以提高主体材料的强度及延长使用寿命[9]，目前基于碳纳米管添加剂制成的球拍和自行车骨架已经投入市场。基于碳纳米管的热导，碳纳米管也被应用于热界面材料，这种应用需要碳纳米管在保持自身结构的同时也能保持与其他材料良好的接触[10]。上述材料往往需要碳纳米管具有均一的管径分布，以保证管间的相互接触。由于单壁碳纳米管管径通常较小，其管径的相对变化较大；而多壁碳纳米管管径较大，结构变化的影响相对较小。因此在该领域内，多壁碳纳米管远远领先于单壁碳纳米管。

　　相较于多壁碳纳米管，单壁碳纳米管的最大优势在于特定结构所具有的半导体性能。半导体型碳纳米管具有非常高的电子和空穴迁移率，在纳电子器件的加工领域，被认为是最有希望取代硅基材料的下一代明星材料。目前，基于单根半导体型碳纳米管已经实现了 5 nm 沟道的器件加工，并且展现出了符合其理论预期的优异性能[11]，很多研究者将其视为碳纳米管的"杀手锏"应用。加工高质量的纳电子器件需要碳纳米管阵列具有高密度（125 根 /μm）和高半导体选择性（99.9999%）[12]。此外，由于生长过程中残存的金属会严重影响器件性能，因此除去碳纳米管样品中的催化剂残留也非常关键。

表 8-1　碳纳米管的应用及需求

| 应用 | 碳纳米管类型 | 管径/nm | 导电性(金属/半导体) | 手性分布 | 纯度 | 取向 |
|---|---|---|---|---|---|---|
| 碳纳米管纤维 | 单壁/多壁 | 均一 | 金属 | 无要求 | 无金属 | 需要 |
| 热界面材料 | 单壁/多壁 | 均一 | 无要求 | 无要求 | 无金属 | 不需要 |
| 传感器 | 单壁 | 1.2～1.6nm，均一 | 半导体 | 单一手性 | 纯半导体 | 需要 |
| 透明导电薄膜 | 单壁 | | 金属 | 单一手性 | 纯金属 | 不需要 |
| 储能材料 | 单壁/多壁 | 无要求 | 无要求 | 无要求 | 无金属 | 不需要 |

　　总之，目前限制碳纳米管应用的主要问题是低纯度、低产率和复杂结构带来的低选择性生长问题。因此，结构均一碳纳米管的宏量制备是决定碳纳米管未来应用的最根本问题。同时，寻找碳纳米管"杀手锏"应用的步伐仍需继续。此外，降低高质量碳纳米管的生产成本是让碳纳米管真正普及的必经之路。

## 8.2 碳纳米管的控制制备

如图 8-2 所示，碳纳米管的合成在过去数十年的发展中逐渐演化出两种趋势：其一是控制碳纳米管(尤其是单壁碳纳米管)的精细结构，包括管径、电子结构和手性；其二则是控制碳纳米管的宏观结构，包括其聚集态设计和宏量生产。对于碳纳米管的精细结构控制而言，化学气相沉积法具有优秀的稳定性、可调控的参数和多样化的设计空间，因此被绝大多数研究者所采用，然而目前化学气相沉积法的产量比较低，难以满足后续应用；碳纳米管聚集态的设计则主要关注碳纳米管之间的相互作用，从而在宏观尺度发挥出碳纳米管的优异性能。可以说，碳纳米管的聚集态是联系微观性能和宏观应用的桥梁。同时，碳纳米管的量产毫无疑问是宏观尺度研究的重要一环，特别是工业生产中。如何实现高产率、高纯度和低成本的制备是所有材料研究永恒的主题，也是碳纳米管走向应用的关键。遗憾的是，虽然碳纳米管合成领域已经取得了诸多成就，然而两大问题依然尚未解决：其一是碳纳米管精细结构合成的纯度远远达不到应用要求；其二是碳纳米管宏观聚集体的性能远远低于单根碳纳米管的性质。因此，只有真正结合微观结构的精细控制和宏观聚集态的设计才有可能在未来真正实现碳纳米管的杀手铜应用。

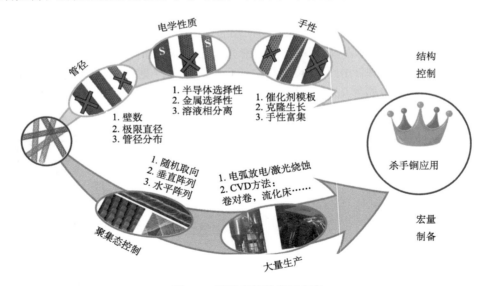

图 8-2  碳纳米管的发展方向

## 8.2.1　均一管径碳纳米管的制备

在早期的碳纳米管研究(尤其是单壁碳纳米管)中，管径的控制备受关注，这是因为单壁碳纳米管的许多物理和化学性质取决于其管径。例如，大管径的半导体型具有更小的带隙，并且具有更高的承载电流，因此在纳电子器件中具有较大优势。此外，具有极端结构(大直径或小直径)的单壁碳纳米管被认为具有特殊性质。因此，控制管径有两个含义：一是探索碳纳米管的极限管径，特别是最小管径的碳纳米管；二是如何获得指定管径的单壁碳纳米管。第一个主题更重要的是满足对科学的好奇心，但后者在应用上更有价值。本节将着重讨论第二部分的内容。如图 8-3 所示，碳纳米管的管径可以通过催化剂纳米粒子尺寸[13-19]、碳源种类和分压[20, 21]、引入刻蚀剂[20, 22]、生长温度[23]等参数进行控制。在研究初期，人们发现在特定的碳源浓度下，只有适当直径的纳米粒子才能生长碳纳米管，因此可以利用催化剂的选择性活化进行碳纳米管管径控制。此外，由于小管径单壁碳纳米管具有相对高的化学活性，因此通过在生长过程中引入一些刻蚀剂可以获得大直径的单壁碳纳米管。研究表明，生长温度也会影响单壁碳纳米管的管径。事实上，虽然这些因素可以在一定程度上影响单壁碳纳米管的管径，但控制单壁碳纳米管管径的关键仍然是如何获得均匀和稳定的催化剂纳米粒子。

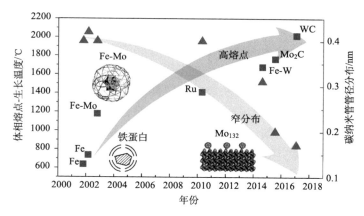

图 8-3　管径可控单壁碳纳米管的生长

当催化剂纳米粒子直径减小至 1～2 nm 时，其熔点会比体相材料低 900℃以上

从单壁碳纳米管的生长机理看，大多数人认为单壁碳纳米管的管径主要与催化剂的大小有关。因此，如何获得窄直径分布的金属或合金纳米粒子是首要问题。早期研究也大多采用了类似的思路，主要的方法包括在铁蛋白中包覆数量有限的金属原子[18]或预先合成单分散的催化剂(或前驱体)纳米粒子[17]。然而，即使催化剂前驱体的结构可以确定，催化剂的尺寸在高温下仍会发生改变，例如，催化

的结块、蒸发或奥斯特瓦尔德熟化都会导致催化剂纳米粒子的直径分布发生变化[24]。因此，仅控制催化剂前驱体是不够的，尤其是高温下呈现液态的催化剂更加难以控制。其后，研究者逐渐认识到高熔点催化剂的优势，如 $TiO_2$[15]、W-Co 合金[19]、$Mo_2C$[14]等高熔点催化剂被广泛使用。一些催化剂甚至可以在高温下保持特定的晶面，这有助于在高温下生长特定结构的单壁碳纳米管。然而，由于单壁碳纳米管与催化剂接触方式不同，即使催化剂的尺寸做到分布较窄，单壁碳纳米管的管径仍然存在一定的分布范围。

近年来，单纯控制碳纳米管管径的研究逐渐减少。究其原因主要是管径相似甚至相同的碳纳米管可能具有完全不同的电子结构，因此单纯控制单壁碳纳米管的管径不能精确控制其性能。相反，控制碳纳米管的手性更为重要。值得一提的是，在近期的工作中，高熔点催化剂的思想也适合于控制单壁碳纳米管的手性。

## 8.2.2 特定电子结构碳纳米管的制备

如前面所述，在大多数基于电子特性的应用中，只有具有均一导电属性（金属或半导体）的单壁碳纳米管样品才能满足要求，如透明导电膜和 FET 器件[12, 25]。然而，原始单壁碳纳米管样品通常由 1/3 金属和 2/3 半导体混合而成。为了提高特定性质单壁碳纳米管的纯度，研究者主要集中于三种方法：液相分离法、后处理法和直接生长法。

在上述方法中，液相分离法可以获得最高的纯度，并且最有希望实现量产。目前的溶液分离法主要分为四类，分别为密度梯度离心法（DGU）[26]、凝胶色谱法（GC）[27]、水溶液两相萃取法（ATPE）[28] 和选择性分散法（SD）[29, 30]，其各自的优劣见图 8-4。目前，这些方法都对特定性质的单壁碳纳米管具有良好的选择性，例如，目前人们已经实现了纯度高于 99％的金属型碳纳米管和 99.9％的半导体型碳纳米管的选择性富集。在 DGU 法中，密度梯度介质和表面活性剂是影响分离效率的最重要因素。在非线性密度梯度介质中引入几种表面活性剂，甚至可以获得单一手性的单壁碳纳米管。类似于 DGU，GC 的分离效率依赖于表面活性剂和固定相组分。除此之外，温度和 pH 也会影响分离结果。然而，很高的技术门槛和相对较低的分离效率限制了这两种方法的进步空间。与之不同的是，ATPE法通过在水中加入两种聚合物，形成了不混溶的两相，利用不同结构的碳纳米管在其中分布的不同实现了分离。该方法具有分离时间短、设备简单、产率高、浓度高等优点，被认为是未来最有前途的大规模分离方法。然而，这种方法对聚合物的聚合度分布要求很高，需要进一步发展。SD 法利用生物分子[30]或聚合物[29]在碳纳米管上选择性吸附的特点，可以获得最高的分离纯度，但是其分离成本更为高昂。目前，DGU 和 GC 已经应用于商业化的分离，但是距离低成本、大规模的分

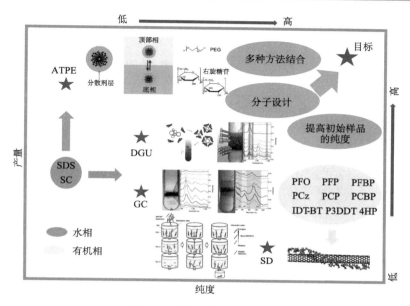

图 8-4 液相分离的发展方向

离仍有一段距离。另外，超声引起的缺陷和单壁碳纳米管表面上包裹的表面活性剂，将会大大降低分离获得的产品的性能。例如，通过溶液法制备得到的碳纳米管薄膜晶体管(TFT)的迁移率通常低于 $300 \ cm^2 / (V \cdot s)$，远低于本征单壁碳纳米管的理论值。这可能是吸附分子影响了碳纳米管之间的接触，从而对电子转移造成了阻碍。综上所述，溶液相分离的方法仍需要克服产品产率低、品质低的缺点。在未来，为了提高碳纳米管的性能，结合不同分离技术的优点是必要的。如寻找具有与单壁碳纳米管能带结构相近的聚合物、有相似活性侧链的小分子等；也可通过退火或微波处理等方法提高单壁碳纳米管的质量。

在分离纯度方面，后处理和直接生长方法远远落后于液相分离法。但是，在处理基底表面的碳纳米管时，这两类方法可以最大程度地保证样品的原始形态。图 8-5 显示了后处理和直接生长方法的当前进展。

后处理方法主要基于金属型碳纳米管比半导体型碳纳米管的化学反应性更高而设计的。研究人员尝试用合适的刻蚀剂(如氧气[31]、羟基自由基[32]等)或引入高能辐照/外场(等离子体[33]、紫外光[34]、氙灯[35]、微波[36]等)处理碳纳米管混合物。遗憾的是，由于管径同样可以影响碳纳米管的反应活性[37]，小管径的半导体性碳纳米管也会被刻蚀掉。此外，利用不同官能团和金属/半导体管的相互作用力的不同，也可以选择性地分离碳纳米管。目前，应用最广泛的后处理方法是电加热刻蚀法[36]，几乎 100%的金属型单壁碳纳米管都可被破坏，而所有的半导体型单壁碳纳米管被保留。然而，当样品的密度非常高(如超过 100 根/μm)时，电加热刻蚀

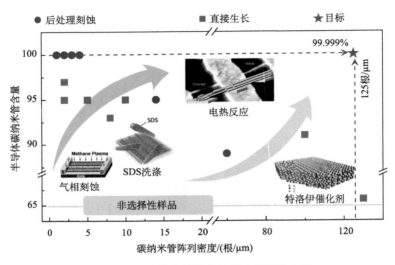

图 8-5 半导体选择性生长碳纳米管的方法

可能受到限制。普遍而言，后处理方法的最主要的缺点是会导致单壁碳纳米管的密度显著降低，因为至少有 1/3 的碳纳米管会被去除。因此，提高原始样品中碳纳米管的密度是非常重要的。

从处理复杂度、样品质量等角度考虑，直接生长获得高密度、高选择性碳纳米管无疑是最具优势的。近几年，人们开始采用混合碳源[38] 或双金属催化剂[39] 等方法直接进行碳纳米管的生长。这种方法制备得到的碳纳米管质量高、密度高、阵列性好，但其选择性相对较低。即使是选择性最高的方法，其半导体型碳纳米管的含量仍然远低于 99%。造成这一问题的主要原因是这两种电学性质的碳纳米管在生长过程中差异很小。在未来，考虑到单壁碳纳米管的电学性质唯一地依赖于手性，基于催化剂设计，制备手性可控的碳纳米管，将可能同时突破密度和纯度的限制。

综上所述，液相分离法虽然可以为样品提供足够的纯度，但会降低碳纳米管优异的电学性能；而直接生长、后处理方法虽然能保证样品的洁净，但是要基于有基底的样品，这意味着样品的制备局限于二维尺度。从产量的角度而言，液相分离法可以在三维体系内进行操作，具有非常大的扩大生产规模的潜力。随着研究的不断深入，半导体型碳纳米管和金属型碳纳米管的分离必将为碳纳米管的发展带来革命性的进步。

### 8.2.3 手性可控的碳纳米管合成

可以说，单壁碳纳米管的所有优秀性质都来自其拓扑结构，换言之，取决于它的手性。实现对单壁碳纳米管手性的精确控制，可以解决单根碳纳米管合成中的绝大部分问题。因此，手性控制被认为是碳纳米管合成中的"圣杯"[40]。从几何角度来看,控制手性的关键因素是控制包含六个五边形组成的半球形端帽结构，这些五边形在单壁碳纳米管生长开始时形成，并决定碳纳米管的最终结构[41]。目前关于单壁碳纳米管手性可控生长的报道主要集中在控制端帽[16, 42]或种子结构[43-45]，以期在生长的最初阶段实现单壁碳纳米管的手性控制。

种子生长，或称"克隆生长"，是最早由 Smalley 提出的能够从开口端继续生长碳纳米管的方法[46]，通过不断添加碳-碳六元环维持单壁碳纳米管种子的初始手性不发生改变。早期，研究人员试图将金属原子添加到单壁碳纳米管的开口端，但结果并不令人满意。如图 8-6 所示，近 10 年来，研究者逐步开发了很多不含金属的种子生长法，其中较为广泛的方法是利用溶液分离的、具有明确的开口端结构的碳纳米管片段作为模板进行外延生长。对于这种方法来说，如何活化碳纳米管开口端是提高克隆效率最重要也是最困难的问题[43]。在生长过程中，研究者们普遍利用 Diels-Alder 反应来阐释反应机理，而其中 C—H 键的形成被认为是终止这一生长过程的原因。近期，研究者发现，碳纳米管可以在其初始结构被破坏后的"残基"上进行再生，并且其手性维持不变，这似乎预示着纯净的边缘反而阻碍了液相分离的碳纳米管外延生长[44]。进一步地，若能解决端口活性和寿命的问题，并将该方法应用到宏量制备，单壁碳纳米管中的金属杂质问题也将不复存在。可以说，这种方法是目前最有希望解决目前碳纳米管生产困境的方法。

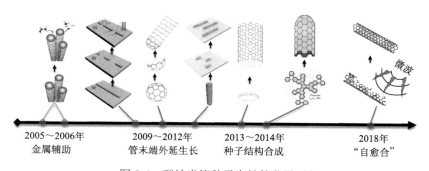

| 2005～2006年 | 2009～2012年 | 2013～2014年 | 2018年 |
| 金属辅助 | 管末端外延生长 | 种子结构合成 | "自愈合" |

图 8-6　碳纳米管种子生长的发展历程

种子生长最大的问题在于生长过程中末端结构的活性，而相比之下，含催化剂的化学气相沉积体系可以非常好地克服这一问题[47]。如图 8-7(a) 所示，由于刚性催化剂模板有利于单壁碳纳米管的手性控制,研究者们开发了各种固态催化剂，如 W-Co 合金[48]、$Mo_2C$ 和 WC 催化剂[49]来取代传统液态催化剂以控制单壁碳纳米管的生长手性。相应地，在这一过程中碳纳米管的生长机理也由气-液-固转变为气-固-固机理。

对于使用固态催化剂进行碳纳米管的成核和生长的机理，通常可以基于热力学和动力学两方面进行分析。在热力学上，碳纳米管的手性和固态催化剂的组成及结构相关，这类似于非均相晶体之间的"浮生生长"。在此基础上，研究者们提出了结构匹配和对称匹配控制碳纳米管手性的方法，成功地富集了$(12, 6)$和$(8, 4)$碳纳米管。更重要的是，这一设计思路将会引导某一大类单壁碳纳米管的控制生长，而非某种单一手性。碳纳米管的动力学生长行为通常使用螺旋位错理论进行描述[50]，其动力学生长速率通常受到"位错"[50]或"扭结"[51]的数目影响，两者和手性角度之间的不同关系如图 8-7(b)所示。有趣的是，"位错"和"扭结"对碳纳米管生长速率的解释在实验中分别对应了两类生长模式，即"切向"和"垂直"生长模式[图 8-7(c)][52]。对于流动性较高的催化剂纳米粒子，一部分催化剂原子可以被"吸入"碳纳米管中，此时催化剂的尺寸与碳纳米管相同或相近，其管壁近似与催化剂表面相切，称为切向生长模式；而对于熔点较高、无流动性的催化剂纳米粒子，碳纳米管通常垂直于某类特定的晶面，因此称为垂直生长模式。通常液态催化剂同时存在两种生长模式，而固态催化剂只有垂直生长模式。一般来说，对于切向生长模式，锯齿型管生长速率最小但热力学结构最为稳定，而扶手椅型管具有最大的动力学生长速率；但在垂直生长模式中，$(2m, m)$管具有最大的动力学生长速率，而扶手椅型、锯齿型碳纳米管都具有高的稳定性和最小的生长速率。不同的生长模式表现出不同的生长富集现象，为设计碳纳米管特定结构提供了可能；同时上述现象也告诉我们若要控制碳纳米管结构，其先决条件是催化剂具有稳定的生长模式。

　　结合碳纳米管生长过程中对热力学和动力学的理解，可以预测未来碳纳米管手性富集的方向，如图 8-7(d)所示。虽然在液态催化剂上难以实现单一手性单壁碳纳米管的控制，但可能实现某类特定结构的单壁碳纳米管富集。因此，对于液态催化剂，基于切向生长模型，可以富集近锯齿型碳纳米管（受到生长速率的影响，锯齿型碳纳米管很难生成）和扶手椅型碳纳米管。对于固态催化剂而言，一些特殊对称性的碳纳米管可以得到富集，如$(8, 4)$、$(12, 6)$和$(16, 8)$等。碳纳米管的对称性和催化剂暴露晶面的结构有关，如四重对称性的晶面有助于$(8,4)$管和$(16,8)$管结构的富集，而六重对称性的晶面则有助于$(12,6)$管的生长。值得注意的是，当碳源浓度很低时，$(n, n-1)$碳纳米管可能被富集，如$(6,5)$和$(9,8)$等。图 8-7(d)显示不同程度富集的碳纳米管，其分布趋势和我们的预计相吻合。总而言之，对于催化化学气相沉积方法，最重要的是寻找或设计固态催化剂结构，以及建立碳纳米管与催化剂活性晶面之间关系。除了选择具有高熔点的固态催化剂之外，许多常见的催化剂在降低生长温度时同样倾向于固态，这种策略体现在粉末碳纳米管的合成中，同样会造成一定的近扶手椅碳纳米管的富集[53]。基于催化生长的动力学和热力学进行的碳纳米管结构调控必将在未来设计碳纳米管结构的过程中发挥重要的作用。

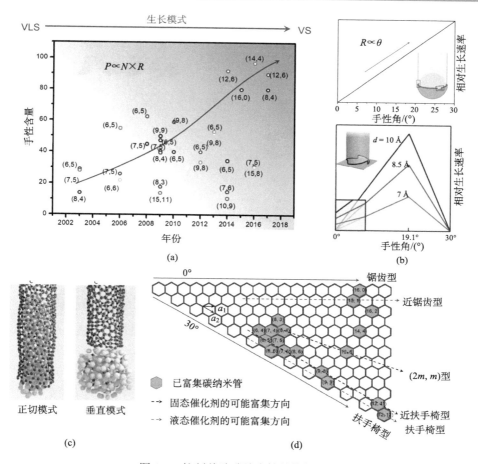

图 8-7　控制单壁碳纳米管结构的策略

(a)碳纳米管生长模式的演变；(b)碳纳米管生长速率和手性角之间的关系；(c)碳纳米管生长过程的正切生长模型和垂直生长模型；(d)碳纳米管手性富集的进展及未来可能的发展趋势

## 8.2.4　碳纳米管聚集态的控制

前面的章节中已经提到了单根碳纳米管具有优异的性能。然而，从实际应用的角度出发，仅获得均一结构的单壁碳纳米管样品是不够的，需要建立连接碳纳米管微观结构和宏观特性的桥梁，才能真正体现其优越的性能。而碳纳米管的聚集形态的控制，毫无疑问就扮演着这一桥梁的角色。目前，有文献报道以碳纳米管为基本单元的多维结构在传质、记忆材料、太赫兹器件[54]和热声效应等领域都展现了优异的性能。碳纳米管及其复合材料的各种性能的整合也为其在新兴领域（如催化、传感器、储能、触摸屏和气体吸附）的发展铺平了道路。根据碳纳米管聚集体的宏观形貌，可以将其分为一维（绳[55]和纤维[56]）、二维（薄膜[57]、水平阵列[58]和巴基纸[59]）和三维（棉花[60]、垂直阵列[61]、海绵[62]、凝胶[63]）结构。另外，基于排列取向的不同，碳纳米管宏观体也可以分为随机排列或整齐排列两类。图8-8中列举了具有代表性的碳纳米管聚集体。

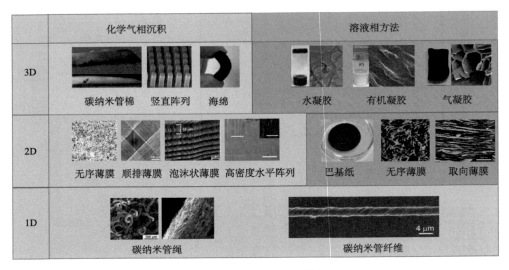

图 8-8　多种多样的碳纳米管聚集体

化学气相沉积法是直接合成碳纳米管聚集体的主要方法，包括固定催化剂法和浮动催化剂法两大类。这一生产过程不仅取决于分子反应，还涉及多相反应器、流体动力学、气体扩散、传质传热及系统工程等诸多领域[64]。因此，如何通过动力学过程中的参数（包括催化剂的尺寸和分布、生长时间、原料和反应窗口）来控制聚集体的产量、纯度和形态是亟待解决的问题。目前，三维自支撑碳纳米管垂直排列已经实现了量产，并且可以通过干法纺丝等方法直接从垂直阵列中获得一维或二维的碳纳米管宏观体。此外，通过浮动催化剂的方法制备碳纳米管气凝胶，并且通过原位纺丝的方法也可以获得高质量的碳纳米管纤维。

与化学气相沉积法相比，液相沉积法由于其低温工艺和低成本的特点，越来越受到工业界和学术界的关注。例如，在二维碳纳米管宏观体领域，目前已经报道了很多高效的制备方法，如自组装单分子膜法[65]、滴涂法[66]、印刷法[67]和电泳沉积法[68]。在溶液相沉积中，分散剂（如聚合物、表面活性剂、DNA 等）和碳纳米管之间的作用力是一把双刃剑，它的存在一方面可以防止管束的形成，从而提高原始碳纳米管的应用率，另一方面则会严重影响其宏观体的电学、力学性能。此外，对于自支撑三维结构而言，碳纳米管本身的相互作用强度不够，因此需要通过化学修饰等方法增加碳纳米管之间的交联力。

值得一提的是，虽然单根碳纳米管具有优异性质，但仅凭单根碳纳米管并不能实现宏观器件的制备和相关应用，只有具备恰当的聚集态才能进一步放大其优势。例如，一维聚集体可以用作具有高强度和高导电性的纤维；二维聚集体可以应用于薄膜晶体管、场效应晶体管、传感器、可穿戴设备、偏振片等领域；利用碳纳米管的高比表面积、机械强度、热导率和化学稳定性，三维聚集体可用于界面材料或环境保护等。因此，对碳纳米管聚集状态的研究可大大促进碳纳米管的实际应用。

## 8.2.5　碳纳米管的宏量生产

面对不断增长的应用需求，碳纳米管的合成逐渐走出了单纯的实验室研究阶段，其大规模工业生产受到了越来越多的重视。规模化合成不仅可提供大规模的产品，还可以显著降低生产成本。从设备角度来看，相比于科学研究，大规模生产需要连续的合成过程。在过去的 20 余年，已经有几种碳纳米管大规模生产的方法被开发出来，其中主要包括批次式、卷对卷式和流化床式[图 8-9(a)～(c)]。图 8-9(d)显示了碳纳米管宏量制备的几种成熟方法及在质量、成本、纯度、产量和催化剂等方面的对比。

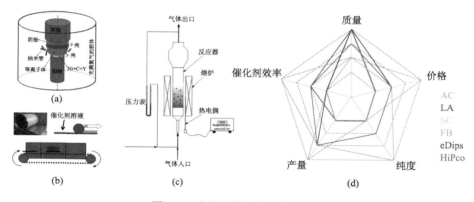

图 8-9　碳纳米管宏量制备的方法

(a)批次生长工艺；(b)卷对卷生长；(c)流化床生长；(d)不同方法生产的碳纳米管产品质量评估

电弧放电(AD)和激光烧蚀(LA)法是典型的批次合成方法。两种方法中都涉及利用高温(电弧放电法[69]的合成温度高于 1700℃，而激光烧蚀方法[70]大约为1200℃)蒸发石墨和催化剂的混合物。值得一提的是，由于这些方法中的温度很高(特别是对于电弧放电法)，得到的碳纳米管具有近于完美的结构。然而，与其他基于化学气相沉积系统的宏量合成方法相比，这些方法缺乏可控性[71]。2004 年，AIST 的 Hata[72]开发了一种"超生长"(SG)方法，可以高效地生长单壁碳纳米管垂直阵列。随着该技术的不断发展，研究人员实现了单壁碳纳米管垂直阵列的卷对卷合成：研究者们尝试了各种金属基材，发现可以使用铁-铬-镍合金基材代替硅晶片，从而满足基底柔性的需求；随后改进了催化剂加载工艺，成功在金属基材上沉积了催化剂层[73]。用此方法合成的单壁碳纳米管垂直阵列纯度很高，其高度可达 100 μm 以上。然而，由于生长温度较低，其得到的碳纳米管含有较多的缺陷。流化床(FB)化学气相沉积具有传质和传热均匀、生长空间充足、可连续操作的优点，目前已经发展成为碳纳米管粉末生产的重要技术[74]。除了粉体碳纳米管之外，有取向的碳纳米管也可以使用流化床法进行生产。例如，碳纳米管阵列可以在蛭石的层间进行生长[75]。通过使用特定的催化剂(如层状双金属氢氧化物)，单壁碳纳米管也可以在流化床反应器中进行制备[76]。流化床法收率高，但纯度和质量相对较低。另一种碳纳米管的合成方法称为直接注射热解合成(eDIPS)，其原理和设备与传统的流化床法相似，但其生长温度高达 1200℃，因此可以获得更高质量的单壁碳纳米管[77]。

尽管碳纳米管的规模化生产发展迅速，但仍然存在着一些问题。例如，相比实验室单壁碳纳米管的生长，规模化生产的选择性生长仍然难以实现。虽然大多数单壁碳纳米管产品都显示出大手性角富集的趋势，但更高纯度、更精细的可控合成技术尚未成熟。碳纳米管规模化生产存在的另一问题是单壁碳纳米管产品的纯度，特别是金属杂质的含量。这一问题清晰地反映在单壁碳纳米管产品的价格上，金属杂质小于 1% 的粉体单壁碳纳米管价格通常比金属杂质小于 3.5% 的单壁碳纳米管高 4 倍以上。除此之外，碳纳米管的产能和成本也需要进一步优化。目前为止，流化床化学气相沉积的方法每年可以生产 1000 kg 单壁碳纳米管，而价格达 2000 美元/kg[78]。值得注意的是，工业生产中的一些要求看起来是自相矛盾的，这使得其工业化难以取得进一步的突破。例如，为了获得高质量的单壁碳纳米管，必须要有较高的生长温度；但随着温度的升高，催化剂趋于液态，将会失去控制单壁碳纳米管结构的能力，并且其能耗和成本会显著提高。总体而言，采用高熔点、高效率、结构均匀的无金属催化剂将有助于突破该技术壁垒。此外，选择在较低温度下易于裂解的碳源，可能有助于降低生产温度，使得生产工艺更加环保并降低成本。

## 8.3 展　　望

碳纳米管已经在许多不同的领域(如透明导电薄膜、纳米器件、热界面材料、超强材料等方面)显示出潜在的应用。然而，目前大多数基于碳纳米管的产品性能仍然受限于碳纳米管的合成，包括结构缺陷、结构复杂性、较差的宏观性能及高昂的成本。为了克服这些问题，应该同时考虑以下几个方面。

为了从微观尺度上改善单根碳纳米管的性能，控制碳纳米管，特别是单壁碳纳米管的精细结构是关键问题。近年来，研究者致力于控制单壁碳纳米管的管径、电学性质和手性，但所达到的水平还远不够理想。笔者认为为了取得更大的进展，需要从两方面着手：从理论角度，碳纳米管生长的机理还需要进一步的认识，例如，在原子尺度上碳纳米管是如何形成的，碳纳米管与催化剂之间确切的成键模式，碳纳米管的生长模式如何影响其最终的结构分布等；在实验上，应该进一步基于催化剂的设计(如高熔点催化剂催化生长和碳纳米管种子的外延生长)，实现结构均匀的单壁碳纳米管的可控生长。

碳纳米管的大规模制备同样应该引起更多的关注。为了使碳纳米管产品更具竞争力，需要尽可能降低成本、提高产量和纯度。此外，为了简化生产到应用之间的处理流程，尽可能减少各处理流程对碳纳米管完美结构的破坏，由无金属催化剂合成的具有高纯度(低无定形碳含量)的碳纳米管十分必要。此外，作为碳纳米管的微观性质与宏观性能之间的桥梁，聚集状态的设计也应得到特别关注。直接合成具有合适的聚集形态的碳纳米管产品应该是一个很有吸引力的方向。

根据著名的技术成熟曲线(Gartner 曲线，图 8-10)，新科技的成熟演变及要达到成熟所需的时间，分成 5 个阶段，即触发期、期望膨胀期、幻灭期、复苏期和成熟期。自 1991 年被报道以来，碳纳米管历经辉煌，也曾饱受质疑。随着碳纳米管研究的不断深入，其部分领域已经趋于成熟，而部分领域还有待进一步发展。从制备的角度分析，粉体多壁碳纳米管的制备已经进入了商业化阶段；对于单壁碳纳米管及其组装体，目前的研究重心也已经逐渐从实验室研究转移至工业生产；

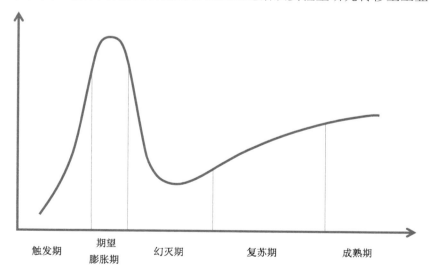

图 8-10  新技术发展与成熟的 Gartner 曲线

而高密度碳纳米管水平阵列和碳纳米管的手性控制生长仍存在较多的问题，需要进一步投入精力进行研究。而从应用的角度来看，对碳纳米管结构要求较低的部分应用（如添加剂、纤维、透明导电薄膜）已经逐渐商业化；而对碳纳米管的结构或聚集态有较高要求（如场效应晶体管、热界面材料）的应用则依然有待发展。

总而言之，使碳纳米管真正成为未来不可替代的材料还有很长的路要走，该领域仍然存在很多重要机遇。我们有理由相信，随着制备与表征手段的进一步发展，人类对碳纳米管生长的认识会继续深入，终有一天，将有能力实现在原子水平上对碳纳米管精细结构的控制，并使得碳纳米管在人类生活中释放其蕴含的巨大潜力。

# 参 考 文 献

[1] Iijima S. Helical microtubules of graphitic carbon. Nature, 1991, 354: 56; Iijima S, Ichihashi T. Single-shell carbon nanotubes of 1-nm diameter. Nature, 1993, 363: 603.

[2] Peng B, Locascio M, Zapol P, Li S, Mielke S L, Schatz G C, Espinosa H D. Measurements of near-ultimate strength for multiwalled carbon nanotubes and irradiation-induced crosslinking improvements. Nature Nanotechnology, 2008, 3: 626.

[3] Pop E, Mann D, Wang Q, Goodson K, Dai H. Thermal conductance of an individual single-wall carbon nanotube above room temperature. Nano Letters, 2006, 6: 96.

[4] Wei B Q, Vajtai R, Ajayan P M. Reliability and current carrying capacity of carbon nanotubes. Applied Physics Letters, 2001, 79: 1172.

[5] Avouris P, Appenzeller J, Martel R, Wind S J. Carbon nanotube electronics. Proceedings of the IEEE, 2003, 91: 1772.

[6] de Volder M F, Tawfick S H, Baughman R H, Hart A J. Carbon nanotubes: present and future commercial applications. Science, 2013, 339: 535.

[7] Bauhofer W, Kovacs J Z. A review and analysis of electrical percolation in carbon nanotube polymer composites. Composites Science and Technology, 2009, 69: 1486.

[8] Dai L, Chang D W, Baek J B, Lu W. Carbon nanomaterials for advanced energy conversion and storage. Small, 2012, 8: 1130; Evanoff K, Khan J, Balandin A A, Magasinski A, Ready W J, Fuller T F, Yushin G. Towards ultrathick battery electrodes: aligned carbon nanotube-enabled architecture. Advanced Materials, 2012, 24: 533; Sotowa C, Origi G, Takeuchi M, Nishimura Y, Takeuchi K, Jang I Y, Dresselhaus M S. The reinforcing effect of combined carbon nanotubes and acetylene blacks on the positive electrode of lithium-ion batteries. ChemSusChem, 2008, 1: 911.

[9] Chou T W, Gao L, Thostenson E T, Zhang Z, Byun J H. An assessment of the science and technology of carbon nanotube-based fibers and composites. Composites Science and Technology, 2010, 70: 1; Gojny F H, Wichmann M H G, Köpke U, Fiedler B, Schulte K. Carbon nanotube-reinforced epoxy-composites: enhanced stiffness and fracture toughness at low nanotube content. Composites Science and Technology, 2004, 64: 2363; Suhr J, Koratkar N, Keblinski P, Ajayan P. Viscoelasticity in carbon nanotube composites. Nature Materials, 2005, 4: 134; Chae H G, Choi Y H, Minus M L, Kumar S. Carbon nanotube reinforced small diameter polyacrylonitrile based carbon fiber. Composites Science and Technology, 2009, 69: 406.

[10] Iwai T, Shioya H, Kondo D, Hirose S, Kawabata A, Sato S, Yokoyama N. Thermal and source bumps utilizing

carbon nanotubes for flip-chip high powe amplifiers. IEEE InternationalElectron Devices Meeting, IEDM Technical Digest; Soga I, Kondo D, Yamaguchi Y, Iwai T, Kikkawa T, Joshin K. Thermal management for flip-chip high power amplifiers utilizing carbon nanotube bumps. 2009 IEEE International Symposium on Radio-Frequency Integration Technology (RFIT), 2009.

[11] Qiu C, Zhang Z, Xiao M, Yang Y, Zhong D, Peng L M. Scaling carbon nanotube complementary transistors to 5-nm gate lengths. Science, 2017, 355: 271.

[12] Franklin A D. Electronics: the road to carbon nanotube transistors. Nature, 2013, 498: 443.

[13] Li P, Zhang X, Liu J. Aligned single-walled carbon nanotube arrays from rhodium catalysts with unexpected diameter uniformity independent of the catalyst size and growth temperature. Chemistry of Materials, 2016, 28: 870; Zou Y, Li Q, Liu J, Jin Y, Liu Y, Qian Q, Fan S. Diameter distribution control of single-walled carbon nanotubes by etching ferritin nanoparticles. Applied Physics Express, 2014, 7: 055102; Li J, Ke C T, Liu K, Li P, Liang S, Finkelstein G, Liu J. Importance of diameter control on selective synthesis of semiconducting single-walled carbon nanotubes. ACS Nano, 2014, 8: 8564; Chen Y, Zhang J. Diameter controlled growth of single-walled carbon nanotubes from $SiO_2$ nanoparticles. Carbon, 2011, 49: 3316; Ago H, Ayagaki T, Ogawa Y, Tsuji M. Ultrahigh-vacuum-assisted control of metal nanoparticles for horizontally aligned single-walled carbon nanotubes with extraordinary uniform diameters. The Journal of Physical Chemistry C, 2011, 115: 13247; Qian Y, Wang C, Ren G, Huang B. Surface growth of single-walled carbon nanotubes from ruthenium nanoparticles. Applied Surface Science, 2010, 256: 4038; Fu Q, Reed L, Liu J, Lu J. Characterization of single-walled carbon nanotubes synthesized using iron and cobalt nanoparticles derived from self-assembled diblock copolymer micelles. Applied Organometallic Chemistry, 2010, 24: 569; Zhang F, Hou P X, Liu C, Wang B W, Jiang H, Chen M L, Cheng H M. Growth of semiconducting single-wall carbon nanotubes with a narrow band-gap distribution. Nature Communication, 2016, 7: 11160.

[14] Zhang S, Tong L, Hu Y, Kang L, Zhang J. Diameter-specific growth of semiconducting SWNT arrays using uniform $Mo_2C$ solid catalyst. Journal of the American Chemical Society, 2015, 137: 8904.

[15] Kang L, Hu Y, Liu L, Wu J, Zhang S, Zhao Q, Zhang J. Growth of close-packed semiconducting single-walled carbon nanotube arrays using oxygen-deficient $TiO_2$ nanoparticles as catalysts. Nano Letters, 2015, 15: 403.

[16] Yu X, Zhang J, Choi W, Choi J Y, Kim J M, Gan L, Liu Z. Cap formation engineering: from opened $C_{60}$ to single-walled carbon nanotubes. Nano Letters, 2010, 10: 3343.

[17] Cheung C L, Kurtz A, Park H, Lieber C M. Diameter-controlled synthesis of carbon nanotubes. The Journal of Physical Chemistry B, 2002, 106: 2429; An L, Owens J M, McNeil L E, Liu J. Synthesis of nearly uniform single-walled carbon nanotubes using identical metal-containing molecular nanoclusters as catalysts. Journal of the American Chemical Society, 2002, 124: 13688.

[18] Li Y, Kim W, Zhang Y, Rolandi M, Wang D, Dai H. Growth of single-walled carbon nanotubes from discrete catalytic nanoparticles of various sizes. The Journal of Physical Chemistry B, 2001, 105: 11424.

[19] Yang F, Wang X, Zhang D, Yang J, Luo D, Xu Z, Li X. Chirality-specific growth of single-walled carbon nanotubes on solid alloy catalysts. Nature, 2014, 510: 522.

[20] He M, Jiang H, Kauppinen E I, Lehtonen J. Diameter and chiral angle distribution dependencies on the carbon precursors in surface-grown single-walled carbon nanotubes. Nanoscale, 2012, 4: 7394.

[21] Lu C, Liu J. Controlling the diameter of carbon nanotubes in chemical vapor deposition method by carbon feeding. The Journal of Physical Chemistry B, 2006, 110: 20254.

[22] Tian Y, Timmermans M Y, Kivistö S, Nasibulin A G, Zhu Z, Jiang H, Kauppinen E I. Tailoring the diameter of single-walled carbon nanotubes for optical applications. Nano Research, 2011, 4: 807.

[23] Yao Y, Dai X, Liu R, Zhang J, Liu Z. Tuning the diameter of single-walled carbon nanotubes by temperature-mediated chemical vapor deposition. The Journal of Physical Chemistry C, 2009, 113: 13051.

[24] Kukovitsky E F, L' Vov S G, Sainov N A. VLS-growth of carbon nanotubes from the vapor. Chemical Physics Letters, 2000, 317: 65.

[25] Shulaker M M, Hills G, Patil N, Wei H, Chen H Y, Wong H S P, Mitra S. Carbon nanotube computer. Nature, 2013, 501: 526.

[26] Arnold M S, Green A A, Hulvat J F, Stupp S I, Hersam M C. Sorting carbon nanotubes by electronic structure using density differentiation. Nature Nanotechnology, 2006, 1: 60.

[27] Liu H, Nishide D, Tanaka T, Kataura H. Large-scale single-chirality separation of single-wall carbon nanotubes by simple gel chromatography. Nature Communication, 2011, 2: 309.

[28] Khripin C Y, Fagan J A, Zheng M. Spontaneous partition of carbon nanotubes in polymer-modified aqueous phases. Journal of the American Chemical Society, 2013, 135: 6822.

[29] Gu J, Han J, Liu D, Yu X, Kang L, Qiu S, Zhang J. Solution-processable high-purity semiconducting SWCNTs for large-area fabrication of high-performance thin-film transistors. Small, 2016, 12: 4993; Nish A, Hwang J Y, Doig J, Nicholas R J. Highly selective dispersion of single-walled carbon nanotubes using aromatic polymers. Nature Nanotechnology, 2007, 2: 640.

[30] Zheng M, Jagota A, Semke E D, Diner B A, McLean R S, Lustig S R, Tassi N G. DNA-assisted dispersion and separation of carbon nanotubes. Nature Materials, 2003, 2: 338; Zheng M, Jagota A, Strano M S, Santos A P, Barone P, Chou S G, Diner B A, Dresselhaus M S, Mclean R S, Onoa G B. Structure-based carbon nanotube sorting by sequence-dependent DNA assembly. Science, 2003, 302(5650): 1545-1548.

[31] Zhang J, Zou H, Qing Q, Yang Y, Li Q, Liu Z, Du Z. Effect of chemical oxidation on the structure of single-walled carbon nanotubes. The Journal of Physical Chemistry B, 2003, 107: 3712.

[32] Zhou W, Zhan S, Ding L, Liu J. General rules for selective growth of enriched semiconducting single walled carbon nanotubes with water vapor as in situ etchant. Journal of the American Chemical Society, 2012, 134: 14019; Kang L, Zhang S, Li Q, Zhang J. Growth of horizontal semiconducting SWNT arrays with density higher than 100 tubes/μm using ethanol/methane chemical vapor deposition. Journal of the American Chemical Society, 2016, 138: 6727.

[33] Zhang G, Qi P, Wang X, Lu Y, Li X, Tu R, Dai H. Selective etching of metallic carbon nanotubes by gas-phase reaction. Science, 2006, 314: 974.

[34] Hong G, Zhang B, Peng B, Zhang J, Choi W M, Choi J Y, Liu Z. Direct growth of semiconducting single-walled carbon nanotube array. Journal of the American Chemical Society, 2009, 131: 14642.

[35] Zhang Y, Zhang Y, Xian X, Zhang J, Liu Z. Sorting out semiconducting single-walled carbon nanotube arrays by preferential destruction of metallic tubes using xenon-lamp irradiation. The Journal of Physical Chemistry C, 2008, 112: 3849.

[36] Otsuka K, Inoue T, Maeda E, Kometani R, Chiashi S, Maruyama S. On-chip sorting of long semiconducting carbon nanotubes for multiple transistors along an identical array. ACS Nano, 2017, 11: 11497.

[37] Huang H, Maruyama R, Noda K, Kajiura H, Kadono K. Preferential destruction of metallic single-walled carbon nanotubes by laser irradiation. The Journal of Physical Chemistry B, 2006, 110: 7316.

[38] Ding L, Tselev A, Wang J, Yuan D, Chu H, McNicholas T P, Liu J. Selective growth of well-aligned semiconducting single-walled carbon nanotubes. Nano Letters, 2009, 9: 800.

[39] Zhang S, Hu Y, Wu J, Liu D, Kang L, Zhao Q, Zhang J. Selective scission of C–O and C–C bonds in ethanol using bimetal catalysts for the preferential growth of semiconducting SWNT arrays. Journal of the American Chemical Society, 2015, 137: 1012.

[40] Zhang S C, Tong L M, Zhang J. The road to chirality-specific growth of single-walled carbon nanotubes. National Science Review, 2017, 5(3): 310-312.

[41] Pigos E, Penev E S, Ribas M A, Sharma R, Yakobson B I, Harutyunyan A R. Carbon nanotube nucleation driven by catalyst morphology dynamics. ACS Nano, 2011, 5: 10096.

[42] Sanchez-Valencia J R, Dienel T, Gröning O, Shorubalko I, Mueller A, Jansen M, Fasel R. Controlled synthesis of single-chirality carbon nanotubes. Nature, 2014, 512: 61.

[43] Yao Y, Feng C, Zhang J, Liu Z. "Cloning" of single-walled carbon nanotubes via open-end growth mechanism.

Nano Letters, 2009, 9: 1673.

[44] Liu J, Wang C, Tu X, Liu B, Chen L, Zheng M, Zhou C. Chirality-controlled synthesis of single-wall carbon nanotubes using vapour-phase epitaxy. Nature Communications, 2012, 3: 1199.

[45] Omachi H, Nakayama T, Takahashi E, Segawa Y, Itami K. Initiation of carbon nanotube growth by well-defined carbon nanorings. Nature Chemistry, 2013, 5: 572.

[46] Wang Y, Kim M J, Shan H, Kittrell C, Fan H, Ericson L M, Smalley R E. Continued growth of single-walled carbon nanotubes. Nano Letters, 2005, 5: 997.

[47] Rao R, Sharma R, Abild-Pedersen F, Nørskov J K, Harutyunyan A R. Insights into carbon nanotube nucleation: cap formation governed by catalyst interfacial step flow. Scientific Reports, 2014, 4: 6510.

[48] Yao S, Zhang Z M, Li Y G, Wang E B. Two hexa-TM-containing (TM= $Co^{2+}$ and $Ni^{2+}$) $\{P_2W_{12}\}$-based trimeric tungstophosphates. Dalton Transactions, 2010, 39(16): 3884-3889.

[49] Zhang S, Kang L, Wang X, Tong L, Yang L, Wang Z, Ding F, Zhang J. Arrays of horizontal carbon nanotubes of controlled chirality grown using designed catalysts. Nature, 2017, 543: 234.

[50] Ding F, Harutyunyan A R, Yakobson B I. Dislocation theory of chirality-controlled nanotube growth. Proceedings of the National Academy of Sciences, 2009, 106: 2506.

[51] Yuan Q, Ding F. How a zigzag carbon nanotube grows. Angewandte Chemie International Edition, 2015, 54: 5924.

[52] He M, Magnin Y, Amara H, Jiang H, Cui H, Fossard F, Bichara C. Linking growth mode to lengths of single-walled carbon nanotubes. Carbon, 2017, 113: 231.

[53] Bachilo S M, Balzano L, Herrera J E, Pompeo F, Resasco D E, Weisman R B. Narrow $(n, m)$-distribution of single-walled carbon nanotubes grown using a solid supported catalyst. Journal of the American Chemical Society, 2003, 125: 11186.

[54] Nardecchia S, Carriazo D, Ferrer M L, Gutiérrez M C, del Monte F. Three dimensional macroporous architectures and aerogels built of carbon nanotubes and/or graphene: synthesis and applications. Chemical Society Reviews, 2013, 42: 794.

[55] Zhang X, Cao A, Li Y, Xu C, Liang J, Wu D, Wei B. Self-organized arrays of carbon nanotube ropes. Chemical Physics Letters, 2002, 351: 183.

[56] Zhang X, Li Q, Holesinger T G, Arendt P N, Huang J, Kirven P D, Zheng L. Ultrastrong, stiff, and lightweight carbon-nanotube fibers. Advanced Materials, 2007, 19: 4198.

[57] Cao Q, Han S J, Tulevski G S, Zhu Y, Lu D D, Haensch W. Arrays of single-walled carbon nanotubes with full surface coverage for high-performance electronics. Nature Nanotechnology, 2013, 8: 180; Li J, Hu L, Wang L, Zhou Y, Grüner G, Marks T J. Organic light-emitting diodes having carbon nanotube anodes. Nano Letters, 2006, 6: 2472.

[58] Hu Y, Kang L, Zhao Q, Zhong H, Zhang S, Yang L, Peng L. Growth of high-density horizontally aligned SWNT arrays using Trojan catalysts. Nature Communications, 2015, 6: 6099.

[59] Gou J. Single-walled nanotube bucky paper and nanocomposite. Polymer International, 2006, 55: 1283.

[60] Zheng L, Zhang X, Li Q, Chikkannanavar S B, Li Y, Zhao Y, Zhu Y. Carbon-nanotube cotton for large-scale fibers. Advanced Materials, 2007, 19: 2567.

[61 Fan S, Chapline M G, Franklin N R, Tombler T W, Cassell A M, Dai H. Self-oriented regular arrays of carbon nanotubes and their field emission properties. Science, 1999, 283: 512.

[62] Gui X, Wei J, Wang K, Cao A, Zhu H, Jia Y, Wu D. Carbon nanotube sponges. Advanced Materials, 2010, 22: 617.

[63] Du R, Wu J, Chen L, Huang H, Zhang X, Zhang J. Hierarchical hydrogen bonds directed multi-functional carbon nanotube-based supramolecular hydrogels. Small, 2014, 10: 1387; Pal A, Chhikara B S, Govindaraj A, Bhattacharya S, Rao C N R. Synthesis and properties of novel nanocomposites made of single-walled carbon nanotubes and low molecular mass organogels and their thermo-responsive behavior triggered by near IR radiation. Journal of Materials Chemistry, 2008, 18: 2593; Zou J, Liu J, Karakoti A S, Kumar A, Joung D, Li Q, Zhai L. Ultralight multiwalled carbon nanotube aerogel. ACS Nano, 2010, 4: 7293.

[64] Zhang Q, Huang J Q, Qian W Z, Zhang Y Y, Wei F. The road for nanomaterials industry: a review of carbon nanotube production, post-treatment, and bulk applications for composites and energy storage. Small, 2013, 9: 1237.

[65] Kim Y, Minami N, Zhu W, Kazaoui S, Azumi R, Matsumoto M. Langmuir-Blodgett films of single-wall carbon nanotubes: layer-by-layer deposition and in-plane orientation of tubes. Japanese Journal of Applied Physics, 2003, 42: 7629; Rao S G, Huang L, Setyawan W, Hong S. Nanotube electronics: large-scale assembly of carbon nanotubes. Nature, 2003, 425: 36.

[66] Saran N, Parikh K, Suh D S, Munoz E, Kolla H, Manohar S K. Fabrication and characterization of thin films of single-walled carbon nanotube bundles on flexible plastic substrates. Journal of the American Chemical Society, 2004, 126: 4462.

[67] Hu L, Gruner G, Jenkins J, Kim C J. Flash dry deposition of nanoscale material thin films. Journal of Materials Chemistry, 2009, 19: 5845.

[68] Kamat P V, Thomas K G, Barazzouk S, Girishkumar G, Vinodgopal K, Meisel D. Self-assembled linear bundles of single wall carbon nanotubes and their alignment and deposition as a film in a dc field. Journal of the American Chemical Society, 2004, 126: 10757.

[69] Journet C, Maser W K, Bernier P, Loiseau A, de La Chapelle M L, Lefrant D S, Fischer J E. Large-scale production of single-walled carbon nanotubes by the electric-arc technique. Nature, 1997, 388: 756.

[70] Guo T, Nikolaev P, Rinzler A G, Tomanek D, Colbert D T, Smalley R E. Self-assembly of tubular fullerenes. Journal of Physical Chemistry, 1995, 99: 10694.

[71] Das R, Shahnavaz Z, Ali M E, Islam M M, Hamid S B A. Can we optimize arc discharge and laser ablation for well-controlled carbon nanotube synthesis? Nanoscale Research Letters, 2016, 11: 510.

[72] Hata K, Futaba D N, Mizuno K, Namai T, Yumura M, Iijima S. Water-assisted highly efficient synthesis of impurity-free single-walled carbon nanotubes. Science, 2004, 306: 1362.

[73] Hata K. A super-growth method for single-walled carbon nanotube synthesis. Synthesiology English Edition, 2016, 9(3): 167-179.

[74] See C H, Harris A T. A review of carbon nanotube synthesis via fluidized-bed chemical vapor deposition. Industrial & Engineering Chemistry Research, 2007, 46: 997; Zhang Q, Huang J Q, Zhao M Q, Qian W Z, Wei F. Carbon nanotube mass production: principles and processes. ChemSusChem, 2011, 4: 864.

[75] Zhang Q, Zhao M Q, Huang J Q, Liu Y, Wang Y, Qian W Z, Wei F. Vertically aligned carbon nanotube arrays grown on a lamellar catalyst by fluidized bed catalytic chemical vapor deposition. Carbon, 2009, 47: 2600.

[76] Zhao M Q, Zhang Q, Huang J Q, Nie J Q, Wei F. Layered double hydroxides as catalysts for the efficient growth of high quality single-walled carbon nanotubes in a fluidized bed reactor. Carbon, 2010, 48: 3260.

[77] Saito T, Ohshima S, Okazaki T, Ohmori S, Yumura M, Iijima S. Selective diameter control of single-walled carbon nanotubes in the gas-phase synthesis. Journal of Nanoscience and Nanotechnology, 2008, 8: 6153.

[78] Jia X, Wei F. Advances in production and applications of carbon nanotubes. Topics in Current Chemistry, 2017, 375: 18.

# 关键词索引